なっとく！機械学習

Grokking Machine Learning

問題解決に向けた
モデル策定と実装・実証実験のスタートライン

Luis G.Serrano =著

株式会社クイープ =監訳

SE
SHOEISHA

本書内容に関するお問い合わせについて

このたびは翔泳社の書籍をお買い上げいただき、誠にありがとうございます。弊社では、読者の皆様からのお問い合わせに適切に対応させていただくため、以下のガイドラインへのご協力をお願い致しております。下記項目をお読みいただき、手順に従ってお問い合わせください。

●ご質問される前に

弊社 Web サイトの「正誤表」をご参照ください。これまでに判明した正誤や追加情報を掲載しています。

正誤表　　　　　　https://www.shoeisha.co.jp/book/errata/

●ご質問方法

弊社 Web サイトの「刊行物 Q & A」をご利用ください。

刊行物 Q & A　　https://www.shoeisha.co.jp/book/qa/

インターネットをご利用でない場合は、FAX または郵便にて、下記"翔泳社愛読者サービスセンター"までお問い合わせください。

電話でのご質問は、お受けしておりません。

●回答について

回答は、ご質問いただいた手段によってご返事申し上げます。ご質問の内容によっては、回答に数日ないしはそれ以上の期間を要する場合があります。

●ご質問に際してのご注意

本書の対象を越えるもの、記述個所を特定されないもの、また読者固有の環境に起因するご質問等にはお答えできませんので、あらかじめご了承ください。

●郵便物送付先および FAX 番号

送付先住所 〒 160-0006 東京都新宿区舟町 5

FAX 番号 03-5362-3818

宛先　（株）翔泳社愛読者サービスセンター

本書に寄せて

　機械学習は複雑で、マスターするのは難しいと思っていませんか。そんなことはありません。本書を読んでみてください。

　Luis Serrano は、何かをわかりやすく説明することにかけては達人です。Serrano に初めて会ったのは、彼が Udacity で機械学習を教えていたときです。Serrano に教わると、機械学習なんて足し算や引き算と同じくらい簡単なんだという気持ちになってしまいます。そして何といっても、Serrano の授業内容は楽しいものでした。Udacity のために Serrano が制作した動画はとびきり魅力的で、Udacity が提供しているコンテンツの中でも高い人気を誇っています。

　さらによいのが本書です。本書をおそるおそる開いた人でも楽しめる内容になっています。機械学習界のとっておきの秘密を Serrano が解き明かし、この分野において重要なアルゴリズムや手法をステップ形式で説明しています。数学が苦手な人でも機械学習が好きになれます。Serrano は私たちのような筋金入りの学者の多くが愛してやまない意味不明な数学用語をできる限り排除し、直感的に理解できる実用的な説明に徹しています。

　本書の真の目標は、あなた自身がこれらの手法を使いこなせるようになることです。このため、本書には多くの練習問題が含まれており、それらの問題を解きながら謎めいた手法を実際に試してみることができます（そして神秘のベールがはがされます）。どちらかと言えば Netflix で最新のテレビ番組をひがな一日観て過ごしたい派でしょうか。それとも、せっかくなのでコンピュータビジョンや自然言語理解の問題に機械学習を応用してみたい派でしょうか。後者に該当するなら、本書はあなたのためにあります。機械学習の最新技術を試してみるのがいかにおもしろいかは言葉に尽くせません。あなたが命じたとおりにコンピュータが不思議なことを行うのをぜひその目で確かめてください。

　この数年間、機械学習は最もホットなテクノロジとして注目を集めているため、新たに獲得したスキルを自分の仕事に活かすことができるでしょう。数年前の『New York Times』誌の記事によれば、機械学習の専門家は全世界で 1 万人しかおらず、空いているポストは数百万もありました。この状況は現在も変わりません。本書をしっかり読んでプロの機械学習エンジニアを目指してください。この世界で今最も需要の高いスキルの 1 つが身につくこと請け合いです。

　Serrano は本書において、複雑なアルゴリズムをほぼ誰もが理解できるように説明するという偉業を成し遂げています。だからといって内容の深さに妥協が見られるわけではありません。それどころか、啓発的なプロジェクトや練習問題を通してあなたの能力を高めることに重点を置いて取り組んでいます。その意味では、本書は受動的な読み物ではありません。本書を十分に活用するには、自分から動かなければなりません。Udacity ではよく「他の誰かが運動して

いるのを見ていても痩せない」と言います。機械学習を自分のものにするには、現実の問題に応用することを学ばなければなりません。その心構えができているなら、手に取るべきは本書です —— あなたが誰であってもです。

Sebastian Thrun, PhD
Founder, Udacity
Adjunct Professor, Stanford University

まえがき

　未来はここにあります。そしてその未来には「機械学習」という名前が付いています。医薬から銀行業務、自動運転車、コーヒーの注文に至るまで、ほぼすべての業界で機械学習が応用されており、機械学習に対する関心は日々急速に高まっています。しかし、機械学習とはそもそも何でしょうか。

　機械学習の本を読んだり、機械学習の講座に参加したりすると、たいてい複雑な数式やコードを山ほど目にします。長い間、私は機械学習とはこういうものであり、数学とコンピュータサイエンスの両方の知識がしっかりある人だけのものだと思っていました。

　しかし、私は機械学習を他のテーマと比べるようになりました。たとえば音楽です。音楽の理論と実践は複雑なテーマです。しかし、音楽と聞いて思い浮かべるのは音符や音階ではありません。頭に浮かぶのは曲や旋律です。その後で、機械学習も同じだろうかと考えました。機械学習は本当に数式やコードの集まりでしかないのでしょうか。それとも、その陰に旋律が隠れているのでしょうか。

音楽　　　　　　　　　　機械学習

　こんなことを考えた私は、機械学習の旋律を理解するという冒険の旅に出ることにしました。数式やコードを何か月も凝視し、いくつもの図を描き、紙ナプキンに図を描いては家族や友だちや同僚に見せました。小さなデータセットや大きなデータセットでモデルを訓練し、実験をしました。しばらくすると、どこからか機械学習の旋律が聞こえてきました。すると突然、とても美しい絵が頭の中で形になり始めたのです。そこで私は機械学習のあらゆる概念に沿った物語を紡ぎ始めました。そうした旋律、美しい絵、物語こそが、私が何らかのトピックを楽しく学ぶ方法なのです。私が本書で共有したいのはそうした旋律であり、絵であり、物語です。私が目指しているのは機械学習を誰もが完全に理解できるものにすることであり、本書はその旅を始めるための第一歩です。あなたもこの旅に一緒に出かけませんか。

謝辞

何よりもまず、編集者の Marina Michaels に感謝したいと思います。Marina がいなければ本書は存在していなかったでしょう。Marina の構成力、徹底した編集、貴重なアドバイスは本書を形にするのに役立ちました。Marjan Bace、Bert Bates、そして Manning チームのメンバーの支援、すばらしいアイデア、根気強さに感謝します。技術的な校正を担当してくれた Shirley Yap と Karsten StrØblæk、Technical Development Editor を務めてくれた Kris Athi、そしてレビュー担当者に対し、すばらしい意見を寄せてくれたことと私のミスの多くを修正してくれたことに感謝します。Production Editor の Keri Hales、Copy Editor の Pamela Hunt、Graphics Editor の Jennifer Houle、Proofreader の Jason Everett、そして制作チームのメンバー全員に、本書を実現するために尽力してくれたことに感謝します。Laura Montoya は差別のない表現や AI 倫理について助けてくれました。Diego Hernandez はコードに付加価値を与えてくれました。Christian Picón にはリポジトリとパッケージという技術的な面ですごく助けてもらいました。

Sebastian Thrun には、教育の民主化という偉業を成し遂げてくれたことに感謝しています。Udacity は世界の人々に教えるための手段を私に提供してくれたプラットフォームです。Udacity で出会ったすばらしい同僚や受講生に感謝したいと思います。Alejandro Perdomo と Zapata Computing のチームには、量子機械学習の世界を教えてくれたことに感謝します。また、私のキャリアを後押ししてくれた Google・Apple 時代のリーダーや同僚にも感謝します。Roberto Cipriani と Paper Inc. のチームには、ファミリーの一員として迎え入れてくれたことと、教育界へのすばらしい貢献に特に感謝しています。

私がキャリアを築き、このような考え方を持つようになったのは大勢の恩師のおかげです。私が数学を好きになったきっかけは Mary Falk de Losada と彼女が率いるコロンビアの数学オリンピックチームであり、そこですばらしい師に出会い、生涯続く友情を育む機会に恵まれました。私の数学教育と指導スタイルは博士課程の指導教官だった Sergey Fomin の指導の賜物です。また、修士課程の指導教官だった Ian Goulden、Nantel Bergeron と François Bergeron、Bruce Sagan、Federico Ardila、そして特にウォータールー大学、ミシガン大学、ケベック大学モントリオール校、ヨーク大学で一緒に活動する機会に恵まれた多くの教授や同期生に感謝します。最後に、クエスト大学の Richard Hoshino と彼のチームは、本書の内容を検証して改善するのに協力してくれました。

本書のレビューを行ってくれた方々全員に感謝します。Al Pezewski、Albert Nogués Sabater、Amit Lamba、Bill Mitchell、Borko Djurkovic、Daniele Andreis、Erik Sapper、Hao Liu、Jeremy R. Loscheider、Juan Gabriel Bono、Kay Engelhardt、Krzysztof Kamyczek、Matthew Margolis、Matthias Busch、Michael Bright、Millad

Dagdoni、Polina Keselman、Tony Holdroyd、Valerie Parham-Thompson。あなた方の提案によって本書はよりよいものになりました。

　この作業のあらゆる局面で愛情と思いやりを持って支えてくれた妻の Carolina Lasso に感謝したいと思います。愛情を持って私を育ててくれた母の Cecilia Herrera は、自分の情熱に従うように常に私を励ましてくれました。祖母の Maruja は天国から私を見守ってくれています。親友の Alejandro Morales はいつも応援してくれています。そして、私を啓発し、私の人生を明るくしてくれる友人たちに心から感謝します。

　YouTube、ブログ、ポッドキャスト、ソーシャルメディアは世界中の才気あふれる何千人もの人々とつながる機会を与えてくれています。オンライン上には、学びに対する飽くなき情熱を持つ好奇心旺盛な人々と、自分の知識や知見を気前よく共有してくれる教育者仲間がいます。このようなオンライン仲間は毎日のように私にひらめきを与え、教えることや学ぶことを続ける活力を与えてくれます。自分の知識を世界中の人々と共有し、日々学ぶことに努力しているすべての人に感謝します。

　この世界をもっと公平で平和な場所にするために努力している人々に感謝します。人種、性別、生まれた場所、状況、選択に関係なく、正義、平和、環境、そして地球上のすべての人の平等な機会のために戦うすべての人に心から感謝します。

　最後になりましたが、読者であるあなたに本書を捧げます。あなたは学ぶ道を選び、改善する道を選び、苦境の中で喜びを見出す道を選びました。それは立派なことです。あなたが自分の情熱に従い、よりよい世界を目指して進む過程で、本書が建設的な一歩となることを願っています。

本書について

　本書では、あなたに2つのことを教えます。機械学習モデルとそれらのモデルの使い方です。機械学習モデルの種類はさまざまです。イエス・ノー形式の決定論的な答えを返すものもあれば、答えを確率として返すものもあります。数式を使うものもあれば、if文を使うものもあります。それらの機械学習モデルに共通するのは、答え（予測値）を返すことです。予測値を返すモデルからなる機械学習の分派はその名も**予測型機械学習**です。本書では、このタイプの機械学習に焦点を合わせます。

本書の構成：ロードマップ

2種類の章

　本書は2種類の章で構成されています。ほとんどの章（第3章、第5章、第6章、第8章、第9章、第10章、第11章、第12章）では、1種類の機械学習モデルを扱います。これらの章では、例、数式、コードとあなたが解く練習問題を含め、それぞれのモデルを詳しく学びます。残りの章（第4章、第7章、第13章）では、機械学習モデルの訓練、評価、改善に役立つ手法を取り上げます。特に第13章は本物のデータセットを使った包括的な例で構成されており、それまでの章で培った知識をすべて応用できます。

推奨される学習方法

　本書は2通りの使い方ができます。筆者が推奨するのは、最初から順番に各章を読んでいくことです。このようにするとモデルとモデルの訓練方法を交互に学ぶことになるため、メリットが感じられるはずです。一方で、最初にすべてのモデルを学んでから（第3章、第5章、第6章、第8章、第9章、第10章、第11章、第12章）、それらのモデルの訓練方法を学ぶ（第4章、第7章、第13章）という学習法もあります。そしてもちろん、勉強の仕方は人それぞれなので、独自の学習法を考え出してもよいでしょう。

付録

　本書には付録が3つあります。付録Aには、各章の練習問題の解答が含まれています。付録Bには、数学の微分を理解するのに役立つ説明が含まれており、本書の他の部分よりも専門的な内容になっています。付録Cには、さらに理解を深めたいと考えている読者のための参考文献が含まれています。

本書を読むために必要なことと本書の学習目標

　本書では、予測型機械学習の枠組みを確立します。本書を最大限に活用するには、直線のグ

ラフ、方程式、確率の基礎など、初歩的な数学を十分に理解していて、視覚的にイメージできる必要があります。コードの書き方（特に Python）を知っていると助けになりますが、絶対に必要というわけではありません。コードが書けると、さまざまなモデルを実装して現実のデータセットに応用する機会が得られます。本書を最後まで読めば、次のスキルが身につくはずです。

- 線形回帰とロジスティック回帰、ナイーブベイズ、決定木、ニューラルネットワーク、サポートベクトルマシン、アンサンブル法など、予測型機械学習の最も重要なモデルとそれらの仕組みを説明できる。
- 各モデルの長所と短所、それらのモデルが使うパラメータを識別できる。
- これらのモデルが現実にどのように使われるのかを認識し、あなたが解いてみたい問題に機械学習をどのように応用できるかを考え出せる。
- これらのモデルを最適化し、比較し、改善しながらできるだけ性能のよい機械学習モデルを構築する方法を理解している。
- モデルを一から記述するか、既存のパッケージを使って実装し、現実のデータセットで予測値を生成するために使うことができる。

　特定のデータセットや問題が頭に浮かんでいる場合は、本書で学んだことをそのデータセットや問題に応用する方法をぜひ検討してみてください。それを出発点にして、ぜひ独自のモデルを実装して試してみてください。

その他の参考資料

　先ほど説明したことを除けば、必要な概念はすべて本書の中で紹介しています。ただし、本書には多くの参考資料が含まれています。それぞれの概念をもっとよく理解したい場合や、特定のトピックをさらに調べてみたい場合は、ぜひそれらの資料を調べてみてください。参考資料はすべて付録 C にまとめてあり、次のリンク先にもあります。

```
https://serrano.academy/grokking-machine-learning/
```

　特に、筆者が作成した資料の一部は本書の内容を補足するものになっています。筆者のページ（https://serrano.academy/）にアクセスすると、動画、ブログ、コード形式の情報がたくさん見つかります。筆者の YouTube チャンネル（https://www.youtube.com/c/LuisSerrano）で動画を観ることもできるため、ぜひチェックしてください。実際には、ほとんどの章に対応する動画があるため、各章を読みながら動画を観てもよいでしょう。

コードについて

本書では、コードを Python で記述します。ただし、コードを書かずに概念を学びたいという場合は、コードを無視して本書の内容を追うこともできます。とはいえ、コードに軽く目を通して慣れておくとよいでしょう。

本書のコードは GitHub リポジトリ（https://github.com/luisguiserrano/manning）で提供されており、本書のあちこちにリンクが含まれています。ほとんどの章では、アルゴリズムを一からコーディングするか、よく知られている Python パッケージを使って、特定のデータセットを学習するモデルを構築する機会を設けています。

本書で使用する主な Python パッケージは次のとおりです。

NumPy：配列の格納と複雑な数学計算に使います。
pandas：大きなデータセットの格納、操作、分析に使います。
matplotlib：データのプロットに使います。
Turi Create：データの格納と操作、機械学習モデルの訓練に使います。
scikit-learn：機械学習モデルの訓練に使います。
Keras（TensorFlow）：ニューラルネットワークの訓練に使います。

コードについて

本書には、本文の内容に沿って多くのサンプルコードが含まれています。コードは通常のテキストと区別するために等幅フォント（fixed-width）で記載されています。

多くの箇所では、元のコードの体裁に変更を加えています。改行を追加したり、インデントを調整したりして、ページに収まるようにしてあります。さらに、本文でコードを説明しているときには、コードのコメントを省略しています。多くの場合は、重要な概念を示すためのコメントが追加してあります。

本書のサンプルコードは、Manning の Web サイトまたは GitHub リポジトリからダウンロードできます。

```
https://www.manning.com/books/grokking-machine-learning
https://github.com/luisguiserrano/manning
```

著者紹介

Luis G. Serrano

Zapata Computing で量子人工知能の研究を行うリサーチサイエンティスト。Google で Machine Learning Engineer、Apple で Lead Artificial Intelligence Educator、Udacity で Head of Content in Artificial Intelligence and Data Science を務めた経験を持つ。ミシガン大学で数学の博士号を取得しており、ウォータールー大学で数学の学士号と修士号を取得している。また、ケベック大学モントリオール校の Laboratoire de Combinatoire et d'Informatique Mathématique で ポスドク研究員を務めた。機械学習に関するYouTubeチャンネルを開設しており、登録者数が 85,000 人以上、再生回数が 400 万回を超える人気を誇っている。人工知能とデータサイエンスのカンファレンスでたびたび講演を行っている。

目次

本章の内容

- 機械学習とは何か

- 機械学習は難しい？（ネタバレ：いいえ）

- 本書で何を学ぶのか

- 人工知能とは何か、機械学習とどう違うのか

- 人間はどのように考えるのか、どうすればそれらの考えを機械に入力できるのか

- 実社会での基本的な機械学習の例

いざ、機械学習の旅へ！

　本書へようこそ。機械学習を理解する旅に参加してくれて大変うれしく思っています。機械学習とは、大まかに言うと、コンピュータが人間とほぼ同じやり方で問題を解決し、決定を下すプロセスのことです。

　ここで、読者に伝えたいメッセージが 1 つあります。それは、「機械学習は簡単だ」ということです。機械学習を理解するために高度な数学やプログラミングの心得は必要ありません。数学の基礎は確かに必要ですが、肝心なのはそこじゃないんです。大事なのは、常識と高い視覚的直感力を身につけていること、そしてこれらの手法を習得し、あなたが情熱を傾けているものや世の中の「ここをよくしたい」という場所にそれらの手法を応用したいという熱意があることなのです。本書の執筆はとても楽しい経験でした。筆者自身、このテーマに関する理解が深まっていくことに喜びを感じていたからです。本書を読みながら機械学習の世界にどっぷり浸かってください。

機械学習はここにも、そこにも

　機械学習はそれこそどこにでもあります。このことは日々真実味を増しています。日々の生活の中で機械学習によって何らかの形で改善できない問題は 1 つとして想像しがたいものがあります。繰り返しを必要とする、あるいはデータを調べて結論を引き出す必要がある作業ならどのようなものにでも機械学習が役立つはずです。特に、この数年間はコンピュータの処理能力が向上し、至るところでデータが収集されるようになったため、機械学習は驚異的な成長を遂げています。機械学習の応用例をいくつか挙げるだけでも、レコメンデーションシステム、画像認識、テキスト処理、自動運転車、スパム認識、医療診断など、枚挙にいとまがありません。あなたにもきっと影響を与えたいと思っている（あるいはすでに影響を与えているかもしれない）目的や分野があるはずです。その分野に機械学習を応用できる見込みは非常に高く、おそらくそれが理由で本書を手に取ったはずです。では、さっそく見ていきましょう。

1.1　機械学習を理解するのに高度な数学や コーディングの知識は必要か

　いいえ、必要ありません。機械学習に必要なのは、想像力、創造力、そしてビジュアルマインドです。機械学習は、世の中に現れるパターンを拾い上げ、それらのパターンをもとに未来を予測します。パターンを探して相関を見つける作業を楽しいと感じるなら、あなたは機械学習に向いています。たとえば、実はたばこをやめたし、野菜をよく食べるようになったし、よく運動するようになったと筆者が言った場合、1 年後の筆者の健康状態はどうなると予想しま

すか。おそらく今よりも健康になっているでしょう。赤いセーターから緑のセーターに変えたと言った場合はどうでしょうか。健康状態はきっとそれほど変わらないでしょう（変化があったとしても、それは筆者が提供した情報とは無関係です）。そうした相関やパターンを見つけ出すことが、すなわち機械学習なのです。機械学習での唯一の違いは、コンピュータがそうしたパターンを特定できるように、それらのパターンに式や数字を当てはめることです。

　機械学習を行うには、数学とコーディングの知識が少し必要ですが、エキスパートである必要はありません。あなたが実際に数学かコーディング（または両方）のエキスパートであるとしたら、そのスキルが報われることは間違いないでしょう。しかし、それらのエキスパートではなくても、機械学習を学びながら数学やコーディングの知識を身につけていくことは可能です。本書では、数学の概念はすべて必要になったときに紹介していきます。コードに関して言うと、機械学習でコードをどれくらい記述するかはその人次第です。機械学習の内容によっては、1 日中コーディングしている人もいれば、まったくコーディングしない人もいます。機械学習に役立つパッケージ、API、ツールはいろいろ揃っているため、最小限のコーディングで機械学習を行うことができます。機械学習を利用する人が日を追うごとに世界中で増えている今、この流れに乗らない手はありません。

1.1.1　式とコードは言語として捉えてみるとおもしろい

　ほとんどの機械学習本は、数式や導関数などを使ってアルゴリズムを数学的に説明しています。このような正確な説明の仕方は実際とてもうまくいきますが、数式がそこにあるだけでは理解を助けるどころかかえって妨げになることもあります。ただし、楽譜と同じように、式はその混乱の陰に美しい旋律を隠していることがあります。たとえば、次の式を見てください。

$$\sum_{i=1}^{4} i$$

　一見ややこしい式ですが、具体的には 1 + 2 + 3 + 4 という非常に単純な総和を表しています。では、次の式はどうでしょう。

$$\sum_{i=1}^{n} w_i$$

　この式もいくつか（n 個）の数字の総和にすぎません。しかし、いくつかの数字の総和について考えるなら、筆者はこの式よりも 3 + 2 + 4 + 27 のようなものを想像するでしょう。筆者は式を見たら、すぐにその簡単な例を思い浮かべてみることにしています。そのようにすると、頭の中でよりはっきりしたイメージになります。$P(A \mid B)$ のような式を見たときに何が思い

浮かぶでしょうか。この式は条件付き確率を表しているため、筆者の頭の中に「別の事象 B がすでに発生していると仮定したときに事象 A が発生する確率」のような文章が浮かびます。たとえば、A が「今日の天気は雨である」ことを表し、B が「アマゾンの熱帯雨林に住んでいる」ことを表すとしましょう。このとき、式 $P(A \mid B) = 0.8$ は単に「アマゾンの熱帯雨林に住んでいると仮定したときに今日雨が降る確率は 80% である」という意味になります。

　数式は大好きなのに、という人も安心してください。本書にもやはり数式が含まれています。ただし、数式が登場するのは例を使ってそれらの意味を説明した後になります。

　同じことがコードにも当てはまります。コードを遠くから眺めていると何やら複雑そうに見えます。そのすべてを頭に入れてしまえる人がいるなんてちょっと想像できないかもしれません。しかし、コードは一連のステップにすぎませんし、通常、そうしたステップはそれぞれ非常に単純です。本書ではコードを書いていきますが、それらを単純なステップに分け、例やイラストを使ってそれぞれのステップを丁寧に説明していきます。最初の数章では、モデルの仕組みを理解するためにコードを一から書いていきます。しかし、その後の章では、モデルがより複雑になるため、コーディングには scikit-learn、Turi Create、Keras などのパッケージを使います。これらのパッケージはほとんどの機械学習アルゴリズムを実装しており、非常にわかりやすく強力です。

1.2　なるほど、では機械学習とはいったい何か

　機械学習を定義するために、まずはもう少し一般的な用語である人工知能を定義することにしましょう。

1.2.1　人工知能とは何か

　人工知能は包括的な用語であり、本書では次のように定義します。

> 人工知能 (artificial intelligence：AI)：コンピュータが決定を下すことができるすべてのタスクを集めたもの。

　多くの場合、コンピュータは決定を下すときに人間が決定を下す方法を模倣します。別のケースでは、進化的過程、遺伝的過程、または物理的過程を模倣することもあります。しかし、一般的に言えば、コンピュータが自力で問題を解いているのを見たときは、それが車の運転、2 地点間のルート検索、患者の診断、映画のレコメンデーションのどれであっても、あなたは人工知能を目にしていることになります。

1.2.2　機械学習とは何か

機械学習は人工知能とよく似ており、それらの定義はよく混同されます。機械学習は人工知能の一部であり、本書では次のように定義します。

> **機械学習**（machine learning）：コンピュータが**データに基づいて**決定を下すことができるすべてのタスクを集めたもの。

これはどういうことでしょうか。図にすると図 1-1 のようになります。

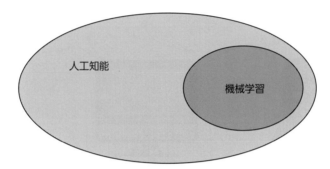

図 1-1：機械学習は人工知能の一部

人間が決定を下すときの方法を思い返してみましょう。一般に、私たちは次の 2 つの方法で決定を下します。

1. 論理と推論を用いる
2. 経験を用いる

たとえば、購入する車を決めているところだとしましょう。価格、燃費、ナビゲーションなど、車の仕様を詳しく調べることで、予算に見合った最良の組み合わせを見つけ出すことができます。この場合は論理と推論を用いています。あるいは、友人全員に所有している車を尋ねて、その車のいいところと悪いところを聞き出してリストにまとめ、そのリストをもとに判断することもできます。この場合は経験を用いています（ただし、友人の経験ですが）。

機械学習は後者であり、私たちの経験に基づいて決定を下します。「経験」を表すコンピュータ用語は**データ**です。したがって、機械学習では、コンピュータはデータに基づいて決定を下します。このため、データだけを使ってコンピュータに問題を解かせたり、決定させたりするときには常に機械学習を行っていることになります。機械学習を口語的に説明すると、「機械学習は常識であり、その常識を行使するのはコンピュータ」となります。

　必要な手段をすべて使って問題を解くことからデータだけを使って問題を解くことへの移行は、コンピュータにとっては小さな一歩に思えるかもしれませんが、人間にとっては大きな一歩です（図 1-2）。ひと昔前は、コンピュータにタスクを実行させたければ、プログラムを書かなければなりませんでした。つまり、コンピュータが従わなければならない命令をすべて書き出す必要がありました。単純なタスクならそれでもよいのですが、タスクによっては複雑すぎる枠組みです。たとえば、画像にリンゴが含まれているかどうかを特定するタスクがあるとしましょう。このタスクを行うコンピュータプログラムの開発に取りかかった途端に、すぐに難しいことがわかるでしょう。

図 1-2：　機械学習にはコンピュータがデータに基づいて意思決定を行うすべてのタスクが含まれる。人間が過去の経験をもとに決定を下すのと同じように、コンピュータは過去のデータをもとに決定を下すことができる

　一歩下がって、次の質問をしてみましょう。私たち人間は、リンゴの見た目をどのようにして学んだのでしょうか。ほとんどの言葉は、誰かにその意味を説明してもらって覚えたのではなく、繰り返しによって覚えています。子供の頃にいろいろなものを見て、それらが何であるかを大人が教えてくれたものです。リンゴが何であるかを覚えるために、何年もかけてたくさんのリンゴを目にしながら「リンゴ」という言葉を耳にし、ある日ついにピンときて、リンゴが何であるかを知ったのです。機械学習では、コンピュータにそれと同じことをさせます。コンピュータに多くの画像を見せ、どの画像にリンゴが含まれているか教えます（この情報がデータになります）。そして、リンゴと認識すべきパターンや属性をコンピュータが理解するまで、このプロセスを繰り返します。このプロセスの最後に新しい画像をコンピュータに与えると、コンピュータがこれらのパターンを用いてその画像にリンゴが含まれているかどうかを判断します。もちろん、コンピュータがそれらのパターンを覚えるようにプログラムする必要がやはりあります。そのための手法がいくつかあり、本書ではそれらの手法を学びます。

1.2.3　ついでに、ディープラーニングとは何か

機械学習が人工知能の一部であるのと同様に、ディープラーニングは機械学習の一部です。前項で述べたように、コンピュータにデータから学習させる手法はさまざまです。そのうちの1つは非常に性能がよかったため、**ディープラーニング**という研究分野として独立しました。本書では、ディープラーニングを次のように定義します。

> **ディープラーニング**（deep learning）：**ニューラルネットワーク**（neural network）と呼ばれるものを使う機械学習の一分野。

つまり、図1-3のようになります。

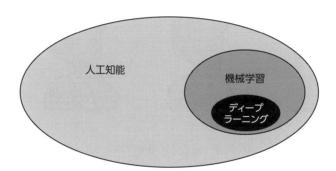

図1-3：ディープラーニングは機械学習の一部

ディープラーニングは本当にうまくいくため、機械学習の中で最もよく使われているものであると言ってよいでしょう。画像認識、テキスト生成、囲碁、自動運転車など、最先端の応用例を調べてみると、たいてい何らかの形でディープラーニングが使われているはずです。

言い換えるなら、ディープラーニングは機械学習の一部であり、機械学習は人工知能の一部です。本書が乗り物に関する本だったとしたら、人工知能は車両、機械学習は自動車、ディープラーニングはフェラーリといったところでしょう。

1.3　機械はデータを使ってどのように意思決定を行うか：記憶・定式化・予測フレームワーク

前節で述べたように、機械学習はデータに基づいてコンピュータに意思決定を行わせるためのさまざまな手法で構成されています。ここでは、データに基づいて意思決定を行うとはどういうことなのか、そして機械学習のさまざまな手法がどのような仕組みで機能するのかについ

て説明します。そこで、経験に基づいて意思決定を行うために人間が用いるプロセスをもう一度分析してみましょう。このプロセスは**記憶・定式化・予測フレームワーク**と呼ばれます（図1-4）。このフレームワークは本書のメインフレームワークであり、次の 3 つのステップで構成されています。

1. 過去のデータを思い出す。

2. 全般的なルールを定式化する。

3. そのルールを使って未来に関することを予測する。

図 1-4：記憶・定式化・予測フレームワーク

　同じ枠組みに従ってコンピュータに同じように考える方法を教えることが機械学習の目標となります。

1.3.1　人間はどのように考えるか

　私たち人間は、経験に基づいて決定を下す必要がある場合に、通常は次の枠組みを使います。

1. 過去の同じような状況を**思い出す**。

2. 全般的なルールを**定式化**する。

3. このルールを使って将来起こるかもしれないことを**予測**する。

　たとえば、「今日は雨になるか」と聞かれたときに予測を行う手順は次のようになります。

1. 先週はだいたい雨だったことを**思い出す**。

2. この場所の天気がだいたい雨であることを**定式化**する。

3. 今日は雨が降ると**予測**する。

　この予測が正しいかどうかはともかく、少なくとも与えられた情報に基づいて最も正確な予測を試みています。

1.3.2　機械学習の用語：モデルとアルゴリズム

　本書では機械学習で使われる手法を説明する例を見てもらいますが、その前に、本書全体で使う機械学習の用語を定義しておきましょう。機械学習では、データを使って問題を解く方法をコンピュータに学習させます。コンピュータはデータを使って**モデル**を構築するという方法で問題を解きます。モデルとは何でしょうか。本書では、モデルを次のように定義します。

> **モデル**（model）：データを表すルールの集まりであり、予測を行うために使うことができる。

　モデルについては、「既存のデータをできるだけ厳密に模倣する一連のルールを使って現実を表すもの」として考えることができます。前項の雨の例では、モデルは現実を表すものであり、その現実とはだいたい雨が降っている世界のことです。これはルール（だいたい雨）が1つしかない非常に単純な世界です。この表現が正確であるかは状況によりますが、与えられたデータからすれば、私たちが定式化できる現実の最も正確な表現です。後ほど、このルールを使って未知のデータについて予測を行います。

　アルゴリズムとは、モデルを構築するために使ったプロセスのことです。この例では、そのプロセスは非常に単純です。雨が降った日数を調べたところ、大半の日が雨だったことがわかりました。もちろん、機械学習のアルゴリズムはこのプロセスよりもずっと複雑になる可能性がありますが、突き詰めれば、常に一連のステップでできています。本書のアルゴリズムの定義は次のとおりです。

> **アルゴリズム**（algorithm）：問題を解いたり計算を行ったりするために使われる手続き（一連のステップ）。本書では、モデルを構築することがアルゴリズムの目標となる。

　要するに、モデルは予測を行うためのものであり、アルゴリズムはモデルを構築するためのものです。これら2つの定義は混同しやすく、取り違えてしまうこともよくあります。そこで、これらの定義を明確にするために、例をいくつか見てみましょう。

1.3.3　人間が使うモデルの例

　機械学習の応用例と言えば、スパム検出です。次の例では、スパムメールとスパムではないメールを検出します。スパムではないメールは**ハム**とも呼ばれます。

> **スパムとハム**：**スパム**（spam）とは、チェーンレターや販促メールといったジャンク（迷惑）メールに対して一般的に使われる用語である。1972 年のモンティ・パイソンのコントでレストランのすべてのメニューにスパムが食材として含まれていたことが「スパム」の語源になっている。ソフトウェア開発者の間では、スパムではないメールを表す用語として**ハム**（ham）が使われている。

例 1：迷惑メールを送ってくる友人

　電子メールを送るのが好きな Bob という友人がいます。Bob が送ってくるメールの大半はチェーンレター型のスパムです。私たちは Bob にイラッとし始めています。今日は土曜日で、ちょうど Bob からメールが届いたところです。メールの内容を見ずに、そのメールがスパムかハムかを推測することはできるでしょうか。

　メールがスパムかどうかを判断するために私たちが使うのは「記憶・定式化・予測」フレームワークです。たとえば、Bob から受け取った直近の 10 通のメールを**覚えている**としましょう。それはつまり「データ」です。そのうちの 4 通がスパムで、残りの 6 通はハムでした。この情報から、次のモデルを**定式化**できます。

モデル 1：Bob から送られてくるメールの 10 通のうち 4 通はスパムである。

　このルールがモデルとなります。このルールが事実ではなくてもかまわないことに注意してください。このルールはとんでもない間違いかもしれません。しかし、与えられたデータから思い付けることはそれで精一杯なので、それでよしとしましょう。本書では後ほど、モデルを評価し、必要に応じてモデルを改良する方法を学びます。

　ルールを定義したところで、このルールを使ってメールがスパムかどうかを**予測**することができます。Bob から送られてくるメールの 10 通のうち 4 通がスパムであるとすれば、この新しいメールは 40% の確率でスパムであり、60% の確率でハムであると推測できます。このルールから判断すると、そのメールはハムであると考えるほうが少し無難です。というわけで、このメールはハムであると予測します（図 1-5）。

図 1-5：非常に単純な機械学習モデル

　繰り返しになりますが、この予測は間違っているかもしれません。開けてみたらスパムだったということだってあり得ます。しかし、私たちは「持てる知識をすべて使って」予測を行っています。機械学習とはそういうものです。

　もっとうまく予測できないのだろうかと思っているかもしれませんね。Bob が送ってくるメールをすべて同じ方法で評価しているように見えますが、スパムメールとハムメールを見分けるのに役立つ情報が他にもあるかもしれません。メールをもう少し詳しく分析してみましょう。たとえば、Bob がメールを送るときのパターンは見つかるでしょうか。

例 2：周期的に迷惑メールを送ってくる友人

　Bob から先月送られてきたメールをもう少し詳しく調べてみましょう。具体的には、Bob がそれらのメールをいつ送ったのかを調べます。Bob がメールを送った曜日とそのメールがスパムかハムかに関する情報をまとめると、次のようになります。

- 月曜日：ハム
- 日曜日：スパム
- 火曜日：ハム
- 火曜日：ハム
- 水曜日：ハム
- 木曜日：ハム
- 土曜日：スパム
- 金曜日：ハム
- 日曜日：スパム
- 土曜日：スパム

　状況が変わりましたね。パターンがわかったでしょうか。Bob が平日に送ったメールはすべてハムで、週末に送ったメールはすべてスパムのようです。それなら納得がいきます。おそらく平日は仕事絡みのメールを送っていますが、週末は暇を持て余して無礼講よろしくスパムを送り付けることにしているのでしょう。そこで、次に示すようにもう少し経験を反映したルール（モデル）を**定式化**できます。

モデル 2： Bob が平日に送るメールはすべてハムで、週末に送るメールはスパムである。

　では、今日が何曜日か調べてみましょう。今日が土曜日で、Bob からメールを受け取ったところだとすれば、Bob から送られてきたメールはスパムであると自信たっぷりに**予測**できます（図 1-6）。このように予測した私たちは、メールを開けることなくごみ箱に放り込み、平穏な 1 日を過ごします。

図 1-6：もう少し複雑な機械学習モデル

例 3：さらにややこしい事態に

　さて、その後もこのルールに従うことにしたとしましょう。ある日街で偶然 Bob に会い、「僕の誕生日パーティにどうして来てくれなかったんだい」と聞かれます。誕生日パーティ？ あとでわかったのですが、先週の日曜日に Bob が誕生日パーティへの招待状を送ってきていたのに、それを見逃していました。なぜメールを見逃したのでしょう。Bob がそのメールを送ってきたのは週末だったので、てっきりスパムだと思ったからです。モデルを改良する必要があるようです。Bob のメールをもう一度調べてみましょう。これは**記憶**ステップです。パターンは見つかるでしょうか。

- 1KB：ハム
- 12KB：ハム
- 16KB：スパム
- 20KB：スパム

- 18KB：スパム
- 3KB：ハム
- 5KB：ハム
- 25KB：スパム

- 1KB：ハム
- 3KB：ハム

何かわかりましたか？ 大きなメールはスパムで、小さなメールはスパムではない傾向にあるようです。スパムメールによく大きな添付ファイルが付いていることを考えると、納得がいきます。したがって、次のルールを**定式化**できます。

モデル3：サイズが 10KB 以上のメールはすべてスパムで、10KB よりも小さいメールはすべてハムである。

さて、ルールを定式化したところで、**予測**を行うことができます。今日 Bob から届いたメールを調べてみると、サイズが 19KB あります。そこで、このメールはスパムであると判断します（図 1-7）。

図 1-7：さらに少し複雑な機械学習モデル

この話はこれでおしまいでしょうか。とんでもありません。

しかし、先へ進む前に、予測を行うために曜日とメールのサイズを使ったことに注目してみましょう。これらは**特徴量**の例です。特徴量は本書に登場する最も重要な概念の1つです。

> **特徴量**（feature）：モデルが予測を行うために使うことができるデータの特性または属性。

メールがスパムかどうかの判断に利用できるもの以外にもさまざまな特徴量があることが想像できます。他にどのようなものが考えられるでしょうか。ここからは、他の特徴量をいくつか見ていきます。

例4：その他のモデル

先の2つの分類器（モデル）は、サイズの大きなメールと週末に送信されたメールを取り除

く優れものでした。これらの分類器はそれぞれこの 2 つの特徴量のうち 1 つだけを使います。しかし、両方の特徴量に対応するルールが必要な場合はどうすればよいでしょう。次の 2 つのようなルールで対応できるかもしれませんし、モデル 6 のようなルールを作成してもよいかもしれません。

モデル 4： サイズが 10KB よりも大きいか、週末に送信されたメールはスパムに分類される。それ以外のメールはハムに分類される。

モデル 5： 平日に送信されたメールのうち、サイズが 15KB よりも大きいものはスパムに分類される。週末に送信されたメールのうち、サイズが 5KB よりも大きいものはスパムに分類される。それ以外のメールはハムに分類される。

モデル 6： 月曜日は 0、火曜日は 1、水曜日は 2、木曜日は 3、金曜日は 4、土曜日は 5、日曜日は 6 といったように、各曜日に数字を割り当てる。曜日の数字とメールのサイズ（KB）を足した結果が 12 以上の場合、そのメールはスパムに分類される（図 1-8）。それ以外のメールはハムに分類される。

図 1-8：さらに複雑な機械学習モデル

　これらはどれも有効なモデルです。二重三重に複雑化したり、特徴量の数を増やしたりすれば、さらに多くのモデルを作成できます。そこで問題となるのは、「どれが最も効果的なモデルなのか」です。ここからはコンピュータの助けが必要です。

1.3.4　機械が使うモデルの例

　ここで目標となるのは、コンピュータに私たちと同じように考えさせること —— つまり、「記憶・定式化・予測」フレームワークを使わせることです。端的に言うと、コンピュータはそれぞれのステップで次の作業を行います。

記憶：巨大なデータテーブルを調べる。
定式化：さまざまなルールや式を調べてデータに最適なモデルを作成する。
予測：モデルを使って未来（未知）のデータについて予測を行う。

　こうして見ると、前項のプロセスとそれほど大きな違いはありません。ここで大きく前進したことと言えば、既存のデータにうまく適合するものが見つかるまでコンピュータがさまざまな式とルールの組み合わせを調べて、モデルをすばやく構築できることです。たとえば、送信者、日付と時刻、単語の個数、スペルミス、buy（購入）や win（当選）といった特定の単語の有無などの特徴量を使ってスパム分類器を構築できます。モデルが次のような論理的な文で構成されることは十分に考えられます。

モデル 7：

- メールにスペルミスが複数ある場合はスパムに分類する。
- 添付ファイルの大きさが 10KB を超える場合はスパムに分類する。
- 送信者が連絡先リストに含まれていない場合はスパムに分類する。
- buy または win という単語が含まれている場合はスパムに分類する。
- それ以外の場合はハムに分類する。

　また、次のような式になることも考えられます。

モデル 8：「（サイズ）＋（10 × スペルミスの個数）−（mom という単語の出現回数）＋（4 × buy という単語の出現回数）＞ 0」という式が成り立つときはスパムに分類する（図 1-9）。それ以外はハムに分類する。

　さて、問題です。最適なルールはどれでしょう。「データに最も適合するもの」というのが簡単な答えですが、「新しいデータに最もうまく汎化するもの」というのが本当の答えです。最終的には非常に複雑なルールになるかもしれませんが、コンピュータはそのルールを定式化し、

そのルールを使って予測をすばやく行うことができます。次の問題は、最適なモデルをどのように構築するかです。本書はまさにこのことを説明するためにあります。

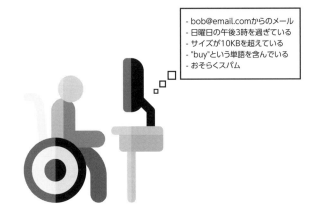

- bob@email.comからのメール
- 日曜日の午後3時を過ぎている
- サイズが10KBを超えている
- "buy"という単語を含んでいる
- おそらくスパム

図 1-9：コンピュータが見つけたはるかに複雑な機械学習モデル

1.4　まとめ

- 機械学習は簡単である。経歴に関係なく誰でも習得して使うことができる。学ぶ意欲と実装すべきすばらしいアイデアさえあればよい。

- 機械学習は途轍もなく有益であり、ほとんどの分野で使われている。機械学習の影響は科学からテクノロジ、社会問題、医薬品にまでおよんでおり、その範囲は今後もさらに広がっていくだろう。

- 機械学習は常識であり、その常識を行使するのはコンピュータである。機械学習は人間が意思決定を行うために考える方法を高速かつ正確に模倣する。

- 人間が経験に基づいて決定を下すのと同じように、コンピュータは過去のデータに基づいて決定を下すことができる。機械学習とはそういうものである。

- 機械学習は「記憶・定式化・予測」フレームワークを使う。

    - **記憶**：過去のデータを調べる。

    - **定式化**：このデータに基づいてモデル（ルール）を構築する。

    - **予測**：このモデルを使って未来のデータについて予測する。

機械学習の種類 | 2

本章の内容

- 3種類の機械学習：教師あり学習、教師なし学習、強化学習
- ラベル付きデータとラベルなしデータの違い
- 回帰と分類の違いとそれらの用途

USER FRIENDLY by Illiad

前章で学んだように、機械学習はコンピュータにとっての常識です。機械学習は過去のデータに基づいて意思決定を行うことで、人間が経験に基づいて意思決定を行うプロセスを大まかに模倣します。言うまでもなく、コンピュータは（意思決定を行うためではなく）数値の格納と処理を目的として設計されているため、人間の思考プロセスを模倣するようにコンピュータをプログラムするのはかなりやっかいです。そこで、このタスクをどうにかしようというのが機械学習です。機械学習は意思決定の種類に応じて複数に枝分かれします。本章では、そのうち最も重要な枝をざっと見ていくことにします。

機械学習は、次を含め、さまざまな分野で応用されています。

- 家の広さ、部屋数、所在地に基づいて住宅の価格を予測する。
- 昨日の株価とその他の市場の要因に基づいて今日の株式相場を予測する。
- 電子メールに含まれている単語と送信者に基づいてスパムとハムを検出する。
- 画像内のピクセルに基づいてその画像を人の顔や動物として認識する。
- 長いテキスト文書を処理して要約を出力する。
- ユーザーに動画や映画を勧める（YouTube、Netflix など）。
- 人間とやり取りして質問に答えるチャットボットを作成する。
- 自動運転車を訓練して市内を自動で移動させる。
- 患者が病気かどうかを診断する。
- 所在地、購買力、関心に基づいて市場をセグメント化する。
- チェスや碁などのゲームで対戦する。

これらの分野のそれぞれで機械学習をどのように利用できるかちょっと考えてみましょう。用途は異なっていても同じような方法で解決できるものがあることがわかります。たとえば、住宅価格と株価は同じような手法を使って予測できます。同様に、電子メールがスパムかどうかの予測と、クレジットカード決済が不正取引によるものかどうかの予測にも同じような手法を使うことができます。アプリケーションのユーザーを類似性に基づいてグループ化することについてはどうでしょうか。住宅価格の予測とは違うもののようですが、新聞の記事をトピックごとに分類するのと同じような方法で対処できそうです。チェスの対局についてはどうでしょうか。他の用途とはまったく異なるようですが、碁の対局と似ているかもしれません。

機械学習のモデルはそれぞれの仕組みに応じて何種類かに分類されます。大きく分けると次の 3 種類があります。

- 教師あり学習
- 教師なし学習

- 強化学習

本章では、これら3つの機械学習をざっと見ていきます。ただし、本書で取り上げるのは教師あり学習だけです。なぜなら、機械学習を学ぶのであれば教師あり学習から始めるのが最も自然であり、ほぼ間違いなく現在最もよく使われている手法だからです。これら3つの機械学習はどれもおもしろく役に立つので、ぜひ文献を調べて学んでください。なお、筆者が作成したいくつかの動画を含め、興味を持ってもらえそうな資料を付録Cに用意したので参考にしてください。

2.1　ラベル付きデータとラベルなしデータの違い

2.1.1　データとは何か

前章ではデータについて説明しましたが、先へ進む前に、本書での**データ**の意味を明確にしておきましょう。言ってしまえば、データとは情報のことです。情報を含んだテーブルがあるとしたら、データがあるということです。通常、テーブル内の各行はデータ点です。たとえば、ペットのデータセットがあるとしましょう。この場合、各行は異なるペットを表しています。このテーブル内の各ペットはそのペットの特徴量によって説明されます。

2.1.2　特徴量とは何か

前章では、特徴量をデータの特性または属性として定義しました。データがテーブルに含まれている場合、特徴量はテーブルの列です。先のペットの例では、特徴量として大きさ、名前、種類、体重などが考えられます。場合によっては、ペットの画像を構成しているピクセルの色が特徴量になることもあります。このようにデータを説明するのが特徴量です。ただし、特徴量の中には、**ラベル**（label）と呼ばれる特別なものがあります。

2.1.3　ラベルとは何か

ラベルは解こうとしている問題のコンテキストに左右されるため、それほど単純ではありません。一般に、特定の特徴量を他の特徴量に基づいて予測しようとしているとしたら、その特徴量はラベルです。ペットに関する情報に基づいてそのペットの種類（猫、犬など）を予測しようとしている場合、ラベルはペットの種類（猫、犬など）です。症状やその他の情報に基づいてペットが健康かどうかを予測しようとしている場合、ラベルはペットの状態（健康または病気）です。ペットの年齢を予測しようとしている場合、ラベルはペットの年齢（数字）です。

2.1.4　予測

　ここまでは、予測を行うという概念を心置きなく使ってきましたが、ここではっきりさせておきましょう。機械学習モデルの目標は、データに含まれているラベルを推測することです。モデルが行う推測を**予測**（prediction）と呼びます。

　これで、ラベルとは何かがわかりました。データには、大きく分けて**ラベル付きデータ**と**ラベルなしデータ**の 2 種類があります。

2.1.5　ラベル付きデータとラベルなしデータ

　ラベル付きデータとは、ラベルが付いているデータのことです。ラベルなしデータとは、ラベルが付いていないデータのことです。たとえば、メールがスパムかどうかを記録する列、またはメールが仕事絡みのものかどうかを記録する列を持つ電子メールのデータセットは、ラベル付きデータの例です。また、予測したいと思うような列を持たない電子メールのデータセットは、ラベルなしデータの例です。ラベル付きデータはラベルでタグ付けされたデータです。そのラベルは種類のこともあれば、数値のこともあります。ラベルなしデータはタグ付けされていないデータです。

　図 2-1 には、ペットの画像を含んでいる 3 つのデータセットがあります。1 つ目のデータセットにはペットの種類を記録する列があり、2 つ目のデータセットにはペットの体重を記録する列があります。これら 2 つのデータセットはラベル付きデータの例です。3 つ目のデータセットは画像だけで構成されており、ラベルを持たないため、ラベルなしデータの例です。

図 2-1：左のデータセットはラベル付きで、ラベルはペットの種類（犬または猫）、
真ん中のデータセットもラベル付きで、ラベルはペットの体重（ポンド）、
右のデータセットはラベルなし

　もちろん、この定義はやや曖昧です。特定の特徴量をラベルと見なすかどうかは問題によるからです。このため、データをラベル付きと見なすかどうかの判断は、たいてい、解こうとしている問題によって決まります。

　ラベル付きデータとラベルなしデータは、教師あり学習と教師なし学習という2種類の機械学習を生み出しています。次の2つの節では、これら2種類の機械学習について説明します。

2.2　教師あり学習：ラベル付きデータを扱う機械学習

　教師あり学習（supervised learning）は、画像認識、さまざまな形式のテキスト処理、レコメンデーションシステムなど、最近主流となっているアプリケーションで使われています。教師あり学習はラベル付きデータを扱うタイプの機械学習です。要するに、教師あり学習モデルの目標はラベルを予測することにあります。

　図2-1の例では、左のデータセットは犬と猫の画像を含んでおり、ラベルは「犬」と「猫」です。このデータセットでは、教師あり学習モデルは新しいデータ点のラベルを予測するために過去のデータを使います。つまり、ラベルが**付いていない**新しいデータが渡された場合、モデルはその画像が犬か猫かを推測することで、そのデータ点のラベルを予測します（図2-2）。

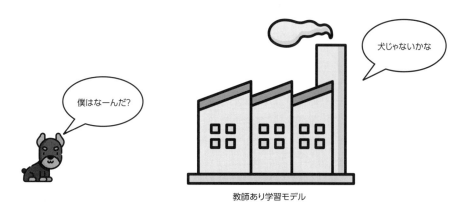

教師あり学習モデル

図2-2：教師あり学習モデルは新しいデータ点のラベルを予測する。
この場合、データ点は犬を表している。
教師あり学習モデルはこのデータ点が確かに犬であることを予測するように訓練される

　前章で説明したように、意思決定を行うためのフレームワークは「記憶・定式化・予測」です。これはまさに教師あり学習の仕組みそのものです。教師あり学習モデルは、まず、犬と猫のデータセットを**記憶**します。次に、犬または猫の特徴と考えられるものをモデル（ルール）として**定式化**します。最後に、新しい画像が与えられたときに、その画像のラベル（犬または猫）を**予測**します（図2-3）。

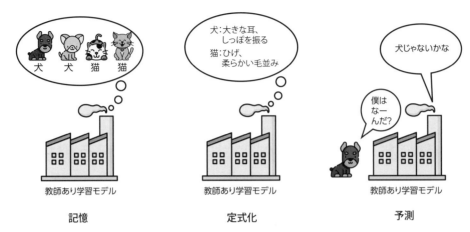

図 2-3：教師あり学習モデルは第 1 章で説明した「記憶・定式化・予測」フレームワークに従う。
まずデータセットを記憶し、次に犬または猫の特徴と考えられるものをルール化し、
最後に新しいデータ点が犬か猫かを予測する

　さて、図 2-1 には 2 種類のラベル付きデータセットがあります。真ん中のデータセットでは、
各データ点がその動物の体重でラベル付けされています。このデータセットでは、ラベルは数
値です。左のデータセットでは、各データ点がその動物の種類（犬または猫）でラベル付けさ
れています。このデータセットでは、ラベルは状態です。数値と状態は教師あり学習モデルで
使われる 2 種類のデータです。1 種類目のデータを**数値のデータ**、2 つ目の種類を**カテゴリ値
のデータ**と呼びます。

数値のデータ：4、2.35、-199 などの数値を用いるあらゆる種類のデータ。数値データの
　　　　　例には、価格、サイズ、重量などが含まれる。
カテゴリ値のデータ：男性／女性、猫／犬／鳥などのカテゴリ（状態）を用いるあらゆる種
　　　　　類のデータ。この種類のデータには、各データ点に有限のカテゴリ集合が紐付けら
　　　　　れる。

　この 2 種類のデータから次の 2 種類の機械学習モデルが生まれました。

回帰モデル（regression model）：**数値のデータ**を予測する機械学習モデル。回帰モデルは
　　　　　動物の体重といった「数値」を出力する。
分類モデル（classification model）：**カテゴリ値のデータ**を予測する機械学習モデル。分類
　　　　　モデルは動物の種類（猫または犬）といった「カテゴリ（状態）」を出力する。

　教師あり学習モデルの例を 2 つ見てみましょう。1 つは回帰モデル、もう 1 つは分類モデルの例です。

モデル 1：住宅価格モデル（回帰）

　　このモデルのデータ点は住宅であり、各データ点のラベルはその価格である。新しい住宅（データ点）が市場に現れたときにそのラベル（価格）を予測することが目標となる。

モデル 2：スパム検出モデル（分類）

　　このモデルのデータ点は電子メールであり、各データ点のラベルはスパムかハムのどちらかである。受信トレイに新しいメール（データ点）が届いたときにそのラベル（スパムまたはハム）を予測することが目標となる。

　モデル 1 とモデル 2 に次の 2 つの違いがあることに注目してください。

- 住宅価格モデルは、100 ドル、250,000 ドル、3,125,672.33 ドルなど、さまざまな候補の中から数値を返すことができるモデルである。したがって、このモデルは**回帰**モデルである。
- これに対し、スパム検出モデルはスパムかハムのどちらかしか返せない。したがって、このモデルは**分類**モデルである。

　ここでは、次の 2 つの項にわたって回帰と分類を少し詳しく見ていきます。

2.2.1　回帰モデルは数値を予測する

　先に述べたように、回帰モデルは数値のラベルを予測するモデルであり、この数値を特徴量に基づいて予測します。住宅の例では、広さ、部屋数、最寄りの学校までの距離、周辺の犯罪率など、住宅を説明するあらゆるものを特徴量として使うことができます。

　回帰モデルは次のような分野でも使うことができます。

- **株価**
  他の株価やマーケットシグナルに基づいて特定の株価を予測する。
- **医療**
  患者の症状や病歴に基づいてその患者の平均余命や平均回復時間を予測する。
- **販売**
  顧客の人口統計学的属性と過去の購買行動に基づいてその顧客が支払う金額を予測する。

● **動画レコメンデーション**

ユーザーの人口統計学的属性と過去に視聴した他の動画に基づいてそのユーザーが動画を視聴する時間を予測する。

回帰に使われる最も一般的な手法は線形回帰です。線形回帰は 1 次関数（直線または同様のもの）を使う手法であり、特徴量に基づいて予測を行います。線形回帰については第 3 章で説明します。また、第 9 章で説明する決定木回帰や、第 12 章で説明するさまざまなアンサンブル法（ランダムフォレスト、AdaBoost、勾配ブースティング木、XGBoost など）もよく使われます。

2.2.2 分類モデルは状態を予測する

分類モデルは状態の有限集合に含まれている状態を予測するモデルです。最も一般的な分類モデルは「はい」または「いいえ」を予測するものですが、もっと多くの状態を使うモデルもいろいろあります。図 2-3 で見てもらったのは分類の例であり、ペットの種類（犬または猫）を予測します。

スパムメールを識別する例では、モデルはメールの特徴量からメールの状態（スパムかハムか）を予測します。この場合は、メールに含まれている単語、スペルミスの個数、送信者など、メールを説明するあらゆるものが特徴量になります。

また、画像認識も分類の一般的な用途の 1 つです。最もよく知られている画像認識モデルは、画像内のピクセルを入力として受け取り、その画像が何を表しているのかを予測して出力するものです。画像認識のデータセットとしては、MNIST と CIFAR-10 の 2 つが有名です。MNIST（Mixed National Institute of Standards and Technology）[1] は、28 × 28 ピクセルの手書き数字の白黒画像を 60,000 個ほど含んでいるデータセットであり、画像はそれぞれ 0 〜 9 でラベル付けされています。これらの画像はアメリカの国勢調査局の職員と高校生から集めたものです。CIFAR-10 データセット[2] は、32 × 32 ピクセルのさまざまなカラー画像を 60,000 個含んでおり、画像はそれぞれ 10 種類のタグ（airplane, car, bird, cat, deer, dog, frog, horse, ship, truck）でラベル付けされています。このデータセットは CIFAR（Canadian Institute For Advanced Research）によって管理されています。

分類モデルには、さらに次のような効果的な用途もあります。

● **感情分析**

映画のレビューに含まれている単語に基づいて、そのレビューがポジティブ（肯定的）か

※ 1　http://yann.lecun.com/exdb/mnist/

※ 2　https://www.cs.toronto.edu/~kriz/cifar.html

ネガティブ（否定的）かを予測する。

● **Web サイトのトラフィック**

ユーザーの人口統計学的属性やサイトでの過去の操作に基づいて、そのユーザーがリンクをクリックするかどうかを予測する。

● **ソーシャルメディア**

ユーザーの人口統計学的属性、履歴、共通の友だちに基づいて、そのユーザーが別のユーザーと友だちになる、または交流を持つかどうかを予測する。

● **動画レコメンデーション**

ユーザーの人口統計学的属性と過去に視聴した他の動画に基づいて、そのユーザーが動画を観るかどうかを予測する。

　本書の大部分（第5章、第6章、第8章〜第12章）では、分類モデルを取り上げます。第5章ではパーセプトロン、第6章ではロジスティック分類器、第8章ではナイーブベイズアルゴリズム、第9章では決定木、第10章ではニューラルネットワーク、第11章ではサポートベクトルマシン、そして第12章ではアンサンブル法を学びます。

2.3　教師なし学習：ラベルなしデータを扱う機械学習

　教師なし学習（unsupervised learning）もよく使われる機械学習法の1つです。教師あり学習との違いは、データがラベル付けされていないことです。つまり、ラベル（予測の目的変数または正解値）がないデータセットからできるだけ多くの情報を抽出することが機械学習モデルの目標となります。

　では、ラベルがないデータセットとはどのようなもので、そのようなデータセットを使って何ができるのでしょうか。予測の目的変数となるラベルがないため、原則的には、ラベル付きのデータセットよりもできることが限られる可能性があります。とはいえ、ラベル付けされていないデータセットからも多くの情報を抽出することが可能です。例として、図2-1の右端のデータセットをもう一度見てみましょう。このデータセットは犬と猫の画像で構成されていますが、ラベルは付いていません。このため、それぞれの画像が表しているペットの種類はわからず、新しい画像が犬なのか猫なのかを予測することはできません。しかし、2つの画像が似ているかどうかなど、他にできることがあります。これが教師なし学習アルゴリズムの仕組みです。教師なし学習アルゴリズムは類似性に基づいて画像を分類できますが、それぞれのグループが何を表すのかはわかりません（図2-4）。やり方次第では、教師なし学習アルゴリズムを使って犬と猫の画像を実際に分類し、さらに種ごとに分類することも不可能ではありません。

何が与えられたのかはわからないが、
左の2つが右の2つと異なることはわかる

教師なし学習アルゴリズム

図 2-4：教師なし学習アルゴリズムでもデータから情報を取り出すことができる。
たとえば、同じような要素をグループにまとめることができる

　実際には、教師なし学習はデータにラベルが付いている場合でも利用できます。教師なし学習を使ってデータの前処理を行うと、教師あり学習の手法の効果を高めることができます。

　教師なし学習には、大きく分けてクラスタリング、次元削減、生成学習の 3 種類があります。

クラスタリングアルゴリズム（clustering algorithm）：データを類似性に基づいてクラスタに分類するアルゴリズム。

次元削減アルゴリズム（dimensionality reduction algorithm）：データを単純化し、より少ない特徴量でデータを正確に説明するアルゴリズム。

生成アルゴリズム（generative algorithm）：既存のデータに似ている新しいデータ点を生成できるアルゴリズム。

　次の 3 つの項では、これら 3 種類の学習法を詳しく見ていきます。

2.3.1　クラスタリングアルゴリズム：データセットをグループに分割する

　クラスタリングアルゴリズムはデータセットを類似性に基づいてグループに分割するアルゴリズムです。このことを具体的に示すために、2.2 節で登場した 2 つのデータセット（住宅データセットとスパムメールデータセット）をここでも使うことにします。ただし、それらのデータセットにはラベルが付いていないものとします。つまり、住宅データセットには価格が含まれておらず、スパムメールデータセットにはメールがスパムかどうかに関する情報が含まれていません。

　住宅データセットから見ていきましょう。このデータセットで何ができるでしょうか。住宅を類似性に基づいてグループ化するというのはどうでしょう。たとえば、所在地、価格、広さ、

またはこれらの組み合わせを使って分類することができそうです。このプロセスを**クラスタリング**（clustering）と呼びます。クラスタリングは教師なし学習の一種であり、データセット内の要素を類似性の高いデータ点ごとにクラスタに分割します。

　次はスパムメールデータセットです。このデータセットにはラベルがないので、それぞれのメールがスパムかどうかはわかりません。それでもクラスタリングを適用することは可能です。クラスタリングアルゴリズムは、メールのさまざまな特徴量に基づいてメールをいくつかのグループに分割します。メールの特徴量としては、メッセージに含まれている単語、送信者、添付ファイルの個数とサイズ、メールに含まれているリンクの種類などが考えられます。データセットをクラスタ化した後、人間（または人間と教師あり学習アルゴリズムの組み合わせ）がこれらのクラスタを「Personal（私信）」、「Social（ソーシャル）」、「Promotions（販促）」といったカテゴリに基づいてラベル付けすることもできます。

　例として、表2-1のデータセットを見てみましょう。このデータセットには9通のメールが含まれています。これらのメールをグループ化してみましょう。このデータセットの特徴量は、メールのサイズと受信者の人数です。

表2-1：各メールのサイズと受信者の人数

メール	サイズ	受信者
1	8	1
2	12	1
3	43	1
4	10	2
5	40	2
6	25	5
7	23	6
8	28	6
9	26	7

　ざっと見た限りでは、受信者の人数でメールをグループ化できそうです。そうすると、受信者の人数が2人以下のグループと5人以上のグループに分かれるでしょう。また、メールのサイズに基づいて3つのグループに分けることもできます。しかし、この表のサイズが大きくなっていくと、グループの見当をつけるのが難しくなっていきます。このデータをグラフにしてみるというのはどうでしょう。横軸をサイズ、縦軸を受信者の人数としてこれらのメールをプロットするのです。そうすると、図2-5のようになります。

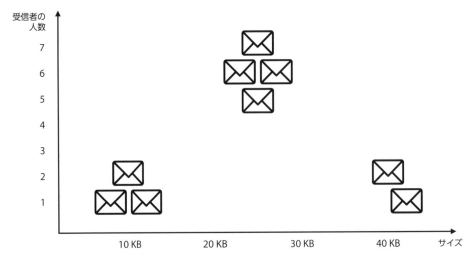

図 2-5：メールデータセットのプロット。横軸はメールのサイズ、縦軸は受信者の人数を表している。
このデータセットに 3 つのクラスタがあることがはっきり見て取れる

図 2-5 で浮かび上がった 3 つのクラスタをマーカーで囲むと図 2-6 のようになります。

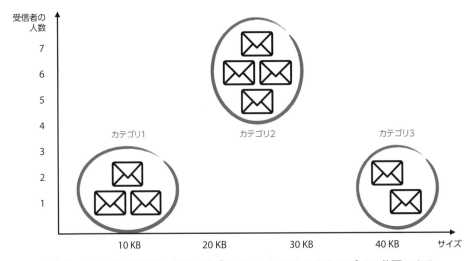

図 2-6：サイズと受信者の人数に基づいてメールを 3 つのカテゴリに分類できる

　クラスタリングとは、この最後のステップのことです。もちろん、私たち人間にとっては、プロットしてしまえば 3 つのグループは一目瞭然です。しかし、コンピュータにとっては、それほど簡単なことではありません。さらに、データセットに数百万ものデータ点が含まれていて、数百あるいは数千もの特徴量で構成されているとしたらどうでしょう。特徴量の個数が 3

つを超えると、それらの次元を可視化できなくなるため、人間がクラスタを目で確認するのは不可能になります。ありがたいことに、コンピュータはいくつもの行と列からなる巨大なデータセットでこの種のクラスタリングを行うことができます。

クラスタリングは次の分野でも応用されています。

- **マーケットセグメンテーション**
  顧客を人口統計学的属性と過去の購買行動に基づいてグループ化し、グループごとに異なるマーケティング戦略を作成する。

- **遺伝学**
  遺伝子の類似性に基づいて種を分類する。

- **医療画像**
  さまざまな体組織を調査するために画像をさまざまな部分に分割する。

- **動画レコメンデーション**
  ユーザーを人口統計学的属性と過去に視聴した動画に基づいてグループ化する。この結果をもとに、同じグループに所属する他のユーザーが視聴した動画をユーザーに勧める。

教師なし学習モデルについて

本書の残りの部分では、教師なし学習は取り上げません。しかし、教師なし学習について自分で調べてみることを強くお勧めします。次に、最も重要なクラスタリングアルゴリズムをいくつか挙げておきます。なお、これらのアルゴリズムをさらに詳しく調べるための資料を付録Cにまとめてあります。

- **k-means 法**
  類似するデータ点の中心（セントロイド）をランダムに選び出し、セントロイドが正しい位置に移動するまでデータ点に近づけていくという方法で、データ点をグループ化する。

- **階層的クラスタリング**
  最も近くにあるデータ点をグループ化することから始めて、グループが明確に定義されるまでこの処理を繰り返す。

- **DBSCAN（Density-based spatial clustering）**
  局所的に高密度な場所にあるデータ点をグループにまとめ、孤立したデータ点をノイズとしてラベル付けする。

- **混合ガウスモデル**
  データ点を1つのクラスタに割り当てるのではなく、データ点の一部を既存のクラスタのそれぞれに割り当てる。たとえば、A、B、Cの3つのクラスタがある場合は、特定

のデータ点の 60% が A、25% が B、15% が C に所属すると判定されるかもしれない。

2.3.2　次元削減：それほど多くの情報を失うことなくデータを単純化する

　次元削減（dimensionality reduction）は、他の手法を適用する前にデータを大幅に単純化できる非常に便利な前処理ステップです。例として、ここでも住宅データセットを使うことにします。次のような特徴量があるとしましょう。

- 広さ
- 部屋の数
- バスルームの数
- その地区の犯罪率
- 最寄りの学校までの距離

　このデータセットには、列（特徴量）が 5 つあります。列の個数を減らしてデータセットをもう少し単純化したいものの、あまり情報を失いたくないという場合はどうすればよいでしょうか。ここで常識を働かせることにし、これら 5 つの特徴量をさらに詳しく調べてみましょう。それらを単純化する方法 —— （おそらく）もっと小さく、もっと一般的なカテゴリにまとめる方法はあるでしょうか。

　少し詳しく調べてみると、最初の 3 つの特徴量には類似性があり、どれも住宅の大きさに関連していることがわかります。同様に、4 つ目と 5 つ目の特徴量も住環境（周辺区域）の性質に関連しているという点では似ています。最初の 3 つの特徴量を「サイズ」という大きな特徴量でひとくくりにし、残りの 2 つの特徴量を「住環境」という大きな特徴量でひとくくりにできそうです。「サイズ」特徴量はどのようにまとめればよいでしょうか。部屋の数を無視して広さだけを考慮するか、部屋の数とバスルームの数を合計するか、あるいは 3 つの特徴量を他の方法で組み合わせることが考えられます。「住環境」特徴量も同じような方法でまとめることができそうです。これらの特徴量を要約するよい方法を見つけ出すのが次元削減アルゴリズムです。このアルゴリズムは、情報をできるだけ失わないようにし、データをできるだけそのままの状態に保ちながら、処理や格納が容易になるような方法でデータを単純化します。図 2-7 を見てください。左の住宅データセットは多くの特徴量で構成されています。次元削減を利用すれば、情報を大きく失うことなくデータセットの特徴量の個数を減らすことで、右のデータセットに変えることができます。

次元削減

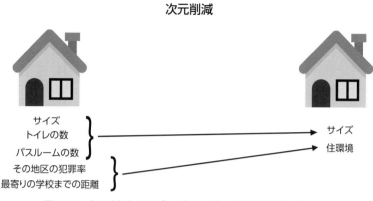

サイズ
トイレの数
バスルームの数
その地区の犯罪率
最寄りの学校までの距離

サイズ
住環境

図 2-7：次元削減アルゴリズムはデータの単純化に役立つ

　データセットの列の個数を減らしているだけなのに「次元削減」と呼ばれるのはなぜでしょうか。データセットの列に「次元」というきどった名前が付いているからです。次のように考えてください。データセットに列が 1 つある場合、データ点はそれぞれ 1 つの数字です。これらの数字の集まりは直線上の点の集まりとしてプロットできます。これはちょうど 1 次元です。データセットに列が 2 つある場合、データ点はそれぞれ数字のペアで表されます。これらのペアの集まりを都市の点の集まりとして考えてみてください。1 つ目の数字を（東西に走る）ストリートの番地、2 つ目の数字を（南北に走る）アベニューの番地として考えることができます。地図上の住所は平面上にあるので 2 次元です。データセットに列が 3 つある場合はどうなるでしょうか。この場合、データ点はそれぞれ 3 つの数字で構成されます。仮に、市内の住所がすべてビルであるとすれば、1 つ目と 2 つ目の数字をストリートとアベニューの番地、3 つ目の数字をビルの階数として考えることができます。このように考えると 3 次元の都市のようですね。この調子で列の個数を増やしていくことができますが、数字が 4 つの場合はどうなるでしょうか。こうなると実際に可視化することはできなくなります。仮にできたとすれば、このデータ点の集まりは 4 次元の都市のどこかにあるそれぞれの場所のように見えるでしょう。4 次元の都市をイメージする最もよい方法は、4 つの列を持つテーブルを想像してみることです。100 次元の都市はどうでしょうか。これは 100 個の列を持つテーブルであり、それぞれの住所が 100 個の数字で構成されることになります。

　高い次元について考えるときには、図 2-8 のようなイメージを思い浮かべてみるとよいでしょう。1 次元は道路のようなもので、それぞれの住所には数字が 1 つだけ割り当てられます。2 次元は平面都市のようなもので、それぞれの住所には数字が 2 つあります（ストリートとアベニュー）。3 次元はビルが建ち並ぶ都市のようなもので、それぞれの住所には数字が 3 つあります（ストリート、アベニュー、階）。4 次元は想像上の場所のようなもので、それぞれの住所には数字が 4 つあります。さらに高次元になると、それぞれの住所は必要な数の座標で表さ

れるまた別の想像上の都市になるでしょう。次元を削減して5次元を2次元にすると、5次元の都市を2次元の都市に単純化することになります。これが「次元削減」と呼ばれる所以です。

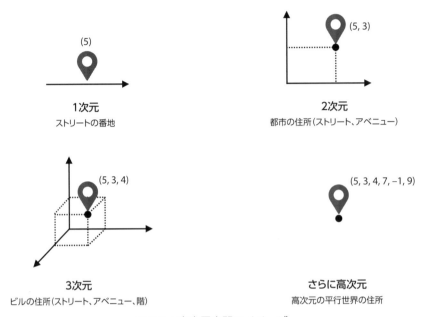

1次元
ストリートの番地

2次元
都市の住所（ストリート、アベニュー）

3次元
ビルの住所（ストリート、アベニュー、階）

さらに高次元
高次元の平行世界の住所

図 2-8：高次元空間のイメージ

2.3.3　データを単純化するその他の方法：行列分解と特異値分解

　クラスタリングと次元削減はまったく似ていないように思えますが、実際には、それほど違うわけではありません。データがぎっしり詰まったテーブルがある場合、各行はデータ点に相当し、各列は特徴量に相当します。したがって、クラスタリングを使ってデータセットの行の個数を減らし（図2-9）、次元削減を使って列の個数を減らすことができます（図2-10）。

　ここで、行と列を同時に削減できる方法はあるのだろうか、と思っているかもしれません。もちろんあります。行と列を同時に削減するためによく使われているのは、**行列分解**（matrix factorization）と**特異値分解**（singular value decomposition）の2つの方法です。これら2つのアルゴリズムは大きなデータ行列を2つの小さな行列の積に分解します。

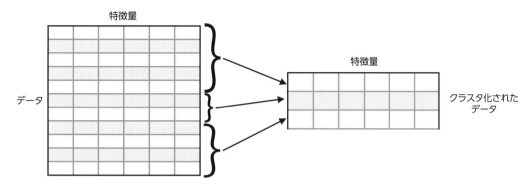

図 2-9：クラスタリングによる単純化では、データセットの複数の行を 1 つにまとめることで
行の個数を減らすことができる

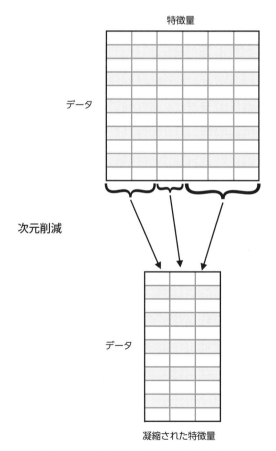

図 2-10：次元削減による単純化では、データセットの列の個数を減らすことができる

　Netflix などでは、レコメンデーションを生成するために行列分解を広く利用しています。大きなテーブルの各行がユーザー、各列が映画に相当し、行列のエントリがそのユーザーによるその映画の評価であると考えてみてください。行列分解を使って映画の種類や出演している俳優といった特徴量を取り出せば、それらの特徴量に基づいてユーザーが映画に付ける評価を予測することができます。

　特異値分解は画像の圧縮に使われます。たとえば、白黒画像を大きなデータテーブルに見立ててみましょう。このテーブルの各エントリには、対応するピクセルの明度が含まれています。特異値分解は、線形代数の手法を使ってこのデータテーブルを単純化することで、画像を単純化してエントリの数が少ない単純なデータを格納できるようにします。

2.3.4　生成学習

　生成学習（generative learning）は、最も驚異的な機械学習の分野の 1 つです。コンピュータによって生成された本物と見まがうほどリアルな顔や画像、動画を見たことはあるでしょうか。あるとしたら、それは生成学習の仕業です。

　生成学習の分野は、データセットが与えられたときに、そのデータセットからサンプルのような新しいデータ点を出力できるモデルに基づいています。似たようなデータ点を生成するには、これらのアルゴリズムが「データがどのように見えるか」を学習しなければなりません。たとえば、データセットに顔の画像が含まれている場合、アルゴリズムは本物そっくりの顔を生成するでしょう。生成アルゴリズムはきわめてリアルな画像や絵などを生成することに成功しています。また、動画、音楽、物語、詩など、他にもすばらしい作品を生み出しています。生成アルゴリズムとしては、Ian Goodfellow らが開発した**敵対的生成ネットワーク**（GAN）が最もよく知られています。また、Kingma と Welling が開発した**変分オートエンコーダ**（VAE）や、Geoffrey Hinton が開発した**制限ボルツマンマシン**（RBM）もよく知られている便利な生成アルゴリズムです。

　想像できると思いますが、生成学習は非常に難しい分野です。人間にとっては、画像が犬を表しているかどうかを判断することのほうが、実際に犬を描くよりもずっと簡単です。コンピュータにとっても、このタスクの難しさは変わりません。このため、生成学習のアルゴリズムは複雑で、それらのアルゴリズムをうまく機能させるには大量のデータや計算能力が要求されます。本書のテーマは教師あり学習なので、生成学習については詳しく取り上げません。ただし、生成学習はニューラルネットワークを使う傾向にあるため、第 10 章で生成アルゴリズムの仕組みをざっと取り上げることにします。このテーマについてさらに詳しく知りたい場合は、付録 C で参考文献を調べてみてください。

2.4　強化学習

　強化学習（reinforcement learning）はデータをいっさい与えずにコンピュータにタスクを実行させなければならない機械学習の一種です。データの代わりにモデルに与えるのは、環境と、この環境内で行動するエージェントです。エージェントには、1つまたは複数の目標があります。環境には、エージェントに判断を誤ることなく目標を達成させるための報酬とペナルティがあります。説明が少し抽象的になってしまったので、例を見てみることにしましょう。

例：マス目の世界

　図 2-11 はマス目の世界を表しています。左下の隅にいるロボットはエージェントで、目標はグリッドの右上にある宝箱にたどり着くことです。この世界には山もあります。ロボットは山を登ることができないため、そのマスは通過できません。また、ドラゴンがいるマスに移動しようものなら攻撃を受けてしまうため、そのマスに足を踏み入れないようにすることも目標の 1 つとなります。これはゲームです。そして、進行方向に関する情報をロボットに与えるためにスコアを記録します。スコアは 0 から始まり、ロボットが宝箱にたどり着いたら 100 ポイントを獲得し、ドラゴンに遭遇したら 50 ポイントを失います。また、このロボットは歩行によってエネルギーを消費するため、ロボットがもたもたしないように、ロボットが 1 マス進むたびに 1 ポイントを失うとしましょう。

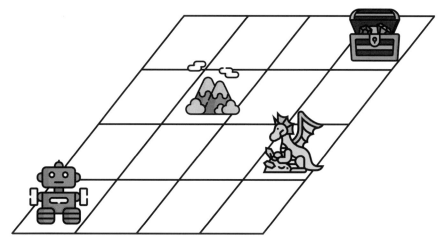

図 2-11：マス目の世界にいるロボットのエージェント。
ロボットはドラゴンを避けながら宝箱を目指す。山はロボットが通過できない場所を表している

　このアルゴリズムの訓練方法をざっくり説明すると、「ロボットが歩行を開始し、スコアを記録しながら通ってきた経路を記憶する」となります。ある地点を過ぎたところでロボットがドラゴンに遭遇し、多くのポイントを失うことになるかもしれません。このため、ロボットは

ドラゴンのいるマスとその近くのマスに低いスコアを付けることを学習します。また、ある地点を過ぎたところで宝箱にたどり着いた場合は、宝箱があるマスとその近くのマスに高いスコアを付けることを学習します。このゲームをしばらくプレイするうちに、それぞれのマスがどれくらい有力な候補であるかをロボットが十分に理解し、宝箱に続いているマス目をたどる経路を進むようになるはずです。図 2-12 は有効な経路の 1 つを表していますが、この経路はドラゴンのすぐそばを通るため、理想的な経路ではありません。あなたならどこを通るのがもっとよい経路だと思いますか？

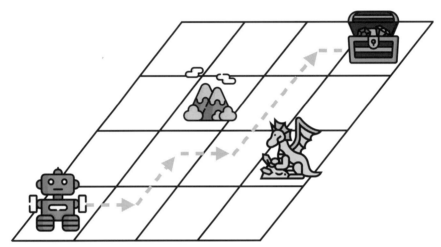

図 2-12：宝箱を見つけるためにロボットがたどると思われる経路の 1 つ

もちろん、これはかなり大ざっぱな説明であり、強化学習について説明すべきことはまだたくさんあります。さらに詳しく学びたい場合は、付録 C に深層強化学習の動画などの資料がまとめてあるので参考にしてください。

強化学習は、次を含め、さまざまな最先端分野で応用されています。

- **ゲーム**
  最近では、囲碁やチェスといったゲームでコンピュータが人間を凌ぐようになってきている。この学習の進歩の陰には強化学習がある。また、Atari の Breakout やスーパーマリオといったゲームでエージェントが勝つための学習にも強化学習が使われている。

- **ロボット工学**
  ロボットが箱を持ち上げたり、部屋の掃除をしたり、さらには踊ったりといったタスクをこなせるようにするために、強化学習が広く使われている。

- **自動運転車**
  パスプランニング（経路計画）や特定の環境での挙動など、自動車にさまざまなタスクを遂行させるために強化学習が使われている。

2.5 まとめ

- 機械学習には、教師あり学習、教師なし学習、強化学習をはじめ、さまざまな種類がある。
- データにはラベル付けされているものとされていないものがある。ラベル付けされたデータには、特別な特徴量（ラベル）が含まれており、この特徴量を予測することが目標となる。ラベル付けされていないデータには、この特徴量は含まれていない。
- 教師あり学習はラベル付けされたデータで使われるもので、未知のデータのラベルを予測するためのモデルを構築する。
- 教師なし学習はラベル付けされていないデータで使われるもので、多くの情報を失うことなくデータを単純化するアルゴリズムに基づいている。教師なし学習は前処理ステップとして使われることが多い。
- 教師あり学習のアルゴリズムとして最もよく知られているのは回帰と分類の2つである。
  - 回帰モデルの予測値は数値である。
  - 分類モデルの予測値はクラス（カテゴリ）である。
- 教師なし学習のアルゴリズムとして最もよく知られているのはクラスタリングと次元削減の2つである。
  - クラスタリングは同じようなデータをクラスタにまとめることで情報の取り出しや処理を容易にする。
  - 次元削減は情報をできるだけ失わないようにしながら同じような特徴量を結合することでデータを単純化する。
  - 行列分解と特異値分解は行と列の両方の個数を減らすことでデータを単純化する。
- 生成学習は元のデータセットにそっくりなデータを生成する革新的な教師なし学習であり、本物そっくりの顔を描いたり、曲を作ったり、詩を書いたりできる。
- 強化学習も機械学習の一種であり、エージェントが環境内を移動してゴールにたどり着くことを目指す。さまざまな最先端分野で広く応用されている。

2.6 練習問題

練習問題 2-1

次の 5 つのシナリオはそれぞれ教師あり学習の例でしょうか。それとも教師なし学習の例でしょうか。どちらともとれる場合は、どちらか 1 つを選んでその理由を説明してください。

- a. 友だちになりそうなユーザーを勧めるソーシャルネットワークのレコメンデーションシステム
- b. ニュースサイトでニュースをテーマごとに分類するシステム
- c. 入力候補を表示する Google のオートコンプリート機能
- d. 過去の購入履歴に基づいてユーザーに商品を勧めるオンラインショップのレコメンデーションシステム
- e. 不正な取引を検知するクレジットカード会社のシステム

練習問題 2-2

次に示す機械学習の用途に対し、あなたなら回帰と分類のどちらを使うでしょうか。どちらともとれる場合は、どちらか 1 つを選んでその理由を説明してください。

- a. ユーザーがサイトでどれくらいお金を使うかを予測するオンラインストア
- b. 音声をデコードしてテキストに変換する音声アシスタント
- c. 特定の会社の株の売買
- d. ユーザーに動画を勧める YouTube

練習問題 2-3

自動運転車の開発に従事しているとしましょう。自動運転車を開発するために解かなければならない機械学習の問題として何が考えられるでしょうか。その例を少なくとも 3 つ挙げてください。それぞれの例で、教師あり学習と教師なし学習のどちらを使うのか、教師あり学習を使う場合は回帰と分類のどちらを使うのかを説明してください。他の種類の機械学習を使う場合は、どの機械学習を使うのか、そしてその理由を説明してください。

点の近くを通る直線を引く
線形回帰 | 3

本章の内容

- 線形回帰とは何か

- 直線を一連のデータ点に適合させる

- 線形回帰アルゴリズムを Python でコーディングする

- Turi Create を使って線形回帰モデルを作成し、現実のデータセットで住宅価格を予測する

- 多項式回帰とは何か

- 複雑な曲線を非線形データに適合させる

- 実社会での線形回帰の例：医療やレコメンデーションシステムへの応用

USER FRIENDLY by Illiad

コーヒーを1杯飲んで何とか1ページ書き上げた。

Copyright (c) 2000 Illiad　http://www.userfriendly.org/

VP SALES

次の日はコーヒーを2杯飲んで何とか2ページ書き上げた。

VP SALES

コーヒーを3杯飲んだらどうなると思う？

知らんがな。俺、データサイエンティストじゃないし。

VP SALES

本章で学ぶのは線形回帰です。線形回帰は、住宅の価格、特定の株価、個人の余命、ユーザーが動画を観たり Web サイトを利用したりする時間といった値の推定に広く使われている強力な手法です。あなたも、導関数（微分）、連立方程式、行列式など、たくさんの複雑な式として線形回帰を見てきたかもしれません。しかし、線形回帰は（公式としてではなく）よりグラフィカルに表すこともできます。本章で見ていくように、動き回る点と線を可視化できれば、線形回帰を理解できます。

図 3-1 に示すように、直線を引けそうに見える点がいくつかあるとしましょう。

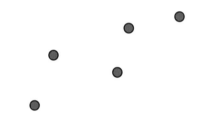

図 3-1：直線を引けそうに見える点の集まり

これらの点のできるだけ近くを通る直線を引くことが線形回帰の目標となります。これらの点の近くを通る直線とはどのようなものでしょうか。図 3-2 のような直線はどうでしょうか。

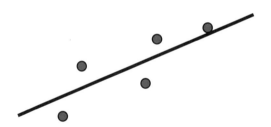

図 3-2：点の近くを通る直線

これらの点が町中にある住宅であるとすれば、目標はその町を通る道路を敷設することです。町の住民は皆道路の近くに住みたいと考えています。住民にできるだけ喜んでもらえるよう、点のできるだけ近くを通る直線を引きたいところです。

これらの点を床にボルトで固定された（したがって動かせない）磁石であると考えてみましょう。これらの磁石の上にまっすぐな金属の棒を落とします。棒は転がりますが、磁石に引き寄せられて最終的にはすべての点にできるだけ近い釣り合いのとれた位置に収まるでしょう。

もちろん、曖昧さの余地がかなりあります。すべての住宅の近くを通る道路がよいのでしょうか。それとも、いくつかの住宅のすぐそばを通っていれば、他の住宅からは少し離れていてもよいのでしょうか。次のような疑問が浮かびます。

- 「直線を引けそうに見える点」とはどういう意味か
- 「これらの点にかなり近い場所を通る直線」とはどういう意味か
- そのような直線はどうすれば見つかるのか
- このことがなぜ現実世界で役立つのか
- これがなぜ機械学習なのか

　本章では、これらすべての疑問に答えながら、現実のデータセットで住宅価格を予測する線形回帰モデルを構築します。

3.1　問題：住宅価格を予測する

　私たちは不動産業者で、新築住宅の販売を担当しているとしましょう。妥当な価格がわからないので、他の住宅と比較して推測したいと考えています。そこで、広さ、部屋数、場所、犯罪率、学校の質、商業地域までの距離など、価格に影響を与えると思われる住宅の特徴量を調べます。結局、これらすべての特徴量から住宅価格をはじき出すための公式か、少なくとも住宅価格の妥当な見積もりが必要になります。

3.2　解：住宅価格の回帰モデルを構築する

　できるだけ単純な例を使うことにしましょう。ここで調べる特徴量は1つだけ（部屋数）です。販売する住宅には部屋が4つあります。近所には6軒の住宅があり、それぞれの部屋数は1、2、3、5、6、7です。それぞれの住宅の価格は表3-1のとおりです。

　表3-1の情報だけで考えるとしたら、住宅4の価格はいくらになるでしょうか。答えが300ドルであるとしたら、筆者の推測と同じです。おそらくパターンがあることに気付いて、そのパターンに従って価格を推測したはずです。つまり、あなたは頭の中で線形回帰を行ったのです。このパターンをもう少し詳しく調べてみましょう。部屋の数が1つ増えるたびに価格が50ドル高くなることに気付いたでしょうか。もう少し具体的に言うと、住宅の価格を「基本価格である100ドル＋1部屋ごとに50ドル」として考えることができます。単純な式にまとめると、次のようになります。

表3-1：住宅の部屋数と価格の表
（ここでは住宅4の価格を推測している）

部屋数	価格
1	150
2	200
3	250
4	?
5	350
6	400
7	450

$$価格 = 100 + 50 \times (部屋数)$$

ここで思い付いたモデルは、**特徴量**（部屋数）に基づいて住宅価格を**予測**する式として表されます。1部屋あたりの価格はこの特徴量の**重み**であり、基本価格はこのモデルの**バイアス**です。これらはすべて機械学習の重要な概念です。第1章と第2章ですでに登場したものもありますが、この問題に照らして定義することで記憶をよみがえらせてください。

特徴量（feature）：予測に用いるデータ点の属性（説明変数）。この場合は、住宅の部屋数、犯罪率、築年数、広さなどが特徴量となる。このケースでは、特徴量を1つ（住宅の部屋数）にしている。

ラベル（label）：特徴量に基づいて予測しようとしている正解値（目的変数）。このケースでは、ラベルは住宅の価格。

モデル（model）：特徴量からラベルを予測するためのルール（式）。このケースでは、モデルは住宅価格を求めるために導き出した方程式。

予測値（prediction）：モデルの出力。モデルが「4部屋の住宅の価格は300ドルになるだろう」と答えた場合、予測値は300である。

重み（weight）：モデルを表す式においてそれぞれの特徴量に掛ける係数。先ほどの式では、特徴量は部屋数だけであり、この特徴量に対応する重みは50である。

バイアス（bias）：モデルを表す式には、どの特徴量にも結び付かない定数がある。この定数をバイアスと呼ぶ。このモデルのバイアスは住宅の基本価格を表す100である。

さて、ここで問題です。この式はどのようにして思い付いたのでしょうか。もう少し具体的に言うと、この重みとバイアスをコンピュータに思い付かせるにはどうすればよいのでしょう。このことを説明するために、もう少し複雑な例を見てみましょう。そして、これは機械学習の問題なので、第2章で学んだ「記憶・定式化・予測」フレームワークを使うことにします。要するに、他の住宅の価格を**記憶**し、価格のモデルを**定式化**し、このモデルを使って新しい住宅の価格を**予測**します。

3.2.1　記憶：既存の住宅の価格を調べる

このプロセスをもっと明確にするために、もう少し複雑なデータセットを見てみましょう（表3-2）。

表3-1とよく似ていますが、それぞれの価格が1つ前の価格よりも50ドル高くなるというパターンにきちんと従っていないという違いがあります。とはいえ、元のデータセットとそれほど大きく違っているわけではないので、これらの値もだいたい同じようなパターンに従っていると考えてよいでしょう。

通常は、新しいデータセットを与えられたら、まずそのデータをグラフにしてみます。図3-3 では、横軸が部屋数、縦軸が住宅の価格を表す座標にデータ点がプロットされています。

表 3-2：部屋数と価格からなるもう少し
複雑な住宅データセット

部屋数	価格
1	155
2	197
3	244
4	?
5	356
6	407
7	448

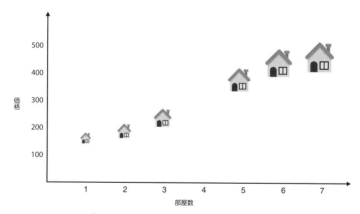

図 3-3：表 3-2 のデータセットのグラフ（横軸は部屋数、縦軸は住宅の価格を表す）

3.2.2　定式化：住宅の価格を見積もるルールを定義する

表 3-2 のデータセットは表 3-1 のデータセットに十分に近いため、価格についてはひとまず同じ式を使っても問題はないでしょう。唯一の違いは、これらの価格がまったく式のとおりというわけではなく、小さな誤差があることです。そこで、式を次のように定義できます。

$$価格 = 100 + 50 \times (部屋数) + (小さな誤差)$$

価格を予測したい場合は、この式を使うことができます。実際の値を予測できるかどうかは

わかりませんが、それに近い値になるはずです。そこで問題です。この式はどのようにして見つけ出したのでしょうか。そして最も重要なのは、この式をコンピュータがどのようにして見つけ出すかです。

　図 3-3 のグラフに戻って、この式がそこでどのような意味を持つのか調べてみましょう。y 座標が 100 ＋ 50 × x 座標である点をすべて調べてみるとどうなるでしょうか。これらの点は、傾きが 50、y 切片が 100 の直線になります。この文の意味を説明する前に、傾き、y 切片、そして直線の方程式を定義しておきましょう。なお、傾きと y 切片については、3.3.1 項でさらに詳しく見ていきます。

傾き（slope）：直線の傾きは、直線の傾斜の大きさを数値化したものであり、縦方向への値の変化を横方向への値の変化で割る（つまり、上に増えた単位数を右に増えた単位数で割る）ことによって求められる。この割合は直線全体にわたって一定である。機械学習モデルでは、傾きは対応する特徴量の重みであり、特徴量の値を 1 単位分増やしたときにラベルの値がどれくらい増えると予想されるかを表す。直線が水平線の場合、傾きは 0 であり、右下がりの直線では傾きが負になる。

y 切片（y-intercept）：直線の y 切片は、直線が縦軸（y 軸）と交差する場所を表す。機械学習モデルでは、y 切片はバイアスであり、すべての特徴量がちょうど 0 であるデータ点のラベルを表す。

1 次方程式（linear equation）：1 次方程式は直線の方程式であり、傾きと y 切片の 2 つのパラメータを持つ。傾きが m、y 切片が b のとき、直線の方程式は $y = mx + b$ であり、この方程式を満たすすべての点 (x, y) によって直線が形成される。機械学習モデルでは、x は特徴量の値、y はラベルの予測値である。モデルの重みとバイアスはそれぞれ m と b である。

　これで、この方程式を分析する準備ができました。直線の傾きが 50 であるとすれば、「部屋が 1 つ増えるたびに家の値段が 50 ドル高くなる」と推定できることになります。直線の y 切片が 100 であるとすれば、「部屋数が 0 の（架空の）家の値段は基本価格の 100 ドルである」と推定できることになります。この直線を描くと図 3-4 のようになります。

　では、さまざまな直線（それぞれ独自の方程式で定義される）が考えられる中で、なぜこの直線を選んだのでしょうか。それぞれの点の近くを通るからです。もっとよい直線があるかもしれませんが、この直線はこれらの点から離れたところを通っているわけではないので、ともあれ妥当に思えます。では、最初の問題である「いくつかの家が建ち並んでおり、それらの家のできるだけ近くを通る道路を敷設したい」に戻りましょう。

　この直線を見つけ出すにはどうすればよいかについては、後ほど考えることにします。さし

あたり、一連の点が与えられるとそれらの点の最も近くを通る直線が水晶玉に浮かび上がる、ということにしておきましょう。

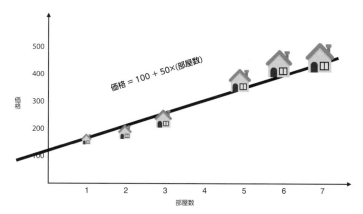

図 3-4：すべての住宅のできるだけ近くを通る直線をモデルとして定式化する

3.2.3　予測：新しい住宅が売りに出されたらどうするか

　次に、このモデルを使って 4 部屋の住宅の価格を予測します。そこで、数字の 4 を特徴量として当てはめると、次のようになります。

$$価格 = 100 + 50 \times 4 = 300$$

　このモデルは、この住宅の価格を 300 ドルと予測しています。図 3-5 に示すように、このモデルによる予測を、直線を使って表すこともできます。

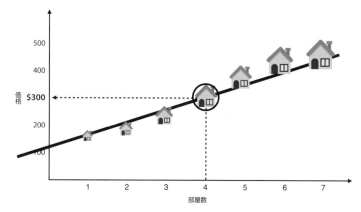

図 3-5：このモデルはこの住宅の価格が 300 ドルであると予測している

3.2.4　多変量線形回帰：変数が複数の場合はどうするか

　ここまでは、特徴量（部屋数）を 1 つだけ使って住宅の価格を予測するモデルについて説明してきました。広さや周辺にある学校の質、築年数など、住宅価格の予測に役立つかもしれない特徴量（変数）は他にもいろいろありそうです。先の線形回帰モデルは、こうした他の変数にも対応できるのでしょうか。もちろんです。特徴量が 1 つだけの場合、このモデルは特徴量と重みの積にバイアスを足したものを価格として予測します。特徴量が他にもある場合は、それぞれの特徴量に対応する重みを掛け、予想価格に足せばよいだけです。したがって、住宅価格のモデルは次のようになります。

$$価格 = 30(部屋数) + 1.5(広さ) + 10(学校の質) - 2(築年数) + 50$$

　この方程式では、築年数の重みを除いて、すべての重みが正の値です。なぜでしょうか。他の 3 つの特徴量（部屋数、広さ、学校の質）が住宅の価格と**正の相関**にあるからです。言い換えると、より広さがあり、立地がよい住宅ほど価格は高くなるため、広さの特徴量の値が大きくなるほど住宅の価格も高くなることが予想されます。しかし、住宅が古くなるほど価格は下がる傾向にあるため、築年数の特徴量は住宅の価格と**負の相関**にあります。

　特徴量の重みが 0 の場合はどうなるのでしょうか。このような状況になるのは、特徴量が住宅の価格と無関係なときです。たとえば、姓が A の文字で始まる近隣住民の人数を表す特徴量があるとしましょう。この特徴量は、住宅の価格とはほとんど無関係です。このため、モデルが妥当であれば、この特徴量に対する重みは 0 かそれに非常に近い値になるはずです。

　同様に、ある特徴量の重みが（正か負かはともかく）非常に大きい場合は、その特徴量が住宅の価格にとって重要な決め手になることがわかります。先のモデルでは、部屋数の重みが（絶対値としては）最も大きいことから、部屋数はどうやら重要な特徴量のようです。

　第 2 章の 2.3.2 項では、データセット内の列の個数をデータセットが置かれている次元に結び付けました。したがって、列が 2 つのデータセットは平面上の一連の点として表すことができ、列が 3 つのデータセットは 3 次元空間内の一連の点として表すことができます。そのようなデータセットでは、線形回帰モデルは直線ではなく、それぞれの点のできるだけ近くを通る平面になります。部屋の中を飛び回っている大量のハエが空中で静止している場面を想像してみてください。そして、巨大な厚紙をすべてのハエのできるだけ近くに配置する必要があるとしましょう。これは変数が 3 つの多変量線形回帰です。列の個数が増えるほどデータセットの可視化は難しくなっていきますが、そのようなときは常に複数の変数を持つ 1 次方程式を思い浮かべてみるとよいでしょう。

　本章では、特徴量が 1 つだけの線形回帰モデルを主に見てきましたが、特徴量の個数が増えてもやり方は同じです。このことを頭の片隅に置き、特徴量が複数の場合に次の内容をそれぞれどのように一般化すればよいかを考えながら読んでみてください。

3.2.5　質問と簡単な答え

さて、あなたの頭の中は疑問符だらけかもしれません。それらの疑問に（できれば１つ残らず）答えてみたいと思います。

1. モデルがヘマをしたらどうなるか？
2. 価格を予測する式はどこから出てきたのか？　また、住宅が６軒だけではなく何千件もある場合はどうなるか？
3. この予測モデルを構築した後に新しい住宅が売りに出されたとしたら、新しい情報でモデルを更新する方法はあるか？

本章では、これらすべての質問に答えますが、手短かに答えると次のようになります。

1. **モデルがヘマをしたらどうなるか？**
   このモデルは住宅の価格を予測しますが、価格をぴたりと的中させるのは非常に難しいため、ほとんどの場合は小さなミスを犯すことになるでしょう。それぞれのデータ点の誤差が最も小さいモデルを見つけ出すことが訓練プロセスの目標となります。

2. **価格を予測する式はどこから出てきたのか？　また、住宅が６軒だけではなく何千件もある場合はどうなるか？**
   本章はまさにこの質問に答えるためにあります。住宅が６軒だけなら、それらの住宅の近くを通る直線を引くのは簡単ですが、住宅が何千件もあったらそうはいきません。本章では、コンピュータが妥当な直線を見つけ出すための手続き（アルゴリズム）を調べます。

3. **この予測モデルを構築した後に新しい住宅が売りに出されたとしたら、新しい情報でモデルを更新する方法はあるか？**
   もちろんです。ここでは、新しいデータが現れたら簡単に更新できるような方法でモデルを構築します。これは機械学習において常に求められることです。新しいデータが現れるたびにモデル全体の再計算が必要になるとしたら、そのモデルはあまり実用的ではありません。

3.3　線形回帰アルゴリズム： この直線をコンピュータに描かせるには

ここからが本題です —— それぞれの点のかなり近くを通る直線をコンピュータに描かせるにはどうすればよいでしょう。機械学習では多くのことがそうであるように、この場合もステップ方式になります。ランダムな直線から始めて、この直線をそれらの点に近づけては**ほんの少し改善する方法**を突き止めます。このプロセスを何度も繰り返すと、それっぽい直線にな

ります。このプロセスを**線形回帰アルゴリズム**（linear regression algorithm）と呼びます。

　ばかばかしい方法に聞こえるかもしれませんが、実際にはとてもうまくいきます。最初の直線はランダムに定義します。そして、データセットからデータ点をランダムに選び出し、直線を動かしてそのデータ点に少し近づけます。このプロセスを何度も繰り返しながら、そのつどデータセットからデータ点をランダムに選び出します。この幾何学的に見た線形回帰アルゴリズムの擬似コードは次のようになります。

この線形回帰アルゴリズムの（幾何学的な）擬似コード

入力：平面上のデータ点からなるデータセット

出力：各データ点の近くを通る直線

手順：

　　1. 直線をランダムに選ぶ。

　　2. 以下の処理を何回も繰り返す。

　　　i. データ点をランダムに選び出す。

　　　ii. 直線を少し動かしてそのデータ点に近づける。

　　3. 結果として得られた直線を返す。

　この擬似コードを図解すると図3-6のようになります。簡単に説明すると、左上のランダムな直線から始まり、データセットにうまく適合する左下の直線で終わります。各段階でデータ点をランダムに選び出し、直線を少し動かしてそのデータ点に近づけます。この手順を何回も繰り返すと、直線が適切な位置に移動します。ここでは3回繰り返すだけですが、実際に必要な繰り返しの数はずっと多くなります。

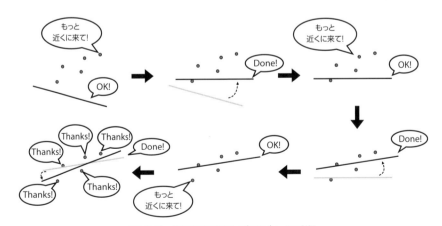

図3-6：線形回帰アルゴリズムの手順

　これは大ざっぱな説明にすぎません。このプロセスをさらに詳しく調べるには、数学的に掘り下げてみる必要があります。まず、変数を定義してみましょう。

- p はデータセットに含まれている住宅価格の正解値
- $\hat{p}$ は住宅価格の予測値
- r は部屋数
- m は 1 部屋あたりの価格
- b は住宅の基本価格

　住宅価格の予測値 $\hat{p}$ の上にハット記号が付いているのはなぜでしょうか。本書では、モデルが予測する変数を表すためにハット記号を使います。このようにすると、データセットに含まれている住宅価格の正解値（ラベル）と住宅価格の予測値を区別できます。

　したがって、1 部屋あたりの価格に部屋数を掛けたものと基本価格の合計として価格を予測する線形回帰モデルの式は次のようになります。

$$\hat{p} = mr + b$$

　この式は次の内容を数式化したものです。

価格の予測値 ＝ (1 部屋あたりの価格)(部屋数) ＋ 住宅の基本価格

　線形回帰アルゴリズムがどのようなものであるかを理解するために、1 部屋あたりの価格が 40 ドルで、住宅の基本価格が 50 ドルのモデルがあるとしましょう。このモデルは次の式を使って住宅価格を予測します。

$$\hat{p} = 40 \cdot r + 50$$

　このデータセットに 150 ドルする 2 部屋の住宅が含まれているとしましょう。このモデルは、この住宅の価格が 40・2 ＋ 50 ＝ 130 であると予測します。それほど悪い予測ではありませんが、実際の価格を下回っています。このモデルを改善するにはどうすればよいでしょうか。このモデルは住宅価格を低く見積もりすぎているようです。基本価格が低すぎるのでしょうか。1 部屋あたりの価格が低すぎるのでしょうか。それともその両方でしょうか。基本価格と 1 部屋あたりの価格を引き上げると予測が改善されるかもしれません。1 部屋あたりの価格を 0.5 ドル引き上げ、基本価格を 1 ドル引き上げてみましょう（といっても適当に選んだ数字です）。新しい式は次のようになります。

$$\hat{p} = 40.5 \cdot r + 51$$

　この住宅の新たな予想価格は 40.5・2 ＋ 51 ＝ 132 になります。132 ドルのほうが 150 ド

ルに近いため、新しいモデルのほうが住宅価格をうまく予測しています。したがって、このデータ点については、こちらのほうがよいモデルです。他のデータ点でもこのモデルのほうがよいかどうかはわかりませんが、ひとまず気にしないでおきましょう。線形回帰アルゴリズムのポイントは、このプロセスを何回も繰り返すことにあります。この線形回帰アルゴリズムの擬似コードを見てみましょう。

この線形回帰アルゴリズムの擬似コード

入力：データ点からなるデータセット

出力：このデータセットに適合する線形回帰モデル

手順：

1. ランダムな重みとランダムなバイアスを持つモデルを選択する。
2. 以下の処理を何回も繰り返す。
   i. データ点をランダムに選び出す。
   ii. 重みとバイアスを少し調整することで、そのデータ点に対する予測を改善する。
3. 結果として得られた直線を返す。

ここで、次のような疑問が浮かんだかもしれません。

- 重みはどれくらい調整すればよいのか？
- アルゴリズムは何回繰り返せばよいのか？ つまり、処理が完了したことはどうすればわかるのか？
- このアルゴリズムはどのような仕組みになっているのか？

本章では、これらすべての質問に答えます。3.3.3 項と 3.3.4 項では、重みを調整するための適切な値を突き止める興味深い手法を取り上げます。3.4.1 項と 3.4.2 項では、アルゴリズムを止めるタイミングを判断するのに役立つ誤差関数を取り上げます。そして 3.4.4 項では、勾配降下法と呼ばれる強力なアルゴリズムを取り上げ、このアルゴリズムがなぜうまくいくのかを検証します。ですがその前に、まず平面上で直線を動かしてみましょう。

3.3.1　速習：傾きと y 切片

3.2.2 項では、直線の方程式を取り上げました。ここでは、この方程式をいじって直線を動かす方法を学びます。直線の方程式が次の 2 つの要素で構成されることを思い出してください。

- 傾き
- y 切片

　傾きは直線の傾斜の大きさを表し、y 切片は直線の位置を表します。傾きは縦方向への値の変化を横方向への値の変化で割ったものとして定義され、y 切片は直線が縦軸（y 軸）と交差する場所として定義されます。図 3-7 は傾きと y 切片の例を示しています。

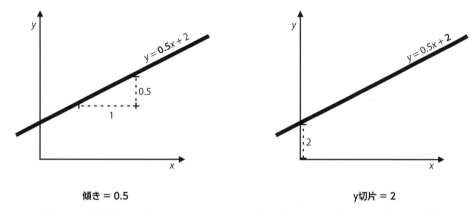

　　　　　　傾き = 0.5　　　　　　　　　　　　　　　　　y切片 = 2

図 3-7：方程式 y = 0.5x + 2 で表される直線の傾きは 0.5（左）、y 切片は 2（右）

この直線の方程式は次のようになります。

$$y = 0.5x + 2$$

　この方程式は、傾きが 0.5、y 切片が 2 であることを意味します。

　傾きが 0.5 であるということは、この直線に沿って歩いていくと、右に 1 単位進むたびに 0.5 単位上っていることになります。まったく上らないとしたら傾きは 0 であり、下っていくとしたら傾きは負です。縦線の傾きは未定義ですが、幸い、縦線の傾きが線形回帰に現れることはまずありません。傾きが同じである直線がいくつもあることが考えられます。図 3-7 の直線と平行な直線を描いた場合は、やはり右に 1 単位進むたびに 0.5 単位上ることになります。そこで重要となるのが y 切片です。y 切片は直線が y 軸と交わる場所を表します。この直線は 2 の高さで y 軸と交わります。それが y 切片です。

　言い換えるなら、直線の傾きは直線の**向き**を表し、y 切片は直線の**位置**を表します。傾きとy 切片を指定すると、直線が完全に定義されます。図 3-8 は、y 切片が同じである複数の直線と、傾きが同じである複数の直線を示しています。左図では、y 切片が同じで傾きが異なる複数の直線が確認できます。傾きが大きくなるほど直線の傾斜が大きくなることに注目してください。右図では、傾きが同じで y 切片が異なる複数の直線が確認できます。y 切片が大きくなるほど直線の位置が高くなることに注目してください。

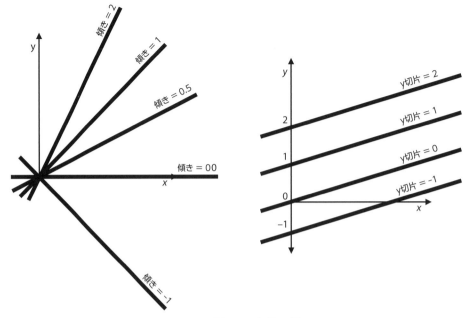

図 3-8：傾きと y 切片の例

　住宅価格の例では、傾きは 1 部屋あたりの価格を表しており、y 切片は住宅の基本価格を表しています。このことを頭に入れた上で、直線を操作するときには、住宅価格モデルに対して何を行っているのかを考えるようにしてください。

　傾きと y 切片の定義から、次の 2 つのことが推測できます。

傾きの変更：

- 直線の傾きを大きくすると、直線が反時計回りに回転する。
- 直線の傾きを小さくすると、直線が時計回りに回転する。

直線は図 3-9 に示されているピボット（直線と y 軸が交差する点）を中心に回転します。

y 切片の変更：

- 直線の y 切片を大きくすると、直線が上に平行移動する。
- 直線の y 切片を小さくすると、直線が下に平行移動する。

　図 3-9 は、これらの回転と移動を示しています。直線の回転と移動は線形回帰モデルを調整したい場合に役立つでしょう。

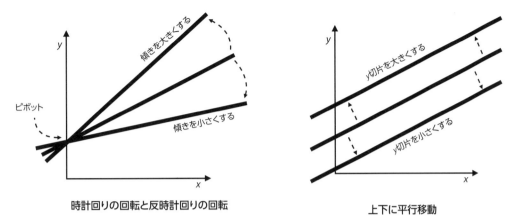

時計回りの回転と反時計回りの回転　　　　　　　　上下に平行移動

図 3-9：左図では、傾きを大きくすると直線が反時計回りに回転し、
傾きを小さくすると時計回りに回転する。
右図では、y 切片を大きくすると直線が上に平行移動し、
y 切片を小さくすると下に平行移動する

　先ほども見たように、一般に、直線の方程式は $y = mx + b$ であり、x と y は水平座標と垂直座標、m は傾き、b は y 切片を表します。本章では、表記を統一するために、この方程式を $\hat{p} = mr + b$ と記述します。ここで、$\hat{p}$ は住宅価格の予測値、r は部屋数、m は 1 部屋あたりの価格（傾き）、b は住宅の基本価格（y 切片）に相当します。

3.3.2　単純法：直線を点の集まりに 1 点ずつ近づける

　ここまで見てきたように、線形回帰アルゴリズムは直線を点の近くに移動する手順を繰り返すという仕組みになっています。この手順は回転と平行移動を使って実行できます。ここでは、筆者が「単純法（simple trick）」と呼んでいるトリックを紹介します。このトリックは直線を点の方向に少し回転・平行移動させることで直線を点に近づけるというものです（図 3-10）。

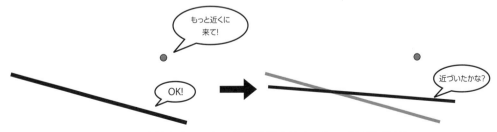

図 3-10：直線を少し回転・平行移動させることで点に近づける

　直線を点に向かって正しく移動させるには、直線を基準としたときの点の位置を突き止める必要があります。点が直線の上にある場合は、直線を上に平行移動させる必要があります。点が直線の下にある場合は、下に平行移動させる必要があります。回転はもう少し難しいのですが、直線と y 軸が交わる点がピボットなので、点が直線よりも上にあり、かつ y 軸の右側にある場合は、直線を反時計回りに回転させる必要があることがわかります。それ以外の 2 つの状況では、直線を時計回りに回転させる必要があります。具体的には、次の 4 つのケースがあります。

ケース 1：点が直線の上にあり、かつ y 軸の右側にある場合は、直線を反時計回りに回転させ、上に平行移動させる。
ケース 2：点が直線の上にあり、かつ y 軸の左側にある場合は、直線を時計回りに回転させ、上に平行移動させる。
ケース 3：点が直線の下にあり、かつ y 軸の右側にある場合は、直線を時計回りに回転させ、下に平行移動させる。
ケース 4：点が直線の下にあり、かつ y 軸の左側にある場合は、直線を反時計回りに回転させ、下に平行移動させる。

　この 4 つのケースを図解したものが図 3-11 になります。

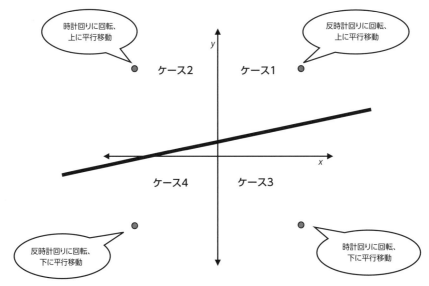

図 3-11：4 つのケースのそれぞれで、直線を点の近くに移動するために異なる方法で
回転・平行移動させる

　これら 4 つのケースが定義されたところで、単純法を擬似コードにしてみましょう。ですがその前に、表記を確認しておくことにします。直線を表す方程式は $\hat{p} = mr + b$ です。ここで、m は傾き、b は y 切片です。住宅価格の例でも同じような表記を使いました。

- 座標 (r, p) の点は部屋数が r、価格が p の住宅に相当する。
- 傾き m は 1 部屋あたりの価格に相当する。
- y 切片 b は住宅の基本価格に相当する。
- 予測値 $\hat{p}$ は住宅価格の予測値に相当する。

単純法の擬似コード

入力：

- 傾き m、y 切片 b、式 $\hat{p} = mr + b$ で表される直線
- 座標 (r, p) のデータ点

出力：このデータ点により近い、式 $\hat{p} = m'r + b$ で表される直線

手順：非常に小さい乱数を 2 つ選択し、それらを η_1、η_2 と呼ぶ。

ケース 1：データ点が直線の上にあり、かつ y 軸の右側にある場合は、直線を反時計回りに回転させ、上に平行移動させる。

- η_1 を傾き m に足し、$m' = m + \eta_1$ を求める。
- η_2 を y 切片 b に足し、$b' = b + \eta_2$ を求める。

ケース 2：データ点が直線の上にあり、かつ y 軸の左側にある場合は、直線を時計回りに回転させ、上に平行移動させる。

- η_1 を傾き m から引き、$m' = m - \eta_1$ を求める。
- η_2 を y 切片 b に足し、$b' = b + \eta_2$ を求める。

ケース 3：点が直線の下にあり、かつ y 軸の右側にある場合は、直線を時計回りに回転させ、下に平行移動させる。

- η_1 を傾き m から引き、$m' = m - \eta_2$ を求める。
- η_2 を y 切片 b から引き、$b' = b - \eta_2$ を求める。

ケース 4：点が直線の下にあり、かつ y 軸の左側にある場合は、直線を反時計回りに回転させ、下に平行移動させる。

- η_1 を傾き m に足し、$m' = m + \eta_1$ を求める。
- η_2 を y 切片 b から引き、$b' = b - \eta_2$ を求める。

戻り値：式 $\hat{p} = m'r + b'$ で表される直線

　この例では、傾きに小さい数字を足したり引いたりすることが、1 部屋あたりの価格を増減するという意味になることに注意してください。同様に、y 切片に小さい数字を足したり引いたりすることは、住宅の基本価格を増減することを意味します。さらに、x 座標は部屋数を表すため、この値が負になることは決してありません。したがって、この例で重要なのはケース 1 とケース 3 だけです。単純法を口語的にまとめると次のようになります。

単純法

- モデルから返された住宅の価格が実際の価格よりも低い場合は、1 部屋あたりの価格と住宅の基本価格に適当に選んだ小さい金額を足す。
- モデルから返された住宅の価格が実際の価格よりも高い場合は、1 部屋あたりの価格と住宅の基本価格から適当に選んだ小さい金額を引く。

　単純法は実際それなりにうまくいきますが、直線を移動させる最もよい方法とは言えません。特に、次のような疑問が思い浮かぶかもしれません。

- η_1 と η_2 にもっとよい値を選択することはできるか？
- 4 つのケースを 2 つ、もしくは 1 つにまとめることはできるか？

　どちらに対する答えも「はい」です。次の 2 つの項では、その方法を紹介します。

3.3.3　二乗法：直線を点の 1 つに近づけるもっと賢いやり方

　ここでは、直線を点に近づける効果的な方法として、筆者が「二乗法（square trick）」と呼んでいるものを紹介します。単純法が直線を基準とした点の位置に基づく 4 つのケースで構成されていたことを思い出してください。二乗法は、これら 4 つのケースを 1 つにまとめます。具体的には、直線が常に点に近づくようにするために、傾きと y 切片に対する正しい符号（+ または −）を持つ加算値を求めます。

　y 切片から見ていきましょう。

観測その1：単純法では、点が直線の上にあるときは y 切片に小さい値を足す。点が直線の下にあるときは y 切片から小さい値を引く。

観測その2：点が直線の上にある場合、値 $p - \hat{p}$（実際の価格と予測した価格の差）は正である。点が直線の下にある場合は負である（図 3-12）。

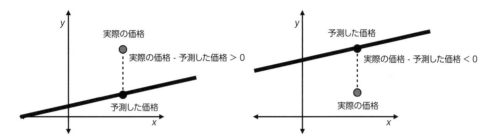

図 3-12：左図では、点が直線の上にあり、実際の価格が予測した価格よりも大きいため、その差は正である。右図では、点が直線の下にあり、実際の価格が予測した価格よりも小さいため、その差は負である

　観測その1とその2をまとめると、$p - \hat{p}$ を切片に足した場合、直接は常に点に近づくことになります。$p - \hat{p}$ の値は、点が直線の上にあるときは正になり、点が直線の下にあるときは負になるからです。しかし、機械学習では常に小さな歩幅で前に進む必要があります。機械学習には、この小さな前進を後押しする重要な概念があります。そう、学習率です。

学習率（learning rate）：モデルを訓練する前に選択する非常に小さな数字。この数字は訓練時にモデルをほんの少し変化させるのに役立つ。本書では、学習率を η（ギリシャ文字の「エータ」）で表す。

　学習率は小さい値なので、$\eta(p - \hat{p})$ も小さい値です。この値を y 切片に足すことで、直線を点に向かって移動させます。

　傾きに足す値も同様ですが、もう少し複雑です。

観測その3：単純法では、点がケース1または4の場所（直線の上かつ y 軸の右側、または直線の下かつ y 軸の左側）にあるときは、直線を反時計回りに回転させる。ケース2または3では、直線を時計回りに回転させる。

観測その4：点 (r, p) が y 軸の右側にあるとき、r は正である。この点が y 軸の左側にあるとき、r は負である（図 3-13）。この例では、r は部屋数であるため、決して負にならないことに注意。ただし、一般的な例では、特徴量が負になることはあり得る。

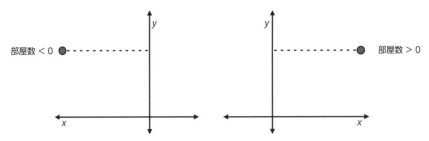

図 3-13：点が y 軸の左側にあるとき、部屋数は負である（左図）。
点が y 軸の右側にあるとき、部屋数は正である（右図）

　$r(p - \hat{p})$ の値について考えてみましょう。この値が正になるのは、r と $p - \hat{p}$ の両方が正であるか両方が負である場合です。このことはまさにケース 1 および 4 と一致します。同様に、ケース 2 および 3 では、$r(p - \hat{p})$ は負になります。したがって、観測その 4 により、これが傾きに足す必要がある値です。この値は小さくしたいので、この場合も学習率を掛けます。結論として、$\eta \cdot r(p - \hat{p})$ を傾きに足すと常に直線が点に向かって移動することになります。

　さて、二乗法の擬似コードを書いてみましょう。

二乗法の擬似コード

入力：

- 傾き m、y 切片 b、式 $\hat{p} = mr + b$ で表される直線

- 座標 (r, p) のデータ点

- 小さな正の値 η（学習率）

出力： このデータ点により近い、式 $\hat{p} = m'r + b'$ で表される直線

手順：

1. $\eta \cdot r(p - \hat{p})$ を傾き m に足し、$m' = m + \eta \cdot r(p - \hat{p})$ を求める（直線を回転させる）。

2. $\eta(p - \hat{p})$ を y 切片 b に足し、$b' = b + \eta(p - \hat{p})$ を求める（直線を平行移動させる）。

戻り値： 式 $\hat{p} = m'r + b'$ で表される直線

　これで、このアルゴリズムを Python でコーディングする準備ができました。
二乗法のコードは次のようになります。

```
def square_trick(base_price, price_per_room, num_rooms, price, learning_rate):
    # 予測値を計算
    predicted_price = base_price + price_per_room * num_rooms
    # 直線を回転
    price_per_room += learning_rate * num_rooms * (price - predicted_price)
    # 直線を平行移動
    base_price += learning_rate * (price - predicted_price)
    return price_per_room, base_price
```

本節で使うコードはすべて本書の GitHub リポジトリにあります。

> **GitHub リポジトリ**：https://github.com/luisguiserrano/manning/
> **フォルダ**：Chapter_3_Perceptron_Algorithm
> **Jupyter Notebook**：Coding_linear_regression.ipynb

3.3.4　絶対法：直線を点に近づけるもう1つの有効な方法

　二乗法は効果的ですが、有効な方法がもう1つあります。単純法と二乗法の中間にあるもので、筆者はそれを「絶対法（absolute trick）」と呼んでいます。二乗法では、$p - \hat{p}$（実際の価格 – 予測された価格）と r（部屋数）の2つを使って4つのケースを1つにまとめました。絶対法では、r だけを使って4つのケースを2つに減らします。擬似コードにすると、次のようになります。

絶対法の擬似コード

入力：

- 傾き m、y 切片 b、式 $\hat{p} = mr + b$ で表される直線
- 座標 (r, p) のデータ点
- 小さな正の値 η（学習率）

出力：このデータ点により近い、式 $\hat{p} = m'r + b'$ で表される直線

手順：

　ケース1：データ点が直線の上にある（$p > \hat{p}$ の）場合：

- ηr を傾き m に足し、$m' = m + \eta r$ を求める（データ点が y 軸の右側にある場合は直線を反時計回りに回転させ、y 軸の左側にある場合は時計回りに回転させる）。

- η を y 切片 b に足し、$b' = b + \eta$ を求める（直線を上に平行移動させる）。

ケース 2：データ点が直線の下にある（$p < \hat{p}$ の）場合：

- ηr を傾き m から引き、$m' = m - \eta r$ を求める（データ点が y 軸の右側にある場合は直線を時計回りに回転させ、y 軸の左側にある場合は反時計回りに回転させる）。
- η を y 切片 b から引き、$b' = b - \eta$ を求める（直線を下に平行移動させる）。

戻り値：式 $\hat{p} = m'r + b'$ で表される直線

絶対法のコードは次のようになります。

```python
def absolute_trick(base_price, price_per_room, num_rooms, price, learning_rate):
    # 予測値を計算
    predicted_price = base_price + price_per_room * num_rooms
    # データ点が直線の上にある場合
    if price > predicted_price:
        price_per_room += learning_rate * num_rooms
        base_price += learning_rate
    # データ点が直線の下にある場合
    else:
        price_per_room -= learning_rate * num_rooms
        base_price -= learning_rate
    return price_per_room, base_price
```

　二乗法のときと同様に、それぞれの重みに加算する値の符号が正しいことをぜひ検証してみてください。

3.3.5　線形回帰アルゴリズム：絶対法または二乗法を繰り返して直線を点に近づける

　手間のかかる作業がすべて片付いたところで、さっそく線形回帰アルゴリズムの開発に取りかかることにしましょう。このアルゴリズムは、入力として大量のデータ点を受け取り、それらのデータ点にうまく適合する直線を返します。具体的には、傾きと y 切片の初期値をランダムに選び、絶対法または二乗法を使ってそれらの値を繰り返し更新します。擬似コードは次のようになります。

線形回帰アルゴリズムの擬似コード

入力：部屋数と価格を含んでいる住宅データセット

出力：モデルの重み（1 部屋あたりの価格と基本価格）

手順：

1. 傾きと y 切片の初期値としてランダムな値を選ぶ。
2. 以下の処理を何回も繰り返す。
   i. データ点をランダムに選び出す。
   ii. 絶対法または二乗法を使って傾きと y 切片を更新する。

　ループの繰り返し（イテレーション）をそれぞれ**エポック**（epoch）と呼びます。エポックの数はアルゴリズムを開始するときに設定します。本章では主に単純法を使って説明してきましたが、そのときも述べたように、単純法はあまりうまくいきません。実際に使われているのは絶対法か二乗法であり、こちらのほうがずっとうまくいきます。どちらの手法もよく使われていますが、二乗法のほうがよく知られています。このため、ここでは二乗法を使うことにしますが、もちろん絶対法を使ってもかまいません。

　線形回帰アルゴリズムのコードは次のようになります。傾きと y 切片の初期値とループ内でのデータ点の選択を行うために、Python の random モジュールを使って乱数を生成している点に注意してください。

```python
# （擬似）乱数を生成するために random モジュールをインポート
import random

def linear_regression(features, labels, learning_rate=0.01, epochs = 1000):
    # 傾きと y 切片の初期値として乱数を生成
    price_per_room = random.random()
    base_price = random.random()
    # 更新ステップを繰り返す
    for epoch in range(epochs):
        # データセットからデータ点をランダムに選択
        i = random.randint(0, len(features) - 1)
        num_rooms = features[i]
        price = labels[i]
        # 二乗法を使って直線をデータ点に近づける
        price_per_room, base_price = square_trick(base_price,
                                                  price_per_room,
                                                  num_rooms,
                                                  price,
                                                  learning_rate=learning_rate)
    return price_per_room, base_price
```

　次のステップは、このアルゴリズムを実行してデータセットに適合するモデルを構築することです。

3.3.6　データの読み込みとプロット

本章では、データとモデルの読み込みとプロットに非常に便利な Python パッケージである NumPy と matplotlib を使います。配列の格納と数学演算の実行に NumPy を使い、データのプロットに matplotlib を使います。

まず、表 3-2 に示したデータセットの特徴量とラベルを NumPy 配列として定義します。

```
import numpy as np

features = np.array([1,2,3,5,6,7])
labels = np.array([155, 197, 244, 356, 407, 448])
```

次に、データセットをプロットします。なお、データをプロットするための関数が GitHub リポジトリの utils.py ファイルに含まれているので、ぜひ調べてみてください。データセットをプロットした結果は図 3-14 のようになります。これらのデータ点が直線っぽく見えることがわかります。

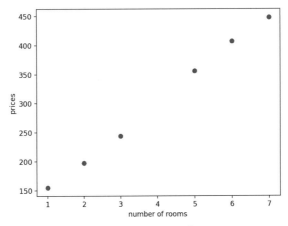

図 3-14：表 3-2 の点のプロット

3.3.7　データセットで線形回帰アルゴリズムを使う

では、線形回帰アルゴリズムを使って直線をこれらのデータ点に適合させてみましょう。特徴量、ラベル、学習率（0.01）、エポック数（10,000）を指定した上でアルゴリズムを実行するコードは次のようになります。

```
linear_regression(features, labels, learning_rate=0.01, epochs=10000)
```

そして、その結果をプロットしたものが図 3-15 になります。

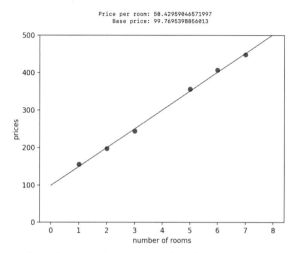

図 3-15：表 3-2 のデータ点の上に線形回帰アルゴリズムによって得られた直線をプロット

　図 3-15 から、1 部屋あたりの（おおよその）価格が 50.43 ドル、基本価格が 99.77 ドルであることがわかります。以前に見当をつけた 50 ドルと 100 ドルからそう遠くない数字です。
　このプロセスを可視化するために、途中経過を少し詳しく見てみましょう。途中の直線は図 3-16 で確認できます。最初は直線がデータ点から遠く離れていることに注目してください。訓練を繰り返すうちに直線が少しずつ移動してデータ点に適合していきます。最初の 10 エポックは直線がよい解に向かって速いペースで移動していることがわかります。エポック 50 の時点で直線はよい位置にありますが、まだ完全には適合していません。エポックが 10,000 を数えた時点で、直線はようやく適合しています。

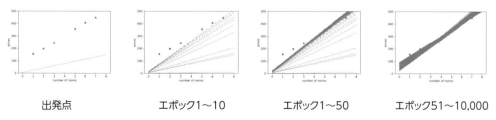

出発点　　　　エポック1〜10　　　　エポック1〜50　　　　エポック51〜10,000

図 3-16：よりよい解に向かって直線を描画するアルゴリズム。
直線がデータ点の近くに移動しながら適合していく様子がわかる

3.3.8　モデルを使って予測を行う

　これで、できたてホヤホヤの線形回帰モデルを使って予測を行うことができます。本章の冒頭で述べたように、ここでの目標は 4 部屋の住宅の価格を予測することです。前項で線形回帰アルゴリズムを実行してみたところ、傾き（1 部屋あたりの価格）が 50.43、y 切片（住宅の基本価格）が 99.77 であることがわかりました。したがって、方程式は次のようになります。

$$\hat{p} = 50.43r + 99.77$$

　4 部屋の住宅に対する予測値は次のようになります。

$$\hat{p} = 50.43 \cdot 4 + 99.77 = 301.49$$

　301.49 ドルは、最初に見当をつけた 300 ドルからそう遠くない数字です。

3.3.9　汎用的な線形回帰アルゴリズム

　本項では、一般的なデータセットで使われるような、より抽象的なアルゴリズムの数学的な説明が主な内容になるため、必要がなければ読み飛ばしてください。ただし、機械学習の文献の多くで使われている表記に慣れる意味でも、一読しておくことをお勧めします。

　本節では、特徴量が 1 つだけのデータセットに対する線形回帰アルゴリズムをざっと説明してきました。しかし、多くの特徴量を持つデータセットを扱うことになると考えるほうが現実的です。そこで必要になるのは、汎用的なアルゴリズムです。汎用的なアルゴリズムは本章で説明してきたアルゴリズムとそれほど大きく変わらないので安心してください。唯一の違いは、傾きの更新に使ったのと同じ方法で各特徴量を更新することです。住宅価格の例では、傾きと y 切片が 1 つずつありました。一般的なケースでは、多くの傾きを考慮に入れることになりますが、y 切片はあいかわらず 1 つだけです。

　一般的なデータセットは、m 個のデータ点と、n 個の特徴量で構成されます。したがって、対応するラベル（目的変数）y は m 個、モデルの重み w は n 個（傾きの汎化と考えてください）、モデルのバイアス b は 1 個です。表記は次のようになります。

$$x = \begin{bmatrix} X_1^{(1)} & X_1^{(2)} & \cdots & X_1^{(m)} \\ X_2^{(1)} & X_2^{(2)} & \cdots & X_2^{(m)} \\ \vdots & \vdots & \ddots & \vdots \\ X_n^{(1)} & X_n^{(2)} & \cdots & X_n^{(m)} \end{bmatrix}, \qquad w = \begin{bmatrix} w_1 \\ w_2 \\ \vdots \\ w_n \end{bmatrix}, \qquad y = \begin{bmatrix} y_1 \\ y_2 \\ \vdots \\ y_m \end{bmatrix}$$

汎用的な二乗法の擬似コード

入力：

- 式 $\hat{y} = w_1 x_1 + w_2 x_2 + ... + w_n x_n + b$ で表されるモデル
- 座標 (x, y) のデータ点
- 小さな正の値 η（学習率）

出力： このデータ点により近い、式 $\hat{y} = w'_1 x_1 + w'_2 x_2 + ... + w'_n x_n + b'$ で表されるモデル

手順：

1. $\eta(y - \hat{y})$ を y 切片 b に足し、$b' = b + \eta(y - \hat{y})$ を求める。
2. $i = 1, 2, ..., n$ のとき、$\eta\, x(y - \hat{y})$ を重み w_i に足し、$w'_i = w_i + \eta\, x(y - \hat{y})$ を求める。

戻り値： 式 $\hat{y} = w'_1 x_1 + w'_2 x_2 + ... + w'_n x_n + b'$ で表されるモデル

　汎用的な線形回帰アルゴリズムの擬似コードは 3.3.5 項で示したものと同じで、汎用的な二乗法の繰り返しなので、ここでは割愛します。

3.4　誤差関数：結果を評価する

　ここまで見てきたのは、最も適合する直線を見つけ出すための直接的なアプローチでした。しかし、直接的なアプローチで機械学習の問題を解くのは難しいことが多いのです。もっと間接的で、もっと機械的な方法は、**誤差関数**を使うことです。

> **誤差関数**（error function）：モデルの性能がどれくらいかを明らかにする指標。性能が悪いモデルに大きな値を割り当て、性能がよいモデルに小さな値を割り当てる。文献によっては、誤差関数を**損失関数**（loss function）や**コスト関数**（cost function）と呼ぶこともある。本書では、他の名前で呼ばれることのほうが多い特別な状況を除いて、「誤差関数」と呼ぶことにする。

　例として、図 3-17 の 2 つのモデルを見てみましょう。左図は悪いモデル、右図はよいモデルです。誤差関数は左の悪いモデルに大きな値を割り当て、右のよいモデルに小さな値を割り当てることで、これらのモデルを評価します。

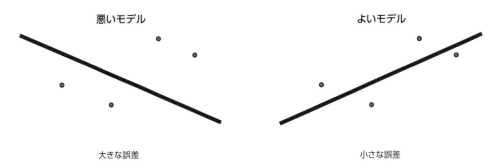

図 3-17：悪いモデル（左）とよいモデル（右）。
悪いモデルには大きな誤差、よいモデルには小さい誤差が割り当てられる

　ここで問題となるのは、線形回帰モデルの適切な誤差関数をどのようにして定義するかです。誤差関数を定義する一般的な方法として、**絶対誤差**（absolute error）と**二乗誤差**（square error）の2つがあります。簡単に言うと、絶対誤差は直線からデータセット内のデータ点までの垂直距離を合計したものであり、二乗誤差はそれらの距離の二乗を合計したものです。

　次の数項では、これら2つの誤差関数を少し詳しく見ていきます。続いて、勾配降下法を使って誤差を減らす方法を調べます。最後に、既存の例を使って誤差関数の1つをプロットし、勾配降下法による誤差の削減の効果がどれくらいすばやく現れるのかを確認します。

3.4.1　絶対誤差：距離を合計することでモデルの性能を評価する指標

　ここでは、モデルの性能を評価する指標の1つである絶対誤差を調べることにします。絶対誤差はデータ点と直線の間の距離を合計したものです。ではなぜ絶対誤差と呼ばれるのでしょうか。それぞれの距離を計算するためにラベル（正解値）と予測値の差を使うからです。データ点が直線の上にあるか下にあるかによって、この差は正または負になります。「絶対誤差」と呼ばれるのは、この差を常に正の値にするためにその絶対値を求めるためです。

　当然ながら、よい線形回帰モデルとは、その直線がデータ点に近いもののことです。この場合の「近い」はどういう意味でしょうか。これは主観的な質問です。直線がいくつかの点に近くても他の点からは遠いこともあります。その場合、いくつかの点に非常に近く、他の点からは遠い直線を選ぶほうがよいのでしょうか。それとも、すべての点にやや近い直線を選ぶようにすべきでしょうか。この判断を下すのに役立つのが絶対誤差です。この場合、私たちが選ぶ直線は、絶対誤差が最も小さいもの —— つまり、それぞれのデータ点から直線までの垂直距離の合計が最も小さいものになります。図 3-18 では、2本の直線の絶対誤差が垂直な線分の合計として示されています。左の直線は絶対誤差が大きく、右の直線は絶対誤差が小さいことがわかります。したがって、右の直線を選ぶことになるでしょう。

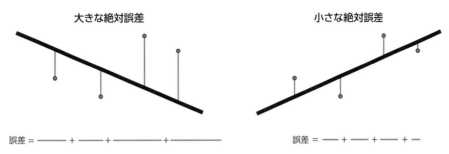

図3-18：絶対誤差は各データ点から直線までの垂直距離の合計。
左の悪いモデルの絶対誤差は大きく、右のよいモデルの絶対誤差は小さい

3.4.2 二乗誤差：距離の二乗を合計することでモデルの性能を評価する指標

二乗誤差は絶対誤差とよく似ていますが、ラベル（正解値）と予測値の差の（絶対値ではなく）二乗を使います。数字の二乗は常に正になるため、数字が常に正の値に変換されます。図3-19はこのプロセスを表しており、二乗誤差がデータ点から直線までの距離を二乗した面積の合計として図解されています。左の悪いモデルの二乗誤差が大きく、右のよいモデルの二乗誤差が小さいことがわかります。

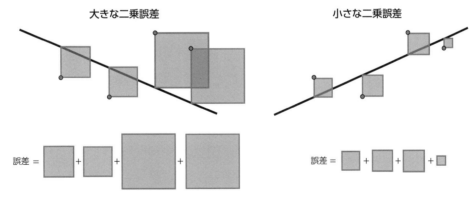

図3-19：二乗誤差は各データ点から直線までの垂直距離の二乗の合計。
左の悪いモデルの二乗誤差は大きく、右のよいモデルの二乗誤差は小さい

先に述べたように、実際によく使われているのは二乗誤差のほうです。その理由の1つは、二乗値の微分のほうが絶対値の微分よりも訓練プロセスにとって便利だからです。

3.4.3 実際には平均絶対誤差と平均二乗誤差のほうがよく使われる

本章では、説明を目的として絶対誤差と二乗誤差を使っています。しかし、実際には**平均絶**

対誤差（mean absolute error：MAE）と**平均二乗誤差**（mean square error：MSE）のほうが
はるかによく使われています。これらの定義も似ていますが、合計ではなく平均を求めます。
つまり、MAE はデータ点から直線までの垂直距離の平均であり、MSE はこれらの垂直距離の
二乗の平均です。MAE と MSE がよく使われるのはなぜでしょうか。たとえば、2 つのデー
タセットを使って誤差またはモデルを比較しようとしていて、一方のデータセットに 10 個の
データ点、もう一方のデータセットに 100 万個のデータ点が含まれているとしましょう。誤
差がデータ点ごとに 1 つの数字を合計したものだとすれば、合計する数字の量が多い 100 万
個のデータ点が含まれているデータセットの誤差のほうがずっと大きくなるはずです。これら
のデータセットを正しく比較したい場合は、各データ点から直線までの距離の**平均値**を求める
必要があります。そこで、誤差の計算に平均を使うのです。

　参考までに、よく使われている誤差として**二乗平均平方根誤差**（root mean square error：
RMSE）と呼ばれるものもあります。名前からもわかるように、RMSE は MSE の平方根とし
て定義されます。RMSE は問題の単位を合わせるために使われるほか、モデルが予測を行う
ときにどれくらい誤差が生じるのかをよく理解する目的でも使われます。どういうことでしょ
うか。次のシナリオについて考えてみましょう。住宅の価格を予測しようとしていて、価格の
正解値と予測値の単位がたとえばドル（$）だとしましょう。二乗平均の単位は二乗ドルですが、
一般的に使われる単位ではありません。平方根を求めれば、正しい単位が得られるだけではな
く、住宅 1 軒あたりのモデルの大まかな誤差をドル単位でより正確に知ることができます。た
とえば、RMSE が 10,000 ドルだとすれば、「このモデルによる予測では 10,000 ドル程度の
誤差が生じる」と予想することができます。

3.4.4　勾配降下法：山をゆっくり下りることで誤差関数を小さくする方法

　ここでは、山をゆっくり下りるときと同じ要領で先ほどの誤差を小さくする方法を調べます。
このプロセスでは微分を使うのですが、ありがたいことに、このプロセスを理解するのに微分
は必要ありません。3.3.3 項と 3.3.4 項では、訓練プロセスですでに微分を使っています。「こ
の方向に少し移動する」たびに、その裏で誤差関数の微分を計算し、その結果をもとに直線を
移動する方向を調べているからです。微積分が得意で、このアルゴリズムの微分と勾配を使っ
た計算の全容を知りたい場合は、付録 B を参照してください。

　まず、線形回帰を俯瞰的に眺めてみましょう。私たちは何がしたいのでしょうか。データに
最もよく適合する直線を見つけたいのです。そこで、直線がデータからどれくらい離れている
のかを明らかにする誤差関数という指標を使います。つまり、誤差関数から返される数字を小
さくできれば、最もよく適合する直線が見つかるはずです。このプロセスは数学のさまざま
な分野でよく使われているもので、**関数の最小化**と呼ばれます。つまり、関数が返すことので
きる値のうち最も小さいものを突き止めるのです。ここで登場するのが**勾配降下法**（gradient

descent）です。勾配降下法は関数を最小化するのにうってつけの方法です。

　ここで最小化しようとしている関数はモデルの誤差（絶対誤差または二乗誤差）です。少し注意してほしいのは、勾配降下法が常に関数の最小値を正確に見つけ出すとは限らないことです。勾配降下法によって見つかるのはそれに非常に近い値かもしれません。とはいえ、安心してください。勾配降下法は誤差関数の値が非常に小さい点をすばやく効果的に見つけ出します。

　勾配降下法はどのような仕組みになっているのでしょうか。勾配降下法は山を下りるのと同じです。たとえば、エラレスト山という高い山の中腹にいるとしましょう。山を下りたいのですが、濃い霧が立ち込めていて1メートル以上先はよく見えません。さあどうしましょう。周囲を見回して、一歩踏み出すことができる最も傾斜の大きい方向を突き止めるのがよさそうです（図3-20）。

図3-20：エラレスト山の中腹にいて、ふもとまで下りたいが、あまり遠くまで見えない。
山を下りるために一歩踏み出せる方向をすべて調べて、最も傾斜の大きい方向を突き止める。
そうすれば、ふもとに一歩近づく

　進む方向が決まったら、小さな一歩を踏み出します。その一歩は最も傾斜が大きい方向に進むため、おそらく山を少し下っているはずです。このプロセスを何回も繰り返せば、（うまくいけば）ふもとにたどり着くはずです（図3-21）。

　「うまくいけば」と言ったのはなぜでしょうか。このプロセスには懸念材料がいくつかあるからです。ふもとにたどり着くこともあれば、谷に行き着いてそこから動けなくなることもあります。ここでは考えないことにしますが、このようなことが起こる確率を下げるための手法がいくつかあります。なお、付録BのB.2節でこれらの手法をざっと紹介しているので参考にしてください。

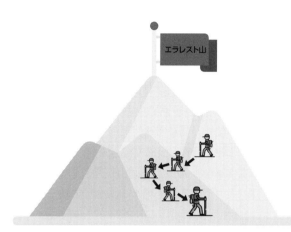

図 3-21：山を下りるには、最も傾斜の大きい方向に小さな一歩踏み出すという動作を延々と繰り返す

　ここで伏せているさまざまな数学計算についても付録 B で詳しく解説しています。とはいえ、本章で行っていることはまさに勾配降下法です。どうしてでしょうか。勾配降下法が次のような仕組みになっているからです。

1. 山のどこかから出発する。

2. 小さな一歩を踏み出すのに最適な方向を突き止める。

3. この小さな一歩を踏み出す。

4. ステップ 2 と 3 を何回も繰り返す。

　この手順に見覚えがあるとしたら、それは 3.3 節で二乗法と絶対法を定義した後、線形回帰アルゴリズムを次のように定義したからです。

1. 任意の直線から始める。

2. 絶対法または二乗法を使って直線を少し動かすのに最適な方向を突き止める。

3. 直線をこの方向に少し移動させる。

4. ステップ 2 と 3 を何回も繰り返す。

　イメージとしては図 3-22 のようになります。唯一の違いは、この誤差関数が山というよりも谷のように見えることです。この場合は最も低い点まで下りることが目標となります。この谷にある点はそれぞれデータに適合させようとしているモデル（直線）に相当します。点の高さはそのモデルの誤差です。したがって、悪いモデルは上のほうにあり、よいモデルは下のほうにあります。できるだけ低い位置にある点を目指して一歩踏み出すたびに、少しよいモデルになります。このようにして一歩ずつ進んでいくと、最終的に最もよい（または少なくともか

なりよい）モデルになるはずです。

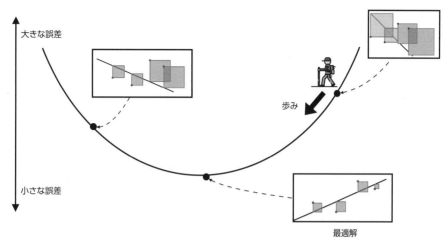

図 3-22：この山の点はそれぞれ異なるモデルに相当する。誤差が小さいよいモデルは下のほうにあり、
誤差が大きい悪いモデルは上のほうにある。山を下りるには、山のどこかから出発し、
一歩ずつ下りていく。勾配は最も傾斜の大きい方向を判断するのに役立つ

3.4.5　誤差関数をプロットし、アルゴリズムの実行を止めるタイミングを割り出す

　ここでは、3.3.7 項で行った訓練の誤差関数をプロットします。このプロットからこのモデ
ルの訓練について参考になる情報が得られます。本書の GitHub リポジトリでは、3.4.3 項で
定義した RMSE もプロットしています。RMSE を計算するコードは次のようになります。

```
def rmse(labels, predictions):
    n = len(labels)
    differences = np.subtract(labels, predictions)
    return np.sqrt(1.0/n * (np.dot(differences, differences)))
```

> **ドット積**（dot product）：この RMSE 関数のコーディングにはドット積を使っている。ドッ
> ト積を使うと、2 つのベクトルの対応する項の積の総和を簡単に記述できる。たと
> えば、ベクトル (1,2,3) と (4,5,6) のドット積は 1・4 ＋ 2・5 ＋ 3・6 ＝ 32 である。
> 同じベクトルどうしのドット積を計算すると、項の二乗の総和が得られる。

　誤差関数をプロットした結果は図 3-23 のようになります。イテレーションを 1,000 回ほど繰り返したところですとんと下に落ち、それ以降はあまり変化していません。このプロットから次の有益な情報が得られます。このモデルでは、訓練アルゴリズムを 10,000 回も繰り返さなくても、1,000 回か 2,000 回繰り返すだけで同じような結果になるはずです。

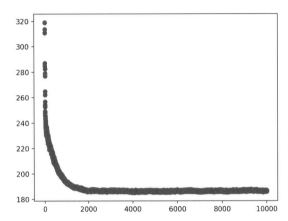

図 3-23：RMSE のグラフ。このアルゴリズムはイテレーションを
1,000 回ほど繰り返したところで誤差の削減に成功している

　一般に、誤差関数はアルゴリズムの実行を止めるタイミングを判断するのに役立つ情報を提供してくれます。多くの場合は、限られた時間と処理能力のもとでこの判断を下すことになります。一方で、次のような有益なベンチマークも実際によく使われています。

- 誤差関数が閾値に達したとき
- 誤差関数が何エポックかにわたって大きく減少しないとき

3.4.6　確率的勾配降下法とバッチ勾配降下法：訓練に一度に使うデータ点はいくつ？

　3.3 節では、線形回帰モデルを訓練するためにある手順を何回も繰り返しました。この手順は、データ点を 1 つ選び出し、そのデータ点に向かって直線を移動させるというものでした。本節では、絶対誤差と二乗誤差を計算し、勾配降下法を使って誤差を小さくするという方法で線形回帰モデルを訓練しました。しかし、この誤差をデータ点ごとに計算するのではなく、データセット全体に対して計算していました。なぜでしょうか。

　実際には、モデルの訓練をデータ点ごとに繰り返すか、データセット全体に対して繰り返すことができます。しかし、データセットが非常に大きい場合は、どちらの方法も高くつきそうです。このようなときに重宝するのが**ミニバッチ学習**（mini-batch learning）です。ミニバッ

チ学習はデータセットを多数のミニバッチに分割する便利な手法です。線形回帰アルゴリズムを繰り返すたびにミニバッチを 1 つ選び出し、このミニバッチでの誤差を小さくするためにモデルの重みを調整します。繰り返しのたびにデータ点を 1 つ使うのか、ミニバッチを使うのか、それともデータセット全体を使うのかに応じて、一般に 3 種類の勾配降下法があります。データ点を 1 つずつ使うアルゴリズムを**確率的勾配降下法**（stochastic gradient descent）と呼び、ミニバッチを使うアルゴリズムを**ミニバッチ勾配降下法**（mini-batch gradient descent）と呼び、データセット全体を使うアルゴリズムを**バッチ勾配降下法**（batch gradient descent）と呼びます。このプロセスについては、付録 B の B.2 節で詳しく説明しています。

3.5　現実的な応用：Turi Create を使ってインドの住宅価格を予測する

　ここでは、現実的な応用例として、線形回帰を使ってインドのハイデラバードの住宅価格を予測します。データセットは機械学習コンテストで有名な Kaggle で提供されているものを使います。

本節で使うコードとデータは本書の GitHub リポジトリにあります。

GitHub リポジトリ：https://github.com/luisguiserrano/manning/
フォルダ：Chapter_3_Linear_Regression
Jupyter Notebook：House_price_predictions.ipynb
データセット：Hyderabad.csv

　このデータセットには、6,207 行（住宅 1 軒につき 1 行）39 列（特徴量）のデータが含まれています。もうピンときていると思いますが、ここではアルゴリズムを自分で記述するのではなく、Turi Create を使います。Turi Create はさまざまな機械学習アルゴリズムを実装している便利なパッケージです[1]。
　Turi Create でデータを格納するための主要なオブジェクトは SFrame です。まず、次のコマンドを使ってデータを SFrame オブジェクトに読み込みます。

```
import turicreate as tc

data = tc.SFrame('Hyderabad.csv')
```

---

[1]　https://github.com/apple/turicreate
　［訳注］翻訳時点では、Turi Create が公式にサポートしているのは Python 3.7 までなので、検証には Python 3.7.6 を使っている。

このデータセットは巨大なので、最初の数行と数列を見てみましょう（表 3-3）。

表 3-3：ハイデラバードの住宅価格データセットの最初の 5 列 7 行

Price	Area	No. of Bedrooms	Resale	MaintenanceStaff	Gymnasium	SwimmingPool
30000000	3340	4	0	1	1	1
7888000	1045	2	0	0	1	1
4866000	1179	2	0	0	1	1
8358000	1675	3	0	0	0	0
6845000	1670	3	0	1	1	1

　Turi Create で線形回帰モデルを訓練するために必要なコードはたった 1 行です。線形回帰モデルの訓練には、`linear_regression` パッケージの create 関数を使います。この関数に指定しなければならないのは目的変数（ラベル）だけです。ここでは `'Price'` を指定します。

```
model = tc.linear_regression.create(data, target='Price')
```

　訓練には少し時間がかかることがありますが、訓練が終了するといくつかの情報が出力されます。出力に含まれているフィールドの 1 つは RMSE です。このモデルの RMSE は 3,000,000 ほどです。大きな値ですが、だからといってこのモデルの性能が悪いとは限りません。データセットに外れ値が多く含まれているせいかもしれません。想像できると思いますが、住宅の価格はデータセットに含まれていない他の多くの特徴量に左右されることがあります。

　このモデルを使って広さが 1,000 で寝室が 3 つの住宅の価格を予測してみましょう。

```
house = tc.SFrame({'Area':[1000], 'No. of Bedrooms':[3]})
model.predict(house)
```
```
dtype: float
Rows: 1
[2210342.480050345]
```

　このモデルは、広さが 1,000、寝室が 3 つの住宅の価格を 2,210,342 と予測しています。

　また、モデルの訓練に使う特徴量の個数を減らすこともできます。create 関数では、訓練に使いたい特徴量を配列として指定できます。価格の予測に「広さ」特徴量（Area）を使うモデルを訓練するコードは次のようになります。

```
simple_model = tc.linear_regression.create(data,
                                features=['Area'], target='Price')
```

このモデルの重みを調べてみましょう。

```
simple_model.coefficients
```

このコードの出力から次の重みが明らかになります。

- 傾き：9666.41
- y 切片：-6105232.14

　広さと価格をプロットするときの y 切片はバイアス、広さの係数は直線の傾きです。このモデルのデータ点をプロットすると図 3-24 のようになります。

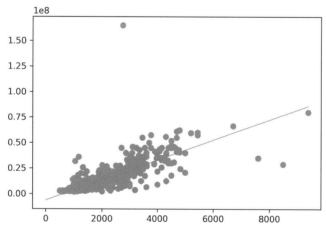

図 3-24：ハイデラバードの住宅価格データセット。
直線は価格の予測に Area 特徴量だけを使ったときのモデルを表している

　このデータセットで行えることは他にもいろいろあるので、ぜひ調べてみてください。たとえば、モデルの重みを調べて、特徴量の中により重要なものがあるかどうかを突き止めてみてください。Turi Create の他の関数やこのモデルを改善するためにできることについては、Turi Create のドキュメント[2] を参照してください。

※2　https://apple.github.io/turicreate/docs/api/

3.6　多項式回帰：データが直線にならない場合はどうする？

本章では、データがほぼ直線上に並んでいることを前提に、データに最も適合する直線を見つけ出す方法を調べてきました。しかし、データが直線っぽく見えない場合はどうすればよいでしょう。ここでは、**多項式回帰**（polynomial regression）という線形回帰の拡張バージョンを学びます。多項式回帰はデータがより複雑な状況に対処するのに役立ちます。

3.6.1　多項式：特殊な曲線関数

多項式回帰を理解するには、まず、**多項式**（polynomial）とは何かを理解する必要があります。多項式は非線形データをモデル化するのに役立つ関数の一種です。

本書ではすでに多項式を見ています。というのも、直線はそれぞれ次数が1の多項式だからです。放物線は次数が2の多項式です。形式的には、多項式は1つの変数の関数であり、この変数の累乗の積の総和として表すことができます。変数 x の累乗は、$1, x, x^2, x^3, ...$ です。最初の2つが $x^0 = 1$ と $x^1 = x$ であることに注意してください。次に、多項式の例をいくつか挙げておきます。

- $y = 4$
- $y = 3x + 2$
- $y = x^2 - 2x + 5$
- $y = 2x^3 + 8x^2 - 40$

多項式の**次数**（degree）とは、多項式の中で最も大きい累乗の指数のことです。たとえば、$y = 2x^3 + 8x^2 - 40$ の次数は3です。変数 x を累乗する指数の中で最も大きいのが3だからです。次数0の多項式は常に定数であり、次数1の多項式はここまで見てきたような1次方程式です。

多項式のグラフは複数回カーブする曲線によく似ています。カーブする回数は多項式の次数に関連しています。多項式の次数を d とすると、その多項式のグラフは最大で $d - 1$ 回カーブする曲線です（$d > 1$）。図3-25は多項式のグラフの例を示しています。次数が0の多項式は水平線、次数が1の多項式は直線、次数が2の多項式は放物線、次数が3の多項式は2回カーブする曲線です。

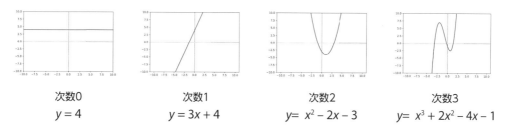

次数0	次数1	次数2	次数3
$y = 4$	$y = 3x + 4$	$y = x^2 - 2x - 3$	$y = x^3 + 2x^2 - 4x - 1$

図 3-25：多項式はデータをうまくモデル化するのに役立つ関数である。
これらは次数が 0 〜 3 の 4 つの多項式のグラフである

　図 3-25 から、次数 0 の多項式が水平線、次数 1 の多項式が（傾きが 0 ではない）直線、次数 2 の多項式が 2 次方程式（放物線）であることがわかります。次数 3 の多項式は 2 回カーブする曲線のように見えます（ただし、カーブの回数はそれよりも少ないことがあります）。次数 100 の多項式のグラフはどのようになるでしょうか。たとえば、$y = x^{100} - 8x^{62} + 73x^{27} - 4x + 38$ のグラフについて考えてみましょう。このグラフがどのようになるかを調べるには実際にプロットしてみる必要がありますが、最大で 99 回カーブする曲線であることは間違いないでしょう。

3.6.2　非線形データでも大丈夫：多項式曲線を適合させる

　データが線形ではなく（直線になるようには見えない）、多項式曲線を適合させたい場合はどうなるでしょうか。たとえば、図 3-26 の左図のようなデータがあるとしましょう。どうがんばってもこのデータに適合する直線は見つかりそうにありません。大丈夫！　次数 3 の多項式を適合させれば図 3-26 の右側の曲線になり、データにずっとうまく適合します。この曲線を見つけ出すのに役立つのが多項式回帰です。次数 3 の多項式は 3 次方程式とも呼ばれます。

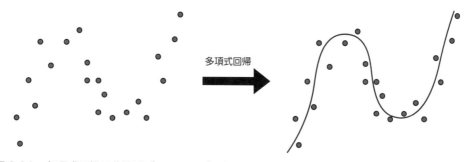

多項式回帰

図 3-26：多項式回帰は非線形データのモデル化に役立つ。データが左図のようなものである場合、うまく適合する直線を見つけるのは難しい。しかし、右図のように曲線ならデータにうまく適合する

　多項式回帰モデルの訓練プロセスは、線形回帰モデルの訓練プロセスに似ています。唯一の違いは、線形回帰を適用する前にデータセットにさらに列を追加する必要があることです。たとえば、次数が 3 の多項式を図 3-26 のデータに適合させることにした場合は、列を 2 つ追加する必要があります。1 つは特徴量の 2 乗に相当するもので、もう 1 つは特徴量の 3 乗に相当するものです。この点についてさらに詳しく知りたい場合は、第 4 章の 4.6 節で取り上げる放物線データセットでの多項式回帰の例を調べてください。

　多項式回帰モデルの訓練に関して小さな注意点があります。それは訓練プロセスの前に多項式の次数を決めなければならないことです。この次数はどのようにして決めるのでしょうか。直線（次数 1）、放物線（次数 2）、3 次方程式（次数 3）、または次数が 50 の曲線のどれが必要でしょうか。この質問は非常に重要なので、次章で過学習、学習不足、正則化について学ぶときに取り上げることにします。

3.7　パラメータとハイパーパラメータ

　パラメータとハイパーパラメータは機械学習において最も重要な概念の 1 つです。ここでは、パラメータとハイパーパラメータがどういうもので、どのように見分けるのかについて説明します。

　本章で見てきたように、回帰モデルは重みとバイアスによって定義されます。重みとバイアスはモデルの**パラメータ**（parameter）です。しかし、学習率、エポック数、次数（多項式回帰モデルの場合）など、モデルを訓練する前に調整できるつまみは他にもいろいろあります。これらのつまみを**ハイパーパラメータ**（hyperparameter）と呼びます。

　本書で取り上げる機械学習モデルにはそれぞれ明確に定義されたパラメータとハイパーパラメータがあります。これらは混同されがちですが、大ざっぱな見分け方があります。

- 訓練プロセスの**前に**設定する数量はハイパーパラメータである。
- 訓練プロセスの**最中に**モデルが作成または変更する数量はパラメータである。

3.8　回帰の応用

　機械学習の効果はそのアルゴリズムの能力だけで評価されるわけではなく、応用範囲がどれくらい広いかによっても評価されます。ここでは、線形回帰の現実の応用例をいくつか紹介します。これらの例ごとに、問題の概要とその問題を解くための特徴量を調べた後、その問題を線形回帰に解かせます。

3.8.1　レコメンデーションシステム

　機械学習は、YouTube、Netflix、Facebook、Spotify、Amazonなど、最もよく知られているアプリケーションで効果的なレコメンデーションを生成するために広く利用されています。こうしたレコメンデーションシステムのほとんどで、回帰は重要な役割を果たしています。回帰が予測するのは数量なので、効果的なレコメンデーションを生成するために必要なのは、ユーザーインタラクションやユーザーの満足度を最もうまく表す数量を突き止めることだけです。具体的な例を見てみましょう。

3.8.2　動画と音楽のレコメンデーション

　動画や音楽のレコメンデーションの生成に使われる手法の1つは、ユーザーが動画を観たり曲を聴いたりする時間の長さを予測することです。この予測は線形回帰モデルを使って行うことができます。その場合、データのラベル（目的変数）は各ユーザーがそれぞれの曲を視聴する時間の長さ（分単位）になります。特徴量（説明変数）としては、年齢、住所、職業といったユーザーの人口統計学的属性が考えられますが、ユーザーがクリックまたは操作した他の動画や曲といった行動学的属性を使うこともできます。

3.8.3　商品のレコメンデーション

　販売店やオンラインショップでも線形回帰を使って売上高を予測しています。そのための方法の1つは、顧客がその店舗で支払う金額を予測することです。この予測も線形回帰モデルで行うことができます。動画や音楽のレコメンデーションと同様に、予測するラベル（目的変数）としてユーザーが支払う金額を使い、特徴量（説明変数）として人口統計学的属性や行動学的属性を使うことができます。

3.8.4　医療

　回帰は医療分野でもさまざまな方法で応用されています。どのような問題を解きたいかに応じて正しいラベルを予測することが鍵となります。次に、例をいくつか挙げておきます。

- 現在の健康状態に基づいて患者の余命を予測する。
- 現在の症状に基づいて入院期間を予測する。

3.9　まとめ

- 回帰は機械学習の重要な一翼を担っている。ラベル付きのデータを使ってアルゴリズムを訓練し、そのアルゴリズムを使って未知（ラベルなし）のデータを予測する。

- 回帰のラベル（目的変数）は数値である。たとえば、住宅の価格などの数値が考えられる。

- データセット内の特徴量はラベルの予測に使う属性（説明変数）である。たとえば、住宅の価格を予測したい場合は、その住宅を説明するものが特徴量となる。それらの特徴量は、住宅の広さ、部屋数、学校の質、犯罪率、築年数、幹線道路までの距離など、価格の決定を左右するものになるだろう。

- 線形回帰の手法による予測では、それぞれの特徴量に重みを割り当て、対応する重みを特徴量に掛けてバイアスを足す。

- 一連のデータ点のできるだけ近くを直線が通るようにすることで、線形回帰アルゴリズムを視覚的に表すことができる。

- 線形回帰アルゴリズムは、ランダムな直線で始まり、誤分類されているデータ点のそれぞれに直線を少しずつ近づけていくことで、それらのデータ点を正しく分類するという仕組みになっている。

- 多項式回帰は線形回帰の一般化であり、直線の代わりに曲線を用いることでデータをモデル化する。多項式回帰は特にデータセットが非線形である場合に役立つ。

- 回帰はレコメンデーションシステム、E コマース、医療などさまざまな分野で応用されている。

3.10　練習問題

練習問題 3-1

ある Web サイトで、ユーザーの滞在時間（分単位）を予測するための線形回帰モデルを訓練していて、次のような式が導出されました。

$$\hat{t} = 0.8d + 0.5m + 0.5y + 0.2a + 1.5$$

$\hat{t}$ は予測された時間（分単位）、d、m、y、a は指標変数（値は 0 か 1 のどちらか）であり、次のように定義されます。

- d はユーザーがデスクトップを使ってサイトにアクセスしているかどうかを表す変数

- m はユーザーがモバイルデバイスを使ってサイトにアクセスしているかどうかを表す変数

- y はユーザーが未成年（21 歳未満）かどうかを表す変数

- a はユーザーが成人（21 歳以上）かどうかを表す変数

例：ユーザーが 30 歳で、デスクトップを使って Web サイトにアクセスしている場合は、$d = 1, m = 0, y = 0, a = 1$ になります。

45 歳のユーザーがスマートフォンから Web サイトにアクセスするとしたら、そのユーザーの滞在時間はどれくらいになると予測されるでしょうか。

練習問題 3-2

医療データセットで線形回帰モデルを訓練したとします。このモデルが予測するのは患者の余命です。このモデルはデータセット内の各特徴量に重みを割り当てます。

次の数量に対応する重みの値は正でしょうか、負でしょうか、それとも 0 でしょうか。注意：正か負かを問わず、重みの値が非常に小さいと考えられる場合は 0 でもよいことにします。

a. 患者の 1 週間の運動時間

b. 患者が 1 週間に吸うたばこの本数

c. 心臓疾患のある家族の人数

d. 患者の兄弟の人数

e. 患者に入院歴があるかどうか

このモデルにはバイアスもあります。バイアスの値は正でしょうか、負でしょうか、それとも 0 でしょうか。

練習問題 3-3

次に示すのは、広さ（平方フィート）と価格（ドル）からなる住宅のデータセットです。

	広さ（s）	価格（p）
住宅 1	100	200
住宅 2	200	475
住宅 3	200	400
住宅 4	250	520
住宅 5	325	735

広さに基づいて住宅の価格を次のように予測するモデルを訓練したとします。

$$\hat{p} = 2s + 50$$

a. このデータセットでのモデルの予測値を計算してください。

b. このモデルの平均絶対誤差（MAE）を求めてください。

c. このモデルの二乗平均平方根誤差（RMSE）を求めてください。

練習問題 3-4

本章で学んだ絶対法と二乗法を使って方程式 $\hat{y} = 2x + 3$ で表される直線を点 $(x, y) = (5, 15)$ に近づけてください。次の 2 つの小問題では、学習率として $\eta = 0.01$ を使ってください。

a. 絶対法を使って上記の直線を点に近づくように書き換えてください。

b. 二乗法を使って上記の直線を点に近づくように書き換えてください。

学習不足、過学習、テスト、正則化

本章の内容

- 学習不足と過学習とは何か

- 過学習を回避する方法：テスト、モデル複雑度グラフ、正則化

- L1 ノルムと L2 ノルムを使ったモデルの複雑度の計算

- 性能と複雑度に基づく最良のモデルの選択

　本章では、特定の機械学習アルゴリズムは取り上げません。その点では、本章の大半の章とは異なっています。ここでは代わりに、機械学習モデルが直面するかもしれない潜在的な問題やそれらをうまく解決するための実用的な手法を説明します。

　次のような場面を思い浮かべてみてください。すばらしい機械学習アルゴリズムを学んできたあなたは、いよいよそれらのアルゴリズムを応用しようとしています。データサイエンティストとしての初仕事は、顧客データセットに対する機械学習モデルの構築です。このモデルを構築したあなたはさっそく運用を開始します。ところが何 1 つもうまくいかず、モデルの予測はことごとく外れます。いったいどうしたのでしょうか。

　実際には、これはよくある話です。モデルがうまくいかない理由なんていくらでもあるからです。幸い、それらを改善する手法もいろいろあります。本章では、モデルの訓練時によく起こる 2 つの問題として学習不足と過学習を取り上げます。続いて、モデルの学習不足と過学習を回避する方法として、テストと検証、モデル複雑度グラフ、正則化の 3 つを取り上げます。

　たとえを使って学習不足と過学習を説明してみたいと思います。試験勉強をしなければならないとしましょう。勉強はいくつかの理由でうまくいかないことがあります。十分な勉強ができなかったとしたらどうでしょう。この問題を解決する方法は存在しないので、試験はさんざんな結果に終わる可能性があります。たくさん勉強したものの、勉強の仕方が間違っていたとしたらどうでしょう。たとえば、学ぶことに集中するのではなく、教科書を丸暗記することにしました。試験でよい点を取れるでしょうか。何も学ぶことなく丸暗記しただけなので、よい点は取れないでしょう。当然ながら、最もよい方法は、そのテーマに関する未知の新しい質問に答えられるような方法できちんと試験勉強をすることです。

　機械学習における**学習不足**は、試験勉強を十分にしなかったことによく似ています。学習不足が起こるのは、単純すぎるモデルを訓練しようとしたときです。そのようなモデルはデータを学習できません。**過学習**は、試験勉強をせずに教科書を丸暗記するのとよく似ています。過学習が起こるのは複雑すぎるモデルを訓練しようとしたときです。そのようなモデルはデータを十分に学習せず、暗記してしまいます。学習不足でも過学習でもないよいモデルは、試験勉強をしっかり行っているようなものです。そのようなモデルはデータをきちんと学習し、まだ見たことのない新しいデータで予測をうまく行うことができます。

> **学習不足**（underfitting）：訓練データのパターンをうまく認識するにはモデルの複雑さが十分ではなく、未知のデータにうまく汎化できないことを意味する。過少適合やアンダーフィッティングとも呼ばれる。
>
> **過学習**（overfitting）：モデルは訓練データのパターンをうまく認識するが、モデルが複雑すぎるためにやはり未知のデータにうまく汎化できない。過剰適合やオーバーフィッティングとも呼ばれる。

　学習不足と過学習について考えるもう 1 つの方法は、手元にタスクがある状況を思い浮かべてみることです。ミスを犯す可能性が 2 つあります。1 つは、問題を単純化しすぎてしまい、単純すぎる解になってしまうことです。もう 1 つは、問題を複雑化しすぎてしまい、複雑すぎる解になってしまうことです。

　ゴジラを倒せという指令を受け、ハエたたきだけで戦うはめになるとしたらどうでしょう（図4-1）。これは**過度の単純化**の一例です。問題を過小評価して無防備な状態になってしまったので、このアプローチではうまくいきません。これが学習不足であり、データセットが複雑であるにもかかわらず、単純なモデルしかないという状態です。このモデルはデータセットの複雑さを捉えきれないでしょう。

学習不足　　　　　　　　　　　　　　　　　　過学習

図 4-1：機械学習モデルを訓練するときには学習不足と過学習という 2 つの問題が起こる可能性がある。学習不足が起こるのは、問題を単純化しすぎてしまい、ハエたたきでゴジラを倒そうとするなど、その問題を単純な方法で解決しようとしたときである (左)。過学習が起こるのは、問題を複雑化しすぎてしまい、バズーカを使ってハエを仕留めようとするなど、その問題を複雑きわまりない方法で解決しようとしたときである (右)

　対照的に、小さなハエを始末しろと言われてバズーカをあてがわれたとしたら、それは**過度の複雑化**の一例です。確かにハエは始末できるかもしれませんが、目の前にあるものはすべて破壊され、自分自身をも危険にさらすことになるでしょう。問題を過大評価してしまい、不適切な解になってしまいました。これが過学習であり、データセットが単純であるにもかかわらず、複雑すぎるモデルを適合させようとしています。このモデルはデータに適合できますが、学習するのではなく暗記することになるでしょう。筆者は初めて過学習を知ったとき、「何だ、どうってことないじゃないか。モデルが複雑すぎるからといってデータをモデル化できないわけじゃないし」と考えました。それはそのとおりですが、モデルに未知のデータで予測を行わせようとしたときに過学習の本当の問題が明らかになります。後ほど見ていくように、それらの予測値は目も当てられないものになるでしょう。

　第 3 章の 3.7 節で説明したように、すべての機械学習モデルにはハイパーパラメータがあり

ます。ハイパーパラメータはモデルを訓練する前に調整するつまみのようなものです。モデルのハイパーパラメータを正しく設定することはきわめて重要です。設定をいくつか間違えれば、モデルは学習不足か過学習になりがちです。本章で説明する方法はハイパーパラメータを正しく調整するのに役立ちます。

　これらの概念をより明確にするために、ここでは 1 つのデータセットと数種類のモデルからなる例を見ていきます。これらのモデルは、あるハイパーパラメータ（多項式の次数）を変更することによって作成されます。

4.1　多項式回帰を使った学習不足と過学習の例

　ここでは、同じデータセットでの過学習と学習不足の例を見ていきます。図 4-2 のデータセットをよく見て、第 3 章の 3.6 節で説明した多項式回帰モデルを適合させてみましょう。このデータセットに適合する多項式はどのようなものでしょうか。直線でしょうか、放物線でしょうか、3 次方程式でしょうか、それとも次数が 100 の多項式でしょうか。多項式の次数がその式の中で最も大きな指数であることを思い出してください。たとえば、多項式 $2x^{14} + 9x^6 - 3x + 2$ の次数は 14 です。

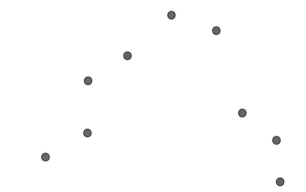

図 4-2：このデータセットでは、何種類かのモデルを訓練し、学習不足や過学習といった訓練時の問題を明らかにする。このデータセットに多項式回帰モデルを適合させるとしたら、多項式として直線を使うだろうか。それとも放物線か他の何かを使うだろうか

　このデータセットは下向きの放物線に似ているように見えます。下向きの放物線は次数が 2 の多項式です。私たち人間は目で見てそうだとわかりますが、コンピュータにはそんなことはできません。コンピュータは多項式の次数にさまざまな値を試して最適なものを選び出さなければなりません。コンピュータが次数 1、2、10 の多項式を適合させようとしているとしましょう。次数 1（直線）、次数 2（2 次方程式）、次数 10（最大で 9 回カーブする曲線）の多項式をこ

のデータセットに適合させると、図4-3のような結果になります。モデル1は次数1の多項式、モデル2は次数2の多項式、モデル3は次数10の多項式です。

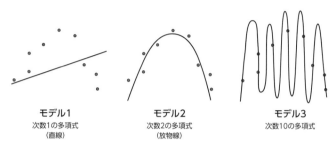

モデル1
次数1の多項式
（直線）

モデル2
次数2の多項式
（放物線）

モデル3
次数10の多項式

**図 4-3：同じデータセットに 3 つのモデルを適合させる。
どのモデルが最もよく適合しているように見えるだろうか**

　図4-3には、モデル1、モデル2、モデル3の3つのモデルがあります。モデル1は2次形式のデータセットに直線を適合させようとしている点で単純すぎます。このデータセットはどの角度からも直線には見えないので、このデータセットにうまく適合する直線が見つかるはずがありません。したがって、モデル1が学習不足の例であることは明らかです。対照的に、モデル2はデータにかなりうまく適合しています。このモデルは過学習でも学習不足でもありません。モデル3はデータに非常にうまく適合していますが、完全に的外れです。このデータは少しノイズがある放物線のように見えるはずです。モデル3はそれぞれの点をどうにか通っている次数10の非常に複雑な多項式を描いていますが、データの本質を捉えていません。モデル3は明らかに過学習の例です。

　ここでの推論をまとめると、「非常に単純なモデルは学習不足になりがちで、非常に複雑なモデルは過学習になりがちである」という見解が得られます。本章と本書のその他多くのエピソードは、この見解に基づいています。目標は単純すぎることも複雑すぎることもなくデータの本質をうまく捉えるモデルを見つけ出すことです。

　難しくなるのはここからです。私たち人間には、モデル2が最もうまく適合することがわかります。しかし、コンピュータにはどう見えるでしょうか。コンピュータは誤差関数を計算するしかありません。第3章では、絶対誤差と二乗誤差という2つの誤差関数を定義しました。この例では、見てわかりやすい絶対誤差のほうを使うことにしますが、二乗誤差にも同じことが当てはまります。絶対誤差はデータ点から曲線までの距離の絶対値の合計です。モデル1では、データ点がモデルから離れているため、誤差が大きいことがわかります。モデル2では、これらの距離が短いため、誤差が小さいことがわかります。しかしモデル3では、データ点がすべて実際の曲線上にあるため、距離はゼロです。このため、コンピュータはモデル3が最適なモデルだと考えるでしょう。これはまずいですね。モデル2が最適なモデルで、モデル3

が過学習に陥っていることをコンピュータに教える手立てが必要です。どうすればよいでしょうか。この問題にはさまざまな解決法があるため、しばし本書を下に置き、よい方法を思い付けるか頭をひねってみてください。

4.2　テスト：コンピュータに正しいモデルを選ばせるには

　モデルが過学習に陥っているかどうかを判断する方法の 1 つは、モデルをテストしてみることです。ここでは、その方法を調べることにします。モデルのテストは次の方法で行います。データセットからデータ点の一部を選び出し、それらのデータ点をモデルの訓練には使わず、モデルの性能のテストに使います。このようにして選んだデータ点の集まりを**テストデータセット**と呼びます。残りの（大部分の）データ点は**訓練データセット**と呼ばれ、モデルの訓練に使われます。訓練データセットを使ってモデルを訓練したら、テストデータセットを使ってモデルを評価します。このようにして、モデルが訓練データセットを暗記しておらず、未知のデータにうまく汎化することを確認します。試験勉強のたとえに戻って、訓練とテストを次のようにイメージしてみましょう。試験勉強に使っている本の最後に 100 題の問題があるとします。そのうちの 80 題を訓練用に選び出し、それらの問題と解答をよく調べて学習します。次に、残りの 20 題を使ってテストを行い、試験のときと同じように本を見ずにそれらの問題を解いてみます。

　では、この方法を先のデータセットとモデルに当てはめたらどうなるでしょうか。モデル 3 の本当の問題はデータに適合しないことではなく、新しいデータにうまく汎化しないことにあります。次のように言い換えてみましょう。モデル 3 をそのデータセットで訓練した後、新しいデータ点が現れた場合、このモデルはそれらの新しいデータ点で予測をうまく行うでしょうか。きっとそうはならないですね。このモデルはデータセットを丸暗記しているだけで、その本質を捉えていないからです。この場合、データセットの本質とは、下向きの放物線のように見えることです。

　図 4-4 を見てください。データセットの中に描かれている 2 つの白い三角形はテストデータを表しており、黒い円は訓練データを表しています。この図を詳しく調べて、訓練データセットとテストデータセットでの 3 つのモデルの性能を確認してください。要するに、訓練データセットとテストデータセットでモデルが生成する誤差を調べてみます。ここでは、これら 2 つの誤差をそれぞれ**訓練誤差**、**テスト誤差**と呼ぶことにします。

　図 4-4 の 1 行目は訓練データセットを表しており、2 行目はテストデータセットを表しています。列はそれぞれ次数 1、2、10 の 3 つのモデルを表しています。各データ点の誤差はそのデータ点から曲線までの垂直線として表されています。各モデルの誤差はこれらの垂直線の平均として求められる平均絶対誤差（MAE）です。1 行目を見ると、モデル 1 の訓練誤差が

大きく、モデル 2 の訓練誤差が小さく、モデル 3 の訓練誤差がほんのわずか（実際にはゼロ）であることがわかります。したがって、訓練データセットでは、最も性能がよいのはモデル 3 ということになります。

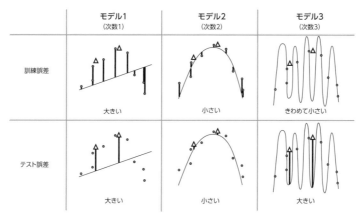

図 4-4：この表を使ってモデルをどれくらい複雑にすればよいかを判断できる。モデルが複雑になるほど訓練誤差が小さくなっていくことに注目しよう。しかし、テスト誤差のほうはモデルが複雑になる過程でいったん小さくなるものの再び大きくなっている。この表から、これら 3 つのモデルのうちテスト誤差が小さいモデル 2 が最適であるという結論が得られる

　しかし、テストデータセットでは状況が変化します。モデル 1 のテスト誤差は大きいままであり、このモデルがまったく不適切なモデルで、訓練データセットでもテストデータセットでも十分な性能が得られないことがわかります。つまり、このモデルは学習不足に陥っています。モデル 2 のテスト誤差は小さく、訓練データセットとテストデータセットの両方にうまく適合しているため、よいモデルであることがわかります。これに対し、モデル 3 では非常に大きなテスト誤差が発生しています。テストデータセットへの適合は惨憺たるものですが、訓練データセットにはうまく適合しています。モデル 3 はどうやら過学習に陥っているようです。

　ここまでの内容をまとめてみましょう。モデルは次のいずれかの状態になることが考えられます。

- **学習不足**：データセットに対して単純すぎるモデルを使っている
- **データにうまく適合**：データセットに対して適度に複雑なモデルを使っている
- **過学習**：データセットに対して複雑すぎるモデルを使っている

訓練データセットでの各モデルの性能は次のいずれかになります。

- 学習不足のモデルの性能はよくない（訓練誤差が大きい）

- うまく適合しているモデルの性能はよい（訓練誤差が小さい）
- 過学習のモデルの性能は非常によい（訓練誤差が非常に小さい）

テストデータセットでの各モデルの性能は次のいずれかになります。

- 学習不足のモデルの性能はよくない（テスト誤差が大きい）
- うまく適合しているモデルの性能はよい（テスト誤差が小さい）
- 過学習のモデルの性能はよくない（テスト誤差が大きい）

したがって、モデルが学習不足に陥っているのか、過学習に陥っているのか、うまく適合しているのかを見分ける方法は、訓練誤差とテスト誤差を調べることです。訓練誤差とテスト誤差がどちらも大きいモデルは学習不足に陥っています。訓練誤差とテスト誤差がどちらも小さいモデルはうまく適合しています。訓練誤差が小さく、テスト誤差が大きいモデルは過学習に陥っています。

4.2.1　テストデータセットの選び方と量の目安

ところで、図 4-4 には新しいデータ点が 2 つありますが、どこから手に入れたのでしょうか。データが常に流れ込む本番環境でモデルを訓練している場合は、新しいデータ点の一部をテストデータとして使うことができます。しかし、新しいデータ点を手に入れる方法がなく、手元にあるのは元のデータセットだけで、データ点が 10 個しかない場合はどうするのでしょうか。このような場合は、データの一部を犠牲にしてテストデータセットとして使うしかありません。テストに使うデータの量はどれくらいでしょうか。データがどれくらいあり、モデルにどの程度の性能を求めるかにもよりますが、実際には 10 ～ 20% の量でうまくいくようです。

4.2.2　テストデータはモデルの訓練には使えない

機械学習では、次の重要なルールに常に従う必要があります ―― データを訓練データとテストデータに分割するときは、モデルの訓練には訓練データを使うようにし、モデルの訓練中（モデルのハイパーパラメータを決定している最中）はいかなる理由があろうとテストデータに触ってはなりません。このルールに従わない場合は、人間にはそうとわからなくても、モデルが過学習に陥る可能性が高くなります。多くの機械学習コンテストでは、各チームが自慢のモデルで挑みますが、秘密のデータセットでテストするとそれらのモデルは無残な結果に終わります。その原因として考えられるのは、モデルを訓練しているデータサイエンティストがどういうわけかテストデータを使ってモデルを訓練してしまったことです（きっとうっかりですね）。実際、このルールは非常に重要であるため、本書の鉄則とします。

鉄則：テストデータは決して訓練に使ってはならない。

　この時点では、このルールに従うのは簡単なことに思えますが、後ほど説明するように、うっかりルールを破ってしまうというのはよくあることです。

　正直に言うと、本章ではすでに鉄則を破っています。どこで破ったかわかりますか。前に戻って鉄則に違反している場所を探してみてください。次節では、その答え合わせをします。

4.3　検証データセット：鉄則を破ったのはどこか、どのように挽回するか

　ここでは、鉄則を破った場所を確認し、挽回するのに役立つ検証という手法を学びます。

　鉄則を破った場所は 4.2 節にあります。多項式回帰モデルが 3 つあったことを思い出してください。1 つ目は次数が 1、2 つ目は次数が 2、3 つ目は次数が 10 のモデルで、どのモデルを選択すればよいかわかりませんでした。そこで、訓練データを使って 3 つのモデルを訓練し、続いてテストデータを使ってどのモデルにするか決めました。テストデータは、モデルの訓練に使ったり、モデルやハイパーパラメータの決定に使ったりしてはならないことになっています。そうしないと、モデルが過学習に陥る可能性があるからです。特定のデータセットに迎合しすぎるモデルを構築すると、常に過学習の危険がつきまといます。

　では、どうすればよいでしょうか。解決策は単純で、データセットをさらに細かく分割し、**検証データセット**という新しいデータセットを導入するのです。要するに、データセットを次の 3 つに分割します。

- **訓練データセット**：すべてのモデルで訓練に使う
- **検証データセット**：どのモデルを選択するかの決定に使う
- **テストデータセット**：モデルの性能を調べるために使う

　したがって、先の例では、さらに 2 つのデータ点を検証に使うことになります。検証誤差を調べれば、モデル 2 が最適であると判断するのに役立つはずです。テストデータセットはモデルの性能を調べるために最後まで取っておくべきです。モデルの性能がよくない場合は、すべてを捨てて最初からやり直してください。

　テストデータセットと検証データセットのサイズに関しては、60 対 20 対 20 または 80 対 10 対 10 の割合で分割するのが一般的です。つまり、60% を訓練データセット、20% を検証データセット、20% をテストデータセットにするか、80% を訓練データセット、10% を検

証データセット、10％をテストデータセットにします。これらの数字は恣意的なものですが、たいていうまくいきます。データのほとんどを訓練用に確保した上で、十分に大きなデータセットでモデルをテストできるからです。

4.4　モデル複雑度グラフ： モデルの複雑さを数値的に判断するには

　前節では、検証データセットを使って 3 つのモデルのうちどれが最適かを判断する方法を学びました。ここでは、**モデル複雑度グラフ**というグラフについて説明します。モデル複雑度グラフはさらに多くのモデルの中からどれかを選ぶのに役立ちます。たとえば、もっとずっと複雑な別のデータセットがあり、このデータセットに適合する多項式回帰モデルを構築しようとしているとしましょう。モデルの次数は 0 から 10 の間（10 を含む）で決めたいと考えています。前節で見たように、モデルを決める方法は、検証誤差が最も小さいものを選ぶことです。

　ただし、訓練誤差とテスト誤差をプロットすると、有益な情報が明らかになり、傾向を調べるのに役立ちます。図 4-5 のグラフを見てください。横軸はモデルの多項式の次数（モデルの複雑度）を表しており、縦軸は誤差の値（平均絶対誤差 [MAE]）を表しています。これがモデルの複雑度グラフです。

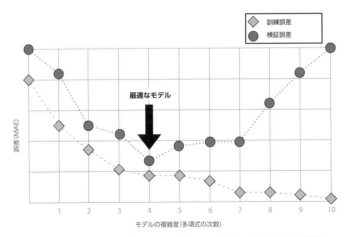

図 4-5：モデル複雑度グラフはモデルの理想的な複雑度を判断して
学習不足や過学習を回避するのに役立つ

　モデルの複雑度グラフは、モデルの理想的な複雑度を判断することで、学習不足や過学習を回避するのに役立ちます。グラフのひし形は訓練誤差、円は検証誤差を表しています。訓練誤差は大きな値で始まりますが、右に進むに従って小さくなっていきます。というのも、モデル

が複雑になるほど訓練データにうまく適合できるようになるからです。これに対し、検証誤差も大きな値で始まり、いったん小さくなりますが、再び大きくなっています。非常に単純なモデルがデータにうまく適合できないのに対し（学習不足になります）、非常に複雑なモデルは過学習に陥るため、訓練データには適合できるものの、検証データには適合できないからです。その途中に学習不足でも過学習でもないちょうどよい点があります。モデル複雑度グラフを利用すれば、この点を見つけ出すことができます。

　図4-5のモデル複雑度グラフにおいて検証誤差の値が最も小さいのは次数4です。つまり、（ここで検討しているモデルの中で）このデータセットに最も適合しているのは次数4の多項式回帰モデルです。グラフの左側を見ると、多項式の次数が小さいときは訓練誤差も検証誤差も大きく、これらのモデルが学習不足であることがわかります。グラフの右側を見ると、訓練誤差が徐々に小さくなっているのに対し、検証誤差が徐々に大きくなっていることから、モデルが過学習に陥っていることがわかります。スイートスポットは次数4のあたりにあります。私たちが選択するのはそのモデルです。

　モデル複雑度グラフの利点の1つは、データセットがどれだけ大きくても、あるいはモデルを何種類試したとしても、常に2つの曲線のようなものを描くことです。1つは常に下降する曲線であり（訓練誤差）、もう1つはいったん下降した後に再び上昇する曲線です（検証誤差）。もちろん、大きく複雑なデータセットでは、これらの曲線が波形を描くことや、性質を見分けるのが難しいことがあります。しかし、データサイエンティストがグラフからスイートスポットを見つけ出し、学習不足と過学習の両方を避けるためにモデルをどれくらい複雑にすべきかを判断する上で、モデル複雑度グラフは常に役立ちます。

　検証誤差が最も小さいグラフを選ぶだけなのに、どうしてこんなグラフが必要なのだろうと思っているかもしれません。理論的にはそのとおりですが、実際には、解いている問題、制約、ベンチマークがどのようなものであるかについてはデータサイエンティストのほうがずっとよく知っているかもしれません。たとえば、検証誤差が最も小さいモデルがかなり複雑で、検証誤差がほんの少し大きいだけで、それよりもはるかに単純なモデルが存在することがわかっている場合は、単純なモデルのほうを選びたいかもしれません。こうした理論的なツールをユースケースについての自分の知識と組み合わせることで、最も適切で最も効果的なモデルを構築できるのが、優秀なデータサイエンティストなのです。

4.5　正則化：過学習を回避するもう1つの方法

　ここでは、モデルの過学習を回避するのに貢献し、テストデータセットを要求しない**正則化**という手法について説明します。4.1節では、単純なモデルは学習不足に陥りやすく、複雑なモデルは過学習に陥りやすいと結論付けましたが、正則化も同じ見解の上に成り立っています。

しかし、ここまで見てきた手法では、複数のモデルをテストし、性能と複雑さのバランスが最もよいものを選びました。これに対し、正則化を用いる場合は、モデルを何種類も訓練する必要はありません。モデルを訓練するのは 1 回だけですが、モデルを訓練しながら性能を向上させるだけではなく、複雑さを減らすことも試みます。この訓練を行う上で鍵となるのは、性能と複雑さを同時に計測することです。

> **正則化**（regularization）：モデルの複雑さにペナルティを科すことで（モデルに格納できる情報の量を調整するか、モデルに格納できる情報の種類を制限する）、最終的に過学習を防ぐ。正則化を使うときには、すべての特徴量の尺度を同じにしておく必要がある。

　詳しい説明に進む前に、たとえを使って「モデルの性能と複雑さの計測」について考えてみることにします。3 軒の住宅があり、どの住宅も同じ問題を抱えています。屋根が雨漏りするのです（図 4-6）。3 人の屋根葺き職人がやってきて、それぞれの住宅を修理します。1 人目の職人は絆創膏を使い、2 人目の職人は板葺きを使い、3 人目の職人はチタンを使います。私たちの直感では、1 人目の職人は問題を単純化しすぎており（学習不足）、3 人目の職人は問題を複雑化しすぎているため（過学習）、2 人目の職人が最もよいように思えます。

問題:屋根が雨漏りしている

職人1
解:絆創膏
（学習不足）

職人2
解:板葺き
（最もよい）

職人3
解:チタン
（過学習）

図 4-6：学習不足と過学習のたとえ。屋根が雨漏りしていて、屋根を修理できる職人が 3 人いる。1 人目の職人は絆創膏、2 人目の職人は板葺き、3 人目の職人はチタンで屋根を修理する

　しかし、決定を下すには数字が必要なので、計測を行うことにします。屋根葺き職人の能力を計測するために、それぞれの屋根を修理した後に雨漏りする水の量を測ったところ、次のような結果になりました。

職人	性能（雨漏りした水の量）
職人1	1,000ml
職人2	1ml
職人3	0ml

　職人1については、まだ屋根が雨漏りしていることを考えると、かなり腕が悪いようです。となると、職人2と職人3のどちらを選ぶかが問題となります。より能力が高い職人3でしょうか。どうやら能力を計測するだけでは不十分なようです。職人1を除外するまではよかったものの、職人2ではなく誤って職人3を選んでしまうからです。正しい決定を下すのに役立つ各職人の複雑度の指標が必要です。複雑度を測るための指標としてうってつけなのは、屋根の修理代（ドル）です。各職人が請求してきた金額は次のとおりです。

職人	複雑度（修理代）
職人1	1ドル
職人2	100ドル
職人3	100,000ドル

　これなら、職人2のほうが職人3よりもよいことがわかります。2人の能力は同じですが、職人2のほうが安く修理できます。しかし、職人1の料金が最も安かったのに、なぜ職人1を選ばないのでしょうか。どうやら能力と複雑度の数値を組み合わせる必要があるようです。雨漏りした水の量と修理代を足してみましょう。

職人	性能＋複雑度
職人1	1,001
職人2	101
職人3	100,000

　このようにすると、職人2が最もよいことが明らかになります。つまり、能力（性能）と複雑度を同時に最適化すると、可能な限り単純で、かつ最もよい結果が得られます。これが正則化です。2つの異なる誤差関数を使って性能と複雑度を計測し、それらを足し合わせてより堅牢な誤差関数にするのです。この新しい誤差関数により、性能がよく、複雑すぎないモデルが得られます。以下の項では、これら2つの誤差関数を定義する方法をさらに詳しく見ていきます。ですがその前に、過学習の例をもう1つ見ておきましょう。

4.5.1　過学習のもう 1 つの例：映画レコメンデーション

　モデルはもっと微妙な方法で過学習に陥ることがあります。ここでは、そうした過学習の例を紹介します。今回の例は、多項式の次数ではなく、特徴量の個数と係数の大きさに関係しています。映画ストリーミング Web サイトがあり、レコメンデーションシステムを構築しようとしているところだとしましょう。話を単純にするために、提供している映画は 10 本だけであるとします（M1, M2, ..., M10）。新しい映画（M11）が公開され、過去の 10 本の映画に基づいてこの映画をお勧めする線形回帰モデルを構築したいとしましょう。100 人のユーザーに関するデータセットがあり、ユーザーごとに 10 個の特徴量があります。これらの特徴量はそのユーザーが各映画を視聴した時間（秒数）を表します。ユーザーが映画を観ていない場合、その特徴量の値は 0 になります。各ユーザーのラベル（目的変数）は、そのユーザーが映画 11 を視聴した時間です。このデータセットに適合するモデルを構築する必要があります。このモデルを線形回帰モデルと仮定すると、ユーザーが映画 11 を視聴する時間を予測する式は線形であり、次のようになるでしょう。

$$\hat{y} = w_1 x_1 + w_2 x_2 + w_3 x_3 + w_4 x_4 + w_5 x_5 + w_6 x_6 + w_7 x_7 + w_8 x_8 + w_9 x_9 + w_{10} x_{10} + b$$

　ここで、各要素の意味は次のとおりです。

- $\hat{y}$ はモデルが予測するユーザーの映画 11 の視聴時間
- x_i はユーザーが映画 i を視聴した時間（i = 1, 2, ..., 10）
- w_i は映画 i に紐付けられる重み
- b はバイアス

　さて、ここで私たちの直感をテストしてみましょう。数式で表されている次の 2 つのモデルのうち、過学習になりそうなのはどちらでしょうか（または両方でしょうか）。

$$\hat{y} = 2x_3 + 1.4x_7 - 0.5x_9 + 8$$

$$\hat{y} = 22x_1 - 103x_2 - 14x_3 + 109x_4 - 93x_5 + 203x_6 + 87x_7 - 55x_8 + 378x_9 - 25x_{10} + 8$$

　筆者と同じように考えているとしたら、モデル 2 は少し複雑で、過学習に陥っているかもしれません。ユーザーが映画 2 を視聴した時間に -103 を掛け、その結果を他の数字に足すというのが予測を行うための計算だなんて直感が違うと言っています。このモデルはデータにうまく適合するかもしれませんが、データを学習しているのではなく暗記しているのは確かなようです。

　対照的に、モデル 1 はずっと単純で、私たちに興味深い情報をもたらしています。映画 3、7、9 を除いて、ほとんどの係数が 0 であることから、映画 11 に関連があるのはそれら 3 本の映

画だけであることがわかります。さらに、映画 3 と映画 7 の係数は正なので、映画 3 または映画 7 を観たユーザーは映画 11 を観る可能性が高いこともわかります。また、映画 9 の係数は負なので、映画 9 を観たユーザーは映画 11 を観る可能性が低いようです。

　ここでの目標は、モデル 1 のようなモデルを選び、モデル 2 のようなモデルを避けることです。ですが残念なことに、モデル 2 の誤差がモデル 1 よりも小さい場合、線形回帰アルゴリズムを実行するとモデル 2 が選択されてしまいます。どうすればよいでしょう。この窮地を救うのが正則化です。最初に必要となるのは、モデル 2 のほうがモデル 1 よりもはるかに複雑であることを明らかにする指標です。

4.5.2　L1 ノルムと L2 ノルム：モデルの複雑度を数値化する

　ここでは、モデルの複雑度を計測する方法を 2 つ紹介します。しかし、その前にモデル 1 とモデル 2 をもう一度調べて、モデル 1 では小さくなり、モデル 2 では大きくなる式を思い付けるか試してみましょう。

　ここで注目してほしいのは、係数の数が多いモデル、あるいは係数の値が大きいモデルのほうが複雑になる傾向にあることです。したがって、次に示すように、このことと一致する式はすべてうまくいくはずです。

- 係数の絶対値の合計
- 係数の二乗の合計

　1 つ目を **L1 ノルム**（L1 norm）、2 つ目を **L2 ノルム**（L2 norm）と呼びます。L1 ノルムと L2 ノルムはフランスの数学者 Henri Lebesgue にちなんで名付けられた「ルベーグ空間」（L^p 空間）という一般理論で定義されているものです。絶対値と二乗を使うのは、負の係数をなくすためです。そのようにしないと、大きな負の値によって大きな正の値が相殺され、非常に複雑なモデルの値が小さくなってしまうことがあります。

　しかし、ノルムの計算を始める前に技術的な注意点があります。L1 ノルムと L2 ノルムには、モデルのバイアスは含まれていません。なぜでしょうか。このモデルのバイアスは、ユーザーが過去の 10 本の映画をまったく観ていない場合の、映画 11 の予想視聴時間（秒数）です。この数字はモデルの複雑さとは無関係なので、取り除いておきます。モデル 1 とモデル 2 の L1 ノルムの計算を見てみましょう。

　モデル 1 とモデル 2 の式は次のように定義されていました。

$$\hat{y} = 2x_3 + 1.4x_7 - 0.5x_9 + 8$$

$$\hat{y} = 22x_1 - 103x_2 - 14x_3 + 109x_4 - 93x_5 + 203x_6 + 87x_7 - 55x_8 + 378x_9 - 25x_{10} + 8$$

L1 ノルムは次のようになります。

$$|2| + |1.4| + |-0.5| = 3.9$$

$$|22| + |-103| + |-14| + |109| + |-93| + |203| + |87| + |-55| + |378| + |-25| = 1,089$$

L2 ノルムは次のようになります。

$$2^2 + 1.4^2 + (-0.5)^2 = 6.21$$

$$22^2 + (-103)^2 + (-14)^2 + 109^2 + (-93)^2 + 203^2 + 87^2 + (-55)^2 + 378^2 + (-25)^2 = 227,131$$

　思ったとおり、モデル 2 の L1 ノルムと L2 ノルムは、モデル 1 の L1 ノルムと L2 ノルムよりもずっと大きくなります。

　L1 ノルムと L2 ノルムは多項式でも計算できます。その場合は、係数（定数係数を除く）の絶対値または二乗値の総和を求めます。本章の最初のほうで示した、次数 1（直線）、次数 2（放物線）、次数 10（9 回カーブする曲線）の多項式で表される 3 つのモデルの例に戻って、それらの式が次のようになると仮定します。

モデル 1：$\hat{y} = 2x + 3$
モデル 2：$\hat{y} = -x^2 + 6x - 2$
モデル 3：$\hat{y} = x^9 + 4x^8 - 9x^7 + 3x^6 - 14x^5 - 2x^4 - 9x^3 + x^2 + 6x + 10$

　L1 ノルムの計算は次のようになります。

モデル 1：$|2| = 2$
モデル 2：$|-1| + |6| = 7$
モデル 3：$|1| + |4| + |-9| + |3| + |-14| + |-2| + |-9| + |1| + |6| = 49$

　L2 ノルムの計算は次のようになります。

モデル 1：$2^2 = 2$
モデル 2：$(-1)^2 + 6^2 = 37$
モデル 3：$1^2 + 4^2 + (-9)^2 + 3^2 + (-14)^2 + (-2)^2 + (-9)^2 + 1^2 + 6^2 = 425$

　モデルの複雑度を計測する 2 つの方法がわかったところで、訓練プロセスに進みましょう。

4.5.3　ラッソ回帰とリッジ回帰：問題を解くために誤差関数を変更する

面倒な部分はほとんど終わったので、さっそく正則化を使って線形回帰モデルを訓練してみましょう。このモデルには、2 つの指標があります。性能の指標（誤差関数）と複雑度の指標（L1 ノルムまたは L2 ノルム）です。

屋根葺き職人のたとえでは、能力（性能）が高く、料金が安い（複雑度が低い）職人を見つけ出すことが目標となりました。そこで、性能の指標と複雑度の指標という 2 つの数値を合計したものを最小化しました。これとまったく同じ原理を機械学習モデルに適用するのが正則化です。ここで使うのは回帰誤差と正則化項の 2 つの数値です。

> **回帰誤差**（regression error）：モデルの品質（性能）の指標。この場合は第 3 章で学んだ絶対誤差か二乗誤差のどちらかになる。
> **正則化項**（regularization term）：モデルの複雑度の指標。この場合はモデルの L1 ノルムか L2 ノルムのどちらかになる。

性能がよく、あまり複雑ではないモデルを見つけ出すために最小化したい数値は、次のように変更された誤差であり、回帰誤差と正則化項の合計として定義されます。

$$誤差 ＝ 回帰誤差 ＋ 正則化項$$

正則化はよく使われるため、モデルはどのようなノルムを使うかに応じて異なる名前で呼ばれます。L1 ノルムを使って回帰モデルを訓練する場合は、そのモデルを**ラッソ回帰**（lasso regression）と呼びます。ラッソ（lasso）は「least absolute shrinkage and selection operator」の略です。誤差関数は次のようになります。

$$ラッソ回帰誤差 ＝ 回帰誤差 ＋ L1 ノルム$$

L2 ノルムを使ってモデルを訓練する場合は、そのモデルを**リッジ回帰**（ridge regression）と呼びます。リッジ（ridge）という名前は誤差関数の形状から来ています。L2 ノルム項を回帰誤差関数に追加すると、この関数をプロットしたときにとがった角が滑らかなくぼみになるからです。誤差関数は次のようになります。

$$リッジ回帰誤差 ＝ 回帰誤差 ＋ L2 ノルム$$

ラッソ回帰とリッジ回帰は、実際にはどちらも非常にうまくいきます。後ほど説明するように、どちらを使うかはある意味好みの問題ということになります。ただし、正則化したモデルをうまく機能させるには、細かい点を詰めておく必要があります。先へ進む前に、これらの点を見ておきましょう。

4.5.4　正則化パラメータ：モデルの性能と複雑度の正則化

　モデルを訓練するということは、誤差関数をできるだけ小さくするということです。このため、正則化を使って訓練したモデルは、原則としては性能が高く、それほど複雑ではないはずです。しかし、モデルの性能を向上させようとすると複雑さが増し、モデルを単純化しようとすると性能が低下するという綱引き状態になることがあります。ありがたいことに、ほとんどの機械学習の手法には、できるだけよいモデルを構築するためにデータサイエンティストが調整できるつまみ（ハイパーパラメータ）があります。そして、正則化も例外ではありません。ここでは、ハイパーパラメータを使って性能と複雑度の間で調整を行う方法を調べることにします。

　このハイパーパラメータは**正則化パラメータ**と呼ばれるもので、その目的はモデルの訓練プロセスにおいて性能と単純さのどちらを重視すべきかを決めることにあります。正則化パラメータは λ（ギリシャ文字の「ラムダ」）で表されます。正則化項に λ を掛けたものに回帰誤差を足し、その結果を使ってモデルを訓練します。つまり、新しい誤差は次のようになります。

$$誤差 ＝ 回帰誤差 ＋ \lambda \times 正則化項$$

　λ の値を 0 にすると正則化項が相殺され、第 3 章で見たものと同じ回帰モデルになります。λ の値を大きくすると（おそらく次数の小さい）単純なモデルになり、データセットにあまりうまく適合しないことがあります。このため、λ に対して適切な値を選択することが重要となりますが、そこで役立つのが検証です。λ の値には 10、1、0.1、0.01 といった 10 の累乗を選択するのが一般的ですが、自由裁量の余地があります。これらの値の中から、モデルの性能が最もよくなるものを、検証データセットを使って選択します。

4.5.5　モデルの係数に対する L1 正則化と L2 正則化の効果

　ここでは、L1 正則化と L2 正則化の決定的な違いと、さまざまなシナリオでどちらを使うべきかを確認します。L1 正則化と L2 正則化は一見よく似ていますが、それぞれが係数に与える影響は興味深いものです。どのようなモデルが必要かによっては、L1 正則化と L2 正則化のどちらを使うのかの判断が非常に重要になることがあります。

　映画レコメンデーションの例で構築しているモデルは、ユーザーが 10 本の映画を視聴した時間をもとに、そのユーザーがある映画を視聴する時間（秒数）を予測します。このモデルを訓練した結果、次のような式が得られたとしましょう。

$$\hat{y} = 22x_1 - 103x_2 - 14x_3 + 109x_4 - 93x_5 + 203x_6 + 87x_7 - 55x_8 + 378x_9 - 25x_{10} + 8$$

　正則化を追加した上でモデルを再び訓練すると、モデルがより単純になります。次の 2 つの特性は数学的に表すことができます。

- L1 正則化（ラッソ回帰）を使う場合は、モデルの係数の個数が少なくなる。つまり、L1 正則化では係数のいくつかが 0 になる。したがって、式は次のようになるかもしれない。

$$\hat{y} = 2x_3 + 1.4x_7 - 0.5x_9 + 8$$

- L2 正則化（リッジ回帰）を使う場合は、モデルの係数の値が小さくなる。つまり、L2 正則化では、すべての係数の値が小さくなるが、0 になることは滅多にない。したがって、式は次のようになるかもしれない。

$$\hat{y} = 0.2x_1 - 0.8x_2 - 1.1x_3 + 2.4x_4 - 0.03x_5 + 1.02x_6 + 3.1x_7 - 2x_8 + 2.9x_9 - 0.04x_{10} + 8$$

つまり、どのような式にしたいかに応じて、L1 正則化と L2 正則化のどちらかを選ぶことができます。

L1 正則化と L2 正則化のどちらを使うのかを判断するときの簡単な目安があります。特徴量の個数が多すぎるので、それらのほとんどを取り除きたいという場合は、L1 正則化がうってつけです。特徴量の個数が非常に少なく、すべての特徴量に関連性があると考えられる場合は、有益な特徴量を取り除かない L2 正則化が必要です。

特徴量の個数が多く、L1 正則化が役立つと考えられる問題の例の 1 つは、4.5.1 項の映画レコメンデーションシステムです。このモデルでは、それぞれの特徴量が映画の 1 つに対応しており、予測の対象である映画との関連性がある数本の映画を見つけ出すことが目標となります。したがって、（ほんのいくつかを除いて）ほとんどの係数が 0 になるモデルが必要です。

4.1 節で最初に取り上げた多項式の例は、L2 正則化を使うべき例の 1 つです。このモデルの特徴量は 1 つ（x）だけです。L2 正則化によって得られるのは、係数の値が小さい多項式モデルです。このようなモデルは何度もカーブしたりしないため、過学習になりにくいのです。4.6 節では、L2 正則化を適用するのに適した多項式の例を見てもらいます。

L1 正則化では係数が 0 になり、L2 正則化では係数の値が小さくなる数学的な理由が知りたい場合は、付録 C を参照してください。次は、このことを感覚的に理解する方法を学びます。

4.5.6　正則化を直感的に理解する

ここでは、L1 ノルムと L2 ノルムが複雑度にペナルティを科す方法においてどのように異なるかを学びます。以下の内容のほとんどは直感的なもので、例を見ながら理解していきます。以下の内容を数学的にきちんと理解したい場合は、付録 B の B.3 節を参照してください。

機械学習モデルの仕組みを理解したければ、誤差関数の先に目を向けるべきです。言ってみれば、誤差関数は「これが誤差で、この誤差を小さくするとよいモデルになる」というメッセージです。しかし、それでは「人生の成功の秘訣はできるだけミスをしないことである」と言っているようなものです。「避けるべきこと」という言い方よりも、むしろ「人生をよくするため

にできること」という言い方のほうが前向きではないでしょうか。この観点から正則化について考えてみましょう。

　前章で学んだ絶対法と二乗法のおかげで、おぼろげだった回帰のイメージが少し明確になっています。訓練プロセスのステージごとに（1 つまたは複数の）データ点を選び、それらのデータ点に直線を近づけます。このプロセスを何回も繰り返すと、最終的に直線がうまく適合します。前章で定義した線形回帰アルゴリズムをもう少し具体的に定義してみましょう。

線形回帰アルゴリズムの擬似コード

入力：データ点からなるデータセット
出力：このデータセットに適合する線形回帰モデル
手順：

　　1. ランダムな重みとランダムなバイアスを持つモデルを選択する。
　　2. 以下の処理を何回も繰り返す。
　　　 i.　データ点をランダムに選び出す。
　　　 ii.　重みとバイアスを少し調整することで、そのデータ点に対する予測を改善する。
　　3. モデルを活用する。

　同じ論法を用いて正則化を理解することはできるでしょうか。もちろんです。

　話を単純にするために、私たちは訓練を行っている最中で、モデルを単純化したいと考えているとしましょう。つまり、係数の値を小さくすればよいわけです。ここでは単純に、このモデルに 3、10、18 の 3 つの係数があるとします。これら 3 つの係数を少しずつ小さくすることは可能でしょうか。もちろんです。そして、そのための方法が 2 つあります。どちらの方法でも小さな数値（λ）が必要です。ひとまず、この数値を 0.01 に設定することにしましょう。

方法 1：係数の値が正の場合はそれぞれの値から λ を引き、係数の値が負の場合はそれぞれの値に λ を足す。係数の値が 0 の場合は何もしない。

方法 2：すべての係数に $1 - \lambda$ を掛ける。λ の値は小さいため、この乗数がほぼ 1 であることに注意。

　方法 1 を使うと、係数はそれぞれ 2.99、9.99、17.99 になります。方法 2 を使うと、係数はそれぞれ 2.97、9.90、17.82 になります。

　この場合、λ は学習率とほぼ同じような働きをします。実際には、λ は正則化率と深く結び付いています。詳細については、付録 B の B.3 節を参照してください。どちらの方法でも、係数のサイズを小さくしていることに注目してください。この要領で、アルゴリズムの各段階で係数を繰り返し小さくしていけばよいわけです。つまり、モデルを訓練する方法は次のよう

になります。

入力：データ点からなるデータセット
出力：このデータセットに適合する線形回帰モデル
手順：

1. ランダムな重みとランダムなバイアスを持つモデルを選択する。
2. 以下の処理を何回も繰り返す。
    i. データ点をランダムに選び出す。
    ii. 重みとバイアスを少し調整することで、そのデータ点に対する予測を改善する。
    iii. **方法 1 または方法 2 を使って係数を少し小さくする。**
3. モデルを活用する。

　方法 1 を使う場合は、モデルを L1 正則化（ラッソ回帰）で訓練していることになります。方法 2 を使う場合は、L2 正則化（リッジ回帰）で訓練しています。その数学的な裏付けを確認したい場合は、付録 B の B.3 節を参照してください。

　前項で述べたように、L1 正則化では、多くの係数が 0 になる傾向にあります。L2 正則化では、係数の値は小さくなる傾向にあるものの、0 にはなりません。これで、この現象がさらに明確になりました。たとえば、係数の値が 2 で、正則化パラメータとして $\lambda = 0.01$ を使うとしましょう。方法 1 を使って係数の値を小さくするというプロセスを 200 回繰り返したらどうなるでしょうか。係数の値は次のように変化します。

$$2 \to 1.99 \to 1.98 \to \ldots \to 0.02 \to 0.01 \to 0$$

　200 エポックの訓練を行った後、係数の値は 0 になり、そこから変化しなくなります。今度は方法 2 を適用し、この場合も同じ正則化パラメータ $\lambda = 0.01$ を使って 200 エポックの訓練を行ってみましょう。係数の値は次のように変化します。

$$2 \to 1.98 \to 1.9602 \to \ldots \to 0.2734 \to 0.2707 \to 0.2680$$

　係数の値が大きく減少するものの、0 にはなっていないことに注目してください。実際には、エポック数をどれだけ増やしても決して 0 にはなりません。なぜなら、非負の値に 0.99 を何度掛けても決して 0 にならないからです（図 4-7）。

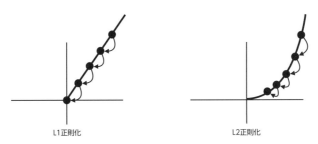

L1正則化　　　　　　　　　L2正則化

図 4-7：L1 正則化でも L2 正則化でも係数のサイズは小さくなる。L1 正則化では、係数の値から一定の量を差し引くため、はるかに高速であり、最終的に 0 になる可能性がある（左図）。L2 正則化では、係数の値に小さな数を掛けるため、はるかに時間がかかり、決して 0 にならない（右図）

4.6　Turi Create での多項式回帰、テスト、正則化

ここでは、Turi Create での正則化を使った多項式回帰の例を見ていきます。

本節で使うコードはすべて本書の GitHub リポジトリにあります。

GitHub リポジトリ：https://github.com/luisguiserrano/manning/
フォルダ：Chapter_4_Testing_Overfitting_Underfitting
Jupyter Notebook：Polynomial_regression_regularization.ipynb

　データセットから見ていきましょう。このデータセットに最もよく適合する曲線は、下向きの放物線であることがわかります（図 4-8）。ということは、線形回帰で解ける問題ではなく、多項式回帰が必要です。

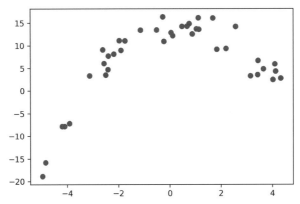

図 4-8：このデータセットの形状は下向きの放物線であるため、線形回帰を使ってもうまくいかない。このデータセットへの適合には多項式回帰を使い、モデルの調整には正則化を使う

このデータセットの最初の数行を見てみましょう（図4-9）。

x	y
3.4442185152504816	6.685961311021467
-2.4108324970703663	4.690236225597948
0.11274721368608542	12.205789026637378
-1.9668727392107255	11.133217991032268

図4-9：データセットの最初の4行

　Turi Create で多項式回帰を実行するには、データセットに多くの列を追加し、この拡張された データセットに線形回帰を適用します。追加する列はそれぞれ主要な特徴量の累乗です。 主要な特徴量がたとえば x である場合は、x^2、x^3、x^4 という値の列を追加します。したがって、 このモデルは x の累乗の線形結合を見つけ出します。それらはまさしく x の多項式です。デー タを含んでいる SFrame の名前を data とすると、x^{199} までの累乗の列を追加するコードは次 のようになります。

```
for i in range(2,200):
    string = 'x^' + str(i)
    data[string] = data['x'].apply(lambda x:x**i)
```

　結果として得られるデータセットの最初の数行数列は図4-10のようになります。x^kと記 されている列は変数 x の k 乗に対応しています（k ＝ 2, 3, 4）。このデータセットは200 列で構成されています。

x	y	x^2	x^3	x^4
3.4442185152504816	6.685961311021467	11.862641180794233	40.857528394664433	140.72225578427518
-2.4108324970703663	4.690236225597948	5.812113328930538	-14.012031690041567	33.78066134833202
0.11274721368608542	12.205789026637378	0.0127119341939975809	0.0014332351609316464	0.00016159327095197139
-1.9668727392107255	11.133217991032268	3.8685883722503025	-7.609021008606714	14.965975993910245

図4-10：データセットの最初の4行と左端の5列

　では、200個の列を持つこの大きなデータセットに線形回帰を適用してみましょう。この データセットの線形回帰モデルがこれらの列に含まれている変数の線形結合のように見えるこ とに注目してください。しかし、列はそれぞれ単項式を表すため、結果として得られるモデル は変数 x の多項式のようになります。

　どのようなモデルを訓練する場合でも、その前にデータを訓練データとテストデータに分割 する必要があります。

```
train, test = data.random_split(.8)
```

　これで、データセットが train という訓練データセットと test というテストデータセットに分割されました。なお、GitHub リポジトリのコードでは、乱数シードを指定しているため常に同じ結果になりますが、実際にそのようにする必要はありません。

　Turi Create で正則化を使う方法は簡単です。モデルを訓練するときに、create 関数にパラメータ l1_penalty と l2_penalty を指定するだけです。このペナルティはまさに 4.5.4 項で説明した正則化パラメータです。0 のペナルティは正則化を使わないことを意味します。ここでは、次のパラメータを使って 3 つのモデルを訓練します。

- **正則化を使わないモデル**：l1_penalty=0、l2_penalty=0
- **L1 正則化モデル**：l1_penalty=0.1、l2_penalty=0
- **L2 正則化モデル**：l1_penalty=0、l2_penalty=0.1

　これらのモデルを訓練するコードは次のようになります。

```
model_no_reg = tc.linear_regression.create(train, target='y',
                                            l1_penalty=0.0, l2_penalty=0.0)
model_L1_reg = tc.linear_regression.create(train, target='y',
                                            l1_penalty=0.1, l2_penalty=0.0)
model_L2_reg = tc.linear_regression.create(train, target='y',
                                            l1_penalty=0.0, l2_penalty=0.1)
```

　1 つ目のモデルは正則化を使いません。2 つ目のモデルは L1 正則化を 0.1 のパラメータで適用し、3 つ目のモデルは L2 正則化を 0.1 のパラメータで適用します。結果として得られたモデルのグラフは図 4-11 のようになります。訓練データセットのデータ点は円、テストデータセットのデータ点は三角形で表されています。

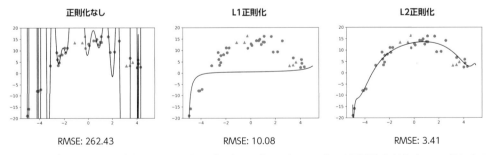

図 4-11：データセットに対する 3 つの多項式回帰モデル。左のモデルは正則化を使わない。真ん中のモデルは L1 正規化を 0.1 のパラメータで適用し、右のモデルは L2 正規化を 0.1 のパラメータで適用する

　正則化を使わないモデルは、訓練データセットのデータ点にはとてもうまく適合しますが、無秩序であり、テストデータセットのデータ点にはうまく適合しません。L1 正則化を使うモデルは、訓練データセットでもテストデータセットでも可もなく不可もなくといったところです。しかし、L2 正則化を使うモデルの結果は訓練データセットでもテストデータセットでもすばらしく、このデータの形状までも見事に捉えているように見えます。

　また、これら 3 つのモデルで、境界曲線の両端が少し奇妙な形になっていることもわかります。これはまあ仕方がありません。端っこのほうはデータが少なく、データがない場所でモデルがどうすればよいかわからないのは当然のことです。モデルの性能は常にデータセットの境界内で評価すべきであり、モデルがそうした境界の外でもうまくいくと期待するのは禁物です。私たち人間でさえ、モデルの境界の外をうまく予測できるとは限らないのです。たとえば、この曲線がデータセットの外側でどんなふうになると思いますか。やはり下向きの放物線のままでしょうか。それとも正弦関数のように波形を描き続けるでしょうか。私たちにわからないことを、モデルにわかると期待しないでください。というわけで、図 4-11 の端っこの奇妙な動きは無視して、データが配置されている境界内でのモデルの挙動に焦点を合わせるようにしてください。

　テストデータでの誤差を求めるには、次のコードと対応するモデルの名前を使います。このコードは二乗平均平方根誤差（RMSE）を返します。

```
model.evaluate(test)['rmse'])
```

　これらのモデルの RMSE は次のとおりです。

- 正則化を使わないモデル：262.43
- L1 正則化モデル：10.08
- L2 正則化モデル：3.41

　正則化を使わないモデルの RMSE は非常に大きな値になっています。残りの 2 つのモデルうち、L2 正則化モデルはかなりよい性能を示しています。ここで、次の 2 つの質問について考えてみてください。

1. L2 正則化モデルの性能が L1 正則化モデルよりもよいのはなぜか？
2. L2 正則化モデルがデータの形状をどうにか捉えているのに対し、L1 正則化モデルが平坦に見えるのはなぜか？

　これら 2 つの質問に対する答えは似ています。その答えを見つけ出すために、多項式の係数を調べてみましょう。多項式の係数は次のコードを使って取得できます。

```
coefs = model.coefficients
print(coefs['name', 'value'])
```

　各多項式には 200 もの係数があります。ここでは、各モデルの最初の 5 つの係数を見てみましょう（表 4-1）。正則化を使わないモデルの係数がかなり大きいことがわかります。L1 正則化を使うモデルの係数は 0 にかなり近く、L2 正則化を使うモデルの係数は小さくなっています。

表 4-1：3 つのモデルの多項式の最初の 5 つの係数

係数	正則化を使わないモデル	L1 正則化モデル	L2 正則化モデル
$x^0 = 1$	9.17480	0.56558	13.2429
x^1	20.2865	0.06941	0.87423
x^2	87.9207	0.00755	-0.51944
x^3	-230.66	0.00395	0.00600
x^4	-22.820	-0.0002	-0.0216

　表 4-1 から、3 つのモデルの予測値が次数 200 の多項式であることがわかります。最初のほうの項は次のようになります。

正則化を使わないモデル：

$$\hat{y} = 9.17 + 20.29x + 87.92x^2 - 230.66x^3 - 22.82x^4 + \ldots$$

L1 正則化モデル：

$$\hat{y} = 0.57 + 0.07x - 0.008x^2 + 0.004x^3 - 0.0002x^4 + \ldots$$

L2 正則化モデル：

$$\hat{y} = 13.24 + 0.87x - 0.52x^2 + 0.006x^3 - 0.02x^4 + \ldots$$

これらの多項式から次のことが明らかになります。

- 正則化を使わないモデルでは、すべての係数が大きい。このことは、多項式がかなり無秩序で、予測を行うのに適していないことを意味する。
- L1 正則化を使うモデルでは、定数係数（最初の係数）を除くすべての係数が非常に小さく、ほぼ 0 である。つまり、0 に近い値では、多項式は方程式 $\hat{y} = 0.57$ で表される水平線とほぼ同じに見える。正則化を使わないモデルよりはましだが、やはり予測を行うのに十分ではない。

- L2 正則化を使うモデルでは、次数が増えるに従って係数が小さくなるが、そこまで小さいわけではない。このため、予測を行うのにふさわしい多項式が得られる。

4.7 まとめ

- モデルを訓練するときには、さまざまな問題が発生する。学習不足と過学習の 2 つはかなり頻繁に起こる問題である。

- 学習不足になるのは、非常に単純なモデルをデータセットに適合させようとしたときである。過学習になるのは、複雑すぎるモデルをデータセットに適合させようとしたときである。

- テストデータセットを使うと過学習と学習不足をうまく見分けることができる。

- モデルをテストするときには、データを訓練データセットとテストデータセットの 2 つに分割する。訓練データセットはモデルの訓練に使い、テストデータセットはモデルの評価に使う。

- 機械学習の鉄則は、テストデータをモデルの訓練やモデルでの決定に決して使わないことである。

- 検証データセットはデータセットのさらに別の部分であり、モデルのハイパーパラメータに関する決定に使う。

- 学習不足のモデルは訓練データセットと検証データセットでよい性能を示さない。過学習のモデルは、訓練データセットではよい性能を示すが、検証データセットはよい性能を示さない。よいモデルは訓練データセットと検証データセットの両方でよい性能を示す。

- モデル複雑度グラフは、モデルが学習不足または過学習に陥らないようにするために、モデルの複雑度を正確に判断するために使われる。

- 正則化は機械学習モデルの過学習を抑制するための非常に重要な手法であり、訓練プロセスにおいて複雑度の指標（正則化項）を誤差関数に追加する。

- L1 ノルムと L2 ノルムは正則化で使われる最も一般的な複雑度の指標である。

- L1 ノルムを使うと L1 正規化（ラッソ回帰）になり、L2 ノルムを使うと L2 正則化（リッジ回帰）になる。

- L1 正則化が推奨されるのは、データセットの特徴量の個数が多く、それらの多くを 0 にしたい場合である。L2 正則化が推奨されるのは、データセットの特徴量の個数が少なく、それらの値を小さくしたいが 0 にしたくない場合である。

4.8　練習問題

練習問題 4-1

同じデータセットで異なるハイパーパラメータを使って 4 つのモデルを訓練しました。
それぞれのモデルの訓練誤差とテスト誤差は次のようになりました。

モデル	訓練誤差	テスト誤差
1	0.1	1.8
2	0.4	1.2
3	0.6	0.8
4	1.9	2.3

　a.　このデータセットに対してどのモデルを選択しますか？

　b.　どのモデルが学習不足に陥っているように見えますか？

　c.　どのモデルが過学習に陥っているように見えますか？

練習問題 4-2

次のデータセットが与えられたとします。

x	y
1	2
2	2.5
3	6
4	14.5
5	34

そこで、y の値を $\hat{y}$ として予測する次の多項式回帰モデルを訓練します。

$$\hat{y} = 2x^2 - 5x + 4$$

正則化パラメータが $\lambda = 0.1$ で、このデータセットの訓練に使った誤差関数が平均絶対
誤差（MAE）である場合、次の誤差はいくつになるでしょうか。

　a.　モデルのラッソ回帰誤差（L1 ノルムを使用）

　b.　モデルのリッジ回帰誤差（L2 ノルムを使用）

直線を使ってデータ点を切り分ける
パーセプトロン | 5

本章の内容

- 分類とは何か

- 感情分析：機械学習を使って喜んでいる文と悲しんでいる文を見分ける

- 2色のデータ点を分割する直線を引く方法

- パーセプトロンとその訓練方法

- Python と Turi Create でのパーセプトロンアルゴリズムのコーディング

USER FRIENDLY by Illiad

　本章では、機械学習の**分類**（classification）と呼ばれる分野を学びます。特徴量に基づいてデータセットのラベルを予測しようとする点では、分類モデルは回帰モデルによく似ています。2つの違いは、回帰モデルが数値を予測しようとするのに対し、分類モデルが状態（カテゴリ値）を予測しようとする点にあります。分類モデルはよく**分類器**（classifier）とも呼ばれます。ここでは、これら2つを同じ意味で使います。多くの分類器は2つの有効な状態（多くの場合はyes/no）のどちらかを予測しますが、さらに多くの有効な状態の中からいずれかを予測する分類器も構築できます。次に、分類器の例としてよく知られているものをいくつか挙げておきます。

- ユーザーが特定の映画を観るかどうかを予測するレコメンデーションモデル
- 電子メールがスパムかどうかを予測する電子メールモデル
- 患者が病気かどうかを予測する医療モデル
- 画像に自動車、鳥、猫、または犬が含まれているかどうかを予測する画像認識モデル
- ユーザーが特定のコマンドを言ったかどうかを予測する音声認識モデル

　分類は機械学習においてよく知られている分野であり、本書の大部分（第5章、第6章、第8章～第12章）はさまざまな分類モデルを取り上げています。本章で学ぶのは**パーセプトロンモデル**（perceptron model）です。パーセプトロンモデルは**パーセプトロン分類器**、または単に**パーセプトロン**とも呼ばれます。パーセプトロンは（第10章で取り上げる）ニューラルネットワークに不可欠な要素です。予測を行うために特徴量の線形結合を用いる点では、パーセプトロンは線形回帰モデルによく似ています。さらに、パーセプトロンの訓練プロセスも線形回帰モデルのものによく似ています。第3章の線形回帰アルゴリズムの説明と同様に、ここでも2つの方法でパーセプトロンアルゴリズムを開発します。つまり、何回も繰り返せるトリックと、勾配降下法を使って最小化できる誤差関数を定義します。

　本章では、分類モデルの主な例として**感情分析**（sentiment analysis）を取り上げます。感情分析モデルの目標は、文の感情を予測することです。つまり、その文がポジティブ（肯定的）な文なのか、ネガティブ（否定的）な文なのかを予測します。たとえば、よい感情分析モデルは「I feel wonderful!（最高の気分だ）」をポジティブな文であると予測し、「What an awful day!（最低の1日だ）」をネガティブな文であると予測することができます。

　感情分析は、次を含め、さまざまな用途に使われています。

- 企業が顧客とテクニカルサポートの会話を分析し、会話の品質を評価する
- 商品に関連するソーシャルメディアでのコメントやレビューなど、ブランドのデジタルプレゼンスの傾向を分析する

- ある出来事が起こった後にTwitterなどのソーシャルプラットフォームで特定の集団の全体的な感情を分析する
- ある企業に対する世論に基づいて投資家がその株価を予測する

感情分析分類器はどのように構築するのでしょうか。言い換えるなら、入力として文を受け取り、出力としてポジティブかネガティブかを知らせる機械学習モデルを構築するにはどうすればよいでしょうか。このモデルはもちろん間違えることがありますが、間違いができるだけ少なくなるような方法で構築することが目標となります。本書をしばし下に置き、このようなモデルの構築にあなたならどのように取り組むか考えてみてください。

次のような方法はどうでしょう。ポジティブな文には、wonderful、happy、joyなど、いかにもうれしそうな単語が含まれる傾向にあり、ネガティブな文には、awful、sad、despairなど、悲しさを表す単語が含まれる傾向にあります。そこで、分類器に「幸福度」というスコアを組み込み、このスコアを辞書に含まれている単語の1つ1つに割り当てます。うれしそうな単語には正のスコアを割り当て、悲しそうな単語には負のスコアを割り当てます。theのような中立的な単語のスコアは0にします。分類器に入力として文を与えると、分類器はその文に含まれているすべての単語のスコアを単に合計します。結果が正である場合、分類器はその文をポジティブな文であると推測します。結果が負である場合は、ネガティブな文であると推測します。この場合の目標は、辞書に含まれているすべての単語のスコアを突き止めることです。ここで機械学習を使います。

このような種類のモデルを**パーセプトロンモデル**と呼びます。本章では、パーセプトロンの形式的な定義とその訓練方法を学びます。パーセプトロンを訓練する際には、すべての単語について最適なスコアを突き止めることで、分類器の間違いをできるだけ減らします。

パーセプトロンを訓練するプロセスを**パーセプトロンアルゴリズム**と呼びます。パーセプトロンアルゴリズムは、第3章で取り上げた線形回帰アルゴリズムとそれほど違いません。パーセプトロンアルゴリズムの仕組みは次のようになります。モデルを訓練するには、大量の文とそれらのラベル（Happy/Sad）を含んだデータセットが必要です。まず、分類器の構築を開始するときに、すべての単語にランダムなスコアを割り当てます。続いて、データセットに含まれているすべての文を何回も調べます。文ごとにスコアを少し調整することで、その文に対する分類器の予測性能を改善します。スコアの調整はどのように行うのでしょうか。5.3.1項で説明する**パーセプトロン法**（perceptron trick）というトリックを使います。パーセプトロンモデルの訓練では、第3章と同様に誤差関数を使います。そして、勾配降下法を使って誤差関数を最小化します。

とはいえ、言語は複雑です。言葉には含みがあり、二面性があり、皮肉が込められることもあります。単語をただスコアに変換したりすれば、あまりにも多くの情報を失ってしまうので

はないでしょうか。そのとおりです。多くの情報を失うことは確かであり、この方法で完璧な分類器を作成することはできないでしょう。不幸中の幸いは、この方法でも「ほとんどの」場合は予測を正しく行う分類器を作成できることです。しかし、常に正しく予測できるとは言えない決定的な証拠があります。「I am not sad, I'm happy（悲しくはないし、幸せだ）」と「I am not happy, I am sad（幸せではないし、悲しい）」という2つの文に含まれている単語はまったく同じですが、それらの意味はまったく異なります。したがって、単語にどのようなスコアを割り当てたとしても、2つの文のスコアはまったく同じになります。この2つの文に対し、分類器は同じ予測値を返すでしょう。これらの文のラベルは異なるため、分類器はどちらかの文でミスを犯しているはずです。

　この問題に対する解決策は、単語の順序（さらには句読点や慣用句など）を考慮に入れる分類器を構築することです。シーケンスデータでは、次のようなモデルが大きな成功を収めています（本書では取り上げません）。

- **隠れマルコフモデル**（hidden Markov model：HMM）
- **リカレントニューラルネットワーク**（recurrent neural network：RNN）
- **長短期記憶**（long short-term memory：LSTM）

これらのモデルについて詳しく知りたい場合は、付録Cに参考資料があります。

5.1　問題：言葉が通じない異星人の惑星

　次のようなシナリオを思い浮かべてみてください。私たちは宇宙飛行士で、未知の異星人が住む遠くの惑星に着陸したところです。異星人とコミュニケーションを取りたいのですが、彼らが話す奇妙な言葉が理解できません。ふとしたことから、異星人に喜び（happy）と悲しみ（sad）の2つの感情があることに気付きました。異星人とコミュニケーションを取るための第一歩は、彼らが何を言ったのかに基づいて喜んでいるのか悲しんでいるのかを突き止めることです。つまり、感情分析分類器を構築する必要があります。

5.1.1　単純な惑星

　4人の異星人とどうにか仲良くなり、彼らの雰囲気を観察し、何を言っているのかを調べ始めました。2人の異星人は喜んでいて、残りの2人の異星人は悲しんでいるようです。また、彼らは同じ文を何度も繰り返しています。彼らの言語には、aackとbeepの2つの単語しかないようです。そこで、異星人たちが話す文と雰囲気に基づいて次のようなデータセットを作成します。

データセット：

異星人 1
雰囲気：喜んでいる
文："Aack, aack, aack!"

異星人 3
雰囲気：喜んでいる
文："Aack beep aack!"

異星人 2
雰囲気：悲しんでいる
文："Beep beep!"

異星人 4
雰囲気：悲しんでいる
文："Aack beep beep beep!"

　突然、5 人目の異星人がやって来て、「Aack beep aack aack!」と言っています。この異星人の雰囲気はよくわかりません。私たちにわかっていることに基づいて、この異星人の気持ちをどのように予測すればよいでしょうか（図 5-1）。

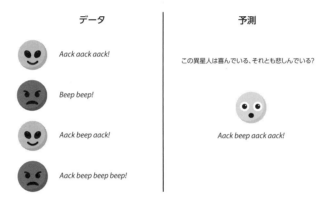

図 5-1：異星人の雰囲気（喜んでいるまたは悲しんでいる）と彼らが繰り返す文を記録した異星人のデータセット。5 人目の異星人がやって来て、別の文を話している。この異星人は喜んでいるのだろうか、悲しんでいるのだろうか

　言葉はわからないものの、aack という単語は喜んでいる文により多く含まれていて、beep という単語は悲しんでいる文により多く含まれているようなので、この異星人は喜んでいると予測します。もしかすると、aack の意味は「喜び」や「幸せ」といったポジティブなもので、beep の意味は「落胆」や「悲しみ」といったネガティブなものかもしれません。

　この観察をもとに最初の感情分析分類器を構築します。この分類器は次の方法で予測を行います。まず、文に aack と beep が出現した回数を数えます。beep よりも aack のほうが多い場合、その文は「喜んでいる」と予測します。beep よりも aack のほうが少ない場合は、「悲しんでいる」と予測します。aack と beep の出現回数が同じである場合はどうなるのでしょうか。判断基準がないので、デフォルトで「喜んでいる」と予測することにします。実際には、このようなエッジケースが発生することはそれほどないため、大きな問題になることはないで

しょう。

　ここで構築した分類器はパーセプトロンであり、線形分類器とも呼ばれます。この分類器を
スコア（重み）の観点から定義すると次のようになります。

感情分析分類器

スコア：文が与えられたときに、各単語に次のスコアを割り当てる。
　　aack：1 ポイント
　　beep：−1 ポイント
ルール：文に含まれているすべての単語のスコアを合計することで、その文のスコアを計算す
　　る。

- スコアが正または 0 の場合は、喜んでいる文であると予測する。
- スコアが負の場合は、悲しんでいる文であると予測する。

　ほとんどの状況では、データをプロットすると効果的です。そうするとパターンがきれいに
可視化されることがあります。表 5-1 は、4 人の異星人が aack、beep と言った回数とそれ
ぞれの雰囲気をまとめたものです。各文は aack と beep の出現回数に分解されています。

表 5-1：異星人が話した文と雰囲気のデータセット

文	aack	beep	雰囲気
Aack aack aack!	3	0	喜んでいる
Beep beep!	0	2	悲しんでいる
Aack beep aack!	2	1	喜んでいる
Aack beep beep beep!	1	3	悲しんでいる

　このグラフは横軸と縦軸で構成されます。横軸は aack の出現回数を表しており、縦軸は
beep の出現回数を表しています。実際のグラフは図 5-2 のようになります。
　図 5-2 のグラフで、喜んでいる異星人が右下に位置し、悲しんでいる異星人が左上に位置
していることに注目してください。というのも、右下の部分は文に含まれている aack の数が
beep の数よりも多い領域であり、左上の領域はその逆だからです。実際には、これら 2 つの
領域を分割する直線が存在します（図 5-3）。aack と beep の出現回数が同じであるすべての
文をつないでいくと、この直線になります。

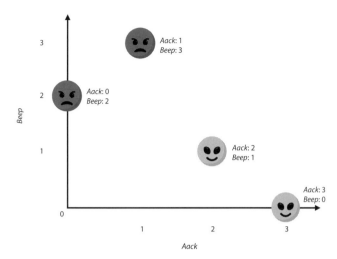

図 5-2：異星人のデータセットのグラフ

この直線の方程式は次のようになります。

$$\text{aack の個数} = \text{beep の個数}$$

あるいは、次の式で表すこともできます。

$$\text{aack の個数} - \text{beep の個数} = 0$$

本章では、文に含まれている単語の個数を表すために、変数 x にさまざまな添字を付けることにします。この場合、x_{aack} は文に含まれている aack の個数を表し、x_{beep} は文に含まれている beep の個数を表します。

この表記を使うと、分類器の式は $x_{aack} - x_{beep} = 0$ または $x_{aack} = x_{beep}$ になります。これは平面上の直線の方程式です。そのように見えない場合は、直線 $y = x$ の方程式で、x の代わりに x_{aack}、y の代わりに x_{beep} を使うと考えてみてください。なぜ高校で習ったように x と y を使わないのでしょうか。そうしたいのはやまやまですが、残念ながら y はあとで別のこと（予測）に必要になります。というわけで、x_{aack} 軸を横軸、x_{beep} 軸を縦軸として考えることにしましょう。この方程式に合わせて、**ポジティブゾーン**と**ネガティブゾーン**という 2 つの重要な領域があります。定義は次のようになります。

ポジティブゾーン：$x_{aack} - x_{beep} \geqq 0$ に当てはまる平面上の領域。文に含まれている aack の個数が少なくとも beep の個数と同じであることを表す。

ネガティブゾーン：$x_{aack} - x_{beep} < 0$ に当てはまる平面上の領域。文に含まれている aack の個数が少なくとも beep の個数よりも少ないことを表す。

　ここで構築した分類器は、ポジティブゾーンの文はすべて喜んでいる文であり、ネガティブゾーンの文はすべて悲しんでいる文であると予測します。したがって、喜んでいる文をできるだけポジティブゾーンに配置し、悲しんでいる文をできるだけネガティブゾーンに配置するような分類器を見つけ出すことが目標となります。この小さな例では、分類器はこのタスクを見事にやってのけます。いつもそううまくいくとは限りませんが、パーセプトロンアルゴリズムはこのタスクを非常にうまく行う分類器を見つけ出すのに役立つでしょう。

　図 5-3 を見てください。分類器に相当する直線と、ポジティブゾーンとネガティブゾーンがあります。分類器は喜んでいるデータ点と悲しんでいるデータ点を分割する対角線です。ポジティブゾーンは文に含まれている aack の個数が beep の個数よりも多いか等しい領域であり、ネガティブゾーンは aack の個数が beep の個数よりも少ない領域です。図 5-2 と図 5-3 を見比べてみると、喜んでいる文がすべてポジティブゾーンに含まれていて、悲しんでいる文がすべてネガティブゾーンに含まれていることから、この分類器の性能がよいことがわかります。

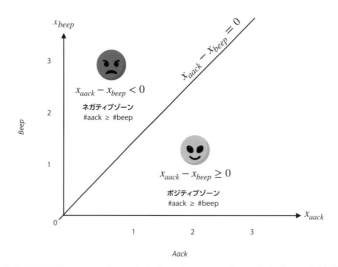

図 5-3：分類器は喜んでいるデータ点と悲しんでいるデータ点を分ける対角線である。
この直線は x 座標と y 座標が等しいすべてのデータ点に相当するため、
方程式は $x_{aack} = x_{beep}$ または $x_{aack} - x_{beep} = 0$ になる

　単純な感情分析パーセプトロン分類器はこれで完成です。次は、もう少し複雑な例を見てみましょう。

5.1.2　もう少し複雑な惑星

　ここでは、もう少し複雑な例を見ながら、パーセプトロンのバイアスという新しい要素を紹介することにします。最初の惑星で異星人とコミュニケーションを取ることに成功した私たちは、次の任務のために2つ目の惑星に派遣されます。その惑星の異星人はもう少し複雑な言語を使っています。目標はやはり異星人の言語で感情分析分類器を作成することです。新しい惑星の言語も2つの単語（crack、doink）で構成されています。データセットは表5-2のようになります。この場合も、文、その文に含まれている各単語の個数、そして異星人の雰囲気が記録されています。

表 5-2：異星人の言葉に基づく新しいデータセット

文	crack	doink	雰囲気
Crack!	1	0	悲しんでいる
Doink doink!	0	2	悲しんでいる
Crack doink!	1	1	悲しんでいる
Crack doink crack!	2	1	悲しんでいる
Doink crack doink doink!	1	3	喜んでいる
Crack doink doink crack!	2	2	喜んでいる
Doink doink crack crack crack!	3	2	喜んでいる
Crack doink doink crack doink!	2	3	喜んでいる

　このデータセットに対する分類器の構築は、前項のデータセットのときよりも少し難しそうです。何よりもまず、crack と doink の2つの単語に正と負のどちらのスコアを割り当てればよいでしょうか。ペンと紙を使って、このデータセットの喜んでいる文と悲しんでいる文を正しく分類できる分類器を考えてみてください。このデータセットをプロットしてみると参考になるかもしれません（図5-4）。

　この分類器の仕組みは文に含まれている各単語の個数を調べるというものです。単語の個数が1～3個の文はどれも悲しんでいて、単語の個数が4～5個の文はどれも喜んでいることに注目してください。確かに分類器ですね！　この分類器は、単語が3個以下の文を「悲しんでいる（Sad）」に分類し、単語が4～5個の文を「喜んでいる（Happy）」に分類します。この分類器も、もう少し数学的な方法で定義できます。

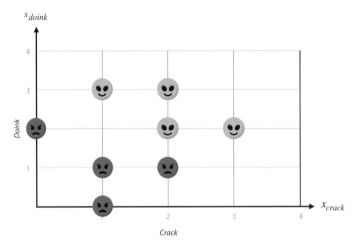

**図 5-4：異星人の新しいデータセットのグラフ。
喜んでいる文は右上、悲しんでいる文は左下に集まっている**

感情分析分類器

スコア：文が与えられたときに、各単語に次のスコアを割り当てる。
　　crack：1 ポイント
　　doink：1 ポイント

ルール：文に含まれているすべての単語のスコアを合計することで、その文のスコアを計算する。

- スコアが 4 以上の場合は、喜んでいる文であると予測する。
- スコアが 3 以下の場合は、悲しんでいる文であると予測する。

3.5 の足切りを使ってルールを変更すると、もう少し単純になります。

ルール：文に含まれているすべての単語のスコアを合計することで、その文のスコアを計算する。

- スコアが 3.5 以上の場合は、喜んでいる文であると予測する。
- スコアが 3.5 未満の場合は、悲しんでいる文であると予測する。

この分類器も直線で表すことができます（図 5-5）。

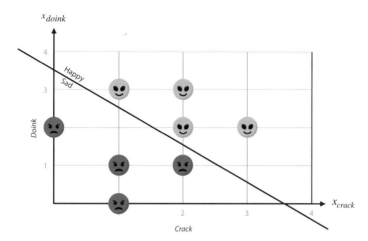

図 5-5：異星人の新しいデータセットの分類器。
この分類器も喜んでいる異星人と悲しんでいる異星人を分割する直線となる

　最初の例では、aack は「Happy」を表す単語であり、beep は「Sad」を表す単語であると結論付けました。この例ではどうなるでしょう。crack と doink のスコアはどちらも正なので、どちらも「Happy」を表す単語のようです。では、「Crack doink」はなぜ悲しんでいる文なのでしょう。その理由は、単語の個数が十分ではないからです。この惑星の異星人の性格は独特で、口数の少ない異星人は悲しんでいて、口数の多い異星人は喜んでいます。「この惑星の異星人は生まれつき悲しんでいるが、たくさん話すことによってのみ悲しみから逃れることができる」と解釈できます。

　この分類器には重要な特徴がもう1つあります。それは閾値（3.5 の足切り）です。この閾値は分類器が予測を行うために使うもので、スコアが閾値よりも高いか等しい文を「Happy」に分類し、スコアが閾値よりも低い文を「Sad」に分類します。ただし、閾値よりも**バイアス**（bias）という概念のほうがよく知られています。バイアスは閾値の負数であり、スコアに加算されます。分類器はこのようにしてスコアを計算し、スコアが負でなければ「Happy」、負であれば「Sad」という予測値を返すことができます。表記の最後の変更点として、単語のスコアを**重み**（weight）と呼ぶことにしましょう。この分類器は次のように表すことができます。

感情分析分類器

　文が与えられたときに、各単語に次のスコアを割り当てます。

重み：

　　crack：1 ポイント
　　doink：1 ポイント

バイアス：−3.5 ポイント

ルール：文に含まれているすべての単語のスコアを合計することで、その文のスコアを計算する。

- スコアが 0 以上の場合は、喜んでいる文であると予測する。
- スコアが 0 よりも低い場合は、悲しんでいる文であると予測する。

分類器のスコア（図 5-5 の直線の方程式）は次のようになります。

$$crack\ の個数 + doink\ の個数 − 3.5 = 0$$

次の 2 つの式は同等であるため、閾値が 3.5 のパーセプトロン分類器と、バイアスが −3.5 のパーセプトロン分類器の定義がまったく同じであることに注意してください。

$$crack\ の個数 + doink\ の個数 ≧ 3.5$$
$$crack\ の個数 + doink\ の個数 − 3.5 ≧ 0$$

この場合も、文に含まれている単語の個数を表すために、変数 x にさまざまな添字を付けることにします。x_{crack} は文に出現する crack の個数を表し、x_{doink} は文に出現する doink の個数を表します。したがって、図 5-5 の直線の方程式を次のように定義できます。

$$x_{crack} + x_{doink} − 3.5 = 0$$

この直線も平面をポジティブゾーンとネガティブゾーンに分割します。

ポジティブゾーン：平面上において $x_{crack} + x_{doink} − 3.5 ≧ 0$ に当てはまる領域
ネガティブゾーン：平面上において $x_{crack} + x_{doink} − 3.5 < 0$ に当てはまる領域

5.1.3　分類器は常に正しくなければならないとは限らない

先の 2 つの例で構築した分類器は常に正しいものでした。つまり、分類器は喜んでいる 2 つの文を「Happy」に分類し、悲しんでいる 2 つの文を「Sad」に分類しました。データセットに含まれているデータ点の数が多い場合は特にそうですが、実際にこうなることはまずありません。ただし、分類器の目標はデータ点をできるだけうまく分類することです。図 5-6 は、17 個のデータ点からなるデータセットを表しています。Happy である 8 つのデータ点と Sad である 9 つのデータ点を 1 本の直線できれいに分割するのは不可能です。しかし、図 5-6 の直線はなかなかうまく引かれており、誤分類されているデータ点は 3 つだけです。

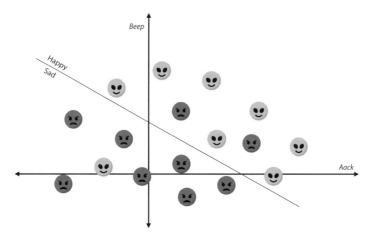

図 5-6：この直線はデータセットをうまく分割しており、
誤分類は 3 つしかない（ポジティブゾーンに 2 つ、ネガティブゾーンに 1 つ）

5.1.4　より汎用的な分類器と、直線の少し異なる定義方法

　ここで、パーセプトロン分類器をもう少し汎用的に捉えてみましょう。少しの間、各単語を
1、2 と呼ぶことにし、文に含まれている各単語の個数を追跡する変数を x_1、x_2 と呼ぶことに
します。先の 2 つの分類器の式は次のようになります。

- $x_1 - x_2 = 0$
- $x_1 + x_2 - 3.5 = 0$

　パーセプトロン分類器の式の一般的な形式は $ax_1 + bx_2 + c = 0$ であり、a は単語 1 のスコア、
b は単語 2 のスコア、c はバイアスを表します。この式は平面を次の 2 つのゾーンに分割する
直線を表します。

ポジティブゾーン：平面上において $ax_1 + bx_2 + c \geqq 0$ に当てはまる領域
ネガティブゾーン：平面上において $ax_1 + bx_2 + c < 0$ に当てはまる領域

　たとえば、単語 1 のスコアが 4、単語 2 のスコアが -2.5 で、バイアスが 1.8 であるとすれば、
この分類器の式は次のようになります。

$$4x_1 - 2.5x_2 + 1.8 = 0$$

　そして、ポジティブゾーンは $4x_1 - 2.5x_2 + 1.8 \geqq 0$、ネガティブゾーンは $4x_1 - 2.5x_2 + 1.8$
< 0 になります。

こぼれ話：直線の方程式と平面上のゾーン

第 3 章では、$y = mx + b$ という式を使って x 軸と y 軸を持つ平面上の直線を定義しました。本章では、x_1 軸と x_2 軸を持つ平面上で、$ax_1 + bx_2 + c = 0$ という式を使って直線を定義しています。これらの式はどう違うのでしょうか。どちらも直線を定義するための完全に有効な方法です。ただし、1 つ目の式は線形回帰モデルに適しており、2 つ目の式[1] はパーセプロトンモデルに適しています。この式のほうがパーセプトロンモデルに適しているのはなぜでしょうか。次のような利点があるからです。

- 式 $ax_1 + bx_2 + c = 0$ は、直線を定義するだけではなく、ポジティブゾーンとネガティブゾーンも明確に定義する。まったく同じ直線を使ってポジティブゾーンとネガティブゾーンを逆にしたい場合は、式 $-ax_1 - bx_2 - c = 0$ を考慮する（図 5-7）。つまり、重みとバイアスの符号を反転させるだけでよい。

- 式 $ax_1 + bx_2 + c = 0$ を使って垂直線を引くことができる。垂直線の方程式は $x = c$ または $1x_1 + 0x_2 - c = 0$ だからだ。垂直線は線形回帰モデルではあまり使われないが、分類モデルでは確実に使われる。

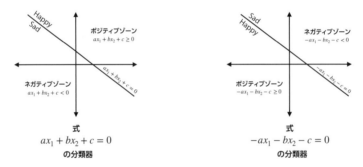

図 5-7：分類器は式 $ax_1 + bx_2 + c = 0$ で表される直線と 2 つのゾーンで定義される。左は式 $ax_1 + bx_2 + c = 0$ で表される分類器、右は式 $-ax_1 - bx_2 - c = 0$ で表される分類器

5.1.5 ステップ関数と活性化関数

ここでは、数学を使って予測値をすばやく求める方法を学びます。その前に、データをすべて数値に変換しておく必要があります。このデータセットのラベルは「Happy（喜んでいる）」と「Sad（悲しんでいる）」であり、これらのラベルをそれぞれ 1 と 0 として記録します。

本章で構築したパーセプトロン分類器はどちらも if 文を使って定義されています。どういうことかというと、この分類器は文の合計スコアに基づいて文を Happy または Sad に分類しま

---

[1] 一般的には、ロジスティック回帰（第 6 章）、ニューラルネットワーク（第 10 章）、サポートベクトルマシン（第 11 章）をはじめとするその他の分類アルゴリズムにも役立つ。

す。このスコアが 0 以上である場合は Happy と予測し、0 未満の場合は Sad と予測します。
ステップ関数を使うと、より直接的な方法でスコアを予測値に変換できます。

ステップ関数(step function)：出力が非負の場合に 1 を返し、負の場合に 0 を返す関数。
言い換えると、入力を x としたときに次のように定義される。

- step(x) = 1 ($x ≧ 0$ の場合)
- step(x) = 0 ($x < 0$ の場合)

図 5-8 はステップ関数のグラフです。ステップ関数の出力は、入力が負の場合は 0、非負
の場合は 1 になります。

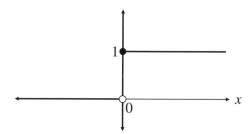

図 5-8：ステップ関数はパーセプトロンモデルを理解するのに役立つ

　ステップ関数を使うとパーセプトロン分類器の出力を簡単に表現できます。このデータセッ
トでは、第 3 章と同様に、ラベルを変数 y で表すことにします。ラベルに対するモデルの予測
値は $\hat{y}$ で表します。パーセプトロンモデルの出力は次のようになります。

$$\hat{y} = \text{step}(ax_1 + bx_2 + c)$$

　ステップ関数は特別な**活性化関数**(activation function)です。活性化関数は機械学習 ──
特にディープラーニングにおいて重要な概念であるため、第 6 章と第 10 章で再び登場します。
活性化関数がその威力を発揮するのはニューラルネットワークを構築するときなので、正式な
定義は後ほど示すことにします。さしあたり、「活性化関数はスコアを予測値に変換するため
の関数である」と考えてください。

5.1.6　パーセプトロン分類器の一般的な定義：単語が 3 つ以上あったらどうなる？

　本章では異星人の例を 2 つ見てきましたが、それらの例では単語が 2 つしかない言語でパー
セプトロン分類器を構築しました。しかし、分類器は単語がいくつあっても構築できます。た

とえば、aack、beep、crack の 3 つの単語を使う言語があるとしたら、分類器は次の式を使って予測を行うでしょう。

$$\hat{y} = \text{step}(ax_{aack} + bx_{beep} + cx_{crack} + d)$$

ここで、a、b、c はそれぞれ aack、beep、crack の重みであり、d はバイアスです。

ここまで見てきたように、単語が 2 つの言語に対する感情分析パーセプトロン分類器は、平面上で Happy であるデータ点と Sad であるデータ点を分割する直線として表すことができます。単語が 3 つの言語に対する感情分析分類器も幾何学的に表すことができます。これらのデータ点が 3 次元空間内にあると考えればよいのです。この場合、軸はそれぞれ aack、beep、crack に対応し、文は空間内のデータ点を表し、その座標は 3 つの単語の出現回数を表します。図 5-9 の例では、aack が 5 回、beep が 8 回、crack が 3 回出現する文を座標 (5, 8, 3) のデータ点として表しています。

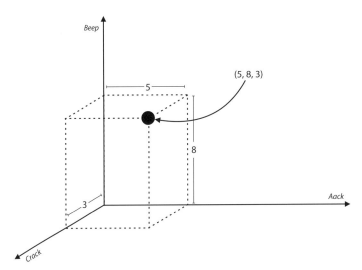

図 5-9：文は空間内のデータ点としてプロットできる。この場合は、aack が 5 回、beep が 8 回、crack が 3 回出現する文を座標 (5,8,3) のデータ点としてプロットしている

これらのデータ点の分割には、図 5-10 に示されている平面を使います。平面の式は $ax_{aack} + bx_{beep} + cx_{crack} + d$ です。

感情分析パーセプトロン分類器は、単語がいくつある言語でも構築できます。たとえば、言語がn個の単語で構成されていて、それらの単語を 1, 2, ..., n と呼ぶとしましょう。データセットは m 個の文で構成されていて、それぞれの文は $x^{(1)}$, $x^{(2)}$, ..., $x^{(m)}$ です。文 $x^{(i)}$ のラベルは y_i であり、喜んでいる文である場合は 1（Happy）、悲しんでいる文である場合は 0（Sad）になります。そして、n 個の単語のそれぞれが出現する回数が、それぞれの文を記録する手段にな

ります。したがって、それぞれの文をデータセットの行に対応するベクトルと見なすことができます。このベクトルは n 要素のタプル $x^{(i)} = (x_1^{(i)}, x_2^{(i)}, ..., x_n^{(i)})$ であり、ここで $x_j^{(i)}$ は i 番目の文に単語 j が出現している回数を表します。

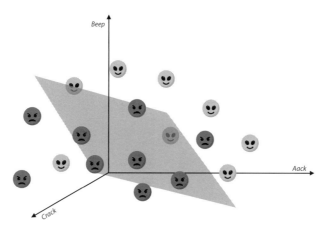

図 5-10：3 つの単語を使う文のデータセットは 3 次元でプロットされる。
分類器はこの空間を 2 つの領域に分割する平面として表される

　パーセプトロン分類器は、言語の n 個の単語ごとに 1 つ、合計 n 個の重み（スコア）と 1 つのバイアスで構成されます。重みは w_i、バイアスは b で表されます。したがって、この分類器の文 $x^{(i)}$ に対する予測値は次のようになります。

$$\hat{y}_i = \text{step}(w_1 x_1^{(i)} + w_2 x_2^{(i)} + \ldots + w_n x_n^{(i)} + b)$$

　幾何学的には、2 つの単語に対する分類器を「平面を 2 つの領域に分割する直線」として表すことができます。3 つの単語に対する分類器は「3 次元空間を 2 つの領域に分割する平面」として表すことができます。同じように、n 個の単語に対する分類器も幾何学的に表すことができます。残念ながら、それらの分類器を可視化するには n 次元が必要です。人間が見て理解できるのは 3 次元までなので、n 次元空間を 2 つの領域に分割する $(n-1)$ 次元空間を想像しなければならないかもしれません。この $(n-1)$ 次元空間を**超平面**（hyperplane）と呼びます。

　ただし、幾何学的に想像できないからといって、それらの仕組みをよく理解できないわけではありません。たとえば、英語用の分類器を構築するとしましょう。単語の 1 つ 1 つに重みを割り当てますが、これは辞書を引きながら各単語に「幸福度」を割り当てていくようなものです。結果は次のようなものになるかもしれません。

重み（スコア）：
　　A：0.1 ポイント
　　Aardvark：0.2 ポイント
　　Aargh：−4 ポイント
　　...
　　Joy：10 ポイント
　　...
　　Suffering：−8.5 ポイント
　　...
　　Zygote：0.4 ポイント
バイアス：−2.3 ポイント

　分類器の重みとバイアスがこのように定義されているとすれば、ある文が Happy なのか Sad なのかを予測するために、その文に含まれているすべての単語（繰り返しを含む）のスコアを合計することになります。結果が 2.3（バイアスの符号を反転させたもの）以上であれば、その文は「Happy」と予測され、そうでなければ「Sad」と予測されます。

　さらに、この表記は感情分析だけではなく他の例にも応用できます。データ点、特徴量、ラベルが異なる別の問題がある場合は、同じ変数を使って符号化できます。たとえば医療アプリケーションがあり、n 個の重みと 1 つのバイアスを使って患者が病気かどうかを予測しようとしている場合も、ラベルを y、特徴量を x_i、重みを w_i、バイアスを b で表すことができます。

5.1.7　バイアスと y 切片：黙っている異星人はそもそも喜んでいる？ 悲しんでいる？

　これで、分類器の重みの意味がよく理解できたと思います。正の重みを持つ単語は Happy を表し、負の重みを持つ単語は Sad を表します。重みが（正か負かを問わず）非常に小さい単語は中立的な単語です。ところで、バイアスにはどのような意味があるのでしょうか。

　第 3 章の住宅データセットの回帰モデルでは、バイアスを住宅の基本価格として定義しました。つまり、バイアスは部屋数が 0 の架空の住宅（ワンルームマンションかもしれません）の予想価格です。このパーセプトロンモデルでは、バイアスを「空の文のスコア」として解釈できます。言い換えると次のようになります。異星人がまったく何もしゃべらない場合、その異星人は喜んでいるのでしょうか。悲しんでいるのでしょうか。文に単語がまったく含まれていない場合、そのスコアはバイアスに等しくなります。したがって、バイアスが正の場合、何もしゃべらない異星人は喜んでいて、バイアスが負の場合、その異星人は悲しんでいることになります。

　幾何学的には、正のバイアスと負のバイアスの違いは、分類器を基準とした原点（座標（0,0）

の点）の位置にあります。というのも、座標 (0,0) の点は単語をまったく含んでいない文に相当するからです。バイアスが正の分類器では、原点はポジティブゾーンにあります。バイアスが負の分類器では、原点はネガティブゾーンにあります。図 5-11 を見てください。左の分類器のバイアスは負です。つまり、この分類器の閾値（y 切片）は正です。要するに、何もしゃべらない異星人はネガティブゾーンに分類され、「悲しんでいる」と予測されます。右の分類器のバイアスは正であり、閾値は負です。この場合、何もしゃべらない異星人はポジティブゾーンに分類され、「喜んでいる」と予測されます。

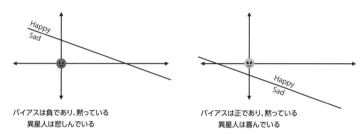

バイアスは負であり、黙っている
異星人は悲しんでいる　　　　　　　　バイアスは正であり、黙っている
　　　　　　　　　　　　　　　　　　　異星人は喜んでいる

図 5-11：左の分類器のバイアスは負であり、何もしゃべらない異星人は「悲しんでいる」に分類される。
右の分類器のバイアスは正であり、何もしゃべらない異星人は「喜んでいる」に分類される

　バイアスが正または負の感情分析データセットを思い付けるでしょうか。次の 2 つの例はどうでしょう。

正のバイアスの例：商品のオンラインレビューのデータセット

　Amazon に書き込まれた特定の商品のレビューをすべて記録したデータセットがあるとしましょう。これらのレビューは星の数に応じてポジティブなものとネガティブなものに分かれています。空のレビューのスコアはどうなると思いますか。筆者の経験では、ネガティブなレビューは単語の数が多くなる傾向にあります。顧客が腹を立てていて、不愉快な経験を説明しようとするからです。これに対し、ポジティブなレビューの多くは何も書かれていません。顧客はよいスコアを付けるだけであり、その商品に満足している理由を説明する必要性を感じていないからです。したがって、この分類器はおそらく正のバイアスを持っています。

負のバイアスの例：友人との会話のデータセット

　友人との会話をすべて記録し、それらを楽しい会話と悲しい会話に分類するとしましょう。ある日ばったり友人と出会い、友人がまったく何も言わなかったとしたらどうでしょうか。相手が自分に腹を立てているか、気分を害していると考えるでしょう。したがって、空の文は「悲しんでいる」に分類されます。つまり、この分類器はおそらく負のバイアスを持っています。

5.2　誤差関数：分類器の性能を判断するには

　これで、パーセプトロン分類器がどのようなものであるかが定義されました。次の目標は、このパーセプトロン分類器を訓練する方法を理解することです。言い換えるなら、データに最もうまく適合するパーセプトロン分類器はどうすれば見つかるでしょうか。しかし、パーセプトロン分類器を訓練する方法を学ぶ前に、ある重要な概念を学ぶ必要があります —— パーセプトロン分類器をどのようにして評価するかです。というわけで、ここで学ぶのはパーセプトロン分類器がデータにうまく適合するかどうかを判断するのに役立つ誤差関数です。第3章の線形回帰に対する絶対誤差や二乗誤差と同様に、この新しい誤差関数もデータにうまく適合しない分類器では大きくなり、データにうまく適合する分類器では小さくなります。

5.2.1　分類器はどのように比較する？

　ここで学ぶのは、特定のパーセプトロン分類器の性能を判断するのに役立つ効果的な誤差関数の構築方法です。まず、私たちの直感をテストしてみましょう。図 5-12 は同じデータセットに対する2種類のパーセプトロン分類器を示しています。これらの分類器は直線として表され、その両側が「Happy」と「Sad」として明確に定義されています。左側は見るからに悪い分類器であり、右側はよい分類器のようです。これらの分類器の性能に関する評価基準は思い付けるでしょうか。つまり、左の分類器に大きな数字を割り当て、右の分類器に小さな数字を割り当てるような方法で、それぞれの分類器に数字を割り当てることは可能でしょうか。

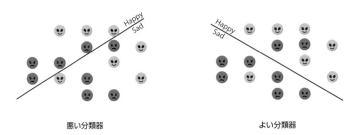

図 5-12：データ点をうまく分割できない悪い分類器（左）とデータ点をうまく分割できるよい分類器（右）

　この質問には3つの答えがあり、それぞれに長所と短所があります。パーセプトロン分類器の訓練に使うのはそのうちの1つ（ネタバレ：3つ目）です。

誤差関数1：誤差の個数

　分類器を評価するための最も単純な方法は、誤差の個数を調べることです。つまり、誤分類したデータ点の数を数えるのです。

　図 5-12 では、左の分類器は Happy であるデータ点のうち 4 つを間違って Sad と予測し、
Sad であるデータ点のうち 4 つを間違って Happy と予測しているため、誤差の数は 8 つです。
右の分類器は Happy であるデータ点の 1 つを間違って Sad と予測し、Sad であるデータ点
のうち 2 つを間違って Happy と予測しているため、誤差の数は 3 つです（図 5-13）。

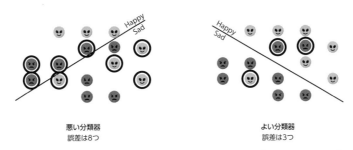

悪い分類器　　　　　　　　　　　　　　　よい分類器
誤差は8つ　　　　　　　　　　　　　　　誤差は3つ

**図 5-13：左の分類器は 8 つのデータ点を誤分類しており、右の分類器は 3 つのデータ点を誤分類し
ているため、結論として右の分類器のほうがこのデータセットによく適合している**

　この誤差関数は悪くありませんが、特によいわけでもありません。なぜでしょうか。誤差
が存在することは明らかになるものの、その誤差の重大性を評価しないからです。たとえば、
Sad である文に分類器が 1 のスコアを割り当てた場合、その分類器は間違いを犯しています。
しかし、同じ文に別の分類器が 100 のスコアを割り当てた場合、その分類器ははるかに大きな
間違いを犯しています。幾何学的には、図 5-14 のようになります。

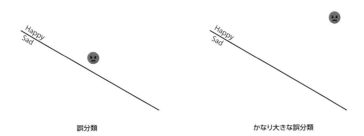

誤分類　　　　　　　　　　　　　　　　かなり大きな誤分類

**図 5-14：2 つの分類器がデータ点を誤分類しており、左の分類器よりも右の分類器のほうが大きな間
違いを犯している。左のデータ点は境界線からそれほど離れておらず、ネガティブゾーンからそう遠
くない位置にある。これに対し、右のデータ点はネガティブゾーンからかなり離れている**

　両方の分類器が Sad であるデータ点を誤分類して Happy と予測しています。しかし、左の
分類器はデータ点の近くに直線を引いており、データ点がネガティブゾーンからそれほど離れ
ていません。右の分類器はデータ点から離れた場所に直線を引いており、データ点がネガティ
ブゾーンからかなり離れています。理想的な誤差関数は、左の分類器よりも右の分類器に大き
な数字を割り当てる誤差関数です。

　誤差の重大性を評価することはなぜ重要なのでしょうか。誤差の個数を調べるだけでも十分ではないでしょうか。第3章の線形回帰アルゴリズムで何をしたか思い出してください。3.4.4項では、勾配降下法を使って誤算を減らしました。具体的には、誤差の値が小さくなるまで少しずつ減らしていきました。線形回帰アルゴリズムでは、直線を小刻みに動かしながら誤差が最も小さくなる方向を選択しました。誤差を求める方法が誤分類したデータ点の数を数えることだとしたら、その誤差は整数値しか取らないことになります。直線を小刻みに動かしても誤差はまったく減らないかもしれませんし、直線をどの方向に動かせばよいかもわかりません。勾配降下法の目標は、関数が最も小さくなる方向に向かって関数を少しずつ最小化していくことです。関数が整数値しか取らないとしたら、アステカ遺跡の石段を下りていくようなものです。図5-15の右図のように平らな段にいるときは、関数はどの方向にも減少しないため、どの方向に踏み出せばよいかわかりません。よい誤差関数は左図のようなもので、誤差関数をほんの少し小さくするためにどの方向に踏み出せばよいかが簡単にわかります。

図5-15：勾配降下法を使って誤差関数を最小化するのは山を小さな歩幅で下りていくようなものである。ただし、誤差関数が（右図のように）平坦である場合はうまくいかない。平坦な誤差関数では、小さな一歩を踏み出しても誤差が減らないからだ

　そこで必要なのは、次のような関数です。この関数は誤差の大きさを計測し、誤分類されたデータ点のうち境界線から遠く離れているものに境界線の近くにあるものよりも大きな数字を割り当てます。

誤差関数2：距離

　データ点から直線までの垂直距離に基づいて2つの分類器を区別する方法は図5-16のようになります。左の分類器ではこの距離が短く、右の分類器ではこの距離が長いことに注目してください。

　この誤差関数のほうがずっと効果的です。この関数の仕組みは次のようになります。

- 正しく分類されたデータ点の誤差は0
- 誤分類されたデータ点の誤差はそのデータ点から直線までの距離

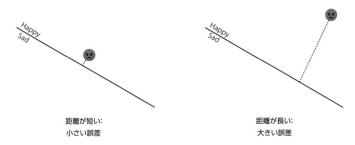

図 5-16：データ点から直線までの垂直距離を計測することで分類器がデータ点の分類をどれだけ大きく間違えたかを数値化する。左の分類器ではこの距離が短く、右の分類器ではこの距離が長い

　本節の最初に示した 2 つの分類器に戻りましょう。全体の誤差を計算する方法は、すべてのデータ点の誤差を合計することです（図 5-17）。つまり、誤分類されたデータ点だけを調べて、それらのデータ点から直線までの垂直距離を合計します。悪い分類器は誤差が大きく、よい分類器は誤差が小さいことがわかります。

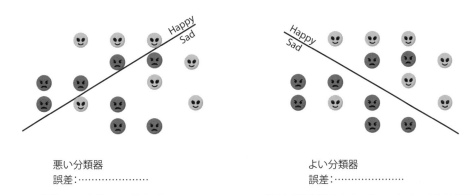

図 5-17：分類器の全体の誤差を求めるには、すべての誤差（誤分類されたデータからの垂直距離）を足し合わせる。左の分類器では誤差が大きく、右の分類器では誤差が小さいため、結論として右の分類器のほうがよい

　この誤差関数は私たちが使う誤差関数に「かなり近い」ものです。この誤差関数を使わないのはなぜでしょうか。データ点から直線までの距離の式が複雑だからです。この誤差関数はピタゴラスの定理を使って計算するため、平方根を含んでいます。平方根の微分は複雑で、勾配降下法を適用するときに必要以上に複雑になってしまいます。このような複雑さを受け入れる必要はありません。もっと計算しやすく、それでいて誤差関数の本質から逸脱しない誤差関数を作成できるからです。誤差関数の本質とは、誤分類されたデータ点の誤差を返すこと、そして誤分類されたデータ点から境界線までの距離に基づいて大きさが異なることです。

誤差関数3：スコア

ここでは、パーセプトロンの標準的な誤差関数を**パーセプトロン誤差関数**と呼ぶことにし、この関数を作成する方法を見ていきます。まず、誤差関数に求める性質をまとめてみましょう。

- 正しく分類されたデータ点の誤差関数は0
- 誤分類されたデータ点の誤差関数は正の数字
  - 誤分類されたデータ点のうち境界線に近いものは誤差関数が小さい
  - 誤分類されたデータ点のうち境界線から遠いものは誤差関数が大きい
- 単純な式で表される

パーセプトロン分類器がポジティブゾーンにあるデータ点に対して1のラベルを予測し、ネガティブゾーンにあるデータ点に対して0のラベルを予測することを思い出してください。したがって、誤分類されたデータ点は、ポジティブゾーンにあるラベルが0のデータ点か、ネガティブゾーンにあるラベルが1のデータ点です。

パーセプトロン誤差関数の構築には、スコアを使います。具体的には、スコアの次の特性を使います。

スコアの特性：

1. 境界線上にあるデータ点のスコアは0
2. ポジティブゾーンにあるデータ点のスコアは正
3. ネガティブゾーンにあるデータ点のスコアは負
4. 境界線の近くにあるデータ点のスコアは小さい（スコアの絶対値が小さい）
5. 境界線から遠くにあるデータ点のスコアは大きい（スコアの絶対値が大きい）

パーセプロトン誤差関数が誤分類されたデータ点に割り当てる値は、そのデータ点から境界線までの距離に比例するものになります。したがって、誤分類されたデータ点のうち、境界線から遠いデータ点の誤差は大きくなり、境界線から近いデータ点の誤差は小さくなるはずです。上記の特性4と特性5を見ると、境界線から遠いデータ点ではスコアの絶対値が常に大きく、境界線から近いデータ点では常に小さいことがわかります。そこで、誤分類されたデータ点の誤差を、そのスコアの絶対値として定義します。

もう少し具体的な例として、単語aackとbeepにそれぞれ重みaとbを割り当て、バイアスcを使う分類器について考えてみましょう。aackがx_{aack}個、beepがx_{beep}個含まれている文に対する予測値は次のようになります。

$$\hat{y} = \text{step}(ax_{aack} + bx_{beep} + c)$$

パーセプトロン誤差の定義は次のようになります。

文に対するパーセプトロン誤差

- 文が正しく分類されている場合の誤差は0
- 文が誤分類されている場合の誤差は $|ax_{aack} + bx_{beep} + c|$

データ点に対する一般的なパーセプトロン誤差

5.1.6 項で示したような表記が定義されている一般的なシナリオでは、パーセプトロン誤差の定義は次のようになります。

- データ点が正しく分類されている場合の誤差は0
- データ点が誤分類されている場合の誤差は $|w_1 x_1 + w_2 x_2 + ... + w_n x_n + b|$

平均パーセプトロン誤差：データセット全体の誤差を求める方法

データセット全体のパーセプトロン誤差を求めるには、すべてのデータ点の誤差の平均を求めます。本章では平均を選択し、**平均パーセプトロン誤差**（mean perceptron error：MPE）と呼ぶことにしますが、平均ではなく合計を使いたい場合はそうすることもできます。

MPE を具体的に示す例を見てみましょう。

平均パーセプトロン誤差の例

4 つの文で構成されるデータセットがあるとします。4 つの文のうち 2 つに「Happy」というラベルが付いていて、残りの 2 つに「Sad」というラベルが付いています（表 5-3）。この場合も、文、その文に含まれている各単語の個数、そして異星人の雰囲気が記録されています。

表 5-3：異星人の言葉に基づく新しいデータセット

文	aack	beep	ラベル（雰囲気）
Aack	1	0	Sad
Beep	0	1	Happy
Aack beep beep beep	1	3	Happy
Aack beep beep aack aack	3	2	Sad

このデータセットで次の 2 つの分類器を比較します。

分類器 1

重み：

> aack：$a = 1$
>
> beep：$b = 2$

バイアス：$c = -4$

文のスコア：$1x_{aack} + 2x_{beep} - 4$

予測値：$\hat{y} = \text{step}(1x_{aack} + 2x_{beep} - 4)$

分類器 2

重み：

> aack：$a = -1$
>
> beep：$b = 1$

バイアス：$c = 0$

文のスコア：$-x_{aack} + x_{beep}$

予測値：$\hat{y} = \text{step}(-x_{aack} + x_{beep})$

　データ点とこれら2つの分類器は図5-18で確認できます。ぱっと見て、どちらがよい分類器に見えるでしょうか。見た感じでは、すべてのデータ点を正しく分類している分類器2のほうがようさそうです。これに対し、分類器1のほうは誤分類が2つあります。それでは誤差を計算し、分類器1の誤差のほうが分類器2の誤差よりも大きいことを検証してみましょう。

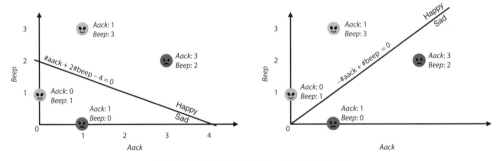

図5-18：左は分類器1、右は分類器2

　これら2つの分類器の予測値を計算する方法は表5-4のようになります。見出しに1が付いている値は分類器1の値、2が付いている値は分類器2の値です。

表 5-4：分類器 1 と分類器 2 のスコアと予測値

文 (x_{aack}, x_{beep})	ラベル y	スコア 1 $1x_{aack} + 2x_{beep} - 4$	予測値 1 step($1x_{aack}$ + $2x_{beep}$ −4)	誤差 1	スコア 2 $-x_{aack} + x_{beep}$	予測値 2 step($-x_{aack}$ + x_{beep})	誤差 2
(1,0)	Sad(0)	−3	0(正解)	0	−1	0(正解)	0
(0,1)	Happy (1)	−2	0(誤分類)	2	1	1(正解)	0
(1,3)	Happy (1)	3	1(正解)	3	2	1(正解)	0
(3,2)	Sad(0)	3	1(誤分類)	0	−1	0(正解)	0
MPE				1.25			0

　誤差の計算を見てみましょう。分類器 1 が 2 つ目と 4 つ目の文を誤分類していることに注目してください。2 つ目の文のラベルは Happy ですが、Sad として誤分類されています。4 つ目の文のラベルは Sad ですが、Happy として誤分類されています。2 つ目の文の誤差はスコアの絶対値 $|-2| = 2$ であり、4 つ目の文の誤差はスコアの絶対値 $|3| = 3$ です。残りの 2 つの文は正しく分類されているため、誤差は 0 です。したがって、分類器 1 の平均パーセプトロン誤差（MPE）は次のようになります。

$$\frac{1}{4}(0 + 2 + 0 + 3) = 1.25$$

　分類器 2 はすべてのデータ点を正しく分類しており、誤分類はありません。したがって、分類器 2 の MPE は 0 です。結論として、分類器 2 のほうが分類器 1 よりもよい分類器です。以上の計算を図 5-19 にまとめておきます。

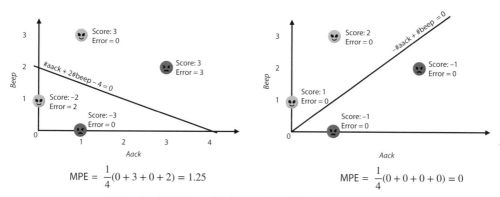

図 5-19：分類器 1 の誤差は 1.25、分類器 2 の誤差は 0。
したがって分類器 2 のほうが分類器 1 よりもよい

これで分類器を比較する方法がわかりましたが、それらの中から最もよい分類器、あるいは少なくともかなりよい分類器を見つけ出すにはどうすればよいでしょうか。さっそく見ていきましょう。

5.3　パーセプトロンアルゴリズム： よい分類器を見つけ出すには

よいパーセプトロン分類器を構築するために、第3章の線形回帰のときと同じようなアプローチをとることにします。このプロセス —— ランダムなパーセプトロン分類器から始めて、よい分類器になるまで少しずつ改善していく —— を**パーセプトロンアルゴリズム**（perceptron algorithm）と呼ぶことにします。パーセプトロンアルゴリズムの主な手順は次のようになります。

1. ランダムなパーセプトロン分類器から始める。

2. パーセプトロン分類器を少しだけ改善する作業を繰り返す。

3. パーセプトロン誤差を計測することで、このループを終了するタイミングを判断する。

まず、ループの内側の手順から見ていきましょう。この、パーセプトロン分類器を少し改善するための手法を**パーセプトロン法**（perceptron trick）と呼ぶことにします。パーセプトロン法は第3章の3.3.3項と3.3.4項で説明した二乗法と絶対法に似ています。

5.3.1　パーセプトロン法：パーセプトロンをほんの少し改善する

パーセプトロン法はパーセプトロン分類器をほんの少し改善するのに役立つ小さなステップです。ただし、少し控えめなステップから説明することにします。第3章と同様に、最初は1つのデータ点に焦点を合わせた上で分類器の改善を試みます。

パーセプトロン法には2つの見方があります。ただし、どちらも意味は同じです。1つ目は幾何学的なもので、分類器を直線として捉えます。

パーセプトロン法の（幾何学的な）擬似コード

ケース1：データ点が正しく分類されている場合は直線を動かさない。

ケース2：データ点が誤分類されている場合は直線をデータ点に少し近づける。

なぜこれがうまくいくのかちょっと考えてみましょう。データ点が誤分類されているとしたら、直線の間違った側に置かれていることになります。このデータ点に直線を近づけても反対側には移動しないかもしれませんが、少なくともデータ点が直線に近づくため、直線の正しい

側に近づきます。想像できるように、このプロセスを何回も繰り返すうちに、直線がデータ点を通り過ぎて、データ点が正しく分類されます。具体的には、図5-20のようになります。

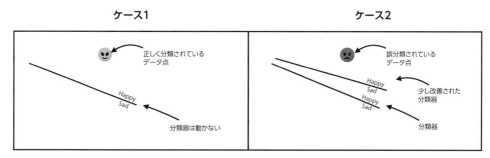

図5-20：データ点が正しく分類されている場合、直線は動かない（ケース1）。
データ点が誤分類されている場合は、直線をデータ点に近づける（ケース2）

この方法に加えて、パーセプトロン法を代数的に理解する方法もあります。

パーセプトロン法の（代数的な）擬似コード

ケース1： データ点が正しく分類されている場合は分類器をそのままにする。

ケース2： データ点が誤分類されている場合は正の誤差が生じる。重みとバイアスを少し調整することで、この誤差を少し小さくする。

　パーセプトロン法を可視化しやすいのは幾何学的な方法のほうですが、パーセプトロン法を開発しやすいのは代数的な方法のほうなので、ここでは代数的な方法を調べることにします。まずは直感のテストとして、英語用の分類器があるとしましょう。この分類器に「I am sad（私は悲しい）」という文を渡すと、この分類器はその文のラベルがHappyであると予測します。これは明らかに間違いです。どこで問題が起きたのでしょうか。この文がHappyに分類されるとしたら、正のスコアを受け取っているはずです。この文をSadに分類するには、正のスコアではなく負のスコアを割り当てなければなりません。文のスコアはその単語であるI、am、sadのスコアの合計にバイアスを足したものとして計算されます。この文を少しSadに近づけるには、このスコアを下げる必要があります。少し下げるだけなら問題はありません。スコアはまだ正のままです。このプロセスを何回か繰り返すと、そのうちスコアが負に変化し、文が正しく分類されるようになるはずです。スコアを下げる方法は、すべてのパーツ（バイアスと単語I、am、sadの重み）を減らすことです。どれくらい減らせばよいでしょうか。ここでは、第3章の3.3.3項で学んだ学習率に等しい量だけ減らします。

　同様に、この分類器が「I am happy（私はうれしい）」という文のラベルをSadとして誤分類する場合も、すべてのパーツ（バイアスと単語I、am、happyの重み）を学習率に等しい量

だけ増やします。

　数値の例を使って説明しましょう。この例では、学習率 $\eta = 0.01$ を使います。前節で使ったのと同じ分類器 ── つまり、次の重みとバイアスを持つ分類器があるとしましょう。この例の目標は分類器を改善することなので、この分類器を「悪い分類器」と呼ぶことにします。

悪い分類器

重み：
>>>　aack：$a = 1$
>>>　beep：$b = 2$

バイアス：$c = -4$
予測値：$\hat{y} = \text{step}(1x_{aack} + 2x_{beep} - 4)$

　この分類器は次の文を誤分類しています。そこで、この文（データ点）を使って重みを改善することにします。

文 1： "Beep aack aack beep beep beep beep."
ラベル： Sad（0）

　この文には、aack が 2 つ（$x_{aack} = 2$）、beep が 5 つ（$x_{beep} = 5$）含まれています。したがって、スコアと予測値は次のようになります。

$$1 \cdot x_{aack} + 2 \cdot x_{beep} - 4 = 1 \cdot 2 + 2 \cdot 5 - 4 = 8$$
$$\hat{y} = \text{step}(8) = 1$$

　文を Sad（0）として分類するには、その文のスコアが負でなければなりません。しかし、この分類器は文 1 に 8 という正のスコアを割り当てています。このスコアを下げる必要があります。スコアを下げる方法の 1 つは、すべてのパーツ（aack の重み、beep の重み、バイアス）から学習率を引いて重みを更新することです。新しい重みは $a' = 0.99$, $b' = 1.99$、新しいバイアスは $c' = 4.01$ になります。ただし、文 1 に含まれている beep の個数が aack の個数よりもずっと多かったことについて考えてみましょう。見方によっては、beep は文 1 のスコアにとって aack よりも重要な意味を持ちます。おそらく、beep の重みを aack の重みよりも多めに減らすべきでしょう。そこで、各単語の重みを、学習率にそれらの単語の出現回数を掛けた量だけ減らすことにします。

- aack は 2 回出現しているため、$2 \times \eta = 0.02$ だけ重みを減らす。新しい重みは $a' = 1 - 2 \cdot 0.01 = 0.98$ になる。

- beep は 5 回出現しているため、$5 \times \eta = 0.05$ だけ重みを減らす。新しい重みは $b' = 2 - 5 \cdot 0.01 = 1.95$ になる。
- バイアスはスコアに 1 回だけ足すため、学習率（0.01）と同じ量だけ減らす。新しいバイアスは $c' = -4 - 0.01 = -4.01$ になる。

ここでは、それぞれの重みから学習率を引く代わりに、学習率にその単語の出現回数を掛けた量を引いています。このようにした本当の理由は微積分にあります。つまり、勾配降下法を開発するときには、誤差関数の微分を求めるため、このようにせざるを得ません。このプロセスについては、付録 B の B.2 節で詳しく説明しています。

改善された新しい分類器は次のようになります。

改善された分類器 1

重み：

    aack：$a' = 0.98$

    beep：$b' = 1.95$

バイアス： $c = -4.01$

予測値： $\hat{y} = \text{step}(0.98x_{aack} + 1.95x_{beep} - 4.01)$

両方の分類器の誤差を検証してみましょう。誤差がスコアの絶対値であることを思い出してください。したがって、悪い分類器の誤差は 8、改善された分類器 1 の誤差は 7.7 になります。

$$|1 \cdot x_{aack} + 2 \cdot x_{beep} - 4| = |1 \cdot 2 + 2 \cdot 5 - 4| = 8.0$$
$$|0.98 \cdot x_{aack} + 1.95 \cdot x_{beep} - 4.01| = |0.98 \cdot 2 + 1.95 \cdot 5 - 4.01| = 7.7$$

誤差が小さくなっているので、このデータ点については分類器が確かに改善されています。

このケースでは、誤分類されたデータ点のラベルは Sad でした。このデータ点のラベルが Happy の場合はどうなるのでしょうか。手順はまったく同じですが、重みからある量を引くのではなく、重みにある量を足します。悪い分類器に戻って、次の文について考えてみましょう。

文 2： "Aack aack."

ラベル： Happy（1）

文 2 に対する予測値は次のようになります。

$$\hat{y} = \text{step}(1x_{aack} + 2x_{beep} - 4) = \text{step}(1 \cdot 2 + 2 \cdot 0 - 4) = \text{step}(-2) = 0$$

予測されたラベルは Sad(0)なので、文 2 は誤分類されています。文 2 のスコアは –2 であり、この文を Happy として分類するには、分類器がこの文に正のスコアを割り当てる必要があります。パーセプトロン法は、単語の重みとバイアスを次のように増やすことで、この –2 のスコアを引き上げます。

- aack は 2 回出現しているため、2 × η = 0.02 だけ重みを増やす。新しい重みは a' = 1 + 2・0.01 = 1.02 になる。
- beep は 1 回も出現していないため、この単語は文 2 に無関係であり、その重みは増やさない。
- バイアスはスコアに 1 回だけ足すため、学習率（0.01）と同じ量だけ増やす。新しいバイアスは c' = –4 + 0.01 = –3.99 になる。

したがって、改善された新しい分類器は次のようになります。

改善された分類器 2
重み：
　　　aack：a' = 1.02
　　　beep：b' = 2
バイアス： c' = –3.99
予測値： $\hat{y}$ = step($1.02x_{aack} + 2x_{beep} - 3.99$)

　誤差を検証してみましょう。悪い分類器は文 2 に –2 のスコアを割り当てたので、誤差は | –2 | = 2 です。分類器 2 は文 2 に $1.02x_{aack} + 2x_{beep}$ –3.99 = 1.02・2 + 2・0 – 3.99 = –1.95 のスコアを割り当てたので、誤差は 1.95 です。したがって、このデータ点に関しては、分類器 2 の誤差が悪い分類器の誤差よりも小さいという期待どおりの結果になりました。
　これら 2 つのケースをまとめて、パーセプトロン法の擬似コードを作成してみましょう。

パーセプトロン法の擬似コード
入力：
- 重み a, b とバイアス c を持つパーセプトロン
- 座標 (x_1, x_2) とラベル y を持つデータ点
- 小さな正の値の学習率 η

出力： 新しい重み a', b' とバイアス c' を持つパーセプトロン

手順： このデータ点に対する予測値は $\hat{y} = \text{step}(ax_1 + bx_2 + c)$

ケース1： $y = \hat{y}$ の場合

重み a, b とバイアス c を持つパーセプトロンを返す。

ケース2： $\hat{y} = 1, y = 0$ の場合

以下の重みとバイアスを持つパーセプトロンを返す。

- $a' = a - \eta x_1$
- $b' = b - \eta x_2$
- $c' = c - \eta$

ケース3： $\hat{y} = 0, y = 1$ の場合

以下の重みとバイアスを持つパーセプトロンを返す。

- $a' = a + \eta x_1$
- $b' = b + \eta x_2$
- $c' = c + \eta$

パーセプトロンがデータ点を正しく分類している場合、出力パーセプトロンは入力パーセプトロンと同じであり、どちらも誤差は0です。パーセプトロンがデータ点を誤分類している場合、出力パーセプトロンの誤差は入力パーセプトロンよりも小さくなります。

ところで、この擬似コードをうまく簡略化する方法があります。パーセプトロン法の3つのケースを見てみると、$y - \hat{y}$ の値はそれぞれ0、−1、+1です。そこで、この擬似コードを次のように要約できます。

パーセプトロン法の擬似コード

入力：

- 重み a, b とバイアス c を持つパーセプトロン
- 座標 (x_1, x_2) とラベル y を持つデータ点
- 小さな値の学習率 η

出力： 新しい重み a', b' とバイアス c' を持つパーセプトロン

手順： このデータ点に対する予測値は $\hat{y} = \text{step}(ax_1 + bx_2 + c)$

以下の重みとバイアスを持つパーセプトロンを返す。

- $a' = a + \eta(y - \hat{y})x_1$
- $b' = b + \eta(y - \hat{y})x_2$
- $c' = c + \eta(y - \hat{y})$

5.3.2　パーセプトロンアルゴリズム：パーセプトロン法を繰り返す

　ここで学ぶのは、パーセプトロン分類器をデータセットで訓練するための**パーセプトロンアルゴリズム**です。パーセプトロン法では、1 つのデータ点での予測値を改善するためにパーセプトロンをほんの少し改善できることを思い出してください。パーセプトロンアルゴリズムは、ランダムに選択した分類器を出発点として、パーセプトロン法を繰り返し適用することで、分類器を徐々に改善していくという仕組みになっています。

　本章で見てきたように、この問題は幾何学的な方法と代数的な方法の 2 つで調べることができます。幾何学的には、データセットは平面上の 2 色のデータ点として表され、分類器はそれらのデータ点を分割しようとする直線として表されます。図 5-21 は、本章の最初のほうで示したような、喜んでいる文と悲しんでいる文からなるデータセットです。パーセプトロンアルゴリズムは最初にランダムな直線を引きます。図 5-21 の直線は、喜んでいる文と悲しんでいる文をうまく分割していないため、明らかにあまりよいパーセプトロン分類器ではありません。

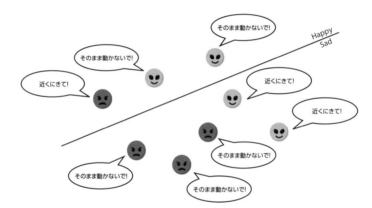

図 5-21：分類器をどうすれば改善できるかはそれぞれのデータ点が教えてくれる。正しく分類されているデータ点は直線に動かないように呼びかけ、誤分類されているデータ点は直線に近づくように呼びかける

　次に、パーセプトロンアルゴリズムは 1 つのデータ点をランダムに選びます（図 5-22）。そのデータ点が正しく分類されている場合は、直線をそのままにします。そのデータ点が誤分類されている場合は、直線を動かしてそのデータ点に少し近づけることで、そのデータ点にもっとうまく適合させます。他のデータ点に対する適合性は低下するかもしれませんが、この時点では、そのことは重要ではありません。

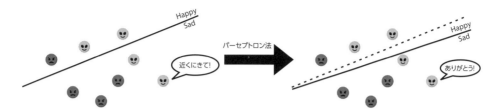

図 5-22：分類器と誤分類されているデータ点にパーセプトロン法を適用すると、
分類器が少しだけデータ点に近づく

　想像できるように、このプロセスを何回も繰り返せば、最終的によい解が求まるはずです。このようにすれば常に最適解が得られるというわけではありませんが、実際には、たいていよい解が得られます（図 5-23）。これを**パーセプトロンアルゴリズム**と呼びます。

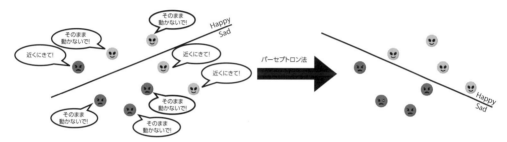

図 5-23：パーセプトロン法を繰り返し適用しながらそのつどランダムなデータ点を選択すると、
ほとんどのデータ点を正しく分類する分類器になるはずだ

　パーセプトロンアルゴリズムを実行する回数はエポック数です。したがって、このアルゴリズムにはエポック数と学習率の 2 つのハイパーパラメータがあります。パーセプトロンアルゴリズムの擬似コードは次のようになります。

パーセプトロンアルゴリズムの擬似コード

入力：

- 1 と 0 でラベル付けされたデータ点からなるデータセット
- エポック数 n
- 学習率 η

出力：データセットに適合する重みとバイアスを持つパーセプトロン分類器

手順：

1. パーセプトロン分類器の重みとバイアスの初期値として乱数を割り当てる。

2. 以下の処理を繰り返す。

　　　i. データ点をランダムに選ぶ。

　　　ii. パーセプトロン法を使って重みとバイアスを更新する。

戻り値： 重みとバイアスが更新されたパーセプトロン分類器

　ループはどれくらい繰り返せばよいでしょうか。つまり、エポック数はいくつにすべきでしょうか。このことを決めるのに役立つ判断基準がいくつかあります。

- 計算能力、あるいは与えられた時間に基づいて、ループの回数を決める。
- 誤差が事前に設定した閾値を下回るまでループを繰り返す。
- 一定のエポック数にわたって誤差が大きく変化しなくなるまでループを繰り返す。

　パーセプトロン分類器はいったん適合するとそれほど大きく変化しなくなる傾向にあるため、通常は、計算能力に余裕があるならループを必要以上に繰り返しても問題はありません。5.4 節では、パーセプトロンアルゴリズムをコーディングし、各ステップで誤差を計測するという方法で分析を行うため、実行を終了すべきタイミングがよく理解できるでしょう。

　図 5-24 に示すように、状況によっては、データセットを 2 つのクラスに分割する直線が見つからないことがあります。それで問題ありません。ここでの目標は、データセットを分割する直線を（図のように）できるだけ少ない誤差で見つけ出すことだからです。まさにパーセプトロンアルゴリズムの得意分野です。

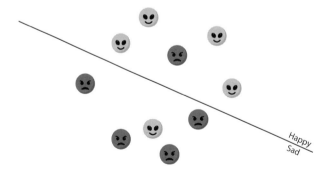

図 5-24：直線を使って 2 つのクラスに分割することが不可能なデータセット。
パーセプトロンアルゴリズムはデータ点をできるだけうまく分割する直線を見つけるために訓練される

5.3.3　勾配降下法

　このモデルを訓練するためのプロセスに見覚えがあるかもしれません。実際には、第3章の線形回帰で行ったことに似ています。そこで説明したように、線形回帰の目的は一連のデータ点のできるだけ近くに直線を引くことです。第3章では、ランダムな直線から始めて、その直線をデータ点に少しずつ近づけるという方法で線形回帰モデルを訓練しました。そして、この方法をエラレスト山からふもとに向かって少しずつ下りていくことにたとえました。エラレスト山の各地点の高さは平均パーセプトロン誤差関数であり、この関数を絶対誤差または二乗誤差として定義しました。つまり、山を下りることは誤差を最小化することと同じであり、最も適合する直線を見つけ出すことと同じです。このプロセスを勾配降下法と呼んでいるのは、ここでの勾配が、変化率が最も大きくなる方向（誤差が最も小さくなる方向にある負のデータ点）を指すベクトルであり、この方向に一歩進むと傾斜が最も大きくなるからです。

　本章でも同じことを行いますが、一連のデータ点のできるだけ近くに直線を引きたいのではなく、2つのデータ点の集まりをできるだけうまく分割する直線を引きたいという点で、問題が少し異なっています。パーセプトロンアルゴリズムはランダムな直線から始まるプロセスであり、よりよい分類器を構築するために直線を少しずつ移動させます。山を下りるたとえはここでも有効です。唯一の違いは、各地点の高さが5.2.1項で説明した平均パーセプトロン誤差（MPE）であることです。

5.3.4　確率的勾配降下法とバッチ勾配降下法

　ここで定義したパーセプトロンアルゴリズムは、「データ点を1つ選び出してはパーセプトロン（直線）がその点によりうまく適合するように調整する」というものでした。つまり、エポックの繰り返しです。しかし、線形回帰で行ったように、データ点をひとつかみずつ取り出し、それらのデータ点にパーセプトロンを適合させるという作業はワンステップで行うほうが効率的です。極端なケースでは、データセットからすべてのデータ点を一度に取り出し、パーセプトロンをすべてのデータ点に適合させるという作業をワンステップで行います。第3章の3.4.6項で説明したように、データ点を1つずつ使うアルゴリズムを**確率的勾配降下法**（stochastic gradient descent）と呼び、ミニバッチを使うアルゴリズムを**ミニバッチ勾配降下法**（mini-batch gradient descent）と呼び、データセット全体を使うアルゴリズムを**バッチ勾配降下法**（batch gradient descent）と呼びます。ここで説明したのは、ミニバッチ勾配降下法に基づく正式なパーセプトロンアルゴリズムです。数学的な詳細については、ミニバッチ勾配降下法を使ったパーセプトロンアルゴリズムの完全に一般的な説明が付録BのB.2節に含まれているので参考にしてください。

5.4　パーセプトロンアルゴリズムのコーディング

　感情分析アプリケーションのためのパーセプトロンアルゴリズムを定義したところで、その
コードを書いてみましょう。まず、元のデータセットに適合させるためのコードを一から記述
し、続いて Turi Create を使って記述します。現実的には、アルゴリズムが必要なときは常に
パッケージを使うため、自分でコーディングする必要はまずないでしょう。とはいえ、ぜひアル
ゴリズムの一部を少なくとも 1 回は自分で書いてみてください —— 長除法を行うようなも
のと考えればよいでしょう。普段は電卓を使わないで長除法を使うなんてことはありませんが、
電卓を使うときに何がどうなっているのかを私たちが知っているのは、学校で長除法をやらさ
れたおかげです。

本節で使うコードはすべて本書の GitHub リポジトリにあります。

GitHub リポジトリ：https://github.com/luisguiserrano/manning/
フォルダ：Chapter_5_Perceptron_Algorithm
Jupyter Notebook：Coding_perceptron_algorithm.ipynb

　ここで使うデータセットを見てみましょう。表5-5は、異星人がそれぞれ aack、beepと言っ
た回数とそれぞれの雰囲気をまとめたものです。

表 5-5：異星人のデータセット

aack	beep	ラベル
1	0	0
0	2	0
1	1	0
1	2	0
1	3	1
2	2	1
2	3	1
3	2	1

　まず、このデータセットを NumPy 配列として定義します。特徴量は aack と beep が文に
含まれている回数を表す 2 つの数値です。Happy に分類される文のラベルは 1、Sad に分類
される文のラベルは 0 です。

```
import numpy as np

features = np.array([[1,0],[0,2],[1,1],[1,2],[1,3],[2,2],[2,3],[3,2]])
labels = np.array([0,0,0,0,1,1,1,1])
```

このデータセットをプロットすると図5-25のようになります。Happy（1）に分類される文
は三角形、Sad（0）に分類される文は正方形で表されています。

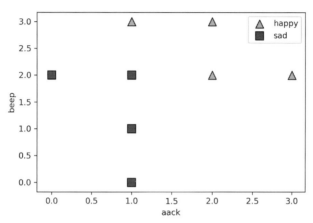

図5-25：データセットのプロット

5.4.1　パーセプトロン法のコーディング

さっそくパーセプトロン法のコードを書いてみましょう。コーディングには（データ点を1
つずつ使う）確率的勾配降下法を使いますが、ミニバッチ勾配降下法またはバッチ勾配降下法
を使ってコーディングしたければそうすることもできます。まず、スコア関数と予測関数を定
義します。どちらの関数の入力も同じです（モデルの重み、バイアス、あるデータ点の特徴量）。
スコア関数は、このモデルがそのデータ点に与えるスコアを返します。予測関数は、スコアが
0以上の場合は1を返し、スコアが0未満の場合は0を返します。この関数には、第3章の3.4.5
項で定義したドット積を使います。

```
def score(weights, bias, features):
    # 重みと特徴量のドット積を計算し、バイアスを足す
    return np.dot(features, weights) + bias
```

予測関数を作成するには、まずステップ関数を作成する必要があります。予測値はスコアの
ステップ関数だからです。

```
def step(x):
    if x >= 0:
        return 1
    else:
        return 0

def prediction(weights, bias, features):
    # スコアが正または 0 の場合は 1、負の場合は 0 を返す
    return step(score(weights, bias, features))
```

　次に、1 つのデータ点に対する誤差関数を作成します。データ点が正しく分類されているときの誤差が 0 で、誤分類されているときの誤差がスコアの絶対値であることを思い出してください。誤差関数は入力としてモデルの重み、バイアス、そしてデータ点の特徴量とラベルを受け取ります。

```
def error(weights, bias, features, label):
    pred = prediction(weights, bias, features)
    # 予測値がラベルと等しい場合、データ点は正しく分類されており、誤差は 0
    if pred == label:
        return 0
    # 予測値がラベルと等しくない場合、データ点は誤分類されており、誤差はスコアの絶対値
    else:
        return np.abs(score(weights, bias, features))
```

　では、平均パーセプトロン誤差（MPE）の関数を作成してみましょう。この関数はデータセットのすべてのデータ点の誤差の平均を求めます。

```
def mean_perceptron_error(weights, bias, features, labels):
    total_error = 0

    # データをループ処理しながら各データ点の誤差を足していき、全体の誤差を返す
    for i in range(len(features)):
        total_error += error(weights, bias, features[i], labels[i])

    # 全体の全誤差をデータ点の個数で割って MPE を求める
    return total_error / len(features)
```

　誤差関数を作成したら、パーセプトロン法のコードに進むことができます。ここで作成するのは、5.3.1 項の最後のほうで示した簡略版のアルゴリズムです。なお、GitHub リポジトリには両方のアルゴリズムを使ったコードが含まれています。1 つ目のコードでは、データ点がうまく分類されたかどうかを if 文でチェックしています。

```
def perceptron_trick(weights, bias, features, label, learning_rate=0.01):
    pred = prediction(weights, bias, features)
    for i in range(len(weights)):
        # パーセプトロン法を使って重みとバイアスを更新
        weights[i] += (label - pred) * features[i] * learning_rate
    bias += (label - pred) * learning_rate
    return weights, bias
```

5.4.2　パーセプトロンアルゴリズムのコーディング

　パーセプトロン法をコーディングした後は、パーセプトロンアルゴリズムのコーディングに
進むことができます。パーセプトロンアルゴリズムの定義を思い出してください。このアルゴ
リズムはランダムなパーセプトロン分類器から始まり、パーセプトロン法を（エポック数の分
だけ）繰り返します。このアルゴリズムの性能を追跡するために、エポックごとの平均パーセ
プトロン誤差（MPE）も追跡します。このアルゴリズムの入力は、データ（特徴量とラベル）、
学習率（デフォルト値は 0.01）、エポック数（デフォルト値は 200）の 3 つです。パーセプトロ
ンアルゴリズムのコードは次のようになります。

```
import random

def perceptron_algorithm(features, labels, learning_rate=0.01, epochs=200):
    # 重みを 1、バイアスを 0 に初期化：必要であれば、他の小さな値で初期化してもよい
    weights = [1.0 for i in range(len(features[0]))]
    bias = 0.0

    errors = []   # 誤差を格納する配列

    for epoch in range(epochs):   # エポック数の分だけプロセスを繰り返す
        # MPE を計算して格納
        error = mean_perceptron_error(weights, bias, features, labels)
        errors.append(error)
        # データセットからデータ点をランダムに選択
        i = random.randint(0, len(features) - 1)
        # パーセプトロンアルゴリズムを適用し、そのデータ点に基づいてモデルの重みとバイアスを更新
        weights, bias = perceptron_trick(weights, bias, features[i], labels[i])

    return weights, bias
```

　では、このアルゴリズムをデータセットに適用してみましょう。

```
perceptron_algorithm(features, labels)
```

```
([0.5199999999999996, 0.049999999999999364], -0.6600000000000004)
```

この出力からアルゴリズムが計算した重みとバイアスが明らかになります。

- aack の重み：0.52
- beep の重み：0.05
- バイアス：-0.66

　このアルゴリズムではデータ点をランダムに選び出すため、これとは別の答えになることもあります。ただし、GitHub リポジトリのコードでは、乱数シードを指定しているため、常に同じ結果になります。

　図5-26 の2 つのグラフを見てみましょう。左図は適合している直線、右図は誤差関数を示しています。最終的なパーセプトロンを表す直線は、すべてのデータ点を正しく分類している太い直線です。細い直線はエポックごとに得られたパーセプトロンを表しています。エポックごとに直線がデータ点にうまく適合していく様子に注目してください。誤差はエポックごとに（ほぼ）減少し、エポック 160 あたりで 0 になるため、すべてのデータ点が正しく分類されていることがわかります。

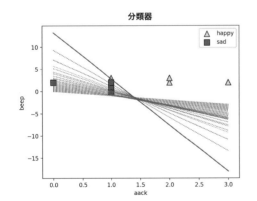 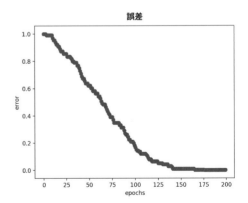

図5-26：最終的なパーセプトロン分類器のプロット（左）と誤差のプロット（右）。パーセプトロンアルゴリズムを実行するエポックごとに誤差が小さくなり、最終的に各データ点が正しく分類されている

以上がパーセプトロンアルゴリズムのコードです。先ほども述べたように、実際には、通常はアルゴリズムを自分でコーディングしたりせず、Turi Create や scikit-learn といったパッケージを使います。次はパッケージを使った方法を見てみましょう。

5.4.3　Turi Create を使ったパーセプトロンアルゴリズムのコーディング

ここでは、Turi Create を使ってパーセプトロンアルゴリズムをコーディングします。まず、Turi Create をインポートし、ディクショナリ（辞書）に含まれているデータを使って SFrame を作成します。

```
import turicreate as tc

datadict = {'aack':features[:,0], 'beep':features[:,1], 'prediction':labels}
data = tc.SFrame(datadict)
```

次に、`logistic_classifier` の create 関数を使ってパーセプトロン分類器を作成し、訓練します。このメソッドの入力は、データセットと、ラベル（目的変数）を含んでいる列の名前です。

```
perceptron = tc.logistic_classifier.create(data, target='prediction')
```

出力は次のようになります。

```
+-----------+-----------+--------------+-------------------+
| Iteration | Passes    | Elapsed Time | Training Accuracy |
+-----------+-----------+--------------+-------------------+
| 1         | 2         | 1.002248     | 1.000000          |
| 2         | 3         | 1.002556     | 1.000000          |
| 3         | 4         | 1.002794     | 1.000000          |
| 4         | 5         | 1.002997     | 1.000000          |
+-----------+-----------+--------------+-------------------+
SUCCESS: Optimal solution found.
```

パーセプトロンアルゴリズムを 4 エポックにわたって実行したところ、最後の 1 エポックの（実際には 4 つのエポックのすべてで）訓練の正解率は 1.0 でした。つまり、このデータセットのデータ点はすべて正しく分類されています。

最後に、次のコマンドを使ってモデルの重みとバイアスを調べてみましょう。

```
perceptron.coefficients
```

name	index	class	value	stderr
(intercept)	None	1	-8.959708265685023	6.844844514902392
aack	None	1	2.972553703911967	2.697731019133604
beep	None	1	2.4986351865357426	2.4552961030591542

この出力から、最終的なパーセプトロンの重みとバイアスが明らかになります。

- aack の重み：2.97
- beep の重み：2.50
- バイアス：-8.96

コードを一から書いたときとは異なる結果になりましたが、このデータセットでは、どちらのパーセプトロンもうまくいったようです。

5.5　パーセプトロンアルゴリズムの応用

パーセプトロンアルゴリズムは現実のさまざまな場面で応用されています。質問に「はい」または「いいえ」で答える必要があり、過去のデータから答えが予測される状況では、ほぼ例外なくパーセプトロンアルゴリズムが役立つ可能性があります。パーセプトロンアルゴリズムの実際の応用例をいくつか見てみましょう。

5.5.1　スパムメールフィルタ

文に含まれている単語に基づいてその文が喜んでいるのか悲しんでいるのかを予測するのと同じように、電子メールに含まれている単語に基づいてそのメールがスパムかどうかを予測することができます。また、次に示すような他の特徴量を使うこともできます。

- 電子メールの長さ
- 添付ファイルの大きさ
- 送信者の人数
- 送信者が連絡先に含まれているかどうか

現時点では、最大手の電子メールプロバイダのほとんどがスパム分類パイプラインの一部と

してパーセプトロンアルゴリズム[※2] や他の分類モデルを使っており、すばらしい成果を上げています。

　また、パーセプトロンアルゴリズムのような分類アルゴリズムを使って電子メールを分類することもできます。電子メールを私用、購読、宣伝に分類するのもまったく同じ問題です。電子メールに対する返信内容を提案することさえ分類問題です。この場合のラベル（目的変数）は返信メールです。

5.5.2　レコメンデーションシステム

　多くのレコメンデーションシステムでは、動画、映画、楽曲、または商品をユーザーに勧めることは、突き詰めれば「はい」または「いいえ」の問題です。このようなケースでは、質問は次のようなものになります。

- ユーザーは私たちが勧める動画または映画をクリックするか？
- ユーザーは私たちが勧める動画または映画を最後まで視聴するか？
- ユーザーは私たちが勧める曲を聴くか？
- ユーザーは私たちが勧める商品を購入するか？

　特徴量は人口統計学的属性（ユーザーの年齢、性別、住所）から行動学的属性（ユーザーが過去に観た動画、聴いた曲、購入した商品）までそれこそさまざまであり、ユーザーベクトルが長くなることが考えられます。このため、十分な計算能力とアルゴリズムの職人技的な実装が必要になります。

　Netflix、YouTube、Amazon といった企業は、それぞれのレコメンデーションシステムでパーセプトロンアルゴリズムかそれと同様のより高度な分類モデルを採用しています。

5.5.3　医療

　多くの医療モデルも次のような質問に答えるためにパーセプトロンアルゴリズムなどの分類アルゴリズムを使っています。

- 患者は特定の病気を患っているか？
- 特定の治療が患者に効くか？

　通常、このようなモデルの特徴量は患者の症状と病歴になるでしょう。こうした種類のアル

[※2]　もちろん、その上位アルゴリズムであるロジスティック回帰やニューラルネットワークも使われている。

ゴリズムでは、非常に高いレベルの性能が求められます。患者に不適切な治療を勧めることは、ユーザーに観ない映画を勧めることよりもはるかに深刻です。この種の分析については、分類モデルを評価するための正解率などの手法について説明する第 7 章を参照してください。

5.5.4　コンピュータビジョン

　パーセプトロンアルゴリズムなどの分類アルゴリズムは、コンピュータビジョン —— より具体的には画像認識に広く応用されています。たとえば、ある写真に犬が写っているかどうかを見分ける方法をコンピュータに教えたいとしましょう。これは分類モデルであり、特徴量は画像のピクセルです。

　パーセプトロンアルゴリズムは、手書き数字のデータセットである MNIST など、さまざまな情報源から収集された画像データセットでまずまずの性能を発揮します。しかし、もっと複雑な画像での性能はあまりよくありません。そのような画像には、パーセプトロンをいくつも組み合わせたモデルを使います。これらのモデルはその名も多層パーセプトロンと呼ばれます。多層パーセプトロンとはニューラルネットワークのことです。ニューラルネットワークについては、第 10 章で詳しく説明します。

5.6　まとめ

- 分類は機械学習の重要な一翼を担っている。ラベル付きのデータを使ってアルゴリズムを訓練し、そのアルゴリズムを使って未知（ラベルなし）のデータを予測する点では、回帰に似ている。回帰との違いは、イエスかノーか、スパムかハムかといったカテゴリ値を予測する点にある。

- パーセプトロン分類器は、それぞれの特徴量に重みを割り当て、バイアスを足すという仕組みになっている。データ点のスコアは重みと特徴量の積の合計にバイアスを足したものとして計算される。スコアが 0 以上の場合、分類器は「はい」を予測し、それ以外の場合は「いいえ」を予測する。

- 感情分析では、パーセプトロンは辞書に含まれている各単語のスコアとバイアスで構成される。通常、喜びを表す単語には正のスコアが割り当てられ、悲しみを表す単語には負のスコアが割り当てられる。「the」のような中立的な単語のスコアは 0 に近いものになる。

- バイアスは空の文が喜んでいる文なのか悲しんでいる文なのかを判断するのに役立つ。バイアスが正の場合、空の文は喜んでいる文であり、バイアスが負の場合、空の文は悲しんでいる文である。

- パーセプトロンは2つのクラスに所属するデータ点を分割する直線として可視化できる。これらのデータ点は2色で表すことができる。高次元では、パーセプトロンはデータ点を分割する超平面になる。

- パーセプトロンアルゴリズムは、ランダムな直線から始めて、データ点をうまく分割するために直線を少しずつ移動するという仕組みになっている。イテレーションのたびにデータ点をランダムに選び出す。そのデータ点が正しく分類された場合は、直線をそのままにする。そのデータ点が誤分類された場合は、直線をそのデータ点に近づける。そして直線がデータ点を通り過ぎた時点で、データ点が正しく分類される。

- パーセプトロンアルゴリズムは、スパムメール検出、レコメンデーションシステム、Eコマース、医療など、さまざまな分野で応用されている。

5.7 練習問題

練習問題 5-1

次に示すのは、COVID-19 の検査で陽性または陰性となった患者のデータセットです。患者の症状は、咳（C）、発熱（F）、呼吸困難（B）、倦怠感（T）です。

	咳（C）	発熱（C）	呼吸困難（B）	倦怠感（T）	診断（D）
患者1		×	×	×	陽性
患者2	×	×		×	陽性
患者3	×		×	×	陽性
患者4	×	×	×		陽性
患者5	×			×	陰性
患者6		×	×		陰性
患者7		×			陰性
患者8				×	陰性

このデータセットを分類するパーセプトロンモデルを構築してください。**ヒント：**パーセプトロンアルゴリズムを使うことができますが、もっとよいパーセプトロンを思い付けるかもしれません。

練習問題 5-2

データ点 (x_1, x_2) に対して予測値 $\hat{y} = \text{step}(2x_1 + 3x_2 - 4)$ を生成するパーセプトロンモデルがあるとします。このモデルの境界線は式 $2x_1 + 3x_2 - 4 = 0$ で表されます。データ点 $p = (1, 1)$ のラベルは 0 です。

a. このモデルがデータ点 p を誤分類していることを検証してください。

b. このモデルのデータ点 p に対するパーセプトロン誤差を計算してください。

c. パーセプトロン法を使って新しいモデルを求めてください。このモデルは依然としてデータ点 p を誤分類しますが、誤差は小さくなります。学習率として $\eta = 0.01$ を使うことができます。

d. この新しいモデルのデータ点 p に対する予測値を調べて、パーセプトロン誤差が小さくなっていることを確認してください。

練習問題 5-3

パーセプトロンは特に AND や OR といった論理ゲートの構築に役立ちます。

x_1	x_2	y
0	0	0
0	1	0
1	0	0
1	1	1

x_1	x_2	y
0	0	0
0	1	1
1	0	1
1	1	1

x_1	x_2	y
0	0	0
0	1	1
1	0	1
1	1	0

a. AND ゲートをモデル化するパーセプトロンを構築してください。つまり、左のデータセットに適合するパーセプトロンを構築します（x_1、x_2 は特徴量、y はラベル）。

b. 同様に、OR ゲートをモデル化するパーセプトロンを構築してください。つまり、真ん中のデータセットに適合するパーセプトロンを構築します。

c. 右のデータセットに適合する XOR ゲートパーセプトロンモデルは存在しないことを証明してください。

連続するデータ点の分割 ロジスティック分類器 | 6

本章の内容

- シグモイド関数（連続値の活性化関数）
- 離散値のパーセプトロンと連続値のパーセプトロン（ロジスティック分類器）
- データを分類するためのロジスティック回帰アルゴリズム
- Python でのロジスティック回帰アルゴリズムのコーディング
- 映画レビューの感情分析：Turi Create のロジスティック分類器
- クラスが 3 つ以上の分類器の構築：ソフトマックス関数

　前章では、文が喜んでいる文なのか悲しんでいる文なのかを判断する分類器を構築しました。ですが想像できるように、文によっては他の文よりも喜びの度合いが大きいものがあります。たとえば、「I'm good.（元気です）」と「Today was the most wonderful day in my life!（今日は人生で最もすばらしい 1 日でした）」はどちらも喜んでいる文ですが、2 つ目の文のほうがずっと喜びの度合いが大きいことがわかります。喜んでいるかどうかを予測するだけではなく、喜びの度合いを評価する分類器があったら便利ではないでしょうか。たとえば、1 つ目の文の喜びの度合いが 60% で、2 つ目の文の喜びの度合いが 95% であることを教えてくれる分類器はどうでしょう。本章では、まさに同じことを行う**ロジスティック分類器**（logistic classifier）を定義します。この分類器はそれぞれの文に 0 から 1 のスコアを割り当てます。喜びの度合いが大きい文ほど、このスコアが高くなります。

　ロジスティック分類器について簡単に説明すると、この分類器はパーセプトロン分類器と同じような働きをしますが、「はい」または「いいえ」を返す代わりに 0 から 1 の間の数字を返します。この場合の目標は、悲しみの度合いが大きい文に 0 に近いスコアを割り当て、喜びの度合いが大きい文に 1 に近いスコアを割り当て、中立的な文に 0.5 に近いスコアを割り当てることです。この 0.5 という閾値は実際によく使われますが、恣意的な値です。次章では、モデルを最適化するために閾値を調整する方法を見ていきますが、ここでは 0.5 を使うことにします。

　ここで開発するアルゴリズムは（技術的な違いは多少あるものの）前章で説明したものに似ています。このため、以下の内容は前章の内容に基づいています。前章の内容をよく理解していれば、以下の内容を理解する上で助けになるでしょう。前章では、パーセプトロン分類器の性能を明らかにする誤差関数と、分類器を少しだけ改善する反復的なステップを使ってパーセプトロンアルゴリズムを説明しました。ここで学ぶロジスティック回帰アルゴリズムも仕組みはだいたい同じです。主な違いは次の 3 つです。

- ステップ関数を、0 〜 1 の値を返す新しい活性化関数に置き換える。
- パーセプトロン誤差関数を、確率計算に基づく新しい誤差関数に置き換える。
- パーセプトロン法を、この新しい誤差関数に基づいて分類器を改善する新しいトリックに置き換える。

> 本章では、多くの数値計算を行います。本章を読みながら数式を自分で解いてみる場合は、ここで示すものと計算が合わないことがあるかもしれません。本書では、数式の途中の数字ではなく最後の数字を四捨五入しています。ただし、最終的な結果にはほとんど影響を与えないはずです。

　本章では最後に、ここで培った知識を IMDb の映画レビューに基づく現実のデータセットに応用し、ロジスティック分類器を使ってレビューの内容がポジティブかネガティブかを予測します。

6.1　ロジスティック分類器：
　　　連続値のパーセプトロン分類器

　前章で取り上げたパーセプトロンは、データの特徴量を使って予測を行うタイプの分類器です。予測値は1または0のどちらかになります。離散値の集合（0と1）から答えを返すため、**離散値のパーセプトロン**と呼ばれます。本章で学ぶ**連続値のパーセプトロン**は、0から1までのあらゆる数字を返すことができます。連続値のパーセプトロンの名前としては、**ロジスティック分類器**のほうがよく知られています。ロジスティック分類器の出力はスコアとして解釈できます。そして、データ点のラベルにできるだけ近いスコアを割り当てることがこの分類器の目標になります。つまり、ラベルが0のデータ点は0に近いスコアを獲得するはずであり、ラベルが1のデータ点は1に近いスコアを獲得するはずです。

　連続値のパーセプトロンは、離散値のパーセプトロンのときと同じように、データの2つのクラスを分割する直線（または高次元平面）として可視化できます。唯一の違いは、離散値のパーセプトロンが直線の片側にあるすべてのデータ点に1のラベルを割り当て、反対側にあるすべてのデータ点に0のラベルを割り当てるのに対し、連続値のパーセプトロンが直線からの位置に基づいてすべてのデータ点に0から1までの値を割り当てることです。直線上にあるデータ点には0.5の値を割り当てます。0.5の値は、その文が喜んでいるかどうかをモデルが判断できないことを意味します。たとえば、先の感情分析の例では、「Today is Tuesday（今日は火曜日だ）」は喜んでいる文でも悲しんでいる文でもないので、モデルはこの文に0.5に近いスコアを割り当てるでしょう。ポジティブゾーンにあるデータ点は0.5よりも高いスコアを獲得し、データ点が0.5の直線から正の方向に離れていればいるほど1に近いスコアを獲得します。ネガティブゾーンにあるデータ点は0.5よりも低いスコアを獲得し、やはり0.5の直線から離れていればいるほど0に近いスコアを獲得します。（無限遠点を考慮に入れない限り）データ点のスコアが1または0になることはありません。図6-1の左図は、パーセプトロンアルゴリズムで離散値のパーセプトロンを訓練しており、予測値は0（Happy）または1（Sad）です。右図はロジスティック回帰アルゴリズムで連続値のパーセプトロンを訓練しており、予測値は喜びの度合いを表す0から1の値です。

　ロジスティック分類器が出力するのは状態そのものではなく数字です。では、なぜ**回帰**ではなく**分類**と呼ぶのでしょうか。その理由は、データ点にスコアを付けた後に、それらのデータ点を2つのクラス（スコアが0.5よりも高い点と低い点）に分類できるからです。パーセプトロン分類器と同様に、視覚的には、2つのクラスは境界線で分割されます。ただし、ロジスティック分類器の訓練に使われるアルゴリズムの名前は**ロジスティック回帰アルゴリズム**です。この表現は少し妙ですが、文献に逆らうのも何なのでそのまま使うことにします。

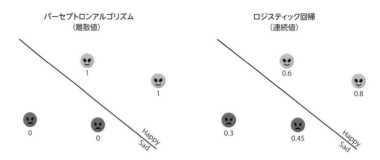

図 6-1：パーセプトロンアルゴリズムによる離散値のパーセプトロンの訓練 (左) と
ロジスティック回帰アルゴリズムによる連続値のパーセプトロンの訓練 (右)

6.1.1　シグモイド関数：確率的な分類法

　単なる「Happy」または「Sad」ではなく各文のスコアを取得するために前項のパーセプトロンモデルを少し変更するとしたら、どのようにやるのでしょうか。パーセプトロンモデルのときは予測値をどのように生成したか思い出してください。各文にスコアを割り当てる方法は、各単語にスコアを割り当て、それらのスコアを合計し、最後にバイアスを足すというものでした。そして、スコアが正であれば喜んでいる文、負であれば悲しんでいる文であると予測しました。言い換えると、スコアにステップ関数を適用したのです。ステップ関数は、スコアが非負であれば 1 を返し、負であれば 0 を返します。

　ここでも同じようなことを行います。つまり、入力としてスコアを受け取り、0 から 1 までの数字を出力する関数を使います。スコアが正であるとしたら出力は 1 に近い数字であり、スコアが負であるとしたら 0 に近い数字です。スコアが 0 であるとしたら出力は 0.5 です。数直線全体を 0 〜 1 の区間に収められるかちょっと想像してみてください。この関数は図 6-2 のようなものになるでしょう。

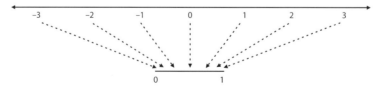

図 6-2：シグモイド関数は数直線全体を (0,1) の区間に収める

　ここで役立つ関数はいろいろありますが、このケースでは**シグモイド**（sigmoid）という関数を使います。シグモイドは σ（ギリシャ文字の「シグマ」）で表されます。シグモイドの式は次のようになります。

$$\sigma(x) = \frac{1}{1 + e^{-x}}$$

　ここで本当に重要なのは数式ではなく、この関数が何を行うかです。この関数は実数を表す直線を (0,1) の区間に押し込みます。図 6-3 はステップ関数とシグモイド関数のグラフを比較したものです。ステップ関数は負の入力に対して 0 の値を出力し、正または 0 の入力に対して 1 の値を出力し、値が 0 のところで途切れます。シグモイド関数は連続していて、どの場所でも微分可能であり、負の入力に対して 0.5 よりも小さい値を出力し、正の入力に対して 0.5 よりも大きい値を出力し、0 の入力に対して 0.5 を出力します。

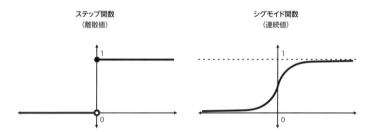

図 6-3：離散値のパーセプトロンの構築に使われるステップ関数 (左) と
連続値のパーセプトロンの構築に使われるシグモイド関数 (右)

表 6-1：シグモイド関数の入力と出力

x	$\sigma(x)$
-5	0.007
-1	0.269
0	0.5
1	0.731
5	0.993

　シグモイド関数は一般にステップ関数よりもよい関数ですが、それにはいくつかの理由があります。理由の 1 つは、予測値が連続値なので、離散値の予測値よりも情報量が多いことです。また、微分に関しても、シグモイド関数のほうがステップ関数よりもずっと便利です。ステップ関数の微分は未定義となる原点を除いて 0 になります。シグモイド関数が期待どおりの働きをすることを確認するために、この関数の値をいくつか計算してみましょう（表 6-1）。大きな負の入力に対する出力は 0 に近い値、大きな正の入力に対する出力は 1 に近い値、そして 0 の入力に対する出力は 0.5 であることがわかります。

　ロジスティック分類器の予測値はスコアにシグモイド関数を適用することによって求められます。シグモイド関数は 0 から 1 の間の数字を返します。この例では、この数字を「文がHappy である確率」として解釈できます。

　前章では、パーセプトロン誤差というパーセプトロンの誤差関数を定義し、この誤差関数を使ってパーセプトロン分類器を反復的に構築しました。本章でも同じ手順に従います。連続値

のパーセプトロンの誤差は離散値のものとは少し異なりますが、やはり類似点があります。

6.1.2　データセットと予測値

　ここでも前章と同じユースケースを使います。前章で使った異星人の文が含まれたデータセットでは、それぞれの文に「Happy（1）」か「Sad（0）」のラベルが付いていました。本章で使うデータセットは少し違っていて、表 6-2 のようになります。座標はその文に含まれている aack と beep の個数を表しています。

表 6-2：Happy（1）または Sad（0）のラベルが付いた文のデータセット

	単語	座標 (#aack, #beep)	ラベル
文 1	Aack beep beep aack aack.	(3,2)	Sad（0）
文 2	Beep aack beep.	(1,2)	Happy（1）
文 3	Beep!	(0,1)	Happy（1）
文 4	Aack aack.	(2,0)	Sad（0）

　ここで使うモデルの重みとバイアスは次のとおりです。

ロジスティック分類器 1

aack の重み：$a = 1$、**beep の重み**：$b = 2$、**バイアス**：$c = -4$

　表記は前章と同じで、変数 x_{aack} と x_{beep} はそれぞれ文に含まれている aack と beep の個数を表します。パーセプトロン分類器の予測値の式は $\hat{y} = \text{step}(ax_{aack} + bx_{beep} + c)$ ですが、ここで使うのはロジスティック分類器なので、ステップ関数の代わりにシグモイド関数を使います。したがって、予測値の式は $\hat{y} = \sigma(ax_{aack} + bx_{beep} + c)$ になります。この場合の式は $\hat{y} = \sigma(1 \cdot x_{aack} + 2 \cdot x_{beep} - 4)$ です。したがって、先のデータセットに対するこの分類器の予測値は次のようになります。

文 1：$\hat{y} = \sigma(3 + 2 \cdot 2 - 4) = \sigma(3) = 0.953$
文 2：$\hat{y} = \sigma(1 + 2 \cdot 2 - 4) = \sigma(1) = 0.731$
文 3：$\hat{y} = \sigma(0 + 2 \cdot 1 - 4) = \sigma(-2) = 0.119$
文 4：$\hat{y} = \sigma(2 + 2 \cdot 0 - 4) = \sigma(-2) = 0.119$

　Happy クラスと Sad クラスの境界は式 $x_{aack} + 2x_{beep} - 4 = 0$ で表される直線です（図 6-4）。この直線は平面をポジティブゾーンとネガティブゾーンに分割します。ポジティブゾー

ンは予測値が 0.5 以上のデータ点によって形成され、ネガティブゾーンは予測値が 0.5 未満の
予測値によって形成されます。

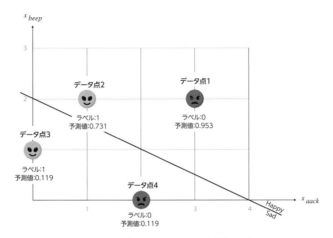

図 6-4：表 6-2 のデータセットと予測値のプロット。
データ点 2 と 4 は正しく分類されているが、データ点 1 と 3 は誤分類されている

6.1.3　誤差関数：絶対誤差、二乗誤差、ログ損失

　ここでは、ロジスティック分類器のための誤差関数を 3 つ定義します。よい誤差関数に期待
される特性とはどのようなものでしょうか。次に、例をいくつか挙げてみます。

- データ点が正しく分類されている場合、誤差の数字は小さい
- データ点が誤分類されている場合、誤差の数字は大きい
- 一連のデータ点に対する分類器の誤差は、それらすべてのデータ点の誤差の総和（また
  は平均）

　このような特性を持つ関数はいろいろありますが、ここではそのうち絶対誤差、二乗誤差、
ログ損失の 3 つを見ていきます。このデータセットの文に対応する 4 つのデータ点のラベル
と予測値は表 6-3 のとおりで、次のような特徴があることがわかります。

- 直線上にあるデータ点の予測値は 0.5
- ポジティブゾーンに位置するデータ点の予測値は 0.5 よりも大きくなり、直線からその
  方向に遠ざかるほど 1 に近づいていく
- ネガティブゾーンに位置するデータ点の予測値は 0.5 よりも小さくなり、直線からその
  方向に遠ざかるほど 0 に近づいていく

表 6-3：図 6-4 の 4 つのデータ点とその予測値

データ点	ラベル	予測値	誤差は？
1	0（Sad）	0.953	大きいはず
2	1（Happy）	0.731	小さいはず
3	1（Happy）	0.119	大きいはず
4	0（Sad）	0.119	小さいはず

よい誤差関数は正しく分類されているデータ点に小さな誤差を割り当て、誤分類されたデータ点に大きな誤差を割り当てます。表 6-3 では、（正しく分類されている）データ点 2 と 4 の予測値はラベル（正解値）に近いため、誤差は小さいはずです。これに対し、（誤分類されている）データ点 1 と 3 の予測値はラベルから離れているため、誤差は大きいはずです。この特性を持つ 3 つの誤差関数を見てみましょう。

誤差関数 1：絶対誤差

絶対誤差は、第 3 章で線形回帰のために定義した絶対誤差に似ています。絶対誤差は予測値とラベル（正解値）の差の絶対値であり、予測値がラベルから離れているときは大きくなり、ラベルに近いときは小さくなります。

誤差関数 2：二乗誤差

これまた線形回帰と同じように、**二乗誤差**もあります。二乗誤差は予測値とラベル（正解値）の差の二乗であり、絶対誤差と同じ理由でうまくいきます。

次の誤差の説明に進む前に、データ点の絶対誤差と二乗誤差を計算してみましょう。（正しく分類されている）データ点 2 と 4 の誤差が小さく、（誤分類されている）データ点 1 と 3 の誤差が大きいことに注目してください（表 6-4）。

表 6-4：表 6-3 のデータ点に絶対誤差と二乗誤差を追加したもの

データ点	ラベル	予測値	絶対誤差	二乗誤差
1	0（Sad）	0.953	0.953	0.908
2	1（Happy）	0.731	0.269	0.072
3	1（Happy）	0.119	0.881	0.776
4	0（Sad）	0.119	0.119	0.014

絶対誤差と二乗誤差は回帰で使った誤差関数を連想させるかもしれません。ですが分類では、絶対誤差と二乗誤差はあまり広く使われていません。最もよく使われるのは次に説明する関数

です。なぜその関数のほうが使われるのでしょうか。この関数のほうが計算（微分）がずっと楽だからです。また、これらの誤差はどれも非常に小さいものばかりです。実際、データ点の分類がどれくらい間違っていても、誤差はすべて 1 よりも小さくなります。というのも、0 と 1 の間の 2 つの数字の差（または差の二乗）が最大で 1 だからです。モデルをうまく訓練するには、それよりも大きな値をとる誤差関数が必要です。ありがたいことに、3 つ目の誤差関数ならそれが可能です。

誤差関数 3：ログ損失

　ログ損失（log loss）は連続値のパーセプトロンで最も広く使われている誤差関数です。本書に登場する誤差関数のほとんどは名前に「誤差」が付いていますが、この関数の名前に付いているのは「損失」です。名前の「ログ」部分は式で用いる自然対数から来ています。ただし、ログ損失の本質は確率にあります。

　連続値のパーセプトロンの出力は 0 から 1 の間にある数字なので、確率と見なすことができます。このモデルは各データ点に確率（そのデータ点が Happy である確率）を割り当てます。つまり、Happy である確率を 1 から引くと、Sad である確率を推測できます。たとえば、予測値が 0.75 であるとしたら、そのデータ点が Happy である確率は 0.75 で、Sad である確率は 0.25 であるとモデルが考えているという意味になります。

　さて、ここからが本題です。このモデルの目標は、Happy（ラベルが 1）であるデータ点に高い確率を割り当て、Sad（ラベルが 0）であるデータ点に低い確率を割り当てることです。データ点が Sad である確率は、そのデータ点が Happy である確率を 1 から引いた値です。そこで、データ点ごとにモデルがそのラベルに割り当てる確率を計算してみることにします。このデータセットでは、各データ点の確率は次のようになります。

データ点 1： ラベル = 0（Sad）
　　予測値（Happy である確率）= 0.953
　　そのラベルである確率：1 – 0.953 = **0.047**

データ点 2： ラベル = 1（Happy）
　　予測値（Happy である確率）= 0.731
　　そのラベルである確率：**0.731**

データ点 3： ラベル = 1（Happy）
　　予測値（Happy である確率）= 0.119
　　そのラベルである確率：**0.119**

データ点 4： ラベル = 0（Sad）
　　予測値（Happy である確率）= 0.119
　　そのラベルである確率：1 – 0.119 = **0.881**

データ点 2 と 4 は正しく分類されており、モデルが割り当てている確率（それらのデータ点のラベルがそのラベルである確率）が高いことがわかります。これに対し、データ点 1 と 3 は誤分類されており、モデルが割り当てている確率（それらのデータ点のラベルがそのラベルである確率）が低いことがわかります。

パーセプトロン分類器とは対照的に、ロジスティック分類器は明確な答えを返しません。パーセプトロン分類器は「このデータ点が Happy であると 100% 確信している」と答えますが、ロジスティック分類器は「このデータ点は 73% の確率で Happy であり、27% の確率で Sad である」と答えます。パーセプトロン分類器の目標は正解の回数をできるだけ多くすることですが、ロジスティック分類器の目標は各データ点に正しいラベルが割り当てられる確率をできるだけ高くすることです。この分類器は 4 つのラベルにそれぞれ 0.047、0.731、0.119、0.881 の確率を割り当てています。理想的には、これらの数字を大きくしたいところです。これら 4 つの数字はどのようにして計測するのでしょうか。合計するか平均するというのは 1 つの手ですが、これらの数字は確率なので、掛けるのが自然な方法です。事象が独立しているとき、それらの事象が同時に発生する確率はそれらの確率の積です。4 つの予測値が独立していると仮定したとき、このモデルが予測値として「Sad、Happy、Happy、Sad」を割り当てる確率は 4 つの数値の積なので、0.047・0.731・0.119・0.881 = 0.004 になります。非常に小さな確率ですね。モデルがこのデータセットにもっとよく適合していれば、もっと高い確率になるはずです。

ここで計算した確率は、このモデルでは適度な尺度に思えますが、問題がいくつかあります。たとえば、この確率は多くの小さな数値の積です。多くの小さな数値の積は非常に小さくなりがちです。このデータセットに 100 万個のデータ点が含まれていたらどうなるか想像してみてください。確率は 100 万個の数値の積になります。しかも、どれも 0 から 1 までの数値です。結果はコンピュータでは表せないほど小さな数値になるかもしれません。また、100 万個の数値の積を求めるのはかなりやっかいです。この計算を（たとえば）総和といったもっと扱いやすいものに変える手立てはないのでしょうか。

運のよいことに、積を和に変える便利な方法があります —— 対数を使うのです。本書では、対数が積を和に変えるものだということを知っていれば十分です。もう少し具体的に言うと、2 つの数値の積の対数は、それらの数値の対数の総和です。

$$ln(a \cdot b) = ln(a) + ln(b)$$

本章では、e を底とする自然対数を使いますが、2 や 10 を底に使うこともできます。他の底で対数を使った場合も得られる結果は同じです。

確率の積で自然対数をとった結果は次のようになります。

$$ln(0.047 \cdot 0.731 \cdot 0.119 \cdot 0.881) = ln(0.047) + ln(0.731) + ln(0.119) + ln(0.881)$$
$$= -5.626$$

　小さな注意点が1つあります。結果が負であることに注目してください。実は、0〜1の数値の対数は常に負であるため、常にこうなります。したがって、確率の積の負の対数をとった場合は常に正になります。

　ログ損失は確率の積の負の対数として定義されます。その結果は確率の負の対数の総和でもあります。さらに、被加数はそれぞれそのデータ点のログ損失です。各データ点のログ損失の計算は表6-5で確認できます。正しく分類されているデータ点（2および4）のログ損失は小さく、誤分類されているデータ点（1および3）のログ損失は大きいことがわかります。すべてのデータ点のログ損失を足すと5.626になります。

表6-5：データセットのデータ点に対するログ損失の計算

データ点	ラベル	予測されたラベル	そのラベルである確率	ログ損失
1	0（Sad）	0.953	0.047	$-ln(0.047) = 3.0576$
2	1（Happy）	0.731	0.731	$-ln(0.731) = 0.3133$
3	1（Happy）	0.119	0.119	$-ln(0.119) = 2.1286$
4	0（Sad）	0.119	0.881	$-ln(0.881) = 1.1267$

　確かに、正しく分類されているデータ点（2および4）のログ損失は小さくなっており、誤分類されているデータ点（1および3）のログ損失は大きくなっています。その理由は、数値 x が0に近い場合、$-ln(x)$ は大きな数値ですが、x が1に近い場合は小さな数値だからです。

　まとめると、ログ損失の計算手順は次のようになります。

1. データ点ごとに分類器がそのラベルを割り当てる確率を計算する。

    - Happy であるデータ点に対する確率はスコア
    - Sad であるデータ点に対する確率は1からスコアを引いたもの

2. これらの確率をすべて掛け合わせて、分類器がこれらのラベルに与えた確率の合計を求める。

3. その合計確率の自然対数をとる。

4. 積の対数は係数の対数の総和なので、対数（データ点ごとに1つ）の合計を求める。

5. 1よりも小さい数値の対数は負数であるため、すべての項が負であることがわかる。そこで、すべての項に –1 を掛けて正の数値の合計を求める。

6. この合計がログ損失である。

ログ損失は**交差エントロピー**（cross-entropy）と密接な関係にあります。交差エントロピーは 2 つの確率分布間の類似度を数値化する方法です。交差エントロピーの詳細については、付録 C の参考文献を調べてください。

ログ損失の公式

データ点のログ損失は便利な数式にまとめることができます。ログ損失はデータ点がそのラベル（Happy または Sad）である確率の負の対数です。モデルが各データ点に与える予測値は $\hat{y}$ であり、そのデータ点が Happy（1）である確率を表します。よって、このモデルに従うと、そのデータ点が Sad（0）である確率は $1 - \hat{y}$ です。そこで、ログ損失（log loss）を次の条件文として表すことができます。

- ラベルが 0 のとき：$log\ loss = -\ln(1 - \hat{y})$
- ラベルが 1 のとき：$log\ loss = -\ln(\hat{y})$

ラベル（正解値）は y であるため、この条件文を次の式にまとめることができます。

$$log\ loss = -y\ ln(\hat{y}) - (1 - y)\ ln(1 - \hat{y})$$

この式が成り立つのは、ラベルが 0 のときは 1 つ目の被加数が 0 で、ラベルが 1 のときは 2 つ目の被加数が 0 だからです。**ログ損失**という用語は、データ点のログ損失、またはデータセット全体のログ損失を指します。データセットのログ損失はすべてのデータ点のログ損失の総和です。

6.1.4　ログ損失に基づく分類器の比較

ロジスティック分類器の誤差関数であるログ損失がわかったところで、ログ損失を使って 2 つの分類器を比較してみましょう。本章で使っている分類器が次の重みとバイアスによって定義されることを思い出してください。

ロジスティック分類器 1

aack の重み：$a = 1$、beep の重み：$b = 2$、バイアス：$c = -4$

ここでは、この分類器を次のロジスティック分類器と比較します。

ロジスティック分類器 2

aack の重み：$a = -1$、beep の重み：$b = 1$、バイアス：$c = 0$

それぞれの分類器が生成する予測値は次のとおりです。

- **分類器 1**：$\hat{y} = \sigma(x_{aack} + 2x_{beep} - 4)$
- **分類器 2**：$\hat{y} = \sigma(-x_{aack} + x_{beep})$

これらの分類器の予測値をまとめたものが表 6-6 になります。分類器 2 の予測値のほうが分類器 1 の予測値よりもデータ点のラベル（正解値）にずっと近いことがわかります。したがって、分類器 2 のほうがよい分類器です。

表 6-6：データセットのデータ点に対するログ損失の計算

データ点	ラベル	分類器 1 の予測値	分類器 2 の予測値
1	0（Sad）	0.953	0.269
2	1（Happy）	0.731	0.731
3	1（Happy）	0.119	0.731
4	0（Sad）	0.881	0.119

このデータセットと 2 つの境界線のプロットは図 6-5 のようになります。

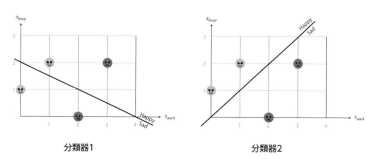

分類器1　　　　　　　分類器2

図 6-5：誤分類が 2 つある悪い分類器（左）と 4 つのデータ点をすべて正しく分類している分類器（右）

表 6-6 と図 6-5 の結果から、分類器 2 のほうが分類器 1 よりもずっとよい分類器であることは明白です。たとえば図 6-5 では、分類器 2 が Happy である 2 つのデータ点をポジティブゾーンに、Sad である 2 つのデータ点をネガティブゾーンに正しく配置していることがわかります。次は、ログ損失を比較してみましょう。分類器 1 のログ損失は 5.626 でした。分類器 2 のほうがよい分類器なので、ログ損失も小さいはずです。

ログ損失の式 $log\ loss = -y \ln(\hat{y}) - (1 - y) \ln(1 - \hat{y})$ に従い、分類器2が生成するデータセットの各データ点のログ損失は次のようになります。

データ点 1	$y = 0, \hat{y} = 0.269$	$log\ loss = \ln(1 - 0.269) = 0.313$
データ点 2	$y = 1, \hat{y} = 0.731$	$log\ loss = \ln(0.731) = 0.313$
データ点 3	$y = 1, \hat{y} = 0.731$	$log\ loss = \ln(0.731) = 0.313$
データ点 4	$y = 0, \hat{y} = 0.119$	$log\ loss = \ln(1 - 0.119) = 0.127$

データセット全体のログ損失は 4 つのログ損失の合計であり、1.066 になります。1.066 は 5.626 よりもずっと小さい値であり、分類器 2 のほうが分類器 1 よりもずっとよい分類器であることを裏付けています。

6.2　よいロジスティック分類器の見つけ方：ロジスティック回帰アルゴリズム

ここでは、ロジスティック分類器の訓練の仕方を学びます。このプロセスは線形回帰モデルやパーセプトロン分類器の訓練プロセスに似ており、次の手順で構成されます。

1. ランダムなロジスティック分類器から始める。
2. ロジスティック分類器を少しだけ改善する作業を繰り返す。
3. ログ損失を計測することで、このループを終了するタイミングを判断する。

このアルゴリズムのポイントは、このループを構成している「ロジスティック分類器を少しだけ改善する」という手順にあります。この手順では、**ロジスティック法**（logistic trick）というトリックを使います。次項で見ていくように、ロジスティック法はパーセプトロン法に似ています。

6.2.1 ロジスティック法：連続値のパーセプトロンをほんの少し改善する

前章で説明したように、パーセプトロン法はランダムな分類器から始まり、データ点をランダムに選び出してはパーセプトロン法を適用するという作業を繰り返します。パーセプトロン法には、次の 2 つのケースがありました。

ケース 1：データ点が正しく分類されている場合は直線を動かさない。
ケース 2：データ点が誤分類されている場合は直線をデータ点に少し近づける。

ロジスティック法はパーセプトロン法に似ていますが、データ点がうまく分類されている場合に直線をデータ点から**遠ざける**という違いがあります。ロジスティック法にも次の 2 つの

ケースがあります。

ケース1：データ点が正しく分類されている場合は直線をデータ点から少し遠ざける。
ケース2：データ点が誤分類されている場合は直線をデータ点に少し近づける。

　ロジスティック回帰アルゴリズムでは、すべてのデータ点に発言権があります。正しく分類されているデータ点は正しいゾーンの奥に入るために直線を遠くへ移動させます。誤分類されているデータ点は直線の正しい側へ移動するために直線を近くに移動させます（図6-6）。

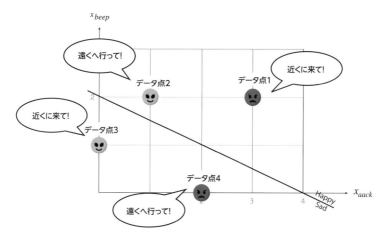

図6-6：ロジスティック回帰アルゴリズム

　正しく分類されているデータ点から直線を遠ざけるのはなぜでしょうか。データ点が正しく分類されているとしたら、そのデータ点は直線を挟んで正しい側（ゾーン）に配置されていることになります。直線を遠ざけると、データ点は正しいゾーンの奥へ移動します。予測はデータ点が境界線からどれくらい離れているかに基づいて行われるため、ポジティブ（Happy）ゾーンでは、データ点が境界線から遠ざかるほど予測値が大きくなります。同様に、ネガティブ（Sad）ゾーンでは、データ点が境界線から遠ざかるほど予測値が小さくなります。したがって、データ点のラベルが1（Happy）の場合は予測値を大きくし（1にさらに近づけます）、ラベルが0（Sad）の場合は予測値を小さくします（0にさらに近づけます）。

　例として、分類器1とデータセットの1つ目の文を見てみましょう。この分類器の重みは $a = 1$, $b = 2$、バイアスは $c = -4$ です。この文は座標 $(x_{aack}, x_{beep}) = (3, 2)$ のデータ点に相当し、ラベルは $y = 0$ です。このデータ点に対する予測値は $\hat{y} = \sigma(3 + 2 \cdot 2 - 4) = \sigma(3) = 0.953$ です。この予測値はラベルからかなり離れているため、誤差が大きく、実際に表6-5では 3.0576 と計算されています。このような誤差が生じたのは、この文の喜びの度合いが実

際よりも高いと分類器が考えたためです。そこで、重みを調整してこのデータ点の予測値を小さくするために、重み a, b とバイアス c の値を大幅に小さくする必要があります。

　同じ論理に基づき、他のデータ点の分類を改善するために重みを調整する方法を分析してみましょう。データセットの 2 つ目の文では、ラベルは $y = 1$、予測値は $\hat{y} = 0.731$ です。まずまずの予測ですが、さらに改善したい場合は、重みとバイアスの値を少し大きくする必要があります。3 つ目の文では、ラベルは $y = 1$、予測値は $\hat{y} = 0.119$ なので、重みとバイアスの値をかなり大きくする必要があります。最後の 4 つ目の文では、ラベルは $y = 0$、予測値は $\hat{y} = 0.119$ なので、重みとバイアスの値を少し小さくする必要があります。以上をまとめると表 6-7 のようになります。

表 6-7：データセットのデータ点に対する誤差の計算

データ点	ラベル	分類器 1 の予測値 $\hat{y}$	重み a, b、バイアス c を調整する方法	$y - \hat{y}$
1	0	0.953	かなり小さくする	-0.953
2	1	0.731	少し大きくする	0.269
3	1	0.119	かなり大きくする	0.881
4	0	0.119	少し小さくする	-0.119

　これらの予測値を改善するために重みとバイアスに加算する理想的な量を判断する上で、次の 3 つの見解が参考になるでしょう。

観測その 1：表 6-7 の最後の列はラベル（正解値）から予測値を引いた値である。この表の右端の 2 列が似ていることに注目しよう。このことは重みとバイアスを更新する量を $y - \hat{y}$ の倍数にすべきであることを匂わせている。

観測その 2：aack が 10 回、beep が 1 回だけ出現する文があるとしよう。これら 2 つの単語の重みにある値を足す（または重みから引く）としたら、aack の重みの値を大きく更新すべきだと考えるのが妥当である。なぜなら、aack のほうが文全体のスコアにとって重要だからだ。したがって、aack の重みを更新する量に x_{aack} を掛け、beep の重みを更新する量に x_{beep} を掛けるべきである。

観測その 3：重みとバイアスを更新する量を小さくしたいので、この量に学習率 η も掛けるべきである。

　結論として、重みとバイアスは次のように更新するのが妥当でしょう。

- $a' = a + \eta(y - \hat{y})x_1$

- $b' = b + \eta(y - \hat{y})x_2$
- $c' = c + \eta(y - \hat{y})$

したがって、ロジスティック法の擬似コードは次のようになります。第 5 章の 5.3.1 項で学んだパーセプトロン法の擬似コードとよく似ていることに注目してください。

ロジスティック法の擬似コード

入力：

- 重み a, b とバイアス c を持つロジスティック分類器
- 座標 (x_1, x_2) とラベル y を持つデータ点
- 小さな値の学習率 η

出力： 新しい重み a', b' とバイアス c' を持つロジスティック分類器
手順： このデータ点に対する予測値は $\hat{y} = \sigma(ax_1 + bx_2 + c)$
戻り値： 以下の重みとバイアスを持つロジスティック分類器

- $a' = a + \eta(y - \hat{y})x_1$
- $b' = b + \eta(y - \hat{y})x_2$
- $c' = c + \eta(y - \hat{y})$

ロジスティック法での重みとバイアスの更新方法は偶然そうなったのではなく、ログ損失を小さくするために勾配降下法を適用した結果です。数学的な詳細が知りたい場合は、付録 B の B.2 節を参照してください。

各データ点を使って分類器を更新する

ロジスティック法がこのケースでうまくいくことを検証するために、現在のデータセットに適用してみましょう。実際に 4 つのデータ点のそれぞれにロジスティック法を適用し、モデルの重みとバイアスがどれくらい変化するのかを確認します。最後に、各データ点の更新前と更新後のログ損失を比較し、ログ損失が実際に小さくなっていることを確認します。以下の計算では、学習率として $\eta = 0.05$ を使います。

1 つ目のデータ点：

重みとバイアスの初期値：$a = 1, b = 2, c = -4$
ラベル：$y = 0$
予測値：$\hat{y} = 0.953$
最初のログ損失：$-0 \cdot \ln(0.953) - 1 \cdot \ln(1 - 0.953) = 3.058$

データ点の座標：$x_{aack} = 3, x_{beep} = 2$

学習率：$\eta = 0.01$

更新後の重みとバイアス：

$a' = 1 + 0.05 \cdot (0 - 0.953) \cdot 3 = 0.857$

$b' = 2 + 0.05 \cdot (0 - 0.953) \cdot 2 = 1.905$

$c' = -4 + 0.05 \cdot (0 - 0.953) = -4.048$

更新後の予測値：$\hat{y} = \sigma(0.857 \cdot 3 + 1.905 \cdot 2 - 4.048) = 0.912$（予測値が小さくなり、ラベル 0 に近づいている）

最終的なログ損失：$-0 \cdot \ln(0.912) - 1 \cdot \ln(1 - 0.912) = 2.430$（誤差が3.058から2.430に減っている）

　残りの3つのデータ点の計算は表6-8のようになります。更新後の予測値は常に最初の予測値よりもラベルに近づいていて、最終的なログ損失は常に最初のログ損失よりも小さくなっています。このことは、ロジスティック法にどのデータ点を使ったとしても、そのデータ点に対してモデルが改善され、最終的なログ損失が小さくなることを意味します。

表6-8：すべてのデータ点の予測値、ログ損失、更新後の重み、更新後の予測値

データ点	座標	ラベル	最初の予測値	最初のログ損失	更新後の重み	更新後の予測値	最終的なログ損失
1	(3,2)	0	0.953	3.058	$a' = 0.857$ $b' = 1.905$ $c' = -4.048$	0.912	2.430
2	(1,2)	1	0.731	0.313	$a' = 1.013$ $b' = 2.027$ $c' = -3.987$	0.747	0.292
3	(0,1)	1	0.119	2.129	$a' = 1$ $b' = 2.044$ $c' = -3.956$	0.129	2.048
4	(2,0)	0	0.119	0.127	$a' = 0.988$ $b' = 2$ $c' = -4.006$	0.116	0.123

　本節の冒頭で述べたように、ロジスティック法もデータ点を基準として境界線を動かすものとして幾何学的に可視化できます。もう少し具体的に言うと、データ点が誤分類されている場合は直線がそのデータ点に近づき、正しく分類されている場合はデータ点から遠ざかります。表6-8の4つのケースについて元の分類器と更新後の分類器をプロットすれば、このことを確認できます。図6-7の4つのプロットはそれぞれ丸で囲んだデータ点を使っており、実線

は元の分類器、点線はロジスティック法を適用した後の分類器を表しています。データ点2と4は正しく分類されているので直線を遠ざけますが、データ点1と3は誤分類されているため直線を近づけます。

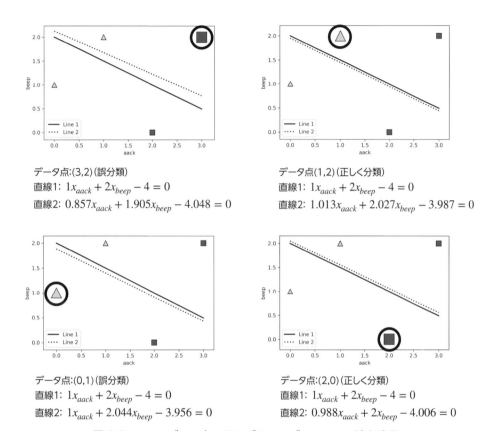

データ点:(3,2)(誤分類)
直線1: $1x_{aack} + 2x_{beep} - 4 = 0$
直線2: $0.857x_{aack} + 1.905x_{beep} - 4.048 = 0$

データ点(1,2)(正しく分類)
直線1: $1x_{aack} + 2x_{beep} - 4 = 0$
直線2: $1.013x_{aack} + 2.027x_{beep} - 3.987 = 0$

データ点:(0,1)(誤分類)
直線1: $1x_{aack} + 2x_{beep} - 4 = 0$
直線2: $1x_{aack} + 2.044x_{beep} - 3.956 = 0$

データ点:(2,0)(正しく分類)
直線1: $1x_{aack} + 2x_{beep} - 4 = 0$
直線2: $0.988x_{aack} + 2x_{beep} - 4.006 = 0$

図6-7：4つのデータ点のそれぞれにロジスティック法を適用

6.2.2　ロジスティック回帰アルゴリズム：ロジスティック法を繰り返す

　ロジスティック分類器の訓練に使うのはロジスティック回帰アルゴリズムです。パーセプトロンアルゴリズムがパーセプトロン法を何回も繰り返すという仕組みになっているのと同じように、ロジスティック回帰アルゴリズムはロジスティック法を何回も繰り返します。擬似コードは次のようになります。

ロジスティック回帰アルゴリズムの擬似コード

入力：

- 1 と 0 でラベル付けされたデータ点からなるデータセット
- エポック数 n
- 学習率 η

出力：データセットに適合する重みとバイアスを持つロジスティック分類器

手順：

1. ロジスティック分類器の重みとバイアスの初期値として乱数を割り当てる。

2. 以下の手順を繰り返す。

   i. データ点をランダムに選ぶ。

   ii. ロジスティック法を使って重みとバイアスを更新する。

戻り値：重みとバイアスが更新されたロジスティック分類器

　先ほど見たように、ロジスティック法を繰り返すたびに、誤分類されたデータ点に直線が近づくか、正しく分類されたデータ点から直線が遠ざかることになります。

6.2.3　確率的勾配降下法、ミニバッチ勾配降下法、バッチ勾配降下法

　ロジスティック回帰アルゴリズムも線形回帰やパーセプトロンと同じように勾配降下法に基づくアルゴリズムです。勾配降下法を使ってログ損失を小さくする場合は、ロジスティック法が勾配降下法ステップになります。

　一般的なロジスティック回帰アルゴリズムは、特徴量が 2 つのデータセットだけではなく、特徴量がいくつもあるデータセットでもうまくいきます。その場合は、パーセプトロンアルゴリズムと同じように、境界が直線ではなくなり、高次元空間においてデータ点を分割する超平面のようなものになります。ただし、この高次元空間を可視化する必要はありません。必要なのは、特徴量と同じ個数の重みを持つロジスティック回帰分類器を構築することだけです。ロジスティック法とロジスティックアルゴリズムが重みを更新する方法は、ここまで説明してきたものと同じです。

　実際には、ここまで学んできたアルゴリズムと同じような「データ点を 1 つ選んではモデルを更新する」という方法を使うのではなく、ミニバッチ勾配降下法を使います。つまり、データ点をひとつかみ取り出し、それらのデータ点により適合するようにモデルを更新します。完全に一般的なロジスティック回帰アルゴリズムと、勾配降下法を使ったロジスティック法の数学演算の詳細については、付録 B の B.2 節を参照してください。

6.3　ロジスティック回帰アルゴリズムのコーディング

ここでは、ロジスティック回帰アルゴリズムのコードを一から記述します。

本節で使うコードはすべて本書の GitHub リポジトリにあります。

> **GitHub リポジトリ**：https://github.com/luisguiserrano/manning/
> **フォルダ**：Chapter_6_Logistic_Regression
> **Jupyter Notebook**：Coding_logistic_regression.ipynb

コードのテストには、前章で使ったのと同じデータセットを使います（表6-9）。

表6-9：ロジスティック分類器と適合させるデータセット

aack (x_1)	beep (x_2)	ラベル (y)
1	0	0
0	2	0
1	1	0
1	2	0
1	3	1
2	2	1
2	3	1
3	2	1

この小さなデータセットを読み込むコードは次のようになります。

```
import numpy as np

features = np.array([[1,0],[0,2],[1,1],[1,2],[1,3],[2,2],[2,3],[3,2]])
labels = np.array([0,0,0,0,1,1,1,1])
```

データセットのプロットは図6-8のようになります。Happy（1）に分類される文は三角形、Sad（0）に分類される文は正方形で表されています。

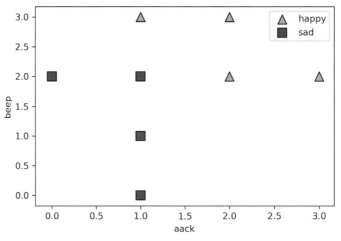

図6-8：データセットのプロット

6.3.1　ロジスティック回帰アルゴリズムを一からコーディングする

　ここでは、ロジスティック法とロジスティック回帰アルゴリズムのコードを一から記述します。少し一般化するために、n個の重みを持つデータセットに対するロジスティック回帰アルゴリズムを記述します。

特徴量：$x_1, x_2, ..., x_n$
ラベル：y
重み：$w_1, w_2, ..., w_n$
バイアス：b

　特定の文（データ点）のスコアを求めるには、各単語の重み（w_i）にその単語の個数（x_i）を掛けたものの総和を求め、さらにバイアス（b）を足した上でシグモイドをとります。次の総和表記を使います。

$$\sum_{i=1}^{n} a_i = a_1 + a_2 + \ldots + a_n$$

　予測値の式は次のようになります。ここでは、x_{aack}、x_{beep} をそれぞれ x_1、x_2 と呼ぶことにします。それらに対応する重みは w_1、w_2 であり、バイアスは b です。

$$\hat{y} = \sigma(w_1 x_1 + w_2 x_2 + \ldots + w_n x_n + b) = \sigma\left(\sum_{i=1}^{n} w_i x_i + b\right)$$

シグモイド関数、スコア関数、予測関数のコードから始めましょう。シグモイド関数の公式（163 ページ）を思い出してください。

```python
def sigmoid(x):
    return np.exp(x) / (1 + np.exp(x))
```

スコア関数では、特徴量と重みのドット積を使います。ベクトル $(x_1, x_2, ..., x_n)$ と $(w_1, w_2, ..., w_n)$ のドット積が $w_1 x_1 + w_2 x_2 + ... + w_n x_n$ であることを思い出してください。

```python
def score(weights, bias, features):
    return np.dot(weights, features) + bias
```

最後に、予測関数はスコアに適用されるシグモイド活性化関数です。

```python
def prediction(weights, bias, features):
    return sigmoid(score(weights, bias, features))
```

予測値を生成した後は、ログ損失の計算に進みます。ログ損失の式を思い出してください。

$$log\ loss = -y\ ln(\hat{y}) - (1 - y)\ ln(1 - \hat{y})$$

この式をコードにしてみましょう。

```python
def log_loss(weights, bias, features, label):
    pred = prediction(weights, bias, features)
    return -label * np.log(pred) - (1 - label) * np.log(1 - pred)
```

データセット全体のログ損失が必要なので、すべてのデータ点のログ損失を足していきます。

```python
def total_log_loss(weights, bias, features, labels):
    total_error = 0
    for i in range(len(features)):
        total_error += log_loss(weights, bias, features[i], labels[i])
    return total_error
```

これでロジスティック法とロジスティック回帰アルゴリズムのコーディングの準備ができました。変数（特徴量）が 3 つ以上の場合、i 番目の重みのロジスティック回帰ステップが次のよ

うになることを思い出してください（η は学習率です）。

$$w_i \rightarrow w_i + \eta(y - \hat{y})x_i \quad (i = 1, 2, \ldots, n)$$
$$b \rightarrow b + \eta(y - \hat{y}) \quad (i = 1, 2, \ldots, n)$$

```python
import utils, random

def logistic_trick(weights, bias, features, label, learning_rate=0.01):
    pred = prediction(weights, bias, features)
    for i in range(len(weights)):
        weights[i] += (label - pred) * features[i] * learning_rate
    bias += (label - pred) * learning_rate
    return weights, bias

def logistic_regression_algorithm(features, labels, learning_rate=0.01,
                                  epochs=1000):
    utils.plot_points(features, labels)
    weights = [1.0 for i in range(len(features[0]))]
    bias = 0.0
    errors = []
    for i in range(epochs):
        errors.append(total_log_loss(weights, bias, features, labels))
        j = random.randint(0, len(features) - 1)
        weights, bias = logistic_trick(weights, bias, features[j], labels[j])
    return weights, bias
```

これで、ロジスティック回帰アルゴリズムを実行してデータセットに適合するロジスティック分類器を構築できます（図6-9）。

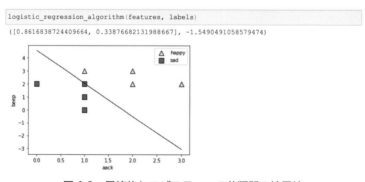

図6-9：最終的なロジスティック分類器の境界線

この出力から、この分類器の重みとバイアスが明らかになります。

- $w_1 = 0.86$
- $w_2 = 0.34$
- $b = -1.55$

　エポックごとの分類器のプロット（左）とログ損失のプロット（右）は図 6-10 のようになります。左図の濃い色の直線は最終的な分類器を表しています。右図を見ると、このアルゴリズムの実行を繰り返せば繰り返すほど、ログ損失が大きく減少していくことがわかります。まさに狙いどおりです。さらに、すべてのデータ点が正しく分類されているにもかかわらず、ログ損失は決して 0 になりません。これとは対照的に、前章の図 5-26 では、すべてのデータ点が正しく分類された時点で、パーセプトロン誤差が実際に 0 に達しています。

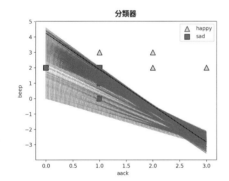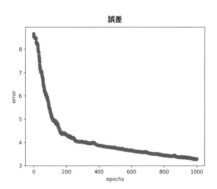

図 6-10：ロジスティック回帰アルゴリズムのすべての中間ステップのプロット（左）と誤差のプロット（右）。ロジスティック回帰アルゴリズムを実行するたびに誤差が小さくなっていく

6.4　現実的な応用：Turi Create を使って IMDb のレビューを分類する

　ここでは、ロジスティック分類器を感情分析に実際に応用します。IMDb[1] という有名な Web サイトの映画レビューを分析するモデルを、Turi Create を使って構築します。

※1　https://www.imdb.com/

本節で使うコードはすべて本書の GitHub リポジトリにあります。

> **GitHub リポジトリ**：https://github.com/luisguiserrano/manning/
> **フォルダ**：Chapter_6_Logistic_Regression
> **Jupyter Notebook**：Sentiment_analysis_IMDB.ipynb
> **データセット**：IMDB_Dataset.csv

まず、Turi Create をインポートし、データセットをダウンロードして movies というオブジェクトに読み込みます

```
import turicreate as tc

movies = tc.SFrame('IMDB_Dataset.csv')
```

表 6-10 は、このデータセットの最初の 5 行を示しています。Review 列にはレビューのテキストが含まれており、Sentiment 列にはレビューの感情が含まれています。

表 6-10：IMDb データセットの最初の 5 行

Review	Sentiment
One of the other reviewers has mentioned...	Positive
A wonderful little production...	Positive
I thought this was a wonderful day to spend...	Positive
Basically, there's a family where a little...	Negative
Petter Mattei's "Love in the time of money" is a...	Positive

このデータセットは 2 つの列で構成されており、1 つ目の列にはレビューが文字列として含まれており、2 つ目の列には感情が Positive（ポジティブ）または Negative（ネガティブ）として含まれています。まず、この文字列を処理して各単語を別々の特徴量にする必要があります。Turi Create の text_analytics パッケージの組み込み関数 count_words は、文を単語の個数が含まれたディクショナリ（辞書）に変換するため、このタスクに役立ちます。たとえば、"to be or not to be" という文は {'to':2, 'be':2, 'or':1, 'not':1} というディクショナリに変換されます。そこで、words という新しい列を追加し、この列にディクショナリを格納します。

```
movies['words'] = tc.text_analytics.count_words(movies['review'])
```

　新しい列（このロジスティック分類器の特徴量の列）が追加されたデータセットの最初の数行は表 6-11 のようになります。

表 6-11：レビューに含まれている各単語とその出現回数が記録されたディクショナリ

Review	Sentiment	Words
One of the other reviewers has mentioned...	Positive	{'if': 1.0, 'viewing': 1.0, 'comfortable': 1.0, ...
A wonderful little production...	Positive	{'done': 1.0, 'every': 1.0, 'decorating': 1.0, ...
I thought this was a wonderful day to spend...	Positive	{'see': 1.0, 'go': 1.0, 'great': 1.0, 'superm ...
Basically, there's a family where a little...	Negative	{'them': 1.0, 'ignore': 1.0, 'dialogs': 1.0, ...
Peter Mattei's Love in the Time of Money is a...	Positive	{'work': 1.0, 'his': 1.0, 'for': 1.0, 'anxiously': ...

　これでモデルを訓練する準備ができました。モデルの訓練には、logistic_classifier パッケージの関数 create を使います。target（ラベル）として sentiment（列）を指定し、features（特徴量）として words（列）を指定します。target はラベルを含んでいる列の名前を表す文字列ですが、features は各特徴量を含んでいる列の名前を表す文字列の配列です。このようになっているのは、複数の列の指定が必要になる場合があるためです。

```
model = tc.logistic_classifier.create(movies, features=['words'],
                                      target='sentiment')
```

　モデルを訓練した後は、coefficients コマンドを使って単語の重みを調べることができます。返されるテーブルは複数の列で構成されていますが、ここで必要なのは単語とその重みを表す index 列と value 列です。最初の 5 つを見てみましょう。

```
weights = model.coefficients
weights
```

name	index	class	value	stderr
(intercept)	None	positive	0.07502035536197808	None
words	if	positive	-0.021293411191145365	None
words	viewing	positive	0.27617694135958903	None
words	comfortable	positive	0.527781770620677	None
words	become	positive	0.12854501895161954	None

　1 つ目の「intercept」はバイアスです。このモデルのバイアスは正の値であるため、第 5 章の 5.1.7 項で説明したように、空のレビューはポジティブと見なされます。このバイアスは妥当です。映画をネガティブに評価するユーザーはレビューを残す傾向にありますが、ポジティブに評価するユーザーの多くはレビューを残さないからです。他の単語は中立的なので、それらの重みはあまり重要ではありませんが、念のため wonderful、horrible、the の重みを調べてみましょう。

```
weights[weights['index']=='wonderful']
```

name	index	class	value	stderr
words	wonderful	positive	1.0862612734161712	None

```
weights[weights['index']=='horrible']
```

name	index	class	value	stderr
words	horrible	positive	-1.0895337677764374	None

```
weights[weights['index']=='the']
```

name	index	class	value	stderr
words	the	positive	0.000444750226083893	None

　wonderful の重みが正の値、horrible の重みが負の値、そして the の重みが小さいことがわかります。これも納得がいきます。wonderful はポジティブな単語であり、horrible はネガティブな単語であり、the は中立的な単語だからです。
　最後の仕上げとして、最もポジティブなレビューと最もネガティブなレビューを調べてみましょう。このモデルを使ってすべての映画レビューの予測値を生成し、次のコマンドを使って予測値を predictions という新しい列に格納します。

```
movies['predictions'] = model.predict(movies, output_type='probability')
```

　最もポジティブなレビューと最もネガティブなレビューを調べるには、次のようにして配列をソートします。最もポジティブなレビューは次のとおりです。

```
movies.sort('predictions')[-1]
```

```
{'review': 'Nicely done, and along with "New voyages" it\'s a great continuation! Fab
to see James Cawley in the latest episode "Vigil" Check it out! <br /><br />I like th
e growing characterisation, and think we have good replacements for the TV actors in
```

　最もネガティブなレビューは次のとおりです。

```
movies.sort('predictions')[0]
```

{'review': "Even duller, if possible, than the original (I hope I may say that under
the IMDb guidelines). THE FRENCH CONNECTION at least tried to absorb European influen
ces, to complicate the conventional view of the American police detective, even if th

このモデルを改善するためにできることはまだいろいろあります。たとえば、句読点を削除する、大文字を小文字に変換する、ストップワード（the、and、of、itなど）を削除するといったテキスト処理を行えば、さらによい結果が得られる傾向にあります。とはいえ、数行コードで自前の感情分析分類器を構築できることがわかったのは大きな収穫です。

6.5　ソフトマックス関数：3つ以上のクラスを分類する

連続値のパーセプトロンが2つのクラス（HappyとSad）を分類するのを見てきましたが、クラスが3つ以上の場合はどうなるのでしょうか。前章の終わりに説明したように、離散値のパーセプトロンでは、クラスが3つ以上になるとうまく分類できなくなります。しかし、ロジスティック分類器なら簡単です。

「犬」、「猫」、「鳥」の3つのラベルが付いた画像データセットがあるとしましょう。画像ごとにいずれかのラベルを予測する分類器を構築する方法の1つは、ラベルごとに1つ、合計3つの分類器を構築することです。新しい画像が提供されたら、その画像を3つの分類器で評価します。3つの分類器はその画像が該当する動物である確率を返します。そうしたら、最も高い確率を返した分類器の動物としてその画像を分類します。

しかし、この分類器は「犬」、「猫」、「鳥」という離散的な答えを返すため、理想的な方法ではありません。3つの動物の確率を返す分類器が必要な場合はどうすればよいでしょう。たとえば、その分類器の答えは「10%の確率で犬、85%の確率で猫、5%の確率で鳥」のような形式になるかもしれません。このような分類器を構築する方法は、**ソフトマックス関数**（softmax function）を使うことです。

ソフトマックス関数の仕組みについて説明しましょう。ロジスティック分類器による予測が2段階のプロセスであることを思い出してください。最初にスコアを計算し、続いてこのスコアにシグモイド関数を適用します。シグモイド関数のことは忘れて、このスコアを出力してみましょう。3つの分類器が次のスコアを返したとします。

- 犬分類器：3
- 猫分類器：2
- 鳥分類器：–1

これらのスコアを確率に変換するにはどうすればよいでしょうか。正規化してみるというのはどうでしょう。つまり、この3つの数字をその合計（4）で割り、結果を全部足すと1になるようにするのです。そうすると、犬の確率は3/4、猫の確率は2/4、鳥の確率は-1/4になります。うまくいくことはいくのですが、画像が鳥である確率が負数というのは理想的ではありません。確率は常に正でなければならないため、何か別の方法を試してみる必要があります。

ここで必要なのは、常に正であり、しかも増加していく関数です。この条件にぴったり当てはまるのは指数関数です。2^x、3^x、10^xなど、どのような指数関数でもうまくいきそうです。デフォルトでは、e^x関数を使います。この関数には、e^xの微分もe^xであるといったすばらしい数学的性質があります。この関数をスコアに適用すると、次の値が得られます。

- 犬の分類器：$e^3 = 20.086$
- 猫の分類器：$e^2 = 7.389$
- 鳥の分類器：$e^{-1} = 0.368$

あとは、先ほどと同じように正規化します。つまり、これらの数字の合計（20.086 + 7.389 + 0.368 = 27.843）で割って、全部足すと1になるようにします。

- 犬の確率：20.086 / 27.843 = 0.7214
- 猫の確率：7.389 / 27.843 = 0.2654
- 鳥の確率：0.368 / 27.843 = 0.0132

3つの分類器によって3つの確率が生成されました。ここで使った関数はソフトマックスであり、一般的な式は次のようになります。n個のスコア $a_1, a_2, ..., a_n$ を出力する n個の分類器があるとすれば、次のような確率 $p_1, p_2, ..., p_n$ が得られます。

$$P_i = \frac{e^{a_i}}{e^{a_1} + e^{a_2} + \ldots + e^{a_n}}$$

この公式はソフトマックス関数として知られています。

ソフトマックス関数を2クラスのデータセットで使った場合はどうなるのでしょうか。シグモイド関数になります。練習問題として、本当にそうかどうかぜひ確かめてみてください。

6.6 まとめ

- 連続値のパーセプトロン（ロジスティック分類器）は、パーセプトロン分類器と似ているが、0または1のような離散値の予測値を生成するのではなく、0から1までの間の数値を予測する。

- ロジスティック分類器はより多くの情報を返す点で離散値のパーセプトロンよりも有益である。分類器が予測するクラスの他に確率も教えてくれる。よいロジスティック分類器はラベルが0のデータ点に低い確率を割り当て、ラベルが1のデータ点に高い確率を割り当てる。

- ログ損失はロジスティック分類器の誤差関数であり、分類器がそのラベルに割り当てる確率の負の自然対数としてデータ点ごとに計算される。

- ロジスティック分類器のデータセット全体のログ損失は、すべてのデータ点のログ損失の総和である。

- ロジスティック法はラベル付きのデータ点と境界線を使う。データ点が誤分類されている場合は直線をそのデータ点に近づけ、正しく分類されている場合は遠ざける。パーセプトロン法ではデータ点が正しく分類されている場合に直線を動かさないことを考えると、ロジスティック法のほうが有益である。

- ロジスティック回帰アルゴリズムはロジスティック分類器をラベル付きのデータセットに適合させるために使われる。ロジスティック分類器の重みを乱数で初期化し、データ点をランダムに選択しながらロジスティック法を適用するという作業を繰り返すことで、分類器を少しずつ改善していく。

- 予測するクラスの数が多い場合は、線形分類器をいくつか構築し、ソフトマックス関数を使って結合すればよい。

6.7　練習問題

練習問題 6-1

ある歯科医が患者の虫歯の有無を予測するために患者のデータセットでロジスティック分類器を訓練しています。患者に虫歯がある確率を求めるモデルは次のように定義されています。

$$\sigma(d + 0.5c - 0.8)$$

ここで、d はその患者が虫歯になったことがあるかどうかを示す変数であり、c はその患者がお菓子を食べるかどうかを示す変数です。たとえば、患者がお菓子を食べる場合は $c = 1$、食べない場合は $c = 0$ です。今日診察に来た患者にお菓子を食べる習慣があり、去年虫歯の治療を受けている場合に、その患者に虫歯がある確率を求めてください。

練習問題 6-2

データ点 (x_1, x_2) に予測値 $\hat{y} = \sigma(2x_1 + 3x_2 - 4)$ を割り当てるロジスティック分類器と、ラベルが 0 のデータ点 $p = (1, 1)$ があるとします。

   a.　このモデルがデータ点 p に割り当てる予測値 $\hat{y}$ を求めてください。

   b.　このモデルがデータ点 p で生成するログ損失を求めてください。

   c.　ログ損失がより小さい新しいモデルをロジスティック法で作成してください。学習率として $\eta = 0.1$ を使ってよいものとします。

   d.　この新しいモデルがデータ点 p に割り当てる予測値を求め、元のモデルよりもログ損失が小さくなっていることを検証してください。

練習問題 6-3

練習問題 6-2 のモデルを使って予測値が 0.8 になるデータ点を求めてください。

ヒント：予測値が 0.8 になるスコア調べてください。また、予測値が $\hat{y} = \sigma(score)$ であることを思い出してください。

本章の内容

- モデルの誤分類：偽陽性と偽陰性
- モデルの誤分類：混同行列
- モデルを評価する方法：正解率、再現率、適合率、F スコア、感度、特異度
- ROC 曲線を使って感度と特異度を同時に追跡する方法

USER FRIENDLY by J.D. "Illiad" Frazer

COVID-19の最先端の検査法を
開発しました！

で、こちらがあなたの診断結果です。

健康だと書いてあるが...
私は検査を受けた覚えはない。

誰にでも健康だと言ってるんじゃないの？

そのとおりです。
それで今のところ99%の
確率で合ってるんです。

なんて正確なんだ！

　本章では、先の 2 つの章とは少し違って、分類モデルの構築ではなくそれらの評価に焦点を合わせます。機械学習を仕事にしている人にとって、さまざまなモデルの性能を評価できることは、それらのモデルを訓練できることと同じくらい重要です。データセットでモデルを 1 つだけ訓練するということは滅多になく、複数のモデルを訓練し、その中から最も性能がよいものを選びます。また、モデルを本番環境に導入する前に、それらの品質が十分であることを確認する必要もあります。モデルの品質を数値化するのは必ずしも容易ではありません。そこで本章では、分類モデルを評価するためのさまざまな手法を学びます。第 4 章では、回帰モデルを評価する方法を学びました。本章の内容も似ていますが、ここで評価するのは分類モデルです。

　分類モデルの性能を評価する最も単純な方法は、その正解率を計算することです。ただし、正解率がいくら高くてもよいモデルではないこともあるため、正解率だけですべてを推し量ることはできません。この問題に対処するために、ここでは適合率や再現率といった有益な指標を定義します。そして、この 2 つの指標を組み合わせて、F スコアというさらに強力な新しい指標を作成します。これらの指標はモデルを評価するためにデータサイエンティストの間で広く使われているものです。ただし、医学などの分野では、感度や特異度などの似たような指標が使われています。この感度と特異度という 2 つの指標を使うと、受信者操作特性（ROC）という曲線を作成できます。ROC 曲線はモデルを深く理解するのに役立つ単純なグラフです。

7.1　正解率：モデルが正解する割合は？

　ここでは、分類モデルの最も単純で最も一般的な指標である**正解率**（accuracy）について説明します。モデルの正解率は、モデルが正解する回数の割合です。つまり、正しく予測されたデータ点の個数とデータ点の総数の比率です。たとえば、1,000 個のデータ点が含まれたテストデータセットでモデルを評価したところ、モデルがそれらのデータ点のラベルを正しく予測した回数が 875 回だった場合、このモデルの正解率は 87.5%（875 / 1000 = 0.875）です。

　正解率は分類モデルを評価するための最も一般的な方法であり、常に正解率を使うべきです。しかし、後ほど見ていくように、正解率ではモデルの性能を十分に説明できないことがあります。まず、本章全体で使う 2 つの例を見てみましょう。

7.1.1　2 つのモデルの例：コロナウイルスとスパムメール

　本章では、何種類かの指標を使って 2 つのデータセットで複数のモデルを評価します。1 つ目のデータセットは患者の医療データセットで、患者の一部はコロナに罹っていると診断されています。2 つ目のデータセットはスパムまたはハムとしてラベル付けされた電子メールのデータセットです。第 1 章で説明したように、**スパム**はジャンクメール、**ハム**はスパムではないメールに対して使われる用語です。第 8 章ではナイーブベイズアルゴリズムに取り組みます

が、そのときに同じようなデータセットを詳しく調べます。本章では、モデルを構築するのではなくブラックボックスとして扱い、正しく分類されたデータ点と誤分類されたデータ点の個数に基づいてモデルを評価します。なお、どちらのデータセットも完全に架空のものです。

医療データセット：コロナに罹っていると診断された患者のデータセット

1つ目のデータセットは、1,000人の患者のデータが含まれた医療データセットです。そのうちの10人はコロナに罹っていると診断されており、残りの990人は健康であると診断されています。したがって、このデータセットのラベルは診断結果に応じて「Sick（病気）」または「Healthy（健康）」のどちらかになります。各患者の特徴量に基づいてラベルを予測することがモデルの目標になるでしょう。

メールデータセット：スパムまたはハムとラベル付けされた電子メールのデータセット

2つ目のデータセットは100通の電子メールのデータが含まれたデータセットです。そのうちの40通はスパムで、残りの60通はハムです。このデータセットのラベルは「Spam（スパム）」または「Ham（ハム）」のどちらかであり、各電子メールの特徴量に基づいてラベルを予測することがモデルの目標になるでしょう。

7.1.2 効果抜群だがまったく無意味なモデル

正解率は非常に有益な指標ですが、モデルの全体像を捉えているのでしょうか。いいえ、捉えていません。例を使って説明しましょう。ここでは医療データセットに焦点を合わせることにし、メールデータセットは次節で取り上げることにします。

データサイエンティストがやってきて、「コロナウイルスの検査法を開発しました。たった10秒で結果が出ますし、診察はいっさい要りませんし、正解率は99%です」と言ったとしましょう。そう聞いて期待に胸が高鳴るしょうか。それとも疑念を抱くでしょうか。きっと疑念を抱くでしょう。なぜなら、後ほど見ていくように、モデルの正解率を計算するだけでは十分とは言えないことがあるからです。このモデルの正解率は99%ですが、それでもまったく役に立たないかもしれません。

医療データセットでコロナに罹っているどうかを予測するまったく役に立たないモデルって何でしょう。だってこのモデルは99%の割合で正しく予測するのです。このデータセットに1,000人の患者のデータが含まれていて、そのうちの10人がコロナに罹っていることを思い出してください。しばし本書を下に置き、医療データセットに対して99%の場合は正しいモデルを構築する方法を考えてみてください。

このモデルは単にすべての患者を「健康」と診断するモデルかもしれません。単純ですがれっきとしたモデルです。すべてのものを1つのクラスとして予測するモデルです。

　このモデルの正解率はいくつになるでしょうか。1,000 回のうち不正解が 10 回、正解が 990 回なので、約束どおり、正解率は 99% になります。しかし、世界的なパンデミックのさなかにすべての人に「健康だ」と告げるに等しい、とんでもないモデルです。

　では、このモデルの何が問題なのでしょうか。このモデルの問題は、誤りが平等に生み出されるわけではないこと、そして他よりもはるかに代償が大きい誤りがあることです。どういうことかさっそく見ていきましょう。

7.2　正解率の問題を修正する方法： さまざまな種類の誤りとそれらを計測する方法

　前節では、高い正解率を誇るもののまったく役に立たないモデルを作成しました。ここでは、何が問題だったのかを調べることにします。具体的には、このモデルの正解率の計算に関する問題点を調べて、このモデルをもっとうまく評価できる少し異なる指標を紹介します。

　まず、誤りの種類を調べる必要があります。次項で見ていくように、他のものよりも重大な誤りがあります。続いて、7.2.2 項から 7.2.6 項にわたって、このような重大な誤りをもっとうまく捕捉できる正解率以外の指標を学びます。

7.2.1　偽陽性と偽陰性：どちらがより深刻か

　多くの場合、誤分類の総数だけではモデルの性能の全容は明らかになりません。もっと掘り下げて、特定の種類の誤分類をさまざまな方法で見きわめる必要があります。ここでは 2 種類の誤分類を調べます。コロナウイルスモデルで考えられる 2 種類の誤分類とは何でしょうか。健康な人を病気と診断したり、病気の人を健康と診断したりすることが考えられます。慣例にならい、このモデルでは病気の患者を「陽性」としてラベル付けします。この 2 種類の誤分類はそれぞれ「偽陽性」、「偽陰性」と呼ばれます。

偽陽性：病気と誤診された健康な人
偽陰性：健康と誤診された病気の人

　一般的に言うと、偽陽性とは、陰性のラベルが付いているものの、モデルによって陽性と誤分類されたデータ点のことです。偽陰性は、陽性のラベルが付いているものの、モデルによって陰性と誤分類されたデータ点です。当然ながら、正しく診断されたケースにも次のような名前が付いています。

真陽性：病気と診断された病気の人
真陰性：健康と診断された健康な人

　一般的な設定では、真陽性は陽性として正しく分類された陽性のラベルが付いたデータ点であり、真陰性は陰性として正しく分類された陰性のラベルが付いたデータ点です。

　では、メールデータセットの電子メールがスパムかハムかを予測するモデルがあるとしましょう。ここで、陽性はスパムメールです。したがって、次の2種類の誤分類があります。

偽陽性：スパムとして誤分類されたハムメール
偽陰性：ハムとして誤分類されたスパムメール

　そして正しく分類されたメールは次のようになります。

真陽性：スパムとして正しく分類されたスパムメール
真陰性：ハムとして正しく分類されたハムメール

　図7-1は、このモデルをグラフで表現したものです。垂直線は境界線であり、この線よりも左のゾーンは陰性ゾーン、右のゾーンは陽性ゾーンです。三角形は陽性のラベルを持つデータ点、円は陰性のラベルを持つデータ点です。先ほど定義した4種類の指標は次のとおりです。

- 境界線の右側にある三角形：真陽性
- 境界線の左側にある三角形：偽陰性
- 境界線の右側にある円：偽陽性
- 境界線の左側にある円：真陰性

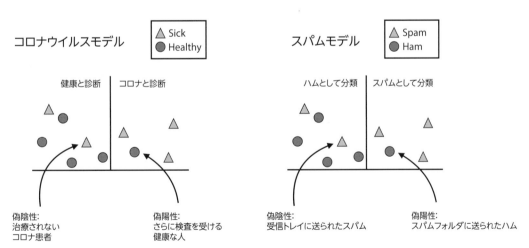

図7-1：実際に広く使われていて、本章でも使っている2つのモデルの例。患者が健康かどうかを診断するコロナウイルスモデル（左）とメールがスパムかどうかを分類するスパム検出モデル

図 7-1 のモデルはどちらも次のデータを生成しています。

- 3 つの真陽性
- 4 つの真陰性
- 1 つの偽陽性
- 2 つの偽陰性

コロナウイルスモデルとスパムモデルの違いを調べるには、偽陽性と偽陰性のどちらがより深刻かを分析する必要があります。モデルごとに見ていきましょう。

コロナウイルスモデルでの偽陽性と偽陰性の分析

コロナウイルスモデルでは、偽陽性と偽陰性のどちらがよりひどい誤分類に思えるでしょうか。つまり、健康な患者を病気と誤診するのと、病気の患者を健康と誤診するのとでは、どちらがより深刻でしょうか。健康と診断された患者は治療を受けずに帰宅し、病気と診断された患者はさらに検査を受けるとしましょう。健康な人が誤診された場合は、さらに検査を受けるために病院にとどまる必要があるため、少し迷惑かもしれません。これに対し、病気の人が誤診された場合は、必要な治療を受けられずに病状が悪化し、他の多くの人を感染させてしまうかもしれません。したがって、**コロナウイルスモデルでは、偽陰性のほうが偽陽性よりもはるかに有害です。**

スパムメールモデルでの偽陽性と偽陰性の分析

スパムモデルでも同じ分析をしてみましょう。ここで、スパムモデルがメールをスパムとして分類した場合、そのメールは自動的に削除されるものとします。メールをハムとして分類した場合、そのメールは受信トレイに送られます。偽陽性と偽陰性のどちらがより深刻でしょうか。言い換えると、ハムメールをスパムと誤分類して削除するのと、スパムメールをハムと誤分類して受信トレイに送るのとでは、どちらがより深刻でしょうか。問題のないメールを削除するほうが、スパムメールを受信トレイに送るよりもはるかに深刻であることに異論はないでしょう。受信トレイにたまにスパムメールが混じっているのは目障りかもしれませんが、ハムメールが削除されたりすれば大惨事につながりかねません。祖母から「クッキーを焼いた」という思いやりにあふれたメールが届いていたのに、フィルタがそのメールを削除してしまったらどんなに悲しいことか。したがって、**スパムメールモデルでは、偽陽性のほうが偽陰性よりもはるかに有害です。**

2 つのモデルの違いはここにあります。コロナウイルスモデルでは偽陰性のほうが深刻で、スパムメールモデルでは偽陽性のほうが深刻です。どちらのモデルでも正解率の計測に問題があります。正解率がどちらの誤分類も等しく重大であると見なし、それらを区別しないことです。

7.1.2 項では、すべての患者を「健康」と診断するモデルの例を紹介しました。このモデルが誤診したのは 1,000 人の患者のうちたった 10 人です。その 10 人が偽陽性だったとしたら、はるかにましなモデルになっていたでしょう。

以降の項では、正解率に似ている 2 つの指標を定義します。1 つ目の指標は偽陰性のほうが深刻なモデルに対処するのに役立ち、2 つ目の指標は偽陽性のほうが深刻なモデルに対処するのに役立ちます。

7.2.2　混同行列：正しく分類されたデータ点と誤分類されたデータ点を表にまとめる

前項で学んだ偽陽性、偽陰性、真陽性、真陰性を追跡するために、その名も**混同行列**（confusion matrix）という表にまとめてみましょう。二値の分類モデル（2 つのクラスを予測するモデル）の混同行列は 2 行 2 列です。各行には正解値（実際のラベル：医療の例では患者の状態である Sick または Healthy）を書き込み、各列には予測値（患者の診断結果である Sick または Healthy）を書き込みます。一般的な混同行列は表 7-1 のようになります。対角線上の要素は正しく分類されており、それ以外の要素は誤分類されています。これら 2 つのデータセットに対するモデルの混同行列は表 7-2 ～ 7-5 のようになります。混同行列と呼ばれるのは、モデルが 2 つのクラス（陽性＝ Sick と陰性＝ Healthy）を混同しているかどうかを簡単に確認できるためです。

表 7-1：混同行列は各クラスが正しく分類された回数と誤分類された回数を調べるのに役立つ

患者の状態	陽性と予測	陰性と予測
陽性	真陽性の個数	偽陰性の個数
陰性	偽陽性の個数	真陰性の個数

ここからは、（すべての患者を健康と診断する）既存のモデルを「コロナウイルスモデル 1」と呼ぶことにします。このモデルの混同行列は表 7-2 のようになります。このモデルの偽陰性（コロナ患者を健康と診断）は 10 個で、偽陽性（健康な人をコロナと診断）はありません。このモデルの偽陰性が多すぎることに注目してください。このケースでは最悪の種類のエラーであり、このモデルはあまりよいモデルではなさそうです。

表 7-2：混同行列はコロナウイルスモデルを詳しく調べて 2 種類の誤分類を区別するのに役立つ

コロナウイルスモデル 1	Sick と診断（陽性と予測）	Healthy と診断（陰性と予測）
陽性（Sick）	0（真陽性の個数）	10（偽陰性の個数）
陰性（Healthy）	0（偽陽性の個数）	990（真陰性の個数）

クラスが 3 つ以上ある問題では、混同行列はさらに大きくなります。たとえば、画像をツチブタ、鳥、猫、犬に分類するモデルの混同行列は 4 × 4 行列になり、各行に正解値（実際のラベルである動物の種類）、各列に予測値（モデルが予測した動物の種類）が配置されます。この混同行列でも、正しく分類されたデータ点の個数が対角線上にあり、誤分類されたデータ点の個数がそれ以外の場所にあります。

7.2.3　再現率：陽性のサンプルのうち正しく分類されたのはいくつ？

2 種類の誤分類がわかったところで、コロナウイルスモデル 1 にずっと低いスコアを付ける指標を調べてみましょう。このモデルの問題点はすでにわかっています。偽陰性が多すぎること —— つまり、あまりにも多くのコロナ患者を健康と誤診することです。

さしあたり、偽陽性は放っておきましょう。このモデルが健康な人をコロナと診断した場合、その人は追加の検査を受けるか、少し長く隔離されることになるかもしれませんが、問題はまったくありません。というのは言いすぎで、偽陽性にも代償が伴いますが、ひとまずそうではないものとしましょう。この場合、必要なのは正解率の代わりになる指標です。つまり、陽性症例の検出を重視し、陰性症例の誤分類をそれほど重視しない指標が必要です。

この指標を見つけ出すには、私たちの目標が何かについてもう一度よく考えてみる必要があります。コロナウイルスの治療が目的であれば、本当に必要なのは、全世界のコロナ患者を 1 人残らず見つけ出すことです。コロナ患者が 1 人残らず見つかるのであれば、コロナに罹っていない人を誤分類してしまってもよいくらいです。この新しい指標は**再現率**と呼ばれるもので、コロナに罹っている人のうち、このモデルが正しく診断した人の数を正確に数値化します。

再現率（recall）：陽性のラベルの付いたデータ点のうち正しく予測されたものの割合を表す。つまり、真陽性の個数を陽性の個数で割ったものが再現率であり、別の言い方をすれば、再現率は真陽性の個数を真陽性と偽陰性の総数で割ったものである。

$$再現率 = \frac{真陽性}{真陽性 + 偽陰性}$$

コロナウイルスモデル 1 では、10 人の陽性者のうち真陽性者の総数は 0 であるため、再現率は 0 / 10 = 0 です。比較のために、「コロナウイルスモデル 2」という 2 つ目のモデルがあるとしましょう。このモデルの混同行列は表 7-3 のようになります。この 2 つ目のモデルは 1 つ目のモデルよりも誤分類が多く、（1 つ目のモデルの 10 個に対して）全部で 50 個もの誤分類があります。2 つ目のモデルの正解率は 95%（950 / 1000 = 0.95）です。正解率に関しては、2 つ目のモデルは 1 つ目のモデルほどよくありません。

　しかし、2つ目のモデルは、10人のコロナ患者のうち8人と、1,000人のうち942人を正しく診断しています。つまり、偽陰性の個数は2、偽陽性の個数は48です。

表7-3：コロナウイルスモデル2の混同行列

コロナウイルスモデル2	Sick と診断 (陽性と予測)	Healthy と診断 (陰性と予測)
陽性（Sick）	8（真陽性）	2（偽陰性）
陰性（Healthy）	48（偽陽性）	942（真陰性）

　このモデルの再現率は、真陽性の個数（正しく診断された8人のコロナ患者）を陽性者の総数（10人のコロナ患者）で割った数、つまり80%（8 / 10 = 0.8）です。再現率に関しては、2つ目のモデルのほうがずっとよい値です。この点を明確にするために、これらの計算をまとめてみましょう。

コロナウイルスモデル1：
　　真陽性（コロナと診断され、追加の検査を受けた人）：0
　　偽陰性（健康と診断され、帰宅した人）：10
　　再現率：0 / 10 = 0%
コロナウイルスモデル2：
　　真陽性（コロナと診断され、追加の検査を受けた人）：8
　　偽陰性（健康と診断され、帰宅した人）：2
　　再現率：8 / 10 = 80%

　コロナウイルスモデルのように、偽陰性のほうが偽陽性よりもはるかに代償が大きいモデルは**高再現率**モデルです。

　正解率よりもよい指標を定義したところで、正解率の抜け穴を突いたのと同じように、この指標にも抜け穴はあるのでしょうか。つまり、再現率が100%のモデルを構築することは可能なのでしょうか。驚くなかれ、そのようなモデルを構築することは可能です。すべての患者をコロナと診断するモデルを構築した場合、そのモデルの再現率は100%になります。ただし、偽陰性が0であるといっても、よいモデルにするには偽陽性が多すぎるため、これもひどいモデルです。モデルを正しく評価するには、さらに別の指標が必要なようです。

7.2.4　適合率：陽性として分類されたサンプルのうち正しく分類されたのはいくつ？

　前項では、モデルが偽陰性にどれくらいうまく対処するのかを数値化する再現率という指標を定義しました。コロナウイルスモデルでは、この指標は有効でした。すでに見てきたように、

このモデルでは偽陰性が多くなりすぎることは許されないからです。ここで定義するのは、**適合率**という指標です。再現率と同じように、この指標はモデルが偽陽性にどれくらいうまく対処するのかを数値化します。この指標を使って、偽陽性が多くなりすぎることが許されないスパムメールモデルを評価してみましょう。

　再現率のときと同じように、指標を定義するには、まず目標を明確にする必要があります。ここで必要なのは、ハムメールを削除しないスパムフィルタです。メールを削除する代わりにスパムボックスに送ることにした場合は、ハムメールが 1 通たりとも混じっていないことを祈りながらそのスパムボックスを調べる必要があります。したがって、この指標はスパムボックス内で実際にスパムだったメールの数、つまりスパムと予測されたメールのうち実際にスパムだったメールの数を正確に計測するものでなければなりません。これが**適合率**という指標です。

> **適合率（precision）**：陽性と予測されたデータ点だけではなく、それらのうち本当に陽性であるデータ点の個数も考慮する。陽性と予測されたデータ点は真陽性と偽陽性の和集合であるため、適合率の式は次のようになる。
>
> $$適合率 = \frac{真陽性}{真陽性 + 偽陽性}$$

　このメールデータセットでは、100 通のメールのうち 40 通がスパム（Spam）、60 通がハム（Ham）であることを思い出してください。たとえば、スパムモデル 1 とスパムモデル 2 という 2 つのモデルを訓練したとしましょう。これらのモデルの混同行列は表 7-4 と表 7-5 のようになります。

表 7-4：スパムモデル 1 の混同行列

スパムモデル 1	Spam（陽性）と予測	Ham（陰性）と予測
陽性（Spam）	30（真陽性）	10（偽陰性）
陰性（Ham）	5（偽陽性）	55（真陰性）

表 7-5：スパムモデル 2 の混同行列

スパムモデル 2	Spam（陽性）と予測	Ham（陰性）と予測
陽性（Spam）	35（真陽性）	5（偽陰性）
陰性（Ham）	10（偽陽性）	50（真陰性）

　正解率に関しては、どちらのモデルも 85% の割合で（100 通のメールのうち 85 通を）正し

く予測するため、性能はどっこいどっこいです。ですがぱっと見た限りでは、スパムモデル1
が削除するハムメールが5通だけであるのに対し、スパムモデル2が削除するハムメールは
10通なので、スパムモデル1のほうがよいように思えます。適合率を計算してみましょう。

スパムモデル1：

 真陽性（削除されたスパムメール）：30

 偽陽性（削除されたハムメール）：5

 適合率：30 / 35 = 85.7%

スパムモデル2：

 真陽性（削除されたスパムメール）：35

 偽陽性（削除されたハムメール）：10

 適合率：35 / 45 = 77.7%

　思ったとおり、適合率が高かったのはスパムモデル1のほうでした。結論として、スパムモ
デルのように偽陰性よりも偽陽性のほうがはるかに代償が大きいモデルは、**高適合率**モデルで
す。では、スパムモデル2よりもスパムモデル1のほうがよいのはなぜでしょうか。スパム
モデル2が（ハム）メールを10通削除したのに対し、スパムモデル1が削除したのは5通だ
けでした。削除したスパムメールの数はスパムモデル2のほうが多かったかもしれませんが、
消えてしまった5通のハムメールの埋め合わせにはなりません。

　さて、正解率や再現率のときと同じように、適合率の目もかいくぐることができます。スパ
ムをまったく検出しないスパムフィルタがあるとしましょう。このモデルの適合率はいくつに
なるでしょうか。これはやっかいです。削除されたスパムメール（真陽性）も削除されたハム
メール（偽陽性）も0通だからです。0を0で割るようなことをしたら本書が火だるまになり
ますが、慣例では、偽陽性が1つもないモデルの適合率は100%です。ですが言うまでもなく、
何もしないスパムフィルタがよいスパムフィルタのわけがありません。

　このことから、指標の数字がどれほどよくても常に騙される可能性があることがわかります。
だからといって、それらの指標が使いものにならないというわけではありません。正解率、適
合率、再現率はデータサイエンティストの七つ道具です。どのような誤分類がより大きな代償
を伴うかを判断した上で、自分のモデルに適した指標を自分で決める必要があります。よいモ
デルだと思い込む前に、常にさまざまな指標でモデルを評価してください。

7.2.5　Fスコア：再現率と適合率を組み合わせて相乗効果を生み出す

　次に説明するFスコアは、再現率と適合率を組み合わせた指標です。本章ではコロナウイル
スモデルとスパムモデルの2つの例を見てきましたが、どちらのモデルでも偽陰性または偽陽

性のどちらかがより重要でした。しかし、現実には（程度の差はあれ）どちらも重要です。たとえば、病気の人をまったく誤診せず、健康な人もそれほど誤診しないモデルが必要かもしれません。健康な人を誤診すると、痛みを伴う無駄な検査が必要になったり、必要のない手術によって健康を損なったりすることがあるからです。同様に、ハムメールをまったく削除しないモデルがあるとよいかもしれません。とはいえ、やはり多くのスパムを捕捉しなければよいスパムフィルタであるとは言えませんし、そもそも無意味です。F スコアには β というパラメータがあり、F_β スコアという名前のほうがよく知られています。$\beta = 1$ のときは F_1 スコアと呼びます。

F スコアを計算する

　ここでの目標は、再現率と適合率の中間の数字を示す指標を定義することです。最初に思い付くのは、再現率と適合率の平均です。うまくいきそうですが、ある根本的な理由により、ここでは選択しません。よいモデルは再現率と適合率が高いモデルです。モデルの（たとえば）再現率が 50%、適合率が 100% の場合、その平均は 75% です。悪くない数字ですが、50% の再現率はあまりよい数字ではないため、モデルとしてはよくないかもしれません。ここで必要なのは、機能的には平均に似ていて、再現率と適合率の小さいほうの値に近い指標です。

　2 つの数字の平均に似た指標に**調和平均**（harmonic mean）と呼ばれるものがあります。2 つの数字 a, b の平均は $(a + b) / 2$ ですが、調和平均は $2ab / (a + b)$ です。調和平均には、常に平均と同じかそれ以下であるという特徴があります。2 つの数字 a と b が等しい場合、平均と同じように、それらの調和平均も両方の数字と等しいことはすぐにわかります。しかし、それ以外の場合、調和平均は小さくなります。例を見てみましょう。$a = 1, b = 9$ のとき、平均は 5 であり、調和平均は $(2 \cdot 1 \cdot 9) / (1 + 9) = 1.8$ です。

F_1 スコア：適合率（P）と再現率（R）の調和平均として定義される。

$$F_1 = \frac{2PR}{P + R}$$

　適合率と再現率が高い場合、F_1 スコアは高くなります。しかし、適合率と再現率のどちらかが低い場合、F_1 スコアは低くなります。F_1 スコアは、再現率と適合率の両方が高いかどうかを評価し、どちらか 1 つのスコアが低いときにそのことを知らせます。

F_β スコアを計算する

　F_1 スコアはモデルの評価を目的として再現率と適合率を組み合わせたスコアです。ですが状況によっては、適合率よりも再現率のほうが必要だったり、その逆だったりすることもあり

ます。このため、2つのスコアを組み合わせるときにどちらかの比重を大きくしたいと考えるかもしれません。つまり、偽陽性と偽陰性の両方が必要であるものの、どちらか一方により大きな重みを割り当てるモデルが必要になることがあります。たとえば、コロナウイルスモデルの場合は、人命がウイルスの正確な特定にかかっているかもしれないので、偽陰性のほうがはるかに重視されます。しかし、健康な人の再検査にあまりリソースを割きたくないので、偽陽性が多くなりすぎるのもよくありません。スパムモデルの場合は、ハムメールを削除することはとにかく避けたいので偽陽性のほうがはるかに重要ですが、受信トレイがスパムだらけになるのは困るので偽陰性もあまり増やしたくありません。

　ここで登場するのが F_β スコアです。ぱっと見た限りでは F_β スコアの式は複雑そうですが、よく見てみると私たちの注文どおりのことをしています。F_β スコアは β（ギリシャ文字の「ベータ」）というパラメータを使います。このパラメータは正であればどのような値でもとることができます。β の特徴は、適合率または再現率の比重を大きくする「つまみ」の役割を果たすことです。もう少し具体的に言うと、β つまみを 0 まで回すと適合率が最大になり、無限大まで回すと再現率が最大になります。

F_β スコア：F_β スコアの式は次のように定義される。一般的には、β の値が小さいほど適合率（P）が重視され、β の値が大きいほど再現率（R）が重視される。

$$F_\beta = \frac{(1 + \beta^2)PR}{\beta^2 P + R}$$

　β に適当な値を割り当てながら、この式を詳しく見ていきましょう。

ケース1：$\beta = 1$

　β の値が 1 のとき、F_β スコアは次のようになります。つまり、F_1 スコアと同じであり、再現率と適合率を平等に考慮します。

$$F_1 = \frac{(1 + 1^2)PR}{1^2 P + R}$$

ケース2：$\beta = 10$

　β の値が 10 のとき、F_β スコアは次のようになります。

$$F_{10} = \frac{(1 + 10^2)PR}{10^2 P + R}$$

つまり、$(101PR) / (100P + R)$ と記述するのと同じです。この式は F_1 スコアに似ていますが、適合率（P）よりも再現率（R）のほうをずっと重視しています。このことを理解するために、β が F_β スコアの ∞ に向かうときの限界が R である点に注目してください。したがって、適合率よりも再現率のほうを重視するスコアが必要な場合は、β に 1 よりも大きい値を割り当てます。この値が大きいほど再現率の比重が大きくなり、適合率の比重が小さくなります。

ケース 3： $\beta = 0.1$

β の値が 0.1 のとき、F_β スコアは次のようになります。

$$F_{0.1} = \frac{(1 + 0.1^2)PR}{0.1^2 P + R}$$

この式も $(1.01PR) / (0.01P + R)$ と記述するのと同じです。この式はケース 2 の式に似ていますが、適合率（P）のほうをずっと重視しています。したがって、再現率と適合率の間で適合率のほうを重視するスコアが必要な場合は、β に 1 よりも小さい値を割り当てます。この値が小さいほど適合率の比重が大きくなり、再現率の比重が小さくなります。制限の枠内では、β の値が 0 のときは適合率になり、β の値が ∞ のときは再現率になります。

7.2.6　再現率、適合率、F スコアのどれを使うべきか

では、再現率と適合率を実際に応用するにはどうすればよいでしょうか。モデルがあるとして、そのモデルは高再現率モデルでしょうか、それとも高適合率モデルでしょうか。F スコアを使うのでしょうか。もしそうなら、β の値はいくつにすべきでしょうか。これらの質問に答えるのはデータサイエンティストであるあなたです。偽陽性と偽陰性のどちらがより大きな代償を伴うかを判断するには、解こうとしている問題をよく知ることが重要です。

コロナウイルスモデルでは、適合率よりも再現率のほうを重視する必要があるため、β に大きな値（たとえば 2）を割り当てるべきです。スパムモデルでは、再現率よりも適合率のほうを重視する必要があるため、β に小さな値（たとえば 0.5）を割り当てるべきです。章末の練習問題 7-4 では、モデルを分析して β の値を見積もります。

7.3　ROC 曲線：モデルを評価するための便利なツール

前節では、適合率、再現率、F1 スコアといった指標を使ってモデルを評価する方法を学びました。また、誤りにさまざまな種類があり、誤りの種類によって重要度が異なることがモデルを評価するときの課題の 1 つになることもわかりました。偽陽性と偽陰性という 2 種類の誤りがあることと、どちらの誤りのほうが代償が大きいかはモデルによることもわかりました。

　ここでは、偽陽性と偽陰性に関する性能に基づいてモデルを評価するための便利な手法を紹介します。この手法には重要な特徴があります —— 偽陽性に関して性能がよいモデルと偽陰性に関して性能がよいモデルを徐々に切り替えることができるダイヤルがあるのです。この手法は**受信者操作特性**（receiver operating characteristic：ROC）という曲線に基づいています。

　ROC 曲線について説明する前に、特異度と感度という 2 つの新しい指標を紹介しておく必要があります。実際には、初めて紹介するのは 1 つだけで、もう 1 つは以前に見たことがあるはずです。

7.3.1　感度と特異度：モデルを評価する 2 つの新しい方法

　前節では、再現率と適合率を指標として定義し、これらの指標がモデルの偽陰性と偽陽性を数値化するのに便利なツールであることを確認しました。本節では、**感度**（sensitivity）と**特異度**（specificity）という別の指標を使います。これらの指標は再現率と適合率によく似ており、使い方も似ていますが、ROC 曲線を作成する必要がある場合はこちらの指標のほうが便利です。また、データサイエンティストによって広く使われているのは再現率と適合率のほうですが、医療分野では感度と特異度のほうがよく使われています。

感度（真陽性率）：陽性のラベルが付いたデータ点を特定する検査の能力であり、真陽性の個数と陽性の総数の比率（再現率と同じ）。

$$感度 = \frac{真陽性の個数}{真陽性の個数 + 偽陰性の個数}$$

特異度（真陰性率）：陰性のラベルが付いたデータ点を特定する検査の能力であり、真陰性の個数と陰性の総数の比率。

$$特異度 = \frac{真陰性の個数}{真陰性の個数 + 偽陽性の個数}$$

　このように感度は再現率と同じですが、特異度は適合率と同じではありません[1]。この点については、7.3.5 項でさらに詳しく見ていきます。

　コロナウイルスモデルでは、感度はすべてのコロナ患者のうちモデルが正しく診断したコロナ患者の割合です。特異度は健康な人のうちモデルが正しく診断した健康な人の割合です。このモデルでは、コロナ患者を正しく診断することのほうが重要なので、コロナウイルスモデルを**高感度**にする必要があります。

---

[1]　どの名前もさまざまな分野でよく使われているものなので、ここでは両方を使っている。

　スパムモデルでは、感度はすべてのスパムメールのうち正しく削除されたスパムメールの割合です。特異度はすべてのハムメールのうち受信トレイに正しく送られたハムメールの割合です。このモデルでは、ハムメールを正しく検出することのほうが重要なので、スパムモデルを**高特異度**にする必要があります。

　これらの概念を明確にするために、図 7-2（図 7-1 と同じ）の 2 つのモデルの感度と特異度を計算してみましょう。

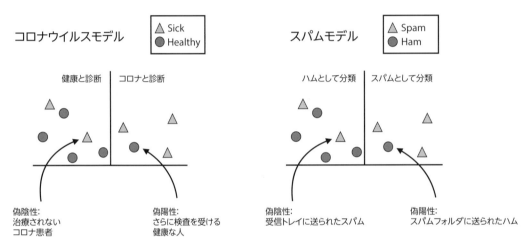

図 7-2：患者がコロナに罹っているかどうかを診断するコロナウイルスモデル（左）と
メールがスパムかどうかを分類するスパム検出モデル

　前節でも指摘したように、これら 2 つのモデルは 3 つの真陽性、4 つの真陰性、1 つの偽陽性、2 つの偽陰性を生成しています。では、これらのモデルの感度と特異度を計算してみましょう。

感度を計算する

　このケースでは、感度を次のように計算します。陽性のデータ点のうち、モデルが正しく分類したのはいくつでしょうか。図 7-2 で言うと、すべての三角形のうち境界線の右側にあるのはいくつでしょうか。三角形は全部で 5 つあり、モデルはそのうちの 3 つを正しく分類しているため、感度は 60%（3 / 5 = 0.6）です。

特異度を計算する

　特異度は次のように計算します。陰性のデータ点のうち、モデルが正しく分類したのはいくつでしょうか。図 7-2 で言うと、すべての円のうち境界線の左側にあるのはいくつでしょうか。円は全部で 5 つあり、モデルはそのうちの 4 つを正しく分類しているため、特異度は 80%（4 / 5 = 0.8）です。

7.3.2 　ROC 曲線：モデルの感度と特異度を最適化する方法

　ROC 曲線はモデルについて多くの情報を提供します。ここでは、ROC 曲線の描画方法を説明します。簡単に説明すると、モデルを少しずつ変更しながらそのつどモデルの感度と特異度を記録していきます。

　このモデルに必要な前提条件は、予測値を連続値（確率）として返すことだけです。この条件に当てはまるのは、（陽性、陰性といった）クラスではなく、（0.7 といった）0 から 1 までの値を予測するロジスティック分類器などのモデルです。通常は、0.5 などの閾値を選択し、予測値がその閾値以上となるデータ点をすべて陽性として分類し、それ以外のデータ点をすべて陰性として分類します。ただし、この閾値が 0.5 である必要はありません。ここでは、この閾値を 0 から 1 まで変化させ、そのつどモデルの感度と特異度を記録します。

　例として、0.2、0.5、0.8 の 3 種類の閾値に対する感度と特異度を計算してみましょう。図 7-3 では、境界線の左右にあるデータ点の個数をこれらの閾値ごとに確認することができます。さっそく感度と特異度を詳しく調べてみましょう。感度がすべての陽性に対する真陽性の割合であることと、特異度がすべての陰性に対する真陰性の割合であることを思い出してください。また、どのモデルでも陽性は全部で 5 つ、陰性は全部で 5 つです。モデルごとに真陽性（正しく陽性と予測されたデータ点）と真陰性（正しく陰性と予測されたデータ点）の個数を調べており、それらの値を使って感度と特異度を計算しています。閾値を大きくする（垂直線を左から右へ移動する）と感度が低くなり、特異度が高くなることがわかります。

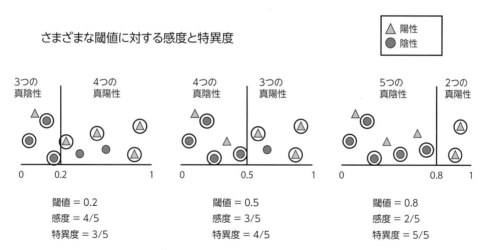

図 7-3：閾値の変化が感度と特異度に与える影響。モデルは垂直線で表され、垂直線の右側にあるデータ点を陽性、左側にあるデータ点を陰性と予測する

閾値	真陽性の個数	感度	真陰性の個数	特異度
0.2	4	4/5	3	3/5
0.5	3	3/5	4	4/5
0.8	2	2/5	5	5/5=1

　閾値が小さいと陽性の予測値が増えることに注目してください。したがって、偽陰性が少なくなると感度が高くなり、偽陽性が増えると特異度が低くなります。同様に、閾値が大きいと感度が低くなり、特異度が高くなります。閾値を小さい値から大きい値に変化させると、感度が低くなり、特異度が高くなります。この点は重要なので、後ほどモデルにとって最適な閾値を判断する方法を説明するときに改めて取り上げることにします。

　これで ROC 曲線を作成する準備ができました。まず、閾値を 0 にし、閾値が 1 になるまで少しずつ大きくしていきます。閾値を大きくするたびに、データ点を 1 つだけ通り越します。重要なのは閾値の値ではなく、ステップごとにデータ点を 1 つだけ通り越すことです[※2]。そこで、各ステップを 0、1、2、…、10 と呼ぶことにします。図 7-3 の垂直線が 0 から 1 に向かって右に少しずつ移動しながらデータ点を 1 つずつ通過していく様子を思い浮かべてみてください。各ステップの陽性と陰性の個数、感度（真陽性の個数÷陽性の総数）、特異度（真陰性の個数÷陰性の総数）は表 7-6 のようになります。

表 7-6：ROC 曲線の作成時に重要となる閾値を大きくするときのステップ

ステップ	真陽性	感度	真陰性	特異度
0	5	1	0	0
1	5	1	1	0.2
2	4	0.8	1	0.2
3	4	0.8	2	0.4
4	4	0.8	3	0.6
5	3	0.6	3	0.6
6	3	0.6	4	0.8
7	2	0.4	4	0.8
8	2	0.4	5	1
9	1	0.2	5	1
10	0	0	5	1

※2　このようなことが可能なのは、この例では、すべてのデータ点が異なるスコアにつながるためだ。一般的には、このようなことは要求されない。

　ステップ 0 では垂直線が 0 の閾値にあることに注目してください。つまり、このモデルはすべてのデータ点を陽性として分類します。陽性のデータ点もすべて陽性として分類されるため、すべての陽性が真陽性になります。つまり、ステップ 0 の感度は 5 / 5 = 1 です。しかし、陰性のデータ点がすべて陽性として分類されるため、真陰性は存在せず、特異度は 0 / 5 = 0 になります。同様に、ステップ 10 の閾値は 1 であり、すべてのデータ点が陰性として分類されるため、感度は 0、特異度は 1 になります。なお、図 7-3 の 3 つのモデルは表 7-6 のステップ 4、6、8 なので、わかりやすいように太字で示してあります。

　最後の仕上げとして、感度と特異度をプロットします。これが ROC 曲線です。図 7-4 の黒い点はそれぞれステップ（0 〜 1 の閾値）に相当します。水平座標（横軸）は感度、垂直座標（縦軸）は特異度を表しています。

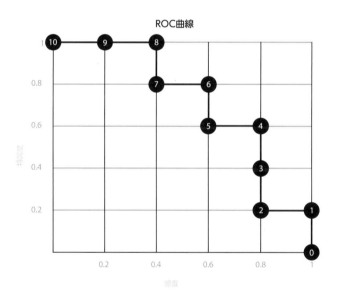

図 7-4：この ROC 曲線からこのモデルについて多くの情報が得られる

7.3.3　AUC：モデルの性能を明らかにする指標

　すでに見てきたように、機械学習モデルの評価は非常に重要なタスクです。ここでは、ROC 曲線を使ってモデルを評価する方法について説明します。そのための準備はもうできています。あとは**曲線下面積**（area under the curve：AUC）を計算するだけです。図 7-5 を見てください。上部に 3 つのモデルがあり、予測値が横軸（0 〜 1）で表されています。下部にあるのはそれぞれのモデルに対応する ROC 曲線です。各四角形の大きさは 0.2 × 0.2 です。各 ROC 曲線の下にある四角形の個数は 13、18、25 であり、それぞれ 0.52、0.72、1 の

AUC に相当します。図 7-5 から AUC がモデルの性能を評価するよい指標であることがわかります。AUC の値が大きいほどモデルの性能はよくなります。左端のモデルは性能が悪く、AUC は 0.52 です。真ん中のモデルの AUC は 0.73 であり、右端のモデルは AUC が 1 のすばらしいモデルです。

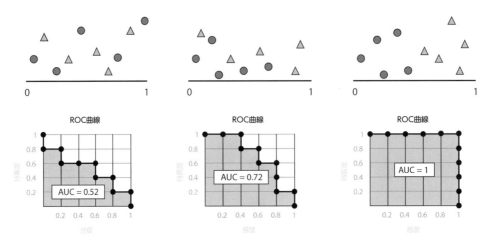

図 7-5：3 つのモデルの ROC 曲線と AUC

モデルの AUC は 1 が最もよく、右端のモデルがこれに該当します。最も悪い AUC は 0.5 で、モデルが当てずっぽうで答えた場合と同じです。これに該当するのは左端のモデルです。真ん中のモデルは図 7-4 と同じモデルであり、AUC は 0.72 です。

　AUC が 0 のモデルはどうなのでしょう。このモデルはちょっと曲者です。AUC が 0 のモデルは、すべてのデータ点を誤分類するモデルと同じです。ということは悪いモデルでしょうか。いいえ、実際には非常によいモデルです。なぜなら、陽性と陰性の予測値をすべて逆にするだけで完全なモデルになるからです。正誤問題に答えるときに毎回嘘をつく人と同じようなものです。真実を語らせたければ、すべての答えを逆にすればよいわけです。つまり、二値分類モデルの AUC は最低で 0.5 であり、50% の割合で嘘をつくことに相当します。嘘をついているかどうかは決してわからないため、何の情報も得られません。ちなみに、AUC が 0.5 未満のモデルは、陽性の予測と陰性の予測を逆にすると、AUC が 0.5 以上のモデルにできます。

7.3.4　ROC 曲線を使って意思決定を行う方法

　ROC 曲線は非常に強力なグラフであり、モデルについて多くの情報を提供します。ここでは、ROC 曲線を使ってモデルを改善する方法を学びます。簡単に言うと、ROC 曲線を使ってモデルの閾値を調整し、調整後の値を適用することで最適なモデルを選択します。

　本章では、最初にコロナウイルスモデルとスパムモデルの 2 つのモデルを紹介しました。コロナウイルスモデルが高い感度を要求するのに対し、スパムモデルが高い特異度を要求する点で、これら 2 つのモデルはまったく違っていました。それぞれのモデルに必要な感度と特異度は解こうとしている問題によって決まります。例として、高い感度が求められるモデルを訓練したところ、感度が低く、特異度が高いモデルになったとしましょう。特異度と引き換えに感度を引き上げる方法はあるのでしょうか。

　それがあるのです！ 閾値を動かすと特異度と感度を調整できることを思い出してください。最初に ROC 曲線を定義したときに気付いたのは、閾値が小さくなるほどモデルの感度が高くなり、特異度が低くなることでした。逆に、閾値が大きくなるほどモデルの感度が低くなり、特異度が高くなります。閾値に相当する垂直線が左端にある場合、データ点はすべて陽性として予測されるため、陽性はすべて真陽性です。一方、垂直線が右端にある場合、データ点はすべて陰性として予測されるため、陰性はすべて真陰性です。垂直線を右へ移動させると、真陽性の数が減り、真陰性の数が増えるため、感度が低くなり、特異度が高くなります。モデル（図7-6 の左）の閾値を 0 から 1 に向かって移動させると、ROC 曲線（図 7-6 の右）が左に向かって上昇することに注目してください。

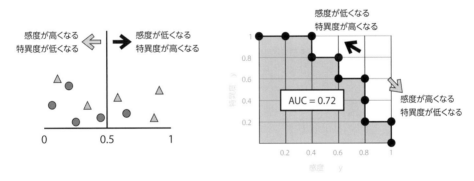

図 7-6：モデルの閾値は感度・特異度と大きく関係している。
この関係はモデルに最適な閾値を特定するのに役立つ

　なぜこうなるのでしょう。閾値はデータ点を分類するための直線をどこに引けばよいかを教えてくれます。たとえば、コロナウイルスモデルでは、閾値は再検査に送られる人と帰宅させる人をどこで線引きするのかを教えてくれます。閾値の小さいモデルでは、軽い症状の人でさえ再検査を受けることになります。閾値の大きいモデルでは、再検査を受けるのは重い症状を示している人です。コロナ患者は 1 人も見逃したくないので、このモデルでは小さな閾値を使います。つまり、ここで必要なのは感度の高いモデルです。この点を明確にするために、以前に使った 3 つの閾値とそれらに対応する ROC 曲線上の位置を確認してみましょう。図 7-7 の左にあるのは閾値が大きく、感度が低く、特異度が高いモデルです。右にあるのは閾値が小さ

く、感度が高く、特異度が低いモデルです。真ん中のモデルの閾値、感度、特異度はどれもその中間の値です。

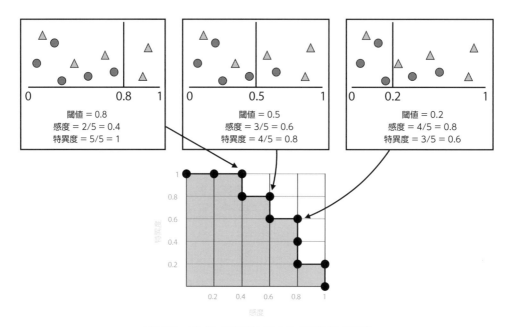

図 7-7：モデルの閾値とその ROC 曲線の比較

　モデルの感度を高くしたい場合は、ROC 曲線において感度が目的の値になるまで閾値を左に押しやります（つまり、閾値を小さくします）。モデルの特異度が低くなるかもしれませんが、それは感度を高くするための代償です。対照的に、特異度を高くしたい場合は、ROC 曲線において特異度が目的の値になるまで閾値を右に押しやります（つまり、閾値を大きくします）。この場合も、感度が多少低くなります。ROC 曲線を見れば、量的にどれくらい変化したのかが正確にわかります。このように、ROC 曲線はデータサイエンティストがモデルに最適な閾値を判断するのに役立つすばらしいツールです。図 7-8 は、より大きなデータセットを使ったより一般的なシナリオです。

　コロナウイルスモデルのような高感度モデルが必要な場合は、右の点を選択することになるでしょう。スパムモデルのような高特異度モデルが必要な場合は、左の点を選択することになるかもしれません。一方で、感度と特異度が比較的高いモデルが必要な場合は、真ん中の点を選択することになるかもしれません。正しい判断を下せるように問題をよく理解しておくことがデータサイエンティストとしての責任になります。

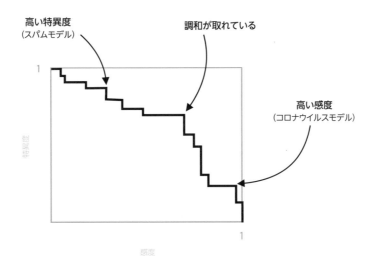

図 7-8：ROC 曲線と 3 つの閾値に対応する 3 つの点

7.3.5　再現率は感度だが、適合率は特異度ではない

　さて、どうすればこれらの用語をすべて覚えられるのだろうと考えているかもしれませんね。実を言うと、これらの用語を間違えないようにするのは簡単ではありません。（筆者を含め）ほとんどのデータサイエンティストはそれらを間違えないようにするためにずいぶん Wikipedia のお世話になっています。どれがどれかを覚えておくために記憶術を使うこともあります。

　たとえば、再現率について考えるときには、設計に致命的な欠陥がある車を製造している自動車メーカーを思い浮かべます。このメーカーは欠陥のある車をすべて特定して**リコール**（recall）する必要があります。欠陥のない車まで誤って回収してしまった場合は、車を返すだけです。しかし、欠陥のある車が見つからない場合は大変なことになります。再現率（recall）が陽性とラベル付けされたサンプルをすべて見つけ出すことを重視するのはそのためです。このモデルは**高再現率**モデルです。

　これに対し、このメーカーで働いていて、勇み足で「すべての」車のリコールを始めたところ、上司がやってきて「修理する車が多すぎて人手が足りなくなっている。もう少しリコールの的を絞って（precisely）くれないか」と言ったとしましょう。そこで、モデルに適合率（precision）を追加し、欠陥のある車だけを見つけ出す必要があります。何かの拍子に欠陥のある車の一部を見逃してしまうかもしれませんが、きっと杞憂に終わるでしょう。このモデルは**高適合率**モデルです。

　感度と特異度について考えるときには、地震が発生するたびに警報を鳴らす地震センサーを思い浮かべます。このセンサーは「感度」がきわめて高く、隣の家で蝶がくしゃみをしても鳴

り出します。このセンサーは確かにすべての地震を検知しますが、地震以外のものも片っ端から検知するでしょう。このモデルは**高感度**モデルです。

　さて、このセンサーにダイヤルが付いていて、感度が最低レベルになるまでダイヤルを回したとしましょう。これで、大きな揺れがあったときだけセンサーが鳴るようになり、センサーが鳴ったら地震だということがわかります。しかし、地震がそれほど大きくない場合は鳴らないかもしれません。つまり、このセンサーは大きな地震に特化（specific）していて、地震以外ではたぶん鳴りません。このモデルは**高特異度**モデルです。

　ここまで 4 つの段落を読んできて、次の 2 つの点に気付いたかもしれません。

- 再現率と感度はよく似ている
- 適合率と特異度はよく似ている

　少なくとも、再現率と感度の目的は同じで、偽陰性がいくつかあるかを調べることです。同様に、適合率と特異度の目的も同じで、偽陽性がいくつかあるかを調べることです。

　実際には、再現率と感度は「まったく」同じものです。しかし、適合率と特異度は同じものではありません。同じものを数値化するわけではありませんが、どちらも偽陰性の数が多いモデルを罰します。どうすればこれらの指標をすべて覚えられるのでしょうか。再現率、適合率、感度、特異度を覚えるのにグラフィカルな発見的手法が役立つかもしれません。図 7-9 は真陽性、真陰性、偽陽性、偽陰性の 4 つの量からなる混同行列です。上の段（陽性と予測されたサンプル）を見てください。左の列の数字を両方の列の数字の合計で割ると再現率が求まることがわかります。左の列（陽性と予測されたサンプル）を見ると、上の列の数字を両方の列の数字の合計で割ると適合率が求まることがわかります。下の段（陰性と予測されたサンプル）を見ると、左の列の数字を両方の列の数字の合計で割ると特異度が求まることがわかります。

- 再現率（感度）は上の段で求まる
- 適合率は左の列で求まる
- 特異度は下の段で求まる

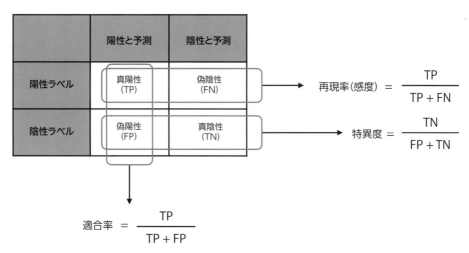

図 7-9：混同行列の上の段から再現率と感度（真陽性の個数と真陽性と偽陰性の総数の比率）が求まる。
左の列から適合率（真陽性の個数と真陽性と偽陽性の総数の比率）が求まる。
下の段から特異度（偽陽性の個数と偽陽性と真陰性の総数の比率）が求まる

先の 2 つのモデルでは、これらの指標はいくつになるでしょうか。

コロナウイルスモデル：

再現率と感度： コロナ患者（陽性）のうち実際にコロナと診断された人の数

適合率： コロナと診断された人のうち実際にコロナだった人の数

特異度： 健康な人（陰性）のうち実際に健康だと診断された人の数

スパムモデル：

再現率と感度： スパムメール（陽性）のうち実際に削除されたメールの数

適合率： 削除されたメールのうち実際にスパムだったメールの数

特異度： ハムメール（陰性）のうち実際に受信トレイに送られたメールの数

7.4　まとめ

- モデルを評価できることはモデルを訓練できることと同じくらい重要である。

- モデルの評価に利用できる重要な指標がいくつかある。本章では、正解率、再現率、適合率、F スコア、特異度、感度を取り上げた。

- 正解率は正しい予測値の個数と予測値の総数の比率を求める。便利だが、特に陽性と陰性のラベルが不均衡である場合など、役に立たない状況がある。

- 誤分類には偽陽性と偽陰性の 2 種類がある。偽陽性は、陰性のラベルが付いているもの

のモデルが誤って陽性と予測するデータ点であり、偽陰性は、陽性のラベルが付いているもののモデルが誤って陰性と予測するデータ点である。

- 偽陰性と偽陽性の重要度はモデルによって異なることがある。

- 再現率と適合率は特に偽陰性と偽陽性の重要度が異なるモデルを評価するのに役立つ。

- 再現率はモデルが正しく予測した陽性のデータ点の個数を表す。偽陰性の個数が多いモデルは再現率が低い。このため、医療診断用のモデルなど、偽陰性が多いことが望ましくないモデルに役立つ。

- 適合率はモデルが陽性と予測したデータ点のうち実際に陽性であるデータ点の個数を表す。偽陽性の個数が多いモデルは適合率が低い。このため、スパムメールモデルなど、偽陽性が多いことが望ましくないモデルに役立つ。

- F_1 スコアは再現率と適合率を組み合わせた便利な指標であり、再現率と適合率のうち小さいほうに近い値を返す。

- F_β スコアは F_1 スコアの一種であり、パラメータ β を調整することで適合率か再現率のどちらかを重視できる。β の値が大きいほど再現率が重視され、β の値が小さいほど適合率が重視される。F_β スコアは特に、適合率か再現率のどちらか一方を重視するものの、両方の指標を考慮するモデルの評価に役立つ。

- 感度と特異度はモデルの評価に役立つ便利な指標であり、医療分野でよく使われる。

- 感度（真陽性率）は陽性のデータ点のうちモデルによって実際に陽性と予測されたデータ点の個数を表す。偽陰性の個数が多いモデルは感度が低い。このため、多くのコロナ患者が誤って治療せずに放置されることが望ましくない医療モデルに役立つ。

- 特異度（真陰性率）は陰性のデータ点のうちモデルによって実際に陰性と予測されたデータ点の個数を表す。偽陽性の個数が多いモデルは特異度が低い。このため、健康な患者を誤って治療したり、さらに侵襲的検査を行ったりすることが望ましくない医療モデルに役立つ。

- 再現率と感度はまったく同じものだが、適合率と特異度は同じものではない。適合率は陽性の予測のほとんどが実際に陽性であることを確認し、特異度は陰性の予測のほとんどが実際に陰性であることを確認する。

- モデルの閾値を大きくすると感度が低くなり、特異度が高くなる。

- ROC 曲線はさまざまな閾値に対するモデルの感度と特異度を追跡するのに役立つ便利なグラフである。

- ROC 曲線は AUC を使ってモデルの性能を判断するのにも役立つ。AUC が 1 に近いほどモデルの性能はよく、AUC が 0.5 に近いほどモデルの性能は悪い。

- ROC 曲線を調べることで、各モデルが感度と特異度に求めている量に応じて、これらの指標が適切な値になるような閾値を決定できる。このため、ROC 曲線はモデルを評価して改善するための便利な手法の 1 つとしてよく知られている。

7.5 練習問題

練習問題 7-1

ある動画サイトに、動物の動画をよく観ていて、それ以外の動画は何も観ていないユーザーがいます。次の図は、このユーザーがこのサイトにログインしたときに表示されるレコメンデーションです。

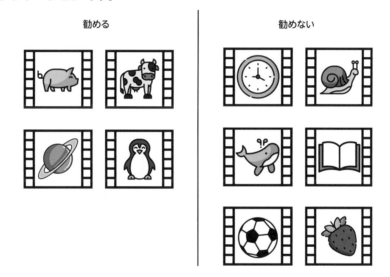

モデルに与えるデータがこれで全部だとして、次の質問に答えてください。

- **a.** このモデルの正解率はいくつでしょうか。
- **b.** このモデルの再現率はいくつでしょうか。
- **c.** このモデルの適合率はいくつでしょうか。
- **d.** このモデルの F_1 スコアはいくつでしょうか。
- **e.** このモデルはよいレコメンデーションモデルでしょうか。

練習問題 7-2

次の混同行列を使って医療モデルの感度と特異度を求めてください。

	Sick と予測	Healthy と予測
Sick	120	22
Healthy	63	795

練習問題 7-3

次の 3 つのモデルについて、偽陽性と偽陰性のどちらがより深刻な誤分類か判断してください。その結果に基づき、それぞれのモデルを評価するときに適合率と再現率のどちらをより重視すべきか判断してください。

1. ユーザーがある映画を観るかどうかを予測する映画レコメンデーションシステム

2. 画像に歩行者が含まれているかどうかを検出する、自動運転車で使われる画像検出モデル

3. ユーザーが指示を出したかどうかを予測する家庭用音声アシスタント

練習問題 7-4

次のモデルがあるとします。

1. 車載カメラからの画像に基づいて歩行者を検出する自動運転車モデル

2. 患者の症状に基づいて命に関わる病気を診断する医療モデル

3. ユーザーが過去に観た映画に基づく映画レコメンデーションシステム

4. 音声コマンドに基づいてユーザーが支援を必要としているかどうかを判断する音声アシスタント

5. メールに含まれている単語に基づいてそのメールがスパムかどうかを判断するスパム検出モデル

F_{β} スコアを使ってこれらのモデルを評価する仕事を任されています。ただし、β の値は特に指定されていません。それぞれのモデルを評価するために β に使う値はいくつでしょうか。

確率を最大限に利用する
ナイーブベイズモデル | 8

本章の内容

- ベイズの定理とは何か

- 従属事象と独立事象

- 事前確率と事後確率

- 事象に基づく条件付き確率の計算

- ナイーブベイズモデル：メールの単語に基づいてスパムメールを予測する

- Python でのナイーブベイズアルゴリズムのコーディング

USER FRIENDLY by J.D. "Illiad" Frazer

　ナイーブベイズ（naive Bayes）は分類に使われる重要な機械学習モデルです。ナイーブベイズモデルは純粋な確率モデルであり、ラベルが陽性である確率を 0 〜 1 の数字で予測します。ナイーブベイズモデルの主成分はベイズの定理です。

　ベイズの定理は確率を計算する式なので、確率や統計において基本的な役割を果たします。ベイズの定理は「事象に関する情報を集めれば集めるほど確率の予測精度が高まる」という前提に基づいています。たとえば、今日雪が降る確率を求めたいとしましょう。現在地と時期に関する情報がない場合は、曖昧な予測しかできません。しかし、これらの情報がある場合は、確率をよりうまく予測できます。筆者がある種類の動物を思い浮かべていて、それをあなたに当ててほしいとしましょう。筆者が考えている動物が「犬」である確率はどれくらいでしょうか。筆者が何もヒントを与えなかった場合、「犬」である確率はかなり低くなります。しかし、「その動物は家でペットとして飼われている」というヒントを与えた場合、「犬」である確率はかなり高くなります。しかし、「その動物には翼がある」というヒントを与えた場合、「犬」である確率は 0 になります。新たな情報を与えるたびに、あなたが推測する「犬である」確率は徐々に正確になっていきます。この種のロジックを公式化したものがベイズの定理です。

　もう少し具体的に言うと、ベイズの定理は「X が発生したと仮定して、Y の確率はいくつか」という質問に答えます。この確率を**条件付き確率**（conditional probability）と呼びます。想像できるように、この種の質問に答えることは機械学習において価値があります。なぜなら、「ある特徴量が与えられたときにそのラベルが陽性である確率はいくつか」という質問に答えることができるとしたら、それは分類モデルだからです。たとえば、（第 6 章で行ったように）「この文にこれこれの単語が含まれているときに、この文が［喜んでいる文］である確率はいくつか」という質問に答えれば、感情分析モデルを構築できます。ただし、特徴量（単語）の数が多すぎる場合、ベイズの定理を使った確率の計算は非常に複雑になります。そこで頼りになるのがナイーブベイズアルゴリズムです。ナイーブベイズアルゴリズムは、この計算をそつなく単純化することで、望ましい分類モデルの構築を手助けします。そして、このモデルが**ナイーブベイズモデル**です。「ナイーブベイズ」と呼ばれるのは、計算を単純化するにあたって、必ずしも真実であるとは限らない少し安直な仮定をおくためです。とはいえ、この仮定が確率をうまく推定するのに役立ちます。

　本章では、現実的な例を使ってベイズの定理を調べます。最初に、興味深くちょっと意外な医療の例を調べます。続いて、ナイーブベイズアルゴリズムを詳しく調べるために、機械学習ではおなじみのスパム分類問題に応用します。最後に、ナイーブベイズアルゴリズムを Python で実装し、現実のスパムデータセットで予測を行います。

8.1　ベイズの定理の英雄伝説： 病気に罹っている？ それとも罹っていない？

あなたの（少し神経質な）友人から電話がかかってきて、次のような会話が交わされたとしましょう。

あなた：もしもし！

友人：もしもし、つらい知らせがあるんだ。

あなた：何、どうしたんだ？

友人：恐ろしい奇病のことを聞いて病院で検査してもらったんだ。医者が言うには、非常に正確な検査なんだって。それで今日電話があって、検査結果が陽性だったと聞かされた。きっとその病気に罹ってしまったんだ！

何てことでしょう。友人に何と声をかけたらよいのか。まずは友人を落ち着かせて、その病気に罹っている可能性が高いのかどうかを突き止めることにしましょう。

あなた：ひとまず落ち着いて。医学にだって間違いはある。君が実際に病気に罹っている可能性がどれくらいあるか確かめてみよう。医者はどれくらい正確な検査だと言ったんだい？

友人：99% 正確だって。それってつまり 99% の確率で僕がその病気に罹ってるってことだ。

あなた：ちょっと待って。**全部**の数字を調べてみよう。検査に関係なくその病気になる可能性はどれくらいあるの？ この病気になる人はどれくらいいるの？

友人：インターネットで調べたら、平均で 10,000 人に 1 人がこの病気になるって書いてあった。

あなた：なるほど。ちょっと紙を取ってくるからそのまま待ってて。

さて、検査で陽性になったと仮定したとき、この友人がその病気に罹っている確率はどれくらいだと思いますか？

a. 0 ～ 20%	**d.** 60 ～ 80%
b. 20 ～ 40%	**e.** 80 ～ 100%
c. 40 ～ 60%	

この確率を計算してみましょう。ここまでの状況をまとめると、私たちが持っている情報は次の 2 つです。

- この検査は99%のケースで正しい。もう少し厳密に言うと（医者に確認したところでは）、平均すると、100 人の健康な人のうち 99 人が検査で正しく診断され、この病気に罹っている 100 人のうち 99 人が検査で正しく診断される。したがって、健康かどうかを問わず、この検査は 99% 正確である。
- 平均すると、この病気に罹るのは 10,000 人に 1 人である。

　概算で確率をはじき出してみましょう。その結果をまとめたものが図 8-1 の混同行列になります。参考までに、100 万人のグループをランダムに選択するとします。この病気に罹るのは平均して 10,000 人に 1 人なので、このグループで病気に罹っている人は 100 人と予想されます（つまり、999,900 人は健康です）。

　まず、この病気に罹っている 100 人を対象に検査を行います。この検査は 99% の確率で正しいため、100 人のうち 99 人が病気に罹っていると正しく診断されるはずです。つまり、この病気に罹っている 100 人のうち検査で陽性になるのは 99 人です。

　次に、999,900 人の健康な人を対象に検査を行います。この検査は 1% の確率で間違えるため、999,900 人のうちの 1% が病気に罹っていると誤診されるはずです。つまり、9,999 人の健康な人がこの検査で陽性になります。

　このことは、この検査で陽性になった人の合計が 99 + 9,999 = 10,098 人であることを意味します。実際に病気に罹っているのはそのうちの 99 人だけです。したがって、あなたの友人がこの検査で陽性になったとして、実際に病気に罹っている確率は 0.98%（99 / 10,098 = 0.0098）です。何と 1% を割っています。これで友人の電話に戻ることができます。

あなた：心配はいらないよ。君が言った数字に基づくと、君が検査で陽性になったと仮定して、実際に病気である確率は 1% にも満たない。

あなた：本当に？ ああよかった。ほっとしたよ、ありがとう。

あなた：感謝する相手は数学だよ（ウインクする）。

　ここで行った計算をまとめてみましょう。次の 3 つの事実があります。

事実その 1：この病気に罹るのは 10,000 人に 1 人である。

事実その 2：この病気に罹っている 100 人のうち、この検査で陽性になるのは 99 人、陰性になるのは 1 人である。

事実その 3：100 人の健康な人のうち、この検査で陰性になるのは 99 人、陽性になるのは 1 人である。

100万人のサンプル集団を選択した場合、それらの人々は次のように分類されます（図8-1）。

- 事実その1により、このサンプル集団で病気に罹っている人は100人、健康な人は999,900人と予想される。

- 事実その2により、この病気に罹っている100人のうち、この検査で陽性になるのは99人、陰性になるのは1人と予想される。

- 事実その3により、999,900人の健康な人のうち、この検査で陽性になるのは9,999人、陰性になるのは989,901人と予想される。

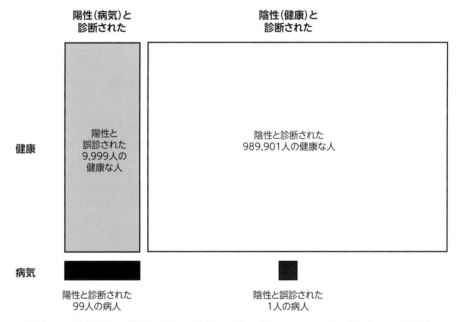

図8-1：100万人の集団のうち、実際に病気に罹っているのは100人のみ（下段）。
陽性と診断された10,098人（左）のうち、実際に病気に罹っているのは99人のみ。
残りの9,999人は誤診されている。したがって、友人が陽性と診断された場合は
9,999人の健康な人（左上）に含まれる可能性のほうがずっと高い

くだんの友人は検査で陽性だったので、図8-1の左の列に含まれるはずです。この列には、陽性と誤診された9,999人の健康な人と、正しく診断された99人の病人が含まれています。あなたの友人がこの病気に罹っている確率は99 / 9,999 = 0.0089であり、1%にも届きません。

これは少し意外です。この検査が99%の確率で正しいとすれば、いったいどうしてこれほど間違いがあるのでしょう。確かに、1%の確率でしか間違わないのであれば、この検査はそ

れほどひどくありません。しかし、10,000 人に 1 人がこの病気に罹るということは、ある人がこの病気に罹る確率は 0.01% ということになります。人口の 1% が誤診されるのと、人口の 0.01% が病気に罹るのとでは、どちらの可能性が高いでしょうか。1% は集団の規模としては小さいものの、0.01% よりもずっと大きな数字です。この検査には問題があります —— 病気に罹る割合よりも誤りが生じる割合のほうがずっと大きいことです。第 7 章の 7.1.1 項で説明したものと同様の問題です。つまり、このモデルを評価するにあたって正解率を当てにするわけにはいきません。

　この問題を調べる方法の 1 つは樹形図を使うことです。この樹形図は根（ルート）から始まり、友人が「病気に罹っている」可能性と「病気に罹っていない」可能性の 2 つに枝分かれします。これら 2 つの可能性はそれぞれ、友人が病気に罹っていると診断されるかどうかに応じて、さらに 2 つに枝分かれします（図 8-2）。最初の患者数を 100 万人とすると、病気に罹っているのはそのうちの 100 人です（残りの 999,900 人は健康）。この 100 人のうち 1 人が健康と誤診され、残りの 99 人が病気に罹っていると正しく診断されます。999,900 人の健康な人のうち 9,999 人が病気に罹っていると誤診され、残りの 989,901 人が健康と正しく診断されます。

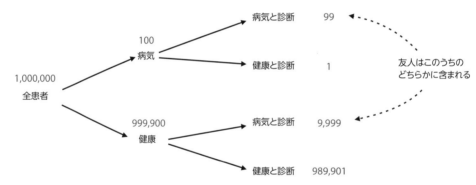

図 8-2：可能性を表す木。それぞれの患者は病気に罹っているか罹っていないかのどちらかである。これら 2 つの可能性ごとに患者が病気に罹っているかどうかが診断されるため、可能性は 4 つになる

　図 8-2 からもわかるように、友人が分類されるのは右端の 1 つ目と 3 つ目のグループだけであるとすれば、検査で陽性になった友人が実際に病気に罹っている確率は 99 /（99 ＋ 9,999）= 0.0098 です。

8.1.1　ベイズの定理の序章：事前確率、事象、事後確率

　これで、ベイズの定理を説明するために必要な準備がすべて整いました。ベイズの定理の主な目的は確率を計算することです。最初は情報が何もない状態なので、計算できるのは確率の

初期値だけです。この確率を**事前確率**と呼びます。続いて、ある事象が発生し、そこから情報が得られます。この情報をもとに、計算したい確率をもっとうまく予測できます。このより正確な確率を**事後確率**と呼びます（図8-3）。

事前確率（prior probability）：情報がほとんどない状態で計算する最初の確率

事象（event）：発生することによって確率の計算に役立つ情報をもたらすもの

事後確率（posterior probability）：事前確率と事象に基づいて計算する最終的な（より正確な）確率

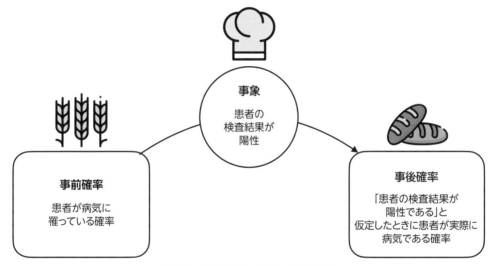

図 8-3：事前確率、事象、事後確率

　例として、今日雨が降る確率を突き止めたいとしましょう。情報が何もない場合は確率をざっくり見積もることしかできません。それが事前確率です。あたりを見回してアマゾンの熱帯雨林にいること（事象）を知った場合は、はるかに正確な確率をはじき出すことができます。実際には、もしアマゾンの熱帯雨林にいるとしたら、今日は雨になるでしょう。この新しい見積もりが事後確率です。

　先の医療の例では、患者が病気に罹っている確率を計算する必要があります。事前確率、事象、事後確率は次のようになります。

事前確率： 最初は 10,000 人に 1 人が病気になること以外に情報がなく、確率にすると 10,000 分の 1 である。したがって、1 / 10,000 = 0.0001 が事前確率である。

事象：突然、新しい情報が明らかになる。この場合は、患者が検査を受け、陽性の結果が出た。

事後確率：陽性の結果が出た後、患者が実際に病気に罹っている確率を再計算したところ、0.0098 になる。これが事後確率である。

　ベイズの定理は確率と機械学習の最も重要な要素の 1 つです。ベイズの定理は非常に重要なので、**ベイズ学習**（Bayesian learning）、**ベイズ統計学**（Bayesian statistics）、**ベイズ解析**（Bayesian analysis）など、名前に「ベイズ」を冠する分野があるほどです。本章では、ベイズの定理と、この定理から派生した重要な分類モデルであるナイーブベイズモデルを学びます。簡単に言うと、ほとんどの分類モデルと同様に、ナイーブベイズモデルも一連の特徴量に基づいてラベルを予測します。そして、ベイズの定理を使って計算された確率という形式で予測値を返します。

8.2　例：スパム検出モデル

　本章で取り組むのはスパム検出モデルです。このモデルはスパムメールとハムメールを区別する手助けをします。第 1 章と第 7 章で説明したように、スパムはジャンクメールのことで、ハムはジャンクメールではないメールのことです。

　このナイーブベイズモデルはメールがスパムまたはハムである確率を出力します。このため、スパムである確率が最も高いメールを即行スパムフォルダ送りにし、それ以外のメールを受信トレイに残しておくことができます。この確率はメールに含まれている単語、送信者、サイズといったメールの特徴量によって決まるはずです。ここでは単語だけを特徴量と見なすことにします。この例は第 5 章と第 6 章で学んだ感情分析分類器とそれほど変わりません。このモデルのポイントは、それぞれの単語にスパムメールに出現する確率を割り当てることです。たとえば、lottery という単語がスパムメールに出現する確率は meeting という単語よりも高そうです。この確率が、ここで行う計算のベースになります。

8.2.1　事前確率を求める：メールがスパムである確率

　メールがスパムである確率はどれくらいでしょうか。難しい質問ですが、この事前確率をざっと見積もってみることにしましょう。受信トレイの現在の状態を調べて、スパムメールとハムメールの数を数えます。受信トレイに 100 通のメールがあり、そのうち 20 通がスパム、80 通がハムだとしましょう。したがって、20% のメールはスパムです。ちゃんとした見積もりにしたければ、**私たちの知る限りでは**、新しいメールがスパムである確率は 0.2 であると言えばよいでしょう。これは事前確率であり、20 / 100 = 0.2 と推定されます。図 8-4 において塗りつぶされているのはスパムメール、それ以外はハムメールです。

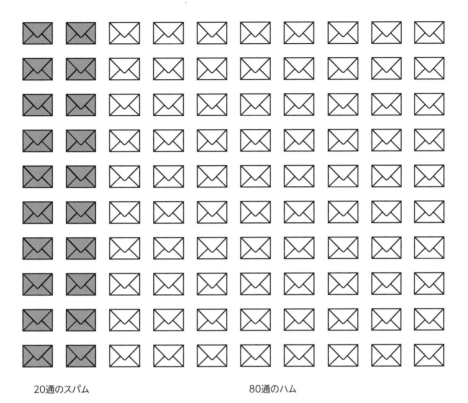

20通のスパム　　　　　　　　　　80通のハム

スパムである確率:0.2

図 8-4：100 通のメールが含まれたデータセットがあり、そのうち 20 通がスパム

8.2.2　事後確率を求める：特定の単語を含んでいるメールがスパムである確率

　当然ながら、すべてのメールが同じように作られるわけではありません。メールの特性に基づいて、より根拠のある確率を予測したいところです。送信者、サイズ、メールに含まれている単語など、さまざまな特性を使うことができます。ここではメールに含まれている単語だけを使いますが、どうすれば他の特性を利用できるかを考えながら読んでみてください。

　ハムメールよりもスパムメールによく出現する（lottery のような）単語があることに気付いたとしましょう。そのような単語は事象に相当します。スパムメールのうち 15 通に lottery という単語が含まれているのに対し、この単語が含まれているハムメールは 5 通だけです。つまり、lottery という単語を含んでいる 20 通のメールのうち 15 通がスパム、5 通がハムです。したがって、lottery という単語を含んでいるメールがスパムである確率はちょうど

15 / 20 = 0.75 です。これは事後確率です。この確率を求める手順は図8-5のようになります。lottery という単語を含んでいないメールは除外しているので、色を薄くしています。

lotteryという単語を含んでいるメールがスパムである確率:0.75

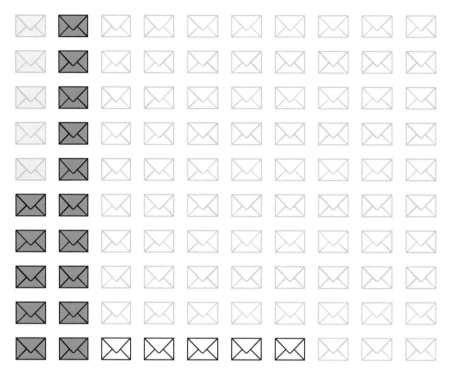

lotteryを含んでいる
15通のスパムメール

lotteryを含んでいる5通のハムメール

図 8-5：lottery という単語を含んでいる 20 通のメールのうち 15 通がスパム、
5 通がハムであるため、この単語を含んでいるメールがスパムである確率は 15 / 20 = 0.75

　以上、メールが lottery という単語を含んでいると仮定して、そのメールがスパムである確率を計算しました。まとめると次のようになります。

- **事前**確率は 0.2。この数字はメールについて何もわからない状態でそのメールがスパムである確率を表す。

- メールが lottery という単語を含んでいるという**事象**。この事象のおかげで確率をより正確に見積もることができる。

- **事後**確率は 0.75。この数字はメールが lottery という単語を含んでいると仮定したときにそのメールがスパムである確率を表す。

この例では、メールの数を数えて除算を行うという方法で確率を計算しました。ここではやり方を見てもらうためにこのようにしましたが、実際には、公式を使ってこの確率を簡単に計算できます。この公式が、次に説明するベイズの定理です。

8.2.3　どんな計算をしたのか：割合を確率に変える

この例を可視化する方法の 1 つは、図 8-2 の医療の例で行ったように、4 つの可能性のすべてを木で表してみることです。4 つの可能性とは、メールがスパムである可能性、ハムである可能性、lottery という単語を含んでいる可能性、そしてこの単語を含んでいない可能性です。このような木は根（ルート）から始まり、2 つに枝分かれします。上の枝はスパム、下の枝はハムを表しています。さらに lottery という単語を含んでいるかどうかに応じてそれぞれ 2 つに枝分かれします（図 8-6）。なお、合計 100 通のメールのうちそれぞれのグループに所属している数も記載しています。

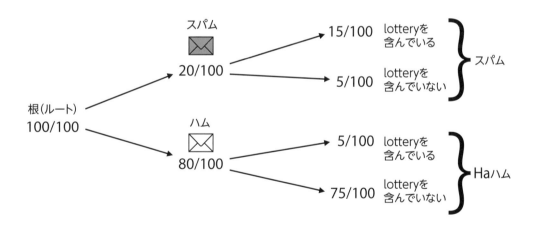

図 8-6：可能性の木。ルートからスパムとハムの 2 つに枝分かれし、メールが lottery という単語を含んでいるかどうかに応じてさらに 2 つに枝分かれする

この木を作成した後は、メールが lottery という単語を含んでいると**仮定**した上でそのメールがスパムである確率を計算したいので、この単語を含んでいないメールの枝をすべて刈り取ってしまいます（図 8-7）。

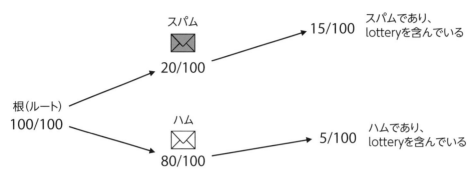

図 8-7：図 8-6 の木からメールに lottery という単語が含まれていない 2 つの枝を刈り取る

　この時点で残った 20 通のメールには lottery という単語が含まれています。そのうち 15 通がスパム、5 通がハムです。したがって、メールに lottery という単語が含まれていると仮定したときにそのメールがスパムである確率は 15 / 20 = 0.75 になります。

　しかし、この計算ならもうやっています。では、図 8-7 にどのようなメリットがあるのでしょうか。問題が単純になることはもちろんですが、この場合のメリットは、私たちが持っている情報が通常は（メールの数ではなく）確率に基づいていることです。多くの場合、何通のメールがスパムで、何通のメールがハムかはわかりません。わかっているのは次のことだけです。

- メールがスパムである確率は 1 / 5 = 0.2
- スパムメールに lottery という単語が含まれている確率は 3 / 4 = 0.75
- ハムメールに lottery という単語が含まれている確率は 1 / 16 = 0.0625
- **問題**：lottery という単語を含んでいるメールがスパムである確率はいくつか？

　まず、情報がこれで十分かどうか確認してみましょう。メールがハムである確率はわかっているでしょうか。メールがスパムである確率が 1 / 5 = 0.2 であることはわかっています。可能性として他に考えられるのはメールがハムであること**だけ**なので、その確率は補数であり、4 / 5 = 0.8 になるはずです。これは余事象の確率という重要な法則です。

> **余事象の確率の法則**：事象 E に対し、その余事象 E^c は E とは逆の事象である。E^c の確率は 1 から E の確率を引いたものであり、次のように表される。
>
> $$P(E^c) = 1 - P(E)$$

　したがって、次のようになります。

- $P(spam) = 1 / 5 = 0.2$：メールがスパムである確率
- $P(ham) = 1 - 1 / 5 = 0.8$：メールがハムである確率

では、他の情報を見てみましょう。スパムメールに lottery という単語が含まれている確率は 3 / 4 = 0.75 です。このことについては、「メールがスパムであると**仮定**したとき、そのメールに lottery という単語が含まれている確率は 0.75 である」と解釈できます。これは条件付き確率であり、「メールはスパムである」が条件になります。条件は垂直バーで表すため、$P('lottery' \mid spam)$ と記述できます。その余事象の確率 $P(no\ 'lottery' \mid spam)$ は、スパムメールに lottery という単語が含まれていない確率です。この確率は $1 - P('lottery' \mid spam)$ です。この要領で他の確率も計算できます。

- $P('lottery' \mid spam) = 3 / 4 = 0.75$：スパムに lottery が含まれている確率
- $P(no\ 'lottery' \mid spam) = 1 / 4 = 0.25$：スパムに lottery が含まれていない確率
- $P('lottery' \mid ham) = 1 / 16 = 0.0625$：ハムに lottery が含まれている確率
- $P(no\ 'lottery' \mid ham) = 15 / 16 = 0.9375$：ハムに lottery が含まれていない確率

次に計算するのは、2 つの事象が**同時**に発生する確率です。もう少し具体的に言うと、次の 4 つの確率を求めます。

- メールがスパムで、**かつ** lottery という単語を含んでいる確率
- メールがスパムで、**かつ** lottery という単語を含んでいない確率
- メールがハムで、**かつ** lottery という単語を含んでいる確率
- メールがハムで、**かつ** lottery という単語を含んでいない確率

これらの事象は**積事象**（intersection of events）と呼ばれるもので、$\bigcap$ 記号で表します。したがって、次の確率を求める必要があります。

$$P('lottery' \cap spam)$$
$$P(no\ 'lottery' \cap spam)$$
$$P('lottery' \cap ham)$$
$$P(no\ 'lottery' \cap ham)$$

数字を当てはめてみましょう。100 通のメールのうち 20 通、つまり 5 分の 1 がスパムであることはわかっています。この 20 通のうちの 4 分の 3 に lottery という単語が含まれています。そして、これら 2 つの数字を掛けると 1 / 5 × 3 / 4 = 3 / 20 になります。これは 100 分の

15 と同じであり、スパムであるメールに lottery という単語が含まれている確率を表します。何をしたかというと、メールがスパムである確率に、スパムメールに lottery という単語が含まれている確率を**掛ける**ことで、「メールがスパムで、**かつ** lottery という単語を含んでいる確率」を求めたのです。スパムメールに lottery という単語が含まれている確率はまさに条件付き確率であり、次に示す確率の積の法則（確率の乗法定理）に則っています。

確率の積の法則：事象 E、F に対し、それらの積事象の確率は、E を前提として F が起こる条件付き確率に F を掛けたものであり、次のように表される。

$$P(E \cap F) = P(E \mid F) \cap P(F)$$

これで、4 つの確率を次のように求めることができます。

$$P('lottery' \cap spam) = P('lottery' \mid spam) \cap P(spam) = 3/4 \cdot 1/5 = 3/20 = 0.15$$
$$P(no\ 'lottery' \cap spam) = P(no\ 'lottery' \mid spam) \cap P(spam) = 1/4 \cdot 1/5 = 1/20 = 0.05$$
$$P('lottery' \cap ham) = P('lottery' \mid ham) \cap P(ham) = 1/16 \cdot 4/5 = 1/20 = 0.05$$
$$P(no\ 'lottery' \cap ham) = P(no\ 'lottery' \mid ham) \cap P(ham) = 15/16 \cdot 4/5 = 15/20 = 0.75$$

これらの確率をまとめたものが図 8-8 になります。各枝の確率の積が右の確率であることに注目してください。たとえば、一番上の葉の場合は 1 / 5 × 3 / 4 ＝ 3 / 20 ＝ 0.15 になります。さらに、これら 4 つの確率は考えられるシナリオをすべてカバーしているため、これらの確率を足すと 1 になることもわかります。

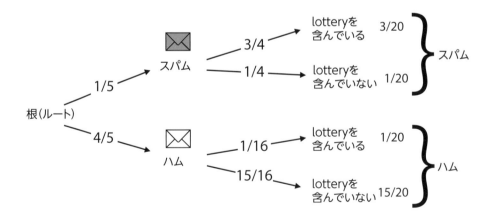

図 8-8：図 8-6 と同じ木のそれぞれの枝に確率を記したもの。根（ルート）から 2 つに枝分かれし、上の枝はスパム、下の枝はハムを表している。それぞれの枝はメールが lottery という単語を含んでいるかどうかに応じてさらに 2 つに枝分かれする

あとひと息です。$P(spam \mid 'lottery')$ を求めてみましょう。つまり、メールが lottery という単語を含んでいると仮定したときにそのメールがスパムである確率を求めます。先ほど調べた 4 つの事象のうち lottery という単語が出現するのは 2 つだけです。したがって、考慮の対象となるのはその 2 つの事象だけです。

$$P('lottery' \cap spam) = \frac{3}{20} = 0.15$$

$$P('lottery' \cap ham) = \frac{1}{20} = 0.05$$

言い換えると、考慮の対象となるのは図 8-9 に示されている 2 つの枝だけです。つまり、メールに lottery という単語が含まれている 1 つ目の枝と 3 つ目の枝です。

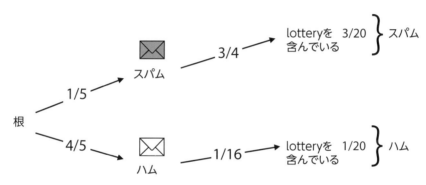

図 8-9：図 8-8 の木からメールに lottery という単語が含まれていない 2 つの枝を刈り取る

1 つ目の枝はメールがスパムである確率を表しており、2 つ目の枝はメールがハムである確率を表しています。これら 2 つの確率を足しても 1 にはなりません。ただし、ここではメールに lottery という単語が含まれていると仮定しているので、考えられるシナリオはこの 2 つだけです。したがって、それらの確率を足すと 1 になるようにすべきです。それに加えて、相対的な比率を同じに保つ必要もあります。この問題を解決する方法は正規化です。つまり、3 / 20 と 1 / 20 の相対比率を保ったまま、合計すると 1 になる 2 つの数字を求めます。これらの数字を求めるには、両方の数字を合計で割ります。この場合は、$\frac{3/20}{3/20+1/20}$ と $\frac{1/20}{3/20+1/20}$ になります。約分すると $\frac{3}{4}$ と $\frac{1}{4}$ という望ましい確率が得られます。結論として、次のようになります。

$$P(spam \mid 'lottery') = \frac{3}{4} = 0.75$$

$$P(ham \mid 'lottery') = \frac{1}{4} = 0.25$$

　メールの数を数えたときとまったく同じ結果です。この情報をまとめるための式が必要です。「メールがスパムで、**かつ** lottery という単語を含んでいる確率」と、「メールがスパムで、**かつ** lottery という単語を含んでいない確率」が求められています。そして、これらの確率を足して 1 にするためにそれぞれを正規化しました。正規化はそれぞれの数字をそれらの合計で割ることと同じです。ここで行ったのは、数学的には次のようなことです。

$$P(spam \mid 'lottery') = \frac{P('lottery' \cap spam)}{P('lottery' \cap spam) + P('lottery' \cap ham)}$$

　これら 2 つの確率が何だったか思い出してください。積の法則を使うと次のようになります。

$$P(spam \mid 'lottery') = \frac{P('lottery' \mid spam) \cdot P(spam)}{P('lottery' \mid spam) \cdot P(spam) + P('lottery' \mid ham) \cdot P(ham)}$$

　数を当てはめて検証してみましょう。

$$P(spam \mid 'lottery') = \frac{\frac{1}{5} \cdot \frac{3}{4}}{\frac{1}{5} \cdot \frac{3}{4} + \frac{4}{5} \cdot \frac{1}{16}} = \frac{\frac{3}{20}}{\frac{3}{20} + \frac{1}{20}} = \frac{\frac{3}{20}}{\frac{4}{20}} = \frac{3}{4} = 0.75$$

　これがベイズの定理の公式です。もう少し正式な定義は次のとおりです。

ベイズの定理：事象 E、F に対し、次の式が成り立つ。

$$P(E \mid F) = \frac{P(F \mid E) \cdot P(E)}{P(F)}$$

事象 F は $F \mid E$ と $F \mid E^C$ の 2 つの排反事象に分けることができるので、次のようになります。

$$P(E \mid F) = \frac{P(F \mid E) \cdot P(E)}{P(F \mid E) \cdot P(E) + P(F \mid E^c) \cdot P(E^c)}$$

8.2.4　ナイーブベイズアルゴリズム：単語が 2 つのときはどうなる？

　前項では、メールに lottery というキーワードが含まれていると仮定して、そのメールがスパムである確率を計算しました。しかし、辞書にははるかに多くの単語が載っています。そこで、メールに複数の単語が含まれていると仮定して、そのメールがスパムである確率を求めたいと思います。想像できるように、計算の難易度はずっと高くなりますが、この確率を推定するのに役立つトリックを紹介します。

　このトリックが役立つのは、一般に、1 つではなく 2 つの事象に基づいて事後確率を計算するときです（そして、3 つ以上の事象に対して一般化するのも簡単です）。このトリックは、「2 つの事象が独立しているとき、両方の事象が同時に発生する確率はそれらの事象が発生する確率の積である」という仮説に基づいています。事象は常に独立しているわけではありませんが、独立していると仮定すると、近似値を求めるのに役立つことがあります。たとえば、人口 1,000 人の島があるとしましょう。住民の半分（500 人）は女性で、10 分の 1 の住民（100 人）は茶色い目をしています。茶色い目の女性は何人いると思いますか？　情報がこれですべてだとすれば、直接会って人数を数えない限りわかりません。しかし、性別と目の色が独立事象であるとすれば、人口の 10 分の 1 の半分が茶色い目の女性であると推定できます。つまり、人口の $1 / 2 \times 1 / 10 = 1 / 20$ です。この島の総人口は 1,000 人なので、茶色い目の女性の数は $1000 \times 1 / 20 = 50$ 人であると推定されます。実際に島に行ってみたらそうじゃなかった、ということになるかもしれませんが、「わかっている情報」からすれば、50 は妥当な見積もりです。性別と目の色の独立性についての私たちの仮定を「ナイーブだ」という人もいるでしょう。確かに甘い考えかもしれませんが、与えられた情報からすれば、このように推定するのが精一杯でした。

　この例で使った法則は、独立事象の確率の積の法則であり、次のように定義されます。

独立事象の確率の積の法則：2 つの事象 E、F が独立している、すなわち一方の事象の発生がもう一方の事象の発生にまったく影響を与えない場合、両方の事象が発生する確率（積事象）はそれぞれの事象が発生する確率の積である。

$$P(E \cap F) = P(E) \cdot P(F)$$

　電子メールの例に戻りましょう。メールに lottery という単語が含まれていると仮定して、そのメールがスパムである確率を求めた後、スパムメールに sale という単語もよく含まれていることに気付きました。そこで、メールに lottery と sale の両方が含まれていると仮定して、そのメールがスパムである確率を求めたいと思います。まず、sale という単語を含んでいるスパムメールとハムメールの数を調べたところ、20 通のスパムメールのうち 6 通、80 通のハ

ムメールのうち 4 通にこの単語が含まれていることがわかりました。したがって、確率は次のようになります（図 8-10）。

$$P('sale' \mid spam) = \frac{6}{20} = 0.3$$

$$P('sale' \mid ham) = \frac{4}{80} = 0.05$$

saleという単語を含んでいるメールがスパムである確率:0.6

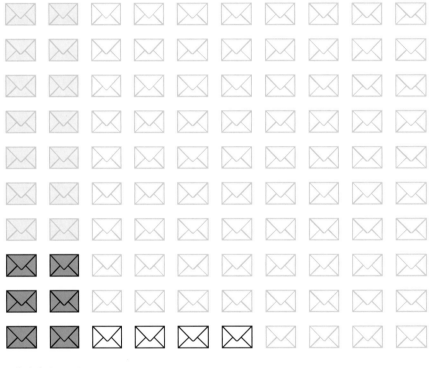

saleを含んでいる
6通のスパムメール

saleを含んでいる4通のハムメール

図 8-10：lottery と同じ方法で sale という単語を含んでいるメールを調べる。
それらの（色が薄くなっていない）メールのうちスパムは 6 通、ハムは 4 通

　ここでもベイズの定理を使うと、メールに sale という単語が含まれていると仮定して、そのメールがスパムである確率は 0.6 であることがわかります。ぜひ自分で計算してみてください。しかし、それよりも重要なのは、メールに lottery と sale が同時に含まれていると仮定して、そのメールがスパムである確率を求めることです。この計算を行う前に、メールがスパムであ

ると仮定して、そのメールに lottery と sale が含まれている確率を求めてみましょう。この計算は簡単なはずです。すべてのメールを調べて、スパムメールのうち何通に lottery と sale が含まれているか数えてみればよいからです。

ただし、lottery と sale が含まれているメールが 1 通もないという問題にぶつかるかもしれません。メールはたったの 100 通です。これらのメールで 2 つの単語を調べるとなると、確率を正しく推定するにはメールの数が足りないかもしれません。どうすればよいでしょう。解決策の 1 つとして考えられるのは、これら単語が 2 つとも含まれているメールが何通か交じっていそうな規模になるまで、データをさらに集めることです。しかし、それ以上データを集められないこともあるため、すでにあるものでどうにかする必要があります。このようなときに役立つのが、ナイーブな仮定です。

本項では、島に住んでいる茶色い目をした女性の数を推定しました。そのときと同じ方法で、この確率を推定してみましょう。前項で確認したように、スパムに lottery という単語が含まれている確率は 0.75 であることがわかっています。そして先ほど示したように、スパムに sale という単語が含まれている確率は 0.3 です。したがって、これら 2 つの単語がメールに独立して含まれていると単純に仮定した場合、両方の単語がスパムに含まれている確率は $0.75 \times 0.3 = 0.225$ です。同様に、ハムに lottery という単語が含まれている確率は 0.0625、sale という単語が含まれている確率は 0.05 であると計算したので、両方の単語がハムに含まれている確率は $0.0625 \times 0.05 = 0.003125$ です。言い換えると、推定確率は次のようになります。

$$P('lottery', 'sale' \mid spam) = P('lottery' \mid spam)P('sale' \mid spam) = 0.75 \cdot 0.3 = 0.225$$
$$P('lottery', 'sale' \mid ham) = P('lottery' \mid ham)P('sale' \mid ham) = 0.0625 \cdot 0.05 = 0.003125$$

ここで行ったナイーブな仮定は次のとおりです。

> **ナイーブな仮定**：メールに含まれている単語は互いに完全に独立している。つまり、メールに特定の単語が出現することは、そのメールに別の単語が出現することにまったく影響を与えない。

このナイーブな仮定が真であることはまずありません。ある単語の出現が別の単語の出現に大きな影響を与えることはあり得るからです。たとえば、salt という単語と pepper という単語は一緒に使われることが多いため、あるメールに salt が含まれている場合、同じメールに pepper が含まれている可能性は高くなります。この仮定がナイーブなのはそういうわけです。しかし、実際にはこの仮定がうまく働いて、計算がかなり単純になります。これが確率の積の法則です。図 8-11 に示すように、メールの 20% に lottery という単語、10% に sale という

単語が含まれていて、これら 2 つの単語が互いに独立しているとしましょう。この仮定の下で
は、両方の単語が含まれているメールの割合を 2%（20% × 10%）と推定できます。

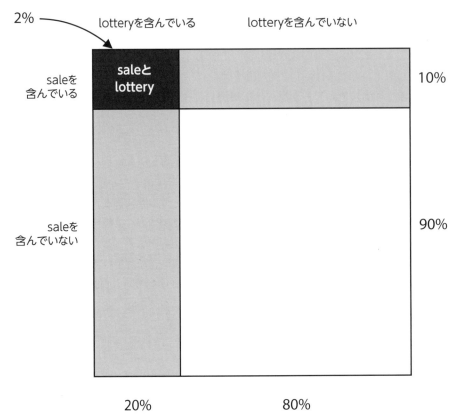

図 8-11：ナイーブな仮定の下で 2 つの単語がメールに含まれている割合を計算

　確率の推定値を求めたところで、lottery と sale を含んでいるスパムとハムの数を予想して
みましょう。

- スパムメールは 20 通で、両方の単語がスパムに含まれている確率は 0.225 なので、両
  方の単語を含んでいるスパムの数は 20 × 0.225 = 4.5 通と予想される。
- 同様に、ハムメールは 80 通で、両方の単語がハムに含まれている確率は 0.003125 な
  ので、両方の単語を含んでいるハムの数は 80 × 0.003125 = 0.25 通と予想される。

　この計算は、データセットを lottery と sale の両方の単語を含んでいるメールに限定した場
合に、そのうちの 4.5 通がスパムで、0.25 通がハムであることを示唆しています。では、こ

れらのメールの中から 1 通を無作為に選び出した場合、そのメールがスパムである確率はどれくらいでしょうか。小数は整数よりも難しく思えるかもしれませんが、図 8-12 を見ると少しわかりやすいかもしれません。スパムメールは 4.5 通、ハムメールは 0.25 通（1 通のちょうど 4 分の 1）です。ダーツを投げて 1 通のメールに刺さったとして、そのメールがスパムである確率はいくつになるでしょうか。メールの総数は 4.5 + 0.25 = 4.75 です（総面積を想像してみるほうがピンとくるかもしれません）。そのうち 4.5 通がスパムなので、ダーツがスパムに刺さる確率は 4.5 / 4.75 = 0.9474 です。つまり、lottery と sale の両方の単語を含んでいるメールがスパムである確率は 94.74% です。かなり高い確率です。

lotteryとsaleを含んでいる　　　　　　　lotteryとsaleを含んでいる
4.5通のスパムメール　　　　　　　　　　0.25通のハムメール

図 8-12：スパムメールが 4.5 通、ハムメールが 0.25 通のとき、
ダーツを投げて刺さった 1 通のメールがスパムである確率は 94.74%

ここで確率を使って行ったことは、次の事象を除けば、ベイズの定理を使っていました。

$$E = lottery \cap sale$$
$$F = spam$$

式は次のようになります。

$$P(spam \mid lottery \cap sale) =$$
$$\frac{P(lottery \cap sale \mid spam) \cdot P(spam)}{P(lottery \cap sale \mid spam) \cdot P(spam) + P(lottery \cap sale \mid ham) \cdot P(ham)}$$

そして、スパム（およびハム）メールに lottery と sale が独立して出現すると（ナイーブに）仮定して、次の 2 つの式を手に入れました。

$$P(lottery \cap sale \mid spam) = P(lottery \mid spam) \cdot P(sale \mid spam)$$
$$P(lottery \cap sale \mid ham) = P(lottery \mid ham) \cdot P(sale \mid ham)$$

これらの式を先の式に当てはめると次のようになります。

$$P(spam \mid lottery \cap sale) =$$
$$\frac{P(lottery \mid spam) \cdot P(sale \mid spam) \cdot P(spam)}{P(lottery \mid spam) \cdot P(sale \mid spam) \cdot P(spam) + P(lottery \mid ham) \cdot P(sale \mid ham) \cdot P(ham)}$$

最後に、次の値を当てはめてみましょう。

$$P(lottery \mid spam) = \frac{3}{4}$$

$$P(sale \mid spam) = \frac{3}{10}$$

$$P(spam) = \frac{1}{5}$$

$$P(lottery \mid ham) = \frac{1}{16}$$

$$P(sale \mid ham) = \frac{1}{20}$$

$$P(ham) = \frac{4}{5}$$

そうすると次のようになります。

$$P(spam \mid lottery \cap sale) = \frac{\frac{3}{4} \cdot \frac{3}{10} \cdot \frac{1}{5}}{\frac{3}{4} \cdot \frac{3}{10} \cdot \frac{1}{5} + \frac{1}{16} \cdot \frac{1}{20} \cdot \frac{4}{5}} = 0.9474$$

8.2.5　単語が 3 つ以上のときはどうなる？

　一般的なケースでは、メールに含まれている単語の数は n 個です（$x_1, x_2, ..., x_n$）。ベイズの定理は、メールに単語 $x_1, x_2, ..., x_n$ が含まれていると仮定して、そのメールがスパムである確率を次の式で表します。

$$P(spam \mid x_1, x_2, \ldots, x_n) =$$
$$\frac{P(x_1, x_2, \ldots, x_n \mid spam) \, P(spam)}{P(x_1, x_2, \ldots, x_n \mid spam) \, P(spam) + P(x_1, x_2, \ldots, x_n \mid ham) \, P(ham)}$$

　この式では、積集合の記号を削除してコンマに置き換えています。ナイーブな仮定では、これらすべての単語の有無は独立しています。したがって、次のようになります。

$$P(x_1, x_2, \ldots, x_n \mid spam) = P(x_1 \mid spam) \, P(x_2 \mid spam) \ldots P(x_n \mid spam)$$
$$P(x_1, x_2, \ldots, x_n \mid ham) = P(x_1 \mid ham) \, P(x_2 \mid ham) \ldots P(x_n \mid ham)$$

この 3 つの式をまとめると次のようになります。

$P(spam \mid x_1, x_2, \ldots, x_n) =$
$$\frac{P(x_1 \mid spam)\, P(x_2 \mid spam) \ldots P(x_n \mid spam)\, P(spam)}{P(x_1 \mid spam)\, P(x_2 \mid spam) \ldots P(x_n \mid spam)\, P(spam) + P(x_1 \mid ham)\, P(x_2 \mid ham) \ldots P(x_n \mid ham)\, P(ham)}$$

これらの式の右辺の数量については、メールの個数の比率として簡単に推定できます。たとえば、$P(x_1 \mid spam)$ は単語 x_i を含んでいるスパムの個数とスパムの総数の比率です。

簡単な例として、メールに lottery、sale、mom という単語が含まれているとしましょう。mom という単語を調べたところ、スパムメールでは 20 通のうち 1 通に含まれていただけですが、ハムメールでは 80 通のうち 10 通に含まれていました。

$$P('mom' \mid spam) = \frac{1}{20}$$
$$P('mom' \mid ham) = \frac{1}{8}$$

lottery と sale に前項と同じ確率を使うと、次のようになります。

$P(spam \mid 'lottery', 'sale', 'mom')$
$$= \frac{P('lottery' \mid spam)\, P('sale' \mid spam)\, P('mom' \mid spam)\, P(spam)}{P('lottery' \mid spam)\, P('sale' \mid spam)\, P('mom' \mid spam)\, P(spam) + P('lottery' \mid ham)\, P('sale' \mid ham)\, P('mom' \mid ham)\, P(ham)}$$
$$= \frac{\frac{3}{4} \cdot \frac{3}{10} \cdot \frac{1}{20} \cdot \frac{1}{5}}{\frac{3}{4} \cdot \frac{3}{10} \cdot \frac{1}{20} \cdot \frac{1}{5} + \frac{1}{16} \cdot \frac{1}{20} \cdot \frac{1}{8} \cdot \frac{4}{5}}$$
$$= 0.8780$$

式に mom を追加した結果、スパムの確率が 94.74% から 87.80% に低下したことに注目してください。この単語がスパムよりもハムに含まれる傾向にあることを考えれば、当然の結果です。

8.3　本物のデータを使ってスパム検出モデルを構築する

アルゴリズムを定義したところで、さっそくナイーブベイズアルゴリズムのコーディングに取りかかりましょう。このアルゴリズムは scikit-learn などのパッケージで非常にうまく実装されているため、ぜひ調べてみてください。ただし、ここでは Kaggle のデータセット[1] を使ってコードを実際に書いていきます。

---

[1]　このデータセットのダウンロード方法については付録 C を参照。

本節で使うコードはすべて本書の GitHub リポジトリにあります。

GitHub リポジトリ：`https://github.com/luisguiserrano/manning/`
フォルダ：`Chapter_8_Naive_Bayes`
Jupyter Notebook：`Coding_naive_Bayes.ipynb`
データセット：`emails.csv`

この例では、大きなデータセットを扱うときに便利なパッケージである pandas を紹介します[2]。pandas では、データセットを主に `DataFrame` オブジェクトに格納します。データを `DataFrame` オブジェクトに読み込むには、次のコマンドを使います。

```
import pandas

emails = pandas.read_csv('emails.csv')
```

このデータセットの最初の5行を見てみましょう（図8-13）。

	text	spam
0	Subject: naturally irresistible your corporate...	1
1	Subject: the stock trading gunslinger fanny i...	1
2	Subject: unbelievable new homes made easy im ...	1
3	Subject: 4 color printing special request add...	1
4	Subject: do not have money , get software cds ...	1

図8-13：メールデータセットの最初の5行

このデータセットは2つの列で構成されています。1つ目の Text 列には、メールのテキストが（件名とともに）文字列形式で含まれています。2つ目の Spam 列は、スパム（1）かハム（0）かを表しています。まず、データの前処理を行う必要があります。

8.3.1　データの前処理を行う

まず、テキスト文字列を単語のリストに変換します。このタスクには次の関数を使います。この関数は `lower()` を使ってすべての単語を小文字に変換し、`split()` を使って単語をリストにまとめます。ここでは、それぞれの単語がメールに出現するかどうかだけをチェックすればよく、その回数は考慮しないため、先にセットに変換してからリストに変換します。

※2　pandas については第13章の13.1.2 項で詳しく説明している。

```
def process_email(text):
    text = text.lower()
    return list(set(text.split()))
```

次に、apply() を使ってこの変更を列全体に適用し、新しい列に 'words' という名前を付けます。

```
emails['words'] = emails['text'].apply(process_email)
```

変更後のデータセットの最初の 5 行を見てみましょう（図 8-14）。新しい列には、メールの本文と件名に出現する単語のリストが含まれています。

	text	spam	words
0	Subject: naturally irresistible your corporate...	1	[that, make, distinctive, really, corporate, a...
1	Subject: the stock trading gunslinger fanny i...	1	[earmark, chisel, pirogue, chesapeake, attire,...
2	Subject: unbelievable new homes made easy im ...	1	[that, 169, limited, ,, 1, 72, subject:, have,...
3	Subject: 4 color printing special request add...	1	[message, goldengraphix, an, 626, canyon, vers...
4	Subject: do not have money , get software cds ...	1	[along, grow, yet, money, it, ,, do, subject:,...

図 8-14：Words という列が新たに追加されたメールデータセットの最初の 5 行

8.3.2　事前確率を求める

まず、メールがスパムである確率（事前確率）を求めるために、スパムであるメールの個数をメールの総数で割ります。スパムメールの数は Spam 列のエントリの合計です。

```
print(sum(emails['spam'])/len(emails))
```
```
0.2388268156424581
```

メールがスパムである事前確率はおよそ 0.24 と推定されます。この事前確率は、メールについて何も知らない場合に、そのメールがスパムである確率です。同様に、メールがハムである事前確率はおよそ 0.76 です。

8.3.3　ベイズの定理を使って事後確率を求める

　次に、スパム（およびハム）メールに特定の単語が含まれる確率を求める必要があります。この計算をすべての単語で同時に行います。次の関数は、model という名前のディクショナリ（辞書）を作成し、それぞれの単語をその単語が含まれているスパムとハムの個数とともに記録します。

```
model = {}

for index, email in emails.iterrows():
    for word in email['words']:
        if word not in model:
            model[word] = {'spam': 1, 'ham': 1}
        if word in model:
            if email['spam']:
                model[word]['spam'] += 1
            else:
                model[word]['ham'] += 1
```

　スパムとハムの個数の初期値は 1 なので、実際にはスパムとハムの個数を 1 つ多く記録していることに注意してください。これは数値が 0 にならないようにしてうっかり 0 で割ってしまうのを防ぐためのちょっとした裏技です。このディクショナリの行をいくつか見てみましょう。

```
model['lottery']
```
```
{'spam': 9, 'ham': 1}
```

```
model['sale']
```
```
{'spam': 39, 'ham': 42}
```

　つまり、lottery という単語が 9 通のスパムと 1 通のハムに含まれているのに対し、sale という単語は 39 通のスパムと 42 通のハムに含まれています。このディクショナリには確率は含まれていませんが、一方のエントリを両方のエントリの合計で割ると確率を求めることができます。したがって、lottery という単語が含まれているメールがスパムである確率は 9 ／（9 + 1）＝ 0.9 であり、sale という単語が含まれているメールがスパムである確率は 39 ／（39 + 42）＝ 0.48 です。

8.3.4 ナイーブベイズアルゴリズムを実装する

このアルゴリズムの入力はメールです。このアルゴリズムはそのメールに含まれている単語をすべて調べて、それらの単語ごとにスパムに含まれている確率とハムに含まれている確率を計算します。これらの確率の計算には、前項で定義したディクショナリを使います。そして、それらの単語が特定のメールに含まれていると仮定した上でそのメールがスパムである確率を求めるために、これらの確率を掛けて（ナイーブな仮定）、ベイズの定理を適用します。このモデルを使って予測を行うコードは次のようになります。

```python
import numpy as np

def predict_naive_bayes(email):
    total = len(emails)                     # メールの総数
    num_spam = sum(emails['spam'])          # スパムメールの個数
    num_ham = total - num_spam              # ハムメールの個数
    email = email.lower()                   # 各メールを小文字の単語のリストに変換
    words = set(email.split())
    spams = [1.0]
    hams = [1.0]
    # 単語ごとに、その単語を含んでいるメールがスパム（またはハム）である条件付き確率を
    # 比率として計算
    for word in words:
        if word in model:
            spams.append(model[word]['spam'] / num_spam * total)
            hams.append(model[word]['ham'] / num_ham * total)
    # すべての確率にメールがスパムである確率を掛け、prod_spams に格納
    prod_spams = np.long(np.prod(spams) * num_spam)
    # prod_hams の処理も同様
    prod_hams = np.long(np.prod(hams) * num_ham)
    # （ベイズの定理を使って）これら 2 つの確率を正規化して合計で 1 になるようにした上で返す
    return prod_spams / (prod_spams + prod_hams)
```

このコードに小さな仕掛けがもう 1 つあることに気付いたでしょうか。そう、すべての確率にデータセット内のメールの総数を掛けています。この係数は分子と分母に掛けるため、計算には影響を与えません。しかし、このようにすると確率の積が Python で処理するのに十分な大きさになります。

モデルはこれで完成です。試しに、いくつかのメールで予測を行ってみましょう。

```
predict_naive_bayes('Hi mom how are you')
```

0.12554358867164467

```
predict_naive_bayes('meet me at the lobby of the hotel at nine am')
```

6.964603508395964e-05

```
predict_naive_bayes('buy cheap lottery easy money now')
```

0.999973472265966

```
predict_naive_bayes('asdfgh')
```

0.2388268156424581

うまく機能しているようです。'Hi mom how are you' のようなメールがスパムである確率は低くなっており（およそ 0.12）、'buy cheap lottery easy money now' のようなメールがスパムである確率は非常に高くなっています（0.99 超え）。このディクショナリ内の単語を 1 つも含んでいないメールがスパムである確率は 0.2388 で、ちょうど事前確率と同じです。

8.3.5　ナイーブベイズアルゴリズムの他の実装を試してみる

本章では、手っ取り早い方法でナイーブベイズアルゴリズムを実装しました。しかし、さらに大きなデータセットやメールでは、パッケージを使ってください。scikit-learn などのパッケージにはナイーブベイズアルゴリズムのすばらしい実装が含まれており、さまざまなパラメータを試してみることができます。scikit-learn や他のパッケージを調べて、さまざまな種類のデータセットでナイーブベイズアルゴリズムを試してみてください。

8.4　まとめ

- ベイズの定理は確率、統計、機械学習において広く使われている。
- ベイズの定理では、事前確率と事象に基づいて事後確率を計算する。
- 事前確率は情報がほとんどない状態で計算された基本的な確率である。
- ベイズの定理は事象を使って目的の確率をはるかに正確に推定する。
- ナイーブベイズアルゴリズムは事前確率を複数の事象と組み合わせたいときに使う。
- 「ナイーブ」という名前は当該の事象がすべて独立しているという甘い想定を行うことに由来する。

8.5 練習問題

練習問題 8-1

事象 A、B のペアごとに、それらの事象が独立しているかどうかを判断し、a〜d を数学的に証明してください。

3 枚のコインを投げます。

- **a.** A：1 枚目が表を向く。 B：3 枚目が裏を向く。
- **b.** A：1 枚目が表を向く。 B：3 枚投げたうち表を向いたコインの枚数は奇数。

2 個のサイコロを振ります。

- **c.** A：1 つ目は 1 の目が出る。 B：2 つ目は 2 の目が出る。
- **d.** A：1 つ目は 2 の目が出る。 B：2 つ目は 1 つ目よりも大きな目が出る。

e と f は言葉で証明してください。この問題では、季節のある場所に住んでいるものと仮定します。

- **e.** A：外は雨だ。 B：今日は月曜日だ。
- **f.** A：外は雨だ。 B：今日は 6 月だ。

練習問題 8-2

事務手続きをするために定期的に訪れなければならないオフィスがあります。このオフィスには Aisha と Beto の 2 人の事務員がいます。Aisha は週に 3 日勤務し、残りの 2 日は Beto が勤務することがわかっています。ただし、スケジュールが毎週変わるため、Aisha が何曜日にそこにいて、Beto が何曜日にそこにいるのかまったくわかりません。

- **a.** オフィスにふらっと立ち寄ったときに Aisha がいる確率はいくつでしょうか。

外からは赤いセーターを着た事務員がいるのが見えますが、誰なのかはわかりません。このオフィスは何度か訪れているため、Aisha よりも Beto のほうがよく赤い服を着ていることを知っています。実際には、Aisha は 3 日に 1 回は（3 分の 1 の確率で）赤い服を着ており、Beto は 2 日に 1 回は（2 分の 1 の確率で）赤い服を着ています。

- **b.** 今日は事務員が赤い服を着ていることがわかっていると仮定して、Aisha が事務所にいる確率はいくつでしょうか。

練習問題 8-3

次の表は COVID-19 の検査結果が陽性または陰性だった患者のデータセットです。患者の症状は、咳（C）、発熱（F）、呼吸困難（B）、倦怠感（T）です。

	咳 (C)	発熱 (F)	呼吸困難 (B)	倦怠感 (T)	診断
患者 1		×	×	×	陽性
患者 2	×	×		×	陽性
患者 3	×		×	×	陽性
患者 4	×	×	×		陽性
患者 5	×			×	陰性
患者 6		×	×		陰性
患者 7		×			陰性
患者 8				×	陰性

この練習問題の目的は症状から診断を予測するナイーブベイズモデルを構築することです。ナイーブベイズアルゴリズムを使って次の確率を求めてください。**注意：**以下の質問では、言及されていない症状についてはまったくわからないものとします。たとえば、患者が咳をしていることがわかっていて、熱について何の言及もない場合、その患者が発熱していないという意味ではありません。

- **a.** 患者が咳をしていると仮定して、患者が陽性である確率
- **b.** 患者に倦怠感の症状がないと仮定して、患者が陽性である確率
- **c.** 患者に咳と発熱の症状があると仮定して、患者が陽性である確率
- **d.** 患者に咳と発熱の症状があり、呼吸困難の症状がないと仮定して、患者が陽性である確率

質問しながらデータを分割する
決定木 | 9

本章の内容

- 決定木とは何か

- 分類と回帰で決定木を使う

- ユーザーの情報に基づいてレコメンデーションシステムを構築する

- 正解率、ジニ不純度、エントロピーと決定木におけるそれらの役割

- scikit-learn を使って大学入学選考データセットで決定木を訓練する

　本章のテーマは決定木です。決定木は強力な分類・回帰モデルであり、データセットに関する情報もいろいろ提供してくれます。ここまで見てきたモデルと同様に、決定木はラベル付きのデータで訓練され、ラベルとしてクラス（分類）または値（回帰）を予測できます。本章の大部分は分類のための決定木に焦点を合わせていますが、最後に回帰のための決定木も取り上げます。とはいえ、どちらの決定木も構造や訓練プロセスはほぼ同じです。本章では、レコメンデーションシステムや大学の入学選考を予測するモデルを含め、何種類かのモデルを開発します。

　決定木は直感的なプロセスに従って予測を行います。このプロセスは人間の論理的思考に非常によく似ています。今日はジャケットを着ていくべきかどうかを決めたいとしましょう。この決定プロセスはどのようなものになるでしょうか。外を見て雨が降っているかどうかを確認するかもしれません。雨が降っている場合は間違いなくジャケットを着るでしょう。雨が降っていない場合は、気温を調べるかもしれません。気温が高い場合はジャケットはいりませんが、気温が低い場合は必要でしょう。この決定プロセスを図解すると図9-1のようになります。決定木を上から下にたどりながら、正しい答えの枝に進むことで決定を下します。

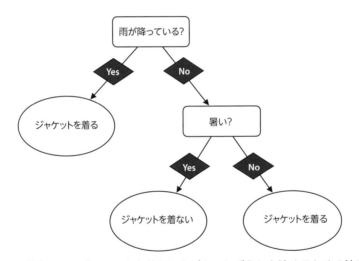

図9-1：特定の日にジャケットを着たほうがよいかどうかを決めるための決定木

　この決定プロセスは上下が逆さまになった木のように見えます。この木は**ノード**（node）と呼ばれる頂点と**エッジ**（edge）と呼ばれる枝でできています。一番上にあるのは**根ノード**（root node）で、そこから2つに枝分かれしています。根は**ルート**とも呼ばれます。それらの枝の先には2つのノードがあり、一方のノードはさらに2つに枝分かれしているため、**二分木**（binary tree）と呼びます。2つに分岐しているノードを**決定ノード**（decision node）と呼び、枝が伸びていないノードを**葉ノード**（leaf node）または**葉**と呼びます。このようにノード、葉、エッジ

でできているものを決定木と呼びます。コンピュータはすべてのプロセスを一連の二項演算に分解するため、決定木はコンピュータサイエンスにおいて自然な存在です。

　最も単純な決定木は**決定株**（decision stump）と呼ばれるもので、1つの決定ノード（根）と2つの葉ノードでできています。決定株は「はい」または「いいえ」で答える1つの質問（以下、イエス・ノー形式の質問）を表し、その答えに基づいて直ちに決定を下します。

　決定木の深さは根ノードの下にあるレベルの数を表します。また、根ノードから葉ノードまでの経路の長さで決定木の深さを表すこともできます。経路はその中に含まれているエッジの個数で表されます。図9-1の決定木の深さは2で、決定株の深さは1です。

　ここまで学んだことをまとめておきます。

決定木：イエス・ノー形式の質問に基づく二分木で表される機械学習モデル。決定木は根ノード、決定ノード、エッジで構成される。

根ノード：決定木の一番上のノード。イエス・ノー形式の質問を含んでいる。単に**根**または**ルート**と呼ぶこともある。

決定ノード：モデル内のイエス・ノー形式の質問を表すノードであり、そこから（2つの答えに対応する）2つの枝が伸びている。

葉ノード：枝が伸びていないノードであり、決定木をたどった後に下される決定を表す。単に**葉**と呼ぶこともある。

枝：各決定ノードから伸びる2本のエッジであり、そのノードの質問に対する答えに対応している。本章では慣例にならい、左の枝を「はい（Yes）」、右の枝を「いいえ（No）」にしている。

深さ：決定木のレベルの数。根ノードから葉ノードまでの最長経路上にある枝の数と同じ。

　本章では、ノードを角丸四角形、枝の答えをひし形、葉を楕円形で表します。根ノード、決定ノード、葉ノードからなる一般的な決定木は次ページの図9-2のようになります。各決定ノードにイエス・ノー形式の質問が含まれていることに注目してください。有効な答えごとに別の決定ノードまたは葉ノードに向かう枝があります。葉ノードから根ノードまでの最長経路は2本の枝を通過するため、この決定木の深さは2です。

　この決定木はどうやって組み立てたのでしょうか。なぜそれらの質問をしたのでしょうか。今日が月曜日だったか、外で赤い車を見たか、またはお腹がすいているかをチェックして、次ページの図9-3のような決定木を組み立てることだってできたはずです。

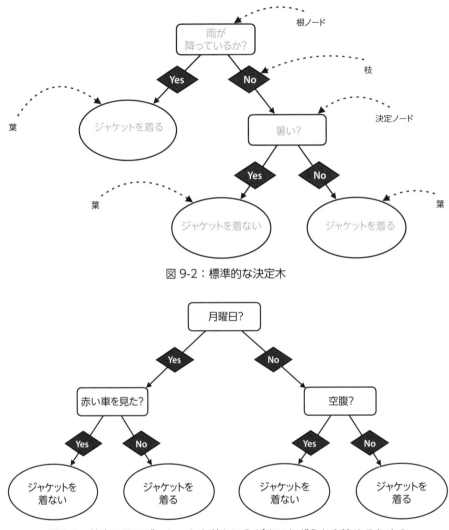

図 9-2：標準的な決定木

図 9-3：特定の日にジャケットを着たほうがよいかどうかを決めるための
もう1つの（おそらくあまりよくない）決定木

　ジャケットを着るかどうかを決めるとしたら、決定木1（図9-1）と決定木2（図9-3）では、どちらのほうがよい決定木でしょうか。私たち人間は経験から決定木1のほうがずっとよいとわかりますが、コンピュータはどうやってそのことを知るのでしょうか。コンピュータには経験そのものはありませんが、それに近いものを持っています —— そう、データです。コンピュータのつもりになって考えるとしたら、単に決定木として考えられるものをすべて洗い出し、たとえば1年くらいかけてそれらの決定木を1つ1つ試し、それぞれの決定木が正しい決定につながった回数を調べることで、性能を比較することになるかもしれません。決定木1

を使ったときはほとんどの日に正しい判断を下せたのに、決定木2を使ったときはジャケットがなくて寒くて震えたり、とても暑い日にジャケットを着たりするはめになることが想像できます。だってコンピュータはすべての決定木を片っ端から調べてデータを集め、どの決定木が最もよいかを突き止めるだけですよね？

うーん惜しい！ 残念ながら、コンピュータだって、決定木として考えられるものをすべて調べて最も効果的なものを突き止めるとなると相当な時間がかかってしまいます。ですが、ありがたいことに、この探索がずっと高速になるようなアルゴリズムがあり、スパム検出、感情分析、医療診断など、多くのすばらしい用途に決定木を活用できます。本章では、よい決定木をすばやく構築するためのアルゴリズムを調べます。簡単に言うと、ノードを上から順に1つずつ構築しながら決定木を完成させます。各ノードにふさわしい質問を選ぶたびに、質問として考えられるものをすべて調べて、正しかった回数が最も多かったものを選びます。では、実際のプロセスを見ていきましょう。

最初の質問を選ぶ

この決定木の根ノードにふさわしい最初の質問を選ぶ必要があります。特定の日にジャケットを着るかどうかの判断に役立つよい質問とはどのようなものでしょうか。最初は何でもかまいません。最初の質問の候補として次の5つを思い付いたとしましょう。

1. 雨が降っている？
2. 外は寒い？
3. お腹が減っている？
4. 外に赤い車はある？
5. 今日は月曜日？

これら5つの質問のうち、ジャケットを着るべきかどうかの判断に最も役立ちそうなのはどれでしょうか。直感から言うと、最後の3つの質問はこの判断に役立ちません。最初の2つの質問では、1つ目のほうが役立ちそうであることが経験からわかっているとしましょう。そこで、この質問を使って決定木の構築を開始します。この時点で、このたった1つの質問で構成された、非常に単純な決定木（決定株）ができあがります（次ページの図9-4）。答えが「はい」の場合は「ジャケットを着る」という決断を下すことになります。

この決定木を改善できるでしょうか。「雨が降っているときはジャケットを着る」という判断は常に正しい一方、「雨が降っていない日はジャケットを着ない」という判断は正しいとは限らないことに気が付いたとしましょう。ここで登場するのが質問2です。この質問を、「雨が降っていないことを確認したら、**続いて**気温を確認し、寒かったらジャケットを着る」のように利用するのです。このようにすると、決定木の右の葉がノードになり、2つの葉に枝分かれしま

す（図 9-5）。

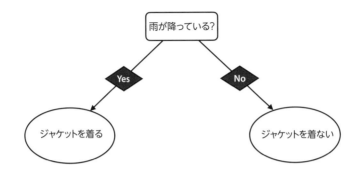

図 9-4：「雨が降っている？」という質問だけで構成される単純な決定木（決定株）

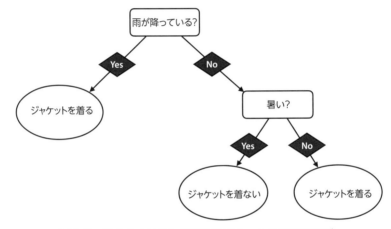

図 9-5：図 9-4 より少し複雑な決定木。1 つの葉を選び、
そこからさらに 2 つの葉に分かれている（図 9-1 の木と同じ）

　決定木はこれで完成です。さらに改善できるでしょうか。この決定木にノードと葉をさらに
追加すればおそらく可能でしょう。ですが、ひとまずこれでよしとしましょう。この例では、
私たちの直感と経験を頼りに決定を下しました。本章で学ぶのは、これらの決定木をデータに
のみ基づいて構築するアルゴリズムです。

　きっと読者の頭の中にさまざまな疑問が渦巻いていることでしょう。

1. これ以上ないほどよい質問をいったいどうやって決めるのか？

2. 常にできるだけよい質問を選んでいれば、実際に最も効果的な決定木になるのか？

3. なぜ決定木として考えられるものをすべて構築し、その中から最もよいものを選ばない
   のか？

4. このアルゴリズムをコーディングするのか？

5. 決定木は実際にどのような場面で使われているのか？

6. 決定木がどのようにして分類を行うのかはわかったが、回帰はどのように行うのか？

本章では、上記のすべての質問に答えていきますが、ここで答えをざっとまとめておきます。

1. **これ以上ないほどよい質問をいったいどうやって決めるのか？**

   方法はいくつかあります。最も単純なのは、正解率を使うことです。つまり、正しい結果になる回数がより多くなる質問を選びます。ただし、本章ではジニ不純度やエントロピーといった他の方法も学びます。

2. **常にできるだけよい質問を選んでいれば、実際に最も効果的な決定木になるのか？**

   実際には、最もよい決定木になるという保証はありません。これは**貪欲法**（greedy algorithm）と呼ばれるもので、あらゆる時点で最もよいと思われる動作をとるという仕組みになっています。貪欲法はうまくいく傾向にありますが、時間ステップごとに最良の動作をとったからといって全体として最良の結果になるとは限りません。あまり厳格な質問をしないほうが、最終的によい決定木になるような方法でデータが分類されることもあります。とはいえ、貪欲法による決定木の構築は非常にうまくいく傾向にあり、しかも決定木をすばやく構築できるため、本章でもそれにならうことにします。ぜひ本章で説明するアルゴリズムを調べて、貪欲的な部分を取り除いてアルゴリズムを改善する方法を考えてみてください。

3. **なぜ決定木として考えられるものをすべて構築し、その中から最もよいものを選ばないのか？**

   データセットに含まれている特徴量の数が多い場合は特にそうですが、決定木の候補の数は膨大です。それらの決定木をひととおり調べるとなるとかなり時間がかかってしまいます。この場合、各ノードを特定するために必要なのは特徴量の線形探索を行うことだけであり、決定木として考えられるものをすべて調べる必要はないため、ずっと短い時間で済みます。

4. **このアルゴリズムをコーディングするのか？**

   このアルゴリズムを実際にコーディングすることは可能ですが、再帰的なアルゴリズムなのでコーディングには少し手こずるでしょう。そこで、scikit-learn という便利なパッケージを使って、本物のデータで決定木を構築することにします。

5. **決定木は実際にどのような場面で使われているのか？**

   それはもうあちこちで使われています。決定木は非常にうまくいくだけではなく、データについて多くの情報も提供してくれるため、機械学習において広く使われています。

　　決定木が使われる場所としては、レコメンデーションシステム（動画、映画、アプリ、商
　　品の購入などを推奨）、スパム分類（メールがスパムかどうかを判定）、感情分析（ポジティ
　　ブな文かネガティブな文かを判断）、生物学（患者が病気かどうかを診断、または種ある
　　いはゲノムの分類体系を特定）があります。

6. 決定木がどのようにして分類を行うのかはわかったが、回帰はどのように行うのか？

　　回帰決定木と分類決定木はまったく同じものに見えますが、葉ノードに違いがあります。
　　分離決定木の葉ノードに含まれているのは、「はい」または「いいえ」といったクラスです。
　　回帰決定木の葉ノードに含まれているのは、4、8.2、-199といった値です。モデルの予
　　測値は決定木をたどっていってたどり着いた葉によって決まります。

　本章で最初に取り組むのは、レコメンデーションシステムです。レコメンデーションシステ
ムは機械学習ではおなじみのアプリケーションであり、筆者のお気に入りの1つでもあります。

9.1　問題：ユーザーがダウンロードしそうなアプリを勧める

　レコメンデーションシステムは機械学習において最もよく見られるおもしろい用途の1つで
す。Netflixはどのようにしてお勧め映画を決めるのか、YouTubeはどのようにしてあなたが
観そうな動画を推測するのか、Amazonはどのようにしてあなたが購入しそうな商品を表示
するのかを疑問に思ったことはありませんか。これらはすべてレコメンデーションシステムの
実例です。レコメンデーション問題を理解するための単純で興味深い方法の1つは、それらの
問題を分類問題として考えてみることです。簡単な例として、アプリケーションを勧める決定
木ベースのレコメンデーションシステムについて考えてみましょう。

　アプリのダウンロードをユーザーに勧めるシステムを構築したいとしましょう。このアプリ
ストアでは、次の3つのアプリを提供しています。

Atom Count：体内の原子の数を調べるアプリ
Beehive Finder：ユーザーの現在地を地図で示し、最寄りの養蜂場を見つけ出すアプリ
Check Mate Mate：オーストラリア人のチェスプレイヤーを探すアプリ

　訓練データは、ユーザーが使っているプラットフォーム（iPhoneまたはAndroid）、年齢、
そして過去にダウンロードしたアプリをまとめたテーブルです（実際にはもっと多くのプラッ
トフォームがありますが、ここで単純に選択肢を2つと仮定します）。このテーブルには6人
分のデータが含まれています（表9-1）。

Atom Count

Beehive Finder

Check Mate Mate

図 9-6：お勧めする 3 つのアプリ

表 9-1：アプリレコメンデーションデータセット

プラットフォーム	年齢	アプリ
iPhone	15	Atom Count
iPhone	25	Check Mate Mate
Android	32	Beehive Finder
iPhone	35	Check Mate Mate
Android	12	Atom Count
Android	14	Atom Count

では、あなたなら次の 3 人の顧客にどのアプリを勧めますか？

顧客 1： 13 歳の iPhone ユーザー
顧客 2： 28 歳の iPhone ユーザー
顧客 3： 34 歳の Android ユーザー

きっと次のアプリを勧めるでしょう。

顧客 1： 13 歳の iPhone ユーザー
　　このデータセットに含まれている 10 代の 3 人の顧客を調べたところ、若者は Atom Count をダウンロードする傾向にあるようなので、この顧客には Atom Count を勧めるべきである。
顧客 2： 28 歳の iPhone ユーザー
　　このデータセットに含まれている 2 人の iPhone ユーザー（25 歳と 35 歳）を調べたところ、どちらも Check Mate Mate をダウンロードしているため、この顧客には Check Mate Mate を勧めるべきである。

顧客 3：34 歳の Android ユーザー

このデータセットには 32 歳の Android ユーザーが 1 人含まれており、Beehive Finder をダウンロードしているため、この顧客にも Beehive Finder を勧めるべきである。

しかし、顧客を 1 人ずつ調べていると手間がかかりそうです。そこで、すべての顧客を同時に処理する決定木を構築することにします。

9.2　解：アプリレコメンデーションシステムを構築する

ここでは、決定木を使ってアプリレコメンデーションシステムを構築する方法を調べます。簡単に言うと、決定木を構築するためのアルゴリズムは次のようになります。

1. レコメンデーションの決定に最も役立つデータを突き止める。
2. この特徴量に基づいてデータを 2 つの小さなデータセットに分割する。
3. それぞれのデータセットでステップ 1 とステップ 2 を繰り返す。

言い換えると、2 つの特徴量（プラットフォームまたは年齢）のうち、どちらの特徴量のほうがアプリの特定に役立つかを判断し、その特徴量を決定木の根にします。次に、枝を繰り返し処理しながら、そのつどその枝のデータにとって最も決定論的な特徴量を選ぶことで、決定木を構築していきます。

9.2.1　モデルを構築するための最初のステップ：最も効果的な質問をする

モデルを構築するための第一歩は、最も役立つ特徴量を突き止めること —— つまり、最も効果的な質問を突き止めることです。まず、データを少し単純化するために、20 歳未満を「未成年」、20 歳以上を「成人」でひと括りにします（9.3.2 項で元のデータセットに戻るので安心してください）。変更後のデータセットは表 9-2 のようになります。

決定木は「ユーザーは iPhone を使っているか」という質問と「ユーザーは未成年か」という質問で構成されることになります。どちらかの質問を決定木の根として使う必要があります。どちらの質問にすべきでしょうか。ユーザーがダウンロードしたアプリを最もうまく特定できるものにすべきです。どちらの質問のほうがうまくいくのかを判断するために、それらを比較してみることにしましょう。

表9-2：表9-1のデータセットを単純化したもの

プラットフォーム	年齢	アプリ
iPhone	未成年	Atom Count
iPhone	成人	Check Mate Mate
Android	成人	Beehive Finder
iPhone	成人	Check Mate Mate
Android	未成年	Atom Count
Android	未成年	Atom Count

1つ目の質問：ユーザーはiPhoneユーザーか、それともAndroidユーザーか？

　この質問により、ユーザーは「iPhoneユーザー」と「Androidユーザー」の2つのグループに分かれます。そして、それぞれのグループにユーザーが3人ずつ含まれることになります。ただし、各ユーザーがダウンロードしたアプリを把握しておく必要があります。表9-2からざっと次のことがわかります。

- iPhoneユーザーのうち1人がAtom Countをダウンロードしており、2人がCheck Mate Mateをダウンロードしている。
- Androidユーザーのうち2人がAtom Countをダウンロードしており、1人がBeehive Finderをダウンロードしている。

結果として、図9-7のような決定株が得られます。

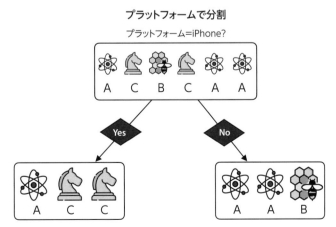

図9-7：ユーザーをプラットフォームで分けた結果（iPhoneユーザーは左、Androidユーザーは右）

では、ユーザーを年齢で分けたらどうなるでしょうか。

2 つ目の質問：ユーザーは未成年か、それとも成人か？

この質問により、ユーザーは「未成年」と「成人」の 2 つのグループに分かれます。この場合も、それぞれのグループにユーザーが 3 人ずつ含まれることになります。表 9-2 をざっと見れば、各ユーザーが何をダウンロードしたのかがわかります。

- 未成年ユーザーは全員が Atom Count をダウンロードしている。
- 成人ユーザーのうち 2 人が Atom Count をダウンロードしており、1 人が Beehive Finder をダウンロードしている。

結果として、決定株は図 9-8 のようになります。

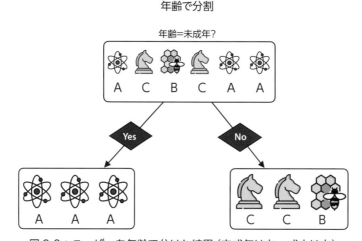

図 9-8：ユーザーを年齢で分けた結果（未成年は左、成人は右）

図 9-7 と図 9-8 を見比べてみて、どちらの方法で分けるのがよさそうでしょうか。3 人の未成年が全員 Atom Count をダウンロードしたという事実がつかめている 2 つ目の方法（年齢）のほうがよさそうです。しかし、年齢のほうが適切な特徴量であることをコンピュータに理解させる必要があるため、比較できる数字を与えることにしましょう。ここでは、これら 2 つの分割を比較する方法として、正解率、ジニ不純度、エントロピーの 3 つを学びます。では、正解率から見ていきましょう。

正解率：モデルが正解する頻度

正解率については第7章で学びましたが、ここで少しおさらいしましょう。正解率は「データ点の総数」に対する「正しく分類されたデータ点」の割合です（決定木の訓練では、データ点をサンプルと呼ぶこともあります）。

ユーザーに質問できるのは1回だけで、その1回の質問でユーザーに勧めるアプリを判断しなければならないとしましょう。私たちが使っているのは次の2つの分類器です。

分類器1：「あなたが使っているプラットフォームは何ですか？」と質問し、その答えに基づいてユーザーに勧めるアプリを判断する。

分類器2：「あなたは未成年ですか、成人ですか？」と質問し、その答えに基づいてユーザーに勧めるアプリを判断する。

これらの分類器を少し詳しく見てみましょう。ここで重要となるのは、「質問を1回だけしてアプリを決めなければならないとしたら、答えが同じだったユーザー全員を調べて、それらのユーザーに最も共通しているアプリを勧めるのが最善の方法」であることです。

分類器1：あなたが使っているプラットフォームは何ですか？

- 答えが「iPhone」である場合、iPhoneユーザーの大多数はCheck Mate Mateをダウンロードしているので、このアプリをiPhoneユーザー全員に勧める。**3回のうち2回は正解**である。
- 答えが「Android」である場合、Androidユーザーの大多数はAtom Countをダウンロードしているので、このアプリをAndroidユーザー全員に勧める。**3回のうち2回は正解**である。

分類器2：あなたは未成年ですか、成人ですか？

- 答えが「未成年」である場合、未成年ユーザーは全員Atom Countをダウンロードしているので、このアプリを勧める。**3回のうち3回は正解**である。
- 答えが「成人」である場合、成人ユーザーの大多数はCheck Mate Mateをダウンロードしているので、このアプリを勧める。**3回のうち2回は正解**である。

分類器1は**6回中4回**、分類器2は**6回中5回**正解していることに注目してください。したがって、正解率からすると、このデータセットでは分類器2のほうがよい分類器です。これら2つの分類器とそれぞれの正解率は図9-9で確認できます。なお、ここでは質問を書き換えて答えが「はい（Yes）」または「いいえ（No）」になるようにしていますが、そのことで分類器

や結果が変化することはありません。

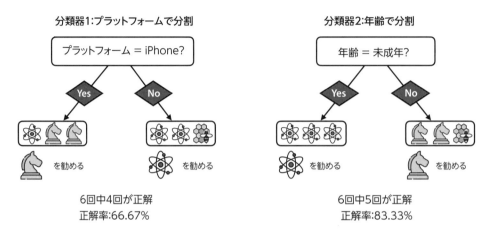

図 9-9：分類器 1 はプラットフォーム、分類器 2 は年齢を使い、
その葉ノードのサンプルの中で最も多いラベルを選ぶ

ジニ不純度：データセットの多様性の度合い

プラットフォームと年齢による分割を比較するもう 1 つの手段は**ジニ不純度**（Gini impurity）です。ジニ不純度はデータセットの多様性の尺度です。どういうことかというと、集合内のすべての要素が似ている場合、その集合のジニ不純度は低くなります。集合内のすべての要素が違っている場合は高くなります。この点を明確にするために、それぞれ 10 色のボールからなる 2 つの集合について考えてみましょう（同じ色の 2 つのボールは区別がつかないものとします）。

集合 1：赤のボールが 8 個、青のボールが 2 個
集合 2：赤のボールが 4 個、青のボールが 3 個、黄色のボールが 2 個、緑のボールが 1 個

集合 1 に含まれているボールのほとんどは赤で、青のボールは 2 つだけです。これに対し、集合 2 にはいろいろな色のボールが含まれています。その点では、集合 1 のほうが集合 2 よりも純粋に見えます。次に、集合 1 に小さな値を割り当て、集合 2 に大きな値を割り当てるような不純度の指標を考えます。この不純度は確率に基づいています。次の質問について考えてみましょう。

> 集合内の要素を無作為に 2 つ選んだ場合、それらの色が異なる確率はどれくらいか？ 2 つの要素が異なるものである必要はなく、同じ要素を 2 回取り出してもよい。

　集合 1 の場合は、ほとんどのボールの色が同じなので、この確率は低くなります。集合 2 は多様性が高く、ボールを 2 つ選んだ場合にそれらの色が異なる可能性は高いため、この確率は高くなります。これらの確率を計算してみましょう。まず、余事象の確率の法則により[※1]、色の異なるボールを 2 つ選ぶ確率は、同じ色のボールを 2 つ選ぶ確率を 1 から引いたものになります。

$$P(\text{異なる色の 2 つのボールを選ぶ}) = 1 - P(\text{同じ色の 2 つのボールを選ぶ})$$

　では、同じ色のボールを 2 つ選ぶ確率を計算してみましょう。ここでは、n 色のボールを含んでいる一般的な集合を考え、それらの色を色 1、色 2、... 色 n と呼ぶことにします。2 つのボールの色は n 色のどれかになるはずなので、同じ色のボールを 2 つ選ぶ確率は、それぞれ n 色のボールを 2 つ選ぶ確率の総和になります。

$$P(\text{同じ色のボールを 2 つ選ぶ}) = P(\text{どちらのボールも色 1}) +$$
$$P(\text{どちらのボールも色 2}) + ... + P(\text{どちらのボールも色 } n)$$

　ここで使ったのは、次に説明する排反事象の確率の和の法則（確率の加法定理）です。

排反事象の確率の和の法則：2 つの事象 E と F が排反である、つまり決して同時に発生しないとすれば、どちらかの事象が発生する確率（事象の和集合）はそれぞれの事象の確率の総和であり、次のように表される。

$$P(E \cup F) = P(E) + P(F)$$

　今度は、2 つのボールが同じ色である確率を色ごとに計算してみましょう。ここで注意してほしいのは、それぞれのボールを完全に独立して選ぶことです。したがって、独立事象の確率の積の法則（確率の乗法定理）[※2] により、両方のボールの色が色 1 である確率は、1 つのボールを選んだときにその色が色 1 である確率の 2 乗になります。一般に、ボールを無作為に選んだときにその色が i である確率 p_i は次のように表されます。

$$P(\text{両方のボールの色が色 } i) = p_1^2$$

　これらの式をまとめると（図 9-10）、次のようになります。

$$P(\text{異なる色の 2 つのボールを選ぶ}) = 1 - p_1^2 - p_2^2 - ... - p_n^2$$

　この最後の式が集合のジニ不純度です。

※1　第 8 章の 8.2.3 項を参照。

※2　第 8 章の 8.2.3 項を参照。

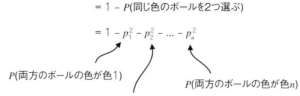

$$\text{ジニ不純度} = P(\text{異なる色の2つのボールを選ぶ})$$

$$= 1 - P(\text{同じ色のボールを2つ選ぶ})$$

$$= 1 - p_1^2 - p_2^2 - \ldots - p_n^2$$

$P(\text{両方のボールの色が色}1)$

$P(\text{両方のボールの色が色}2)$

$P(\text{両方のボールの色が色}n)$

図 9-10：ジニ不純度の計算

　最後に、色 i のボールを無作為に選ぶ確率は、色 i のボールの個数をボールの総数で割ったものになります。したがって、ジニ不純度の正式な定義は次のようになります。

ジニ不純度：n クラスの m 個の要素からなる集合において、要素 a_i がクラス i に所属しているとき、ジニ不純度は次のように表される。

$$Gini = 1 - p_1^2 - p_2^2 - \ldots - p_n^2, \quad P_i = \frac{a_i}{m}$$

　この式については、集合内の要素を無作為に 2 つ選んだときに、それらの要素が異なるクラスに所属している確率として解釈できます。

　では、両方の集合のジニ不純度を計算してみましょう。

集合 1：{ 赤 , 赤 , 赤 , 赤 , 赤 , 赤 , 赤 , 赤 , 青 , 青 }（赤のボールが 8 個、青のボールが 2 個）

$$Gini = 1 - \left(\frac{8}{10}\right)^2 - \left(\frac{2}{10}\right)^2 = 1 - \frac{68}{100} = 0.32$$

集合 2：{ 赤 , 赤 , 赤 , 赤 , 青 , 青 , 青 , 黄 , 黄 , 緑 }

$$Gini = 1 - \left(\frac{4}{10}\right)^2 - \left(\frac{3}{10}\right)^2 - \left(\frac{2}{10}\right)^2 - \left(\frac{1}{10}\right)^2 = 1 - \frac{30}{100} = 0.7$$

　確かに、集合 1 のジニ不純度のほうが集合 2 のジニ不純度よりも高いようです。集合 1 のジニ不純度の計算は図 9-11 のようになります（赤と青を黒と白に置き換えています）。この正方形の総面積は 1 であり、黒いボールを 2 つ選ぶ確率は 0.8^2、白いボールを 2 つ選ぶ確率は 0.2^2 です（これら 2 つは網掛けの部分です）。したがって、異なる色のボールを 2 つ選ぶ確率は残りの部分であり、$1 - 0.8^2 - 0.2^2 = 0.32$ です。この 0.32 がジニ不純度です。

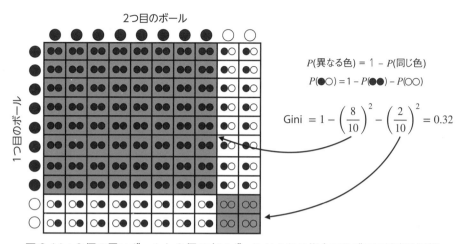

図 9-11：8 個の黒いボールと 2 個の白いボールからなる集合でのジニ不純度の計算

では、2 つの方法（年齢またはプラットフォーム）のどちらでデータを分割するのがよいかを、ジニ不純度を使ってどのように判断するのでしょうか。当然ながら、2 つのデータセットが純粋であるほど、データをうまく分割できていると言えます。そこで、2 つの葉ノードのラベル集合からジニ不純度を計算してみましょう。図 9-12 を見てください。葉ノードのラベルは次のようになります（各アプリはその頭文字で表されています）。

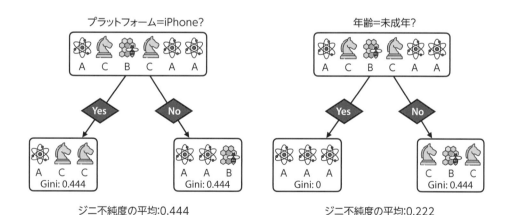

図 9-12：データセットを分割する 2 つの方法とそれぞれのジニ不純度の計算

分類器 1（プラットフォーム別）：

　　左の葉（iPhone）：{A, C, C}

　　右の葉（Android）：{A, A, B}

分類器2（年齢別）：

　　左の葉（未成年）：{A, A, A}

　　右の葉（成人）：{C, B, C}

　集合 {A, C, C}、{A, A, B}、{C, B, C} のジニ不純度はすべて 0.444 であり、集合 {A, A, A} のジニ不純度は 0 です。

$$1 - \left(\frac{2}{3}\right)^2 - \left(\frac{1}{3}\right)^2 = 0.444, \quad 1 - \left(\frac{3}{3}\right)^2 = 0$$

　一般に、純粋な（すべての要素が同じである）集合のジニ不純度は常に 0 になります。分割したデータセットの不純度を求めるには、2 つの葉ノードのジニ不純度の平均を求めます。

分類器1（プラットフォーム別）：

　　平均ジニ不純度 $= \frac{1}{2}(0.444 + 0.444) = 0.444$

分類器2（年齢別）：

　　平均ジニ不純度 $= \frac{1}{2}(0.444 + 0) = 0.222$

　したがって、データセットを年齢で分割するほうが、ジニ不純度の平均値が小さくなります。結論として、年齢別の分割のほうがよい方法です。

> ジニ不純度とジニ係数を混同しないように注意してください。ジニ係数は統計学において各国の所得や富の不平等を計算するために使われている指標です。

エントロピー：情報理論において広く用いられているもう1つの指標

　ここでは、集合内の均質性についてのもう 1 つの尺度であるエントロピーを学びます。この指標は物理学のエントロピーの概念に基づいており、確率と情報理論において非常に重要です。エントロピーを理解するために、少し変わった確率の問題について考えてみましょう。前目と同じ色の付いたボールの集合が 2 つありますが、これらの色に順序があると考えてください。

集合1：{ 赤 , 赤 , 赤 , 赤 , 赤 , 赤 , 赤 , 赤 , 青 , 青 }（赤のボールが 8 個、青のボールが 2 個）

集合2：{ 赤 , 赤 , 赤 , 赤 , 青 , 青 , 青 , 黄 , 黄 , 緑 }（赤のボールが 4 個、青のボールが 3 個、黄色のボールが 2 個、緑のボールが 1 個）

袋の中に集合 1 が入っています。この袋の中からボールを取り出し、取り出したボールをすぐに袋に戻して、取り出したボールの色を記録します。この操作を 10 回繰り返したところ、次の順序になったとしましょう。

赤、赤、赤、青、赤、青、青、赤、赤、赤

ここで、エントロピーを定義するための質問は次のようになります。

上記の手順に従った場合、集合 1 を定義したときと同じ順序 { 赤 , 赤 , 赤 , 赤 , 赤 , 赤 , 赤 , 赤 , 青 , 青 } になる確率はどれくらいか？

かなり運がよくないとまったく同じ順序にはならないため、この確率はそれほど高くありません。実際に計算してみましょう。赤のボールが 8 個、青のボールが 2 個なので、赤のボールが出る率は 8/10、青のボールが出る確率は 2/10 です。ボールの取り出しはすべて独立しているため、定義時とまったく同じ順序になる確率は次のようになります。

$$P(r, r, r, r, r, r, r, r, b, b) = \frac{8}{10} \cdot \frac{8}{10} \cdot \frac{8}{10} \cdot \frac{8}{10} \cdot \frac{8}{10} \cdot \frac{8}{10} \cdot \frac{8}{10} \cdot \frac{8}{10} \cdot \frac{2}{10} \cdot \frac{2}{10}$$

$$= \left(\frac{8}{10}\right)^8 \left(\frac{2}{10}\right)^2 = 0.0067108864$$

とても低い確率ですが、集合 2 の確率を想像できるでしょうか。集合 2 では、次の順序になることを願って、赤のボールが 4 個、青のボールが 3 個、黄色のボールが 2 個、緑のボールが 1 個入った袋からボールを取り出します。

赤、赤、赤、赤、青、青、青、黄、黄、緑

色の種類が多く、各色のボールの数があまり多くないため、まったく同じ順序になるのは不可能に近いでしょう。この確率も同じように計算します。

$$P(r, r, r, r, b, b, b, y, y, g) = \frac{4}{10} \cdot \frac{4}{10} \cdot \frac{4}{10} \cdot \frac{4}{10} \cdot \frac{3}{10} \cdot \frac{3}{10} \cdot \frac{3}{10} \cdot \frac{2}{10} \cdot \frac{2}{10} \cdot \frac{1}{10}$$

$$= \left(\frac{4}{10}\right)^4 \left(\frac{3}{10}\right)^3 \left(\frac{2}{10}\right)^2 \left(\frac{1}{10}\right)^1 = 0.0000027648$$

　集合が多様であるほど、ボールを 1 つずつ取り出したときに元の順序になる確率は低くなります。対照的に、すべてのボールが同じ色である純粋な集合は簡単にこうなります。たとえば、元の集合に赤のボールが 10 個含まれているとしたら、ボールをでたらめに取り出したとしてもすべて赤になります。したがって、{ 赤 , 赤 , 赤 , 赤 , 赤 , 赤 , 赤 , 赤 , 赤 , 赤 } の順序になる確率は 1 です。

　これらの数字はたいてい非常に小さく —— そして、たった 10 個の要素でこれなのです。データセットに 100 万個の要素が含まれていたらどうなるか想像してみてください。ものすごく小さい数字を扱うことになるでしょう。非常に小さい数字を扱わなければならないときは、小さな数字を記述するのに便利な対数を使うのが一番です。たとえば、0.000000000000001 は 10^{-15} に等しいため、10 を底とする対数は –15 です。このほうがずっと扱いやすい数字です。

　エントロピーは次のように定義します。まず、集合内の要素を 1 つずつ取り出す動作を繰り返して、元の順序になる確率を求めます。次に、その対数をとり、集合内の要素の総数で割ります。決定木は二値決定なので、2 を底とする対数を使います。対数を負にするのは、非常に小さな数の対数はすべて負なので、その対数に –1 を掛けて正の数にするためです。負数にしたので、集合が多様であればあるほどエントロピーが大きくなります。

　では、両方の集合のエントロピーを計算し、次の 2 つの恒等式を使ってそれらを展開してみましょう。

$$log(ab) = log(a) + log(b)$$
$$log(a^c) = c\,log(a)$$

集合 1： { 赤 , 赤 , 赤 , 赤 , 赤 , 赤 , 赤 , 赤 , 青 , 青 }（赤のボールが 8 個、青のボールが 2 個）

$$Entropy = -\frac{1}{10}log_2\left[\left(\frac{8}{10}\right)^8\left(\frac{2}{10}\right)^2\right] = -\frac{8}{10}log_2\left(\frac{8}{10}\right) - \frac{2}{10}log_2\left(\frac{2}{10}\right) = 0.722$$

集合 2： { 赤 , 赤 , 赤 , 赤 , 青 , 青 , 青 , 黄 , 黄 , 緑 }

$$Entropy = -\frac{1}{10}log_2\left[\left(\frac{4}{10}\right)^4\left(\frac{3}{10}\right)^3\left(\frac{2}{10}\right)^2\left(\frac{1}{10}\right)^1\right]$$
$$= -\frac{4}{10}log_2\left(\frac{4}{10}\right) - \frac{3}{10}log_2\left(\frac{3}{10}\right) - \frac{2}{10}log_2\left(\frac{2}{10}\right) - \frac{1}{10}log_2\left(\frac{1}{10}\right) = 1.846$$

　集合 2 のエントロピーが集合 1 のエントロピーよりも大きいことに注目してください。つまり、集合 2 は集合 1 よりも多様であるということです。エントロピーの正式な定義は次のようになります。

エントロピー：n クラスの m 個の要素からなる集合において、要素 a_i がクラス i に所属しているとき、エントロピーは次のように表される。

$$Entropy = -p_1 log_2(p_1) - p_2 log_2(p_2) - \ldots - p_n log_2(p_n), \quad p_i = \frac{a_i}{m}$$

　ジニ不純度のときと同じように、データを（プラットフォームまたは年齢で）分割する2つの方法のうちどちらがよいかを、エントロピーを使って判断できます。原則としては、データを2つのデータセットに分割したときのエントロピーが小さいほうがうまく分割できている、ということになります。そこで、各葉ノードのラベル集合のエントロピーを計算してみましょう。この場合も、葉ノードのラベルは図 9-12 で確認できます（各アプリはその頭文字で表されています）。

分類器 1（プラットフォーム別）：
　　左の葉：{A, C, C}
　　右の葉：{A, A, B}
分類器 2（年齢別）：
　　左の葉：{A, A, A}
　　右の葉：{C, B, C}

　集合 {A, C, C}、{A, A, B}、{C, B, C} のエントロピーはすべて 0.918 であり、集合 {A, A, A} のエントロピーは 0 です。

$$-\frac{2}{3}log_2\left(\frac{2}{3}\right) - \frac{1}{3}log_2\left(\frac{1}{3}\right) = 0.918, \quad -log_2\left(\frac{3}{3}\right) = -log_2(1) = 0$$

　一般に、純粋な集合のエントロピーは常に 0 になります。分割したデータセットの純度を求めるには、各葉ノードのラベル集合のエントロピーの平均を求めます（図 9-13）。

分類器 1（プラットフォーム別）：
　　平均エントロピー $= \frac{1}{2}(0.918 + 0.918) = 0.918$
分類器 2（年齢別）：
　　平均エントロピー $= \frac{1}{2}(0.918 + 0) = 0.459$

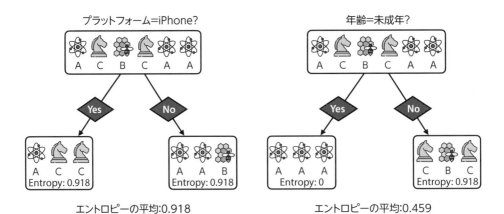

図 9-13：データセットを分割する 2 つの方法とそれぞれのエントロピーの計算

　というわけで、この場合もデータセットを年齢で分割するほうが、エントロピーの平均値が小さくなります。結論として、年齢別の分割のほうがよい方法です。

　クロード・シャノンの功績により、情報理論と強く結び付いているエントロピーは、確率と統計学において非常に重要な概念です。実際、**情報利得**（information gain）という重要な概念はまさにエントロピーの変化を表しています。このテーマについて詳しく知りたい場合は、付録 C の参考文献を参照してください。

データセットのサイズが異なるときは加重平均を使う

　本節のここまでの部分では、データセットをできるだけうまく分割するためにジニ不純度またはエントロピーの平均値をぎりぎりまで小さくするという方法を学びました。ここで、8 つのデータ点からなるデータセットがあり、サイズが 6 と 2 の 2 つのデータセットに分割するとしましょう。想像できるように、大きいほうのデータセットはジニ不純度やエントロピーの計算でより大きな意味を持つはずです。そこで、平均を求めるのではなく、加重平均を求めます。つまり、各葉ノードに対し、その葉ノードに含まれているデータ点の比率を割り当てます。したがって、この場合は 1 つ目のジニ不純度（またはエントロピー）を 6/8 で重み付けし、2 つ目のジニ不純度を 2/8 で重み付けします。そうすると、加重平均ジニ不純度が 0.333、加重平均エントロピーが 0.689 になります（図 9-14）。

　データセットをできるだけうまく分割するための 3 つの方法（正解率、ジニ不純度、エントロピー）さえわかれば、あとは決定木を構築するために同じプロセスを繰り返すだけです。では、この部分を詳しく見ていきましょう。

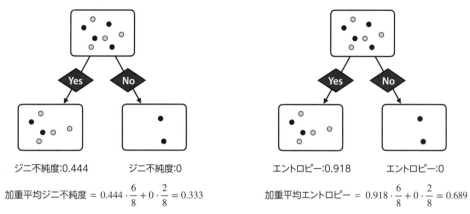

ジニ不純度:0.444　　　　　ジニ不純度:0

$$加重平均ジニ不純度 \ = \ 0.444 \cdot \frac{6}{8} + 0 \cdot \frac{2}{8} = 0.333$$

エントロピー:0.918　　　　エントロピー:0

$$加重平均エントロピー \ = \ 0.918 \cdot \frac{6}{8} + 0 \cdot \frac{2}{8} = 0.689$$

図 9-14：サイズが 8 のデータセットをサイズが 6 と 2 のデータセットに分割する

9.2.2　モデルを構築するための次のステップ：繰り返し

　前項では、特徴量の 1 つを使ってデータをできるだけうまく分割する方法を学びました。このステップは決定木の訓練プロセスの大部分を占めています。決定木を完成させるための残りの作業は、このステップを何度も繰り返すことだけです。ここでは、その方法を確認します。

　正解率、ジニ不純度、エントロピーの 3 つの方法を使った結果、「年齢」特徴量を使ってデータを分割するのが最もよい方法であることがわかっています。この方法で分割すると、元のデータが 2 つに分割されます。図 9-15 は、正解率、ジニ不純度、エントロピーで分割した結果を示しています。左のデータセットには Atom Count をダウンロードした 3 人のユーザーが含まれており、右のデータセットには Beehive Finder をダウンロードした 1 人のユーザーと Check Mate Mate をダウンロードした 2 人のユーザーが含まれています。

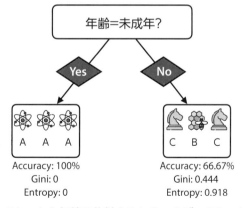

図 9-15：データセットを年齢で分割すると 2 つのデータセットが作成される

　左のデータセットが純粋であることに注目してください。すべてのラベルが同じで、正解率は 100%、ジニ不純度とエントロピーはどちらも 0 です。このデータセットを分割したり、分類をさらに改善したりするためにできることはこれ以上何もありません。したがって、このノードは葉ノードになり、このノードに到達したときに予測値 "Atom Count" が返されます。

　右のデータセットは "Beehive Finder" と "Check Mate Mate" の 2 つのラベルを含んでいるため、まだ分割の余地があります。「年齢」特徴量はすでに使っているため、「プラットフォーム」特徴量を試してみましょう。すると運よく、Android ユーザーが Beehive Finder をダウンロードしていることと、2 人の iPhone ユーザーが Check Mate Mate をダウンロードしていることがわかります。そこで、「プラットフォーム」特徴量を使ってこの葉ノードを分割すると、図 9-16 の決定ノードが得られます。それぞれのノードの正解率は 100%、ジニ不純度とエントロピーは 0 です。

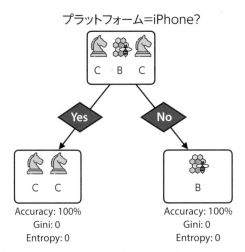

図 9-16：プラットフォームを使って図 9-15 の決定木の右の葉ノードを分割すると、
2 つの純粋なデータセットが得られる

　このように分割した後は、それ以上分割の余地はないため、ここで終了となります。結果として、決定木は図 9-17 のようになります。この決定木は元のデータセット内のデータ点をすべて正しく予測します。

　データセット全体を分類する決定木はこれで完成です。このアルゴリズムの擬似コードはほぼすべて揃っていますが、細かい部分の仕上げがまだ残っています。では、それらの部分を見ていきましょう。

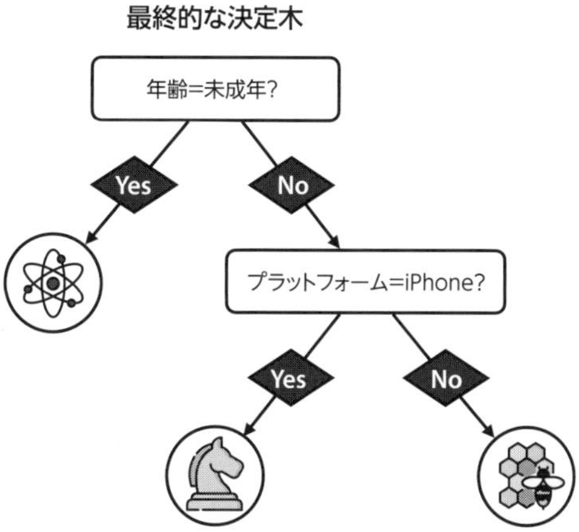

最終的な決定木

図 9-17：最終的な決定木は 2 つの決定ノードと 3 つの葉ノードで構成される

9.2.3　最終ステップ：決定木の構築を終了するタイミングとその他のハイパーパラメータ

　前項では、データセットを再帰的に分割するという方法で決定木を構築しました。それぞれの分割はその分割に最適な特徴量を選択するという方法で行い、その特徴量を正解率、ジニ不純度、エントロピーのいずれかの指標を使って突き止めました。この作業は、葉ノードに対応しているデータセットが純粋になった時点で —— つまり、データセットのすべてのサンプルのラベルが同じになった時点で終了しました。

　この過程でさまざまな問題が生じることも考えられます。たとえば、データの分割を繰り返しているうちにどの葉ノードにもサンプルがほんの少ししかないという極端な状況に陥ってしまうことがあります。これでは深刻な過学習につながりかねません。この状況を回避する方法は、終了条件を導入することです。終了条件は次のいずれかになります。

1. 正解率、ジニ不純度、エントロピーの変化が閾値を下回る場合はノードを分割しない。
2. サンプルの個数が閾値を下回る場合はノードを分割しない。
3. 分割の結果として得られた両方の葉ノードに一定の個数のサンプルが含まれる場合にのみノードを分割する。
4. 特定の深さに達したら決定木の構築を終了する。

　どの終了条件にもハイパーパラメータが必要です。もっと具体的に言うと、上記の 4 つの条件に対応するハイパーパラメータは次のようになります。

1. 正解率（またはジニ不純度、エントロピー）に必要な最低変化量
2. 分割するノードに必要な最低サンプル数

3. 葉ノードに必要な最低サンプル数

4. 決定木の最大の深さ

　これらのハイパーパラメータを選択する方法は 2 つあります。経験に基づいて選択するか、しらみつぶし探索でハイパーパラメータのさまざまな組み合わせを調べ、検証データセットでの性能が最もよいものを選択します。このプロセスを**グリッドサーチ**（grid search）と呼びます。グリッドサーチについては、第 13 章の 13.5 節で詳しく取り上げます。

9.2.4　決定木アルゴリズム：決定木を構築して予測を行う方法

　これでようやく決定木アルゴリズムの擬似コードを見てもらう準備ができました。このアルゴリズムを使って決定木を訓練し、データセットに適合させることができます。

決定木アルゴリズムの擬似コード

入力：

- サンプルとそれらのラベルからなる訓練データセット
- データを分割するための指標（正解率、ジニ不純度、エントロピーのいずれか）
- 1 つ（または複数）の終了条件

出力： データセットに適合する決定木

手順：

1. 根ノードを追加し、データセット全体に紐付ける。このノードのレベルは 0 であり、葉ノードとなる。

2. 葉ノードごとに終了条件が満たされるまで以下の処理を繰り返す。

    i.　最も高いレベルの葉ノードを 1 つ選ぶ。

    ii.　すべての特徴量を調べ、選択した指標に従ってそのノードのサンプルを最適な方法で分割するものを選択する。その特徴量をそのノードに紐付ける。

    iii.　この特徴量はデータセットを 2 つに分割する。枝ごとに 1 つずつ、合計 2 つの新しい葉ノードを作成し、それぞれのノードに対応するサンプルを紐付ける。

    iv.　終了条件に照らして分割が許可される場合は、そのノードを決定ノードに変更し、その下に新しい葉ノードを 2 つ追加する。このノードのレベルを i とすると、2 つの新しい葉ノードのレベルは $i+1$ になる。

    v.　終了条件に照らして分割が許可されない場合、そのノードは葉ノードになる。この葉ノード内のサンプルに最も共通するラベルがこのノードのラベルになる。このラベルがその葉ノードの予測値である。

戻り値： 完成した決定木

　この決定木を使って予測を行うには、単に次のルールに従って決定木を下に向かってたどっていきます。

- 決定木を下に向かってたどっていく。ノードごとに、その特徴量が示す方向に進む。
- 葉ノードに到達したら、その葉に紐付けられているラベル（訓練プロセスにおいてその葉ノード内のサンプルに最も共通していたラベル）が予測値である。

　以上が、先ほど構築したアプリレコメンデーション決定木を使って予測を行う方法です。新しいユーザーが与えられたら、そのユーザーの年齢とプラットフォームを確認し、次のアクションを実行します。

- ユーザーが未成年の場合は Atom Count を勧める。
- ユーザーが成人の場合はプラットフォームを調べる。
    - プラットフォームが Android の場合は Beehive Finder を勧める。
    - プラットフォームが iPhone の場合は Check Mate Mate を勧める。

文献では、決定木の訓練で**ジニ利得**や**情報利得**のような用語が出てくることがあります。ジニ利得は葉ノードの加重ジニ不純度と分割する決定ノードのジニ不純度（エントロピー）の差です。同様に、情報利得は葉ノードの加重エントロピーと根ノードのエントロピーの差です。決定木のより一般的な訓練方法は、ジニ利得または情報利得を最大化することです。ただし本章では、加重ジニ不純度または加重エントロピーを最小化するという方法で決定木を訓練します。決定ノードのジニ不純度（エントロピー）はその決定ノードを分割するプロセス全体にわたって一定であるため、訓練プロセスはまったく同じです。

9.3　イエス・ノー形式以外の質問

　前節では、すべての特徴量がカテゴリ値の二値の特徴量である（ユーザーのプラットフォームのようにクラスが2つしかない）というかなり具体的なケースの決定木を構築しました。しかし、犬、猫、鳥のように多くのクラスを持つカテゴリ値の特徴量や、さらには年齢や平均所得のような数値の特徴量を使った決定木の構築でも、ほぼ同じアルゴリズムを使うことができます。変更が必要になるのはデータセットを分割するステップです。ここでは、その方法を紹介します。

9.3.1　二値ではないカテゴリ値の特徴量を使ったデータ分割

　二値の特徴量を使ってデータセットを分割したい場合は、「特徴量の値は X ですか？」というイエス・ノー形式の質問を 1 つすればよいだけであることを思い出してください。たとえば、特徴量がプラットフォームの場合は、「iPhone ユーザーですか？」という質問をします。特徴量のクラスが 3 つ以上の場合は、複数の質問をするだけです。たとえば、入力が犬、猫、鳥のいずれかの動物である場合は、次のような質問をします。

- その動物は犬ですか？
- その動物は猫ですか？
- その動物は鳥ですか？

　特徴量のクラスがいくつあっても、二択で答える複数の質問に分割できます（図 9-18）。たとえば特徴量が犬である場合、「それは犬か」、「それは猫か」、「それは鳥か」という 3 つの質問に対する答えはそれぞれ「はい（Yes）」、「いいえ（No）」、いいえ（No）」になります。

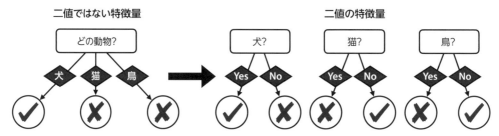

図 9-18：特徴量が二値ではなく、カテゴリが 3 つ以上ある場合は、
カテゴリごとに 1 つの割合で複数の二値の特徴量に変換する

　それぞれの質問はデータを異なる方法で分割します。3 つの質問のうちどれが最適な分割になるかを突き止めるには、正解率、ジニ不純度、エントロピーのいずれかを使います。つまり、9.2.1 項と同じ方法です。この、二値ではない特徴量を複数の二値の特徴量に変換するプロセスを **one-hot エンコーディング**（one-hot encoding）と呼びます。第 13 章の 13.3.1 項では、現実のデータセットで one-hot エンコーディングを使います。

9.3.2　年齢などの連続値の特徴量を使ってデータを分割する

　このデータセットを単純化する前の「年齢」特徴量に数字が含まれていたことを思い出してください。そこで、元のテーブル（表 9-3）を使って決定木を構築してみましょう（表 9-3）。

表9-3：元のアプリレコメンデーションデータセット（表9-1と同じ）

プラットフォーム	年齢	アプリ
iPhone	15	Atom Count
iPhone	25	Check Mate Mate
Android	32	Beehive Finder
iPhone	35	Check Mate Mate
Android	12	Atom Count
Android	14	Atom Count

　要するに、「年齢」特徴量を「ユーザーはX歳未満ですか？」または「ユーザーはX歳以上ですか？」形式の複数の質問に分割します。数字が無限にあることを考えると質問も無数にあるように思えますが、これらの質問の多くがデータを同じ方法で分割することがわかります。たとえば、このデータセットを「ユーザーは20歳未満ですか？」という質問で分割した結果と「ユーザーは21歳未満ですか？」という質問で分割した結果は同じです。実際には、有効な分割方法は7つしかありません（図9-19）。最初と最後の区切りを除いて、隣り合っている2つの年齢の間はどこで切っても同じだからです。

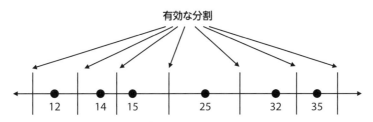

図9-19：ユーザーを年齢で分割する7つの方法

　慣例にならって、隣り合っている2つの年齢の中間点を分割する年齢として選択することにします。端点については範囲外の値を適当に選んでかまいません。したがって、データを2つの集合に分割する7つの質問が考えられます（表9-4）。1つ目の集合には分割点の年齢未満のユーザーが含まれ、2つ目の集合には分割点の年齢以上のユーザーが含まれます。なお、表9-4では、各分割の正解率、ジニ不純度、エントロピーも計算しています。

表 9-4：選択可能な 7 つの質問とそれらの質問による分割

質問	1 つ目の集合 (Yes)	2 つ目の集合 (No)	ラベル	加重正解率	加重ジニ不純度	加重エントロピー
ユーザーは 7 歳未満？	空	12, 14, 15, 25, 32, 35	{}, {A,A,A,C,B,C}	3/6	0/611	1.459
ユーザーは 13 歳未満？	12	14, 15, 25, 32, 35	{A}, {A,A,C,B,C}	3/6	0.533	1.268
ユーザーは 14.5 歳未満？	12, 14	15, 25, 32, 35	{A,A}, {A,C,B,C}	4/6	0.417	1.0
ユーザーは 20 歳未満？	**12, 14, 15**	**25, 32, 35**	**{A,A,A}, {C,B,C}**	**5/6**	**0.222**	**0.459**
ユーザーは 28.5 歳未満？	12, 14, 15, 25	32, 35	{A,A,A,C}, {B,C}	4/6	0.416	0.874
ユーザーは 33.5 歳未満？	12, 14, 15, 25, 32	35	{A,A,A,C,B}, {C}	4/6	0.467	1.145
ユーザーは 100 歳未満？	12, 14, 15, 25, 32, 35	空	{A,A,A,C,B,C}, {}	3/6	0.611	1/459

　4 つ目の質問（ユーザーは 20 歳未満？）は最も正解率が高く、加重ジニ不純度と加重エントロピーが最も低いため、「年齢」特徴量を使って行うことができる最も効果的な分割です。

　表 9-4 の値をぜひ自分で計算して同じ答えになることを確認してみてください。ジニ不純度とエントロピーを計算するコードは本書の GitHub リポジトリにあります[3]。

　例として、3 つ目の質問に対する正解率、加重ジニ不純度、加重エントロピーを計算してみましょう。この質問はデータを次の 2 つの集合に分割します。

集合 1：（14.5 歳未満）
　　年齢：12、14
　　ラベル：{A, A}
集合 2：（14.5 歳以上）
　　年齢：15、25、32、25
　　ラベル：{A, C, B, C}

正解率の計算

　集合 1 で最も多いラベルは "A"、集合 2 で最も多いラベルは "C" なので、これらのラベルが対応する葉ノードの予測値になります。集合 1 ではすべての要素が正しく予測されますが、集

合 2 で正しく予測されるのは 2 つの要素だけです。したがって、この決定株では 6 つのデータ点のうち 4 つが正しく予測されるため、正解率は 4/6 = 0.667 です。

次の 2 つの計算では、以下の点に注意してください。

- 集合 1 は純粋（すべてのラベルが同じ）であるため、ジニ不純度とエントロピーはどちらも 0
- 集合 2 のラベル "A"、"B"、"C" の要素の割合はそれぞれ 1/4、1/4、2/4 = 1/2

加重ジニ不純度の計算

集合 {A, A} のジニ不純度は 0、集合 {A, C, B, C} のジニ不純度は 0.625、これら 2 つのジニ不純度の加重平均は 0.417 です。

$$1 - \left(\frac{1}{4}\right)^2 - \left(\frac{1}{4}\right)^2 - \left(\frac{1}{2}\right)^2 = 0.625, \quad \frac{2}{6} \cdot 0 + \frac{4}{6} \cdot 0.625 = 0.417$$

加重エントロピーの計算

集合 {A, A} のエントロピーは 0、集合 {A, C, B, C} のエントロピーは 1.5、これら 2 つのエントロピーの加重平均は 1.0 です。

$$-\frac{1}{4} log_2\left(\frac{1}{4}\right) - \frac{1}{4} log_2\left(\frac{1}{4}\right) - \frac{1}{2} log_2\left(\frac{1}{2}\right) = 1.5, \quad \frac{2}{6} \cdot 0 + \frac{4}{6} \cdot 1.5 = 1.0$$

このように、数値の特徴量はイエス・ノー形式の一連の質問になります。そして、その決定ノードにとって最適な特徴量を選ぶために、他の特徴量から作成したイエス・ノー形式の他の質問と比較することができます。

このアプリレコメンデーションモデルは非常に小さいため、すべて手作業で行うことが可能です。ただし、このモデルをコードで確認したい場合は、本書の GitHub リポジトリをチェックしてください。このノートブックは scikit-learn パッケージを使っています。scikit-learn については 9.4.1 項で詳しく見ていきます。

https://github.com/luisguiserrano/manning/blob/master/Chapter_9_Decision_Trees/App_recommendations.ipynb

9.4 決定木のグラフィカルな境界線

ここでは、決定木を幾何学的に（2次元で）構築する方法と、よく知られている機械学習パッケージである scikit-learn を使って決定木を構築する方法を紹介します。

すでに説明したように、パーセプトロン（第5章）やロジスティック分類器（第6章）のような分類モデルでは、0と1でラベル付けされたデータ点を分割するモデルの境界線をプロットすると、直線になることがわかります。決定木の境界線も便利であり、データが2次元の場合は垂直線と水平線を組み合わせたものになります。例として、図9-20のデータセットについて考えてみましょう。ラベル1のデータ点は三角形、ラベル0のデータ点は四角形で表されています。水平軸と垂直軸をそれぞれ x_0、x_1 と呼ぶことにします。

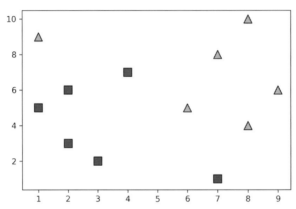

図9-20：決定木の訓練に使う2つの特徴量（x_0、x_1）と
2つのラベル（三角形と四角形）を持つデータセット

このデータセットを水平線または垂直線だけで分割しなければならないとしたら、あなたならどんな線を選びますか？ 解の有効性を評価するための条件によっては、さまざまな線が考えられます。正解率に基づく最もよい分類器は $x_0 = 5$ の垂直線なので、この垂直線を選んだとしましょう。そうすると、この線の右側にあるものはすべて三角形として分類され、左側にあるものはすべて四角形として分類されますが、2つのデータ点（三角形が1つ、四角形が1つ）が誤分類になります（図9-21）。この単純な分類器は10個のデータ点のうち8個を正しく分類するため、正解率は0.8です。この他に考えられる垂直線や水平線をすべて調べて、あなたの好きな指標（正解率、ジニ不純度、エントロピー）を使ってそれらを比較し、この垂直線がデータ点を最もうまく分割するかどうか検証してみてください。

今度は半分ずつ別々に見ていきましょう。この場合は、左側と右側でそれぞれ $x_1 = 8$ と $x_1 = 2.5$ の2本の水平線がうまくいくことが簡単にわかります。これらの直線により、データセットが三角形と四角形に完全に分割されます（図9-22）。

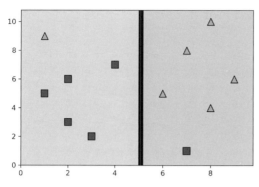
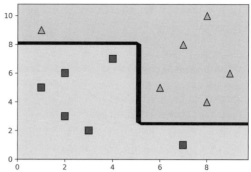

図 9-21：垂直線または水平線を 1 本だけ使って
データセットをうまく分類しなければならないと
したら、どの線を使えばよいだろうか

図 9-22：図 9-21 の分類器は垂直線を使ってデー
タセットを 2 つに分割する。この垂直線の両側を
やはり 1 本の垂直線または水平線で分類しなけれ
ばならないとしたら、どの線を使えばよいだろうか

　ここで何をしたかというと、決定木を構築したのです。ステージごとに 2 つの特徴量（x_0 と
x_1）のどちらかを選び、データを最もうまく分割する閾値を選択しました。次項では、このデー
タセットを分類するまったく同じ決定木を、scikit-learn を使って構築します。

9.4.1　scikit-learn を使って決定木を構築する

　ここでは、scikit-learn を使って決定木を構築する方法を学びます。

本節で使うコードはすべて本書の GitHub リポジトリにあります。

　　GitHub リポジトリ：https://github.com/luisguiserrano/manning/
　　フォルダ：Chapter_9_Decision_Trees
　　Jupyter Notebook：Graphical_example.ipynb

　まず、データセットを dataset という DataFrame オブジェクトとして読み込みます。

```
import pandas as pd

dataset = pd.DataFrame({'x_0':[7,3,2,1,2,4,1,8,6,7,8,9],
                        'x_1':[1,2,3,5,6,7,9,10,5,8,4,6],
                        'y': [0,0,0,0,0,0,1,1,1,1,1,1]})
```

　次に、特徴量とラベルを切り離します。

```
features = dataset[['x_0', 'x_1']]
labels = dataset['y']
```

決定木を構築するには、`DecisionTreeClassifier`オブジェクトを作成し、`fit`メソッドを呼び出します。

```
from sklearn.tree import DecisionTreeClassifier

decision_tree = DecisionTreeClassifier()
decision_tree.fit(features, labels)
```

utils.pyファイルに含まれている`display_tree`関数を使って決定木をプロットします（図9-23）[4]。

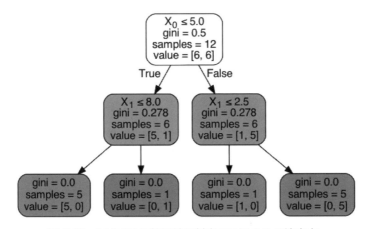

図9-23：図9-22の境界線に対応する深さ2の決定木。
3つの決定ノードと4つの葉ノードで構成されている

図9-23の決定木が図9-22の境界線にぴったり対応している点に注目してください。根ノードは $x_0 = 5$ の1つ目の垂直線に相当し、この線の両側にあるデータ点は2つの分岐に相当します。プロットの左半分と右半分にある $x_1 = 8.0$ と $x_1 = 2.5$ の2本の水平線は2つの枝に相当します。さらに、各ノードには次の情報が含まれています。

- **gini**：そのノードのラベルのジニ不純度
- **samples**：そのノードに対応するデータ点（サンプル）の個数
- **value**：そのノードに含まれている各ラベルのデータ点の個数

※4　[訳注] GitHubのコードを使って決定木をプロットする場合は、pydotplusとGraphViz（pygraphviz）のインストールが必要。

　この決定木が scikit-learn のデフォルト設定であるジニ不純度を使って訓練されていることがわかります。エントロピーを使って訓練するには、`DecisionTreeClassifier` オブジェクトの構築時に次のように指定します。

```
decision_tree = DecisionTreeClassifier(criterion='entropy')
```

　決定木の訓練時に指定できるハイパーパラメータは他にもあります。次節では、もっと大きな例に取り組みます。

9.5　現実的な応用：scikit-learn を使って入学者選考モデルを構築する

　ここでは、決定木を使って大学院の入学選考を予測するモデルを構築します。データセットは Kaggle のものを使います（付録 C のリンクを参照）。前節と同様に、scikit-learn を使って決定木を訓練し、pandas を使ってデータセットを操作します。

本節で使うコードはすべて本書の GitHub リポジトリにあります。

　　GitHub リポジトリ：`https://github.com/luisguiserrano/manning/`
　　フォルダ：`Chapter_9_Decision_Trees`
　　Jupyter Notebook：`University_Admissions.ipynb`
　　データセット：`Admission_Predict.csv`

　このデータセットは次の特徴量で構成されています。

GRE Score：GRE スコア（0 〜 340 の数値）
TOEFL Score：TOEFL スコア（0 〜 120 の数値）
University Rating：大学の格付け（1 〜 5 の数値）
SOP：志望動機の強さ（1 〜 5 の数値）
LOR：推薦状の強さ（1 〜 5 の数値）
CGPA：学部の成績評価（1 〜 10 の数値）
Research：研究実績（0 または 1 のブール値）

　このデータセットのラベル（Chance of Admit）は入学の見込みを 0 〜 1 の数値で表します。ラベルを二値にするために、入学の見込みが 0.75 以上の学生は全員「合格」とし、それ以外の学生は「不合格」とします。

このデータセットを DataFrame に読み込み、この前処理ステップを実行してみましょう。

```
import pandas as pd

data = pd.read_csv('Admission_Predict.csv', index_col=0)
data['Admitted'] = data['Chance of Admit'] >= 0.75
data = data.drop(['Chance of Admit'], axis=1)
```

前処理後のデータセットの最初の数行を見てみましょう。

Serial No.	GRE Score	TOEFL Score	University Rating	SOP	LOR	CGPA	Research	Admitted
1	337	118	4	4.5	4.5	9.65	1	True
2	324	107	4	4.0	4.5	8.87	1	True
3	316	104	3	3.0	3.5	8.00	1	False
4	322	110	3	3.5	2.5	8.67	1	True
5	314	103	2	2.0	3.0	8.21	0	False

　前節でも見たように、scikit-learn は特徴量とラベルを別々に入力することを求めます。そこで、Admitted 以外のすべての列が含まれた features という DataFrame オブジェクトを作成し、Admitted 列だけが含まれた labels という Series オブジェクトを作成します。

```
features = data.drop(['Admitted'], axis=1)
labels = data['Admitted']
```

　次に、dt という DecisionTreeClassifier オブジェクトを作成し、fit メソッドを呼び出します。ここではジニ不純度を使って訓練するため、criterion ハイパーパラメータを指定する必要はありませんが、ぜひエントロピーでも訓練して結果を比較してみてください。

```
from sklearn.tree import DecisionTreeClassifier

dt = DecisionTreeClassifier()
dt.fit(features, labels)
```

　予測値を生成するには、predict メソッドを呼び出します。たとえば、最初の 5 人の学生について予測を行うコードは次のようになります。

```
dt.predict(features[0:5])

array([ True,  True, False,  True, False])
```

　しかし、ここで訓練した決定木はひどい過学習に陥っています。このことを確認するために score メソッドを呼び出してみると、訓練データセットでのスコアが 100% であることがわかります。本章ではモデルのテストは行いませんが、ぜひテストデータセットを作成して、このモデルが過学習していることを検証してみてください。過学習を確認するもう 1 つの方法は、この決定木をプロットしてみることです。そうすると、この決定木の深さが 10 であることがわかります。次項では、過学習を回避するのに役立つハイパーパラメータをいくつか紹介します。

9.5.1　scikit-learn でハイパーパラメータを設定する

　過学習の回避には、9.2.3 項で学んだ次のハイパーパラメータを使うことができます。

max_depth：決定木の最大の深さ
max_features：各分岐で考慮する特徴量の最大数（特徴量の数が多すぎて訓練プロセスに時間がかかりすぎている場合に役立つ）
min_impurity_decrease：不純度の低下がこの閾値以上である場合にのみノードを分割
min_impurity_split：不純度がこの閾値以上である場合にのみノードを分割
min_samples_leaf：葉に最低限必要なサンプル数（分割によって葉のサンプル数がこの数よりも少なくなる場合は分割しない）
min_samples_split：ノードを分割するために最低限必要なサンプル数

　適切なモデルを見つけ出すために、次の値を試してみましょう。

```
dt_smaller = DecisionTreeClassifier(max_depth=3,
                                    min_samples_leaf=10, min_samples_split=10)
dt_smaller.fit(features, labels)
```

　結果として図 9-24 の決定木が得られます。この決定木の右の枝はすべて "False" に相当し、左の枝はすべて "True" に相当します。

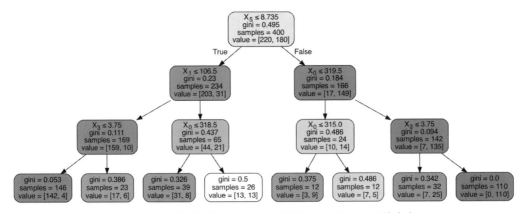

図 9-24：入学選考データセットで訓練された深さ 3 の決定木

　各葉ノードの予測値は、その葉のノードの大多数に相当するラベルです。ノードブックでは、各ノードにオレンジから青までの色が付いています。オレンジのノードはラベル 0 のデータ点が多いことを表し、青のノードはラベル 1 のデータ点が多いことを表しています。白の葉ノードでは、ラベル 0 とラベル 1 のデータ点の個数は同じであり、どの予測でも性能は同じです。このような場合、scikit-learn はデフォルトでリストの最初のクラス（"False"）を選択します。

　予測値を生成するには、predict メソッドを呼び出します。例として、GRE Score が 300、TOEFL Score が 110、University Rating が 3、SOP が 4.0、LOR が 3.5、CGPA が 8.9、Research が 0（研究実績なし）の学生の合否を予測してみましょう。

```
dt_smaller.predict([[320, 110, 3, 4.0, 3.5, 8.9, 0]])

array([ True])
```

この決定木は、この学生が合格すると予測しています。

この決定木から、このデータセットについて次のようなことが推測できます。

● 最も重要な特徴量は、CGPA（学部の成績）に対応している 6 番目の列（X_5）である。足切りは（10 のうち）8.735 である。実際には、根ノードの右側にある予測値のほとんどは「合格」で、左側にある予測値のほとんどは「不合格」である。このことは CGPA が非常に重要な特徴量であることを示唆する。

● この特徴量の次に重要なのは GRE Score（X_0）と TOEFL Score（X_1）の 2 つであり、どちらも共通テストの結果である。実際には、成績のよかった学生のほとんどは合格が見込まれるが、図 9-24 の決定木の左から 6 番目の葉ノードが示しているように、GRE

Score が低い場合はその限りではない。

● 成績と共通テスト以外にこの決定木に含まれている特徴量は SOP (X_3) だけである。この特徴量は決定木の下のほうにあり、予測値にそれほど大きな影響を与えていない。

ここで、決定木の構造がそもそも貪欲で、それぞれの時点で最もよい特徴量を選択することを思い出してください。しかし、その特徴量の選択が最善であるとは限りません。たとえば、組み合わせると非常に強い特徴量があるものの、どの特徴量も単体ではそれほど強くないとしたら、決定木はその組み合わせを捕捉できないかもしれません。このため、データセットに関して何らかの情報が得られたとしても、決定木に出現していない特徴量をまだ手放すべきではありません。このデータセットの特徴量を選択する際には、L1 正則化といった特徴量選択アルゴリズムが役立つでしょう。

9.6　回帰のための決定木

本章では主に決定木を分類に使ってきましたが、決定木は優れた回帰モデルでもあります。ここでは、回帰決定木モデルの構築方法を紹介します。

> 本節で使うコードはすべて本書の GitHub リポジトリにあります。
>
> **GitHub リポジトリ**：`https://github.com/luisguiserrano/manning/`
> **フォルダ**：`Chapter_9_Decision_Trees`
> **Jupyter Notebook**：`Regression_decision_tree.ipynb`

あるアプリがあり、このアプリを 1 週間に何回使ったかに基づいてユーザーのエンゲージメントレベルを予測したいとしましょう。私たちに与えられた特徴量は年齢だけです。つまり、このデータセットはユーザーの年齢（Age）とエンゲージメント（Engagement）だけで構成されており、エンゲージメントはこのアプリを開いた 1 週間あたりの日数を示しています（表9-5）。図 9-26 は表 9-5 のデータセットのプロットです。

表9-5：8 人のユーザーの年齢とエンゲージメントレベルからなる小さなデータセット

Age	Engagement	Age	Engagement
10	7	50	2
20	5	60	1
30	7	70	5
40	1	80	4

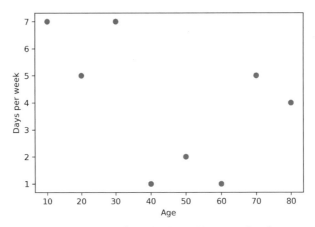

図 9-25：横軸はユーザーの年齢、縦軸はエンゲージメント

　このデータセットから、ユーザーが 3 つのクラスタに分かれるように思えます。若いユーザー（10 歳、20 歳、30 歳）はこのアプリをよく使っていますが、中年ユーザー（40 歳、50 歳、60 歳）はあまり使っておらず、高齢ユーザー（70 歳、80 歳）はときどき使っています。したがって、妥当な予測は次のようになるでしょう。

- ユーザーが 34 歳以下の場合、エンゲージメントは 1 週間あたり 6 日

- ユーザーが 35 〜 64 歳の場合、エンゲージメントは 1 週間あたり 1 日

- ユーザーが 65 歳以上の場合、エンゲージメントは 1 週間あたり 3.5 日

　回帰決定木の予測も似たようなものになります。なぜなら、決定木はユーザーをグループに分け、グループごとに固定の値を予測するからです。分類問題のときと同様に、ユーザーの分割には特徴量を使います。

　運のよいことに、回帰決定木の訓練に使うアルゴリズムは分類決定木の訓練に使ったものとよく似ています。唯一の違いは、分類決定木では正解率、ジニ不純度、エントロピーを使ったのに対し、回帰決定木では平均二乗誤差（MSE）を使うことです。MSE ってどこかで聞いたような —— そう、第 3 章の 3.4 節で線形回帰モデルを訓練したときに MSE を使っています。

　アルゴリズムの説明に入る前に、概念的に考えてみましょう。図 9-25 のデータセットにできるだけ適合する直線を思い浮かべてみてください。ただしやっかいなのは、この直線が水平線でなければならないことです。この水平線をどこに合わせればよいでしょうか。データセットの「真ん中」—— つまり、ラベルの平均値（4）に等しい高さに合わせるのがよさそうです。この水平線は非常に単純な分類モデルであり、すべてのデータ点に同じ予測値（4）を割り当てます。

　ここでもう一歩踏み込み、水平に分割された 2 つの部分を使わなければならないとしましょう。それらの部分をデータにできるだけ適合させるにはどうすればよいでしょうか。いくつか案がありますが、そのうちの 1 つは、35 の左にあるデータ点を高いバーで区切り、35 の右にあるデータ点を低いバーで区切ることです。そうすると「あなたは 35 歳未満ですか？」という質問をする決定株になります。この決定株は、この質問に対するユーザーの答えに基づいて予測値を割り当てます。

　これら 2 つの水平部分をさらに 2 つに分割できるとしたら、どこで分割すべきでしょうか。それぞれ非常によく似たラベルを持つ複数のグループにユーザーが分割されるまで、このプロセスを繰り返すことができます。このようにして、そのグループ内のユーザー全員の平均ラベルを予測します。

　このプロセスが回帰決定木の訓練プロセスです。改めて説明すると、特徴量が数値の場合は、その特徴量を分割する方法として考えられるものをすべて検討します。したがって、「年齢」特徴量を分割するとしたら、たとえば分割点として 15、25、35、45、55、65、75 を使うことが考えられます。これらの分割点はそれぞれデータを左データセットと右データセットの 2つに分割します。そうしたら、次の手順を実行します。

1. 分割したデータセットごとに予測値としてラベルの平均値を求める。
2. 予測値の MSE を計算する。
3. MSE が最も小さい分割点を選択する。

　たとえば 65 で分割する場合、2 つのデータセットは次のようになります。

左データセット：65 歳未満のユーザー（ラベルは {7, 5, 7, 1, 2, 1}）
右データセット：65 歳以上のユーザー（ラベルは {5, 4}）

　データセットごとにラベルの平均値を求めると、左データセットでは 3.833、右データセットでは 4.5 になります。したがって、最初の 6 人のユーザーの予測値は 3.833、最後の 2 人のユーザーの予測値は 4.5 です。続いて、MSE を次のように計算します。

$$MSE = \frac{1}{8}[(7 - 3.833)^2 + (5 - 3.833)^2 + (7 - 3.833)^2 + (1 - 3.833)^2 +$$
$$(2 - 3.833)^2 + (1 - 3.833)^2 + (5 - 4.5)^2 + (4 - 4.5)^2]$$
$$= 5.167$$

　分割点として考えられるものごとにこれらの値を計算した結果は表 9-6 のようになります。これらの分割点はデータセットを 2 つに分割します。分割後の各サブセットでは、ラベルの平

均値が予測値になります。そして、ラベルと予測値の差（誤差）の2乗の平均として MSE を計算します。MSE が最も小さくなるのは分割点として 35 を使ったときであり、これが決定木の根ノードになります。なお、これらの計算はすべて本節のノートブックの最後にあります。

表 9-6：データセットを年齢で分割するために考えられる 9 つの分割点

分割点	左のラベル	右のラベル	左の予測値	右の予測値	MSE
0	{}	{7,5,7,1,2,1,5,4}	-	4.0	5.25
15	{7}	{5,7,1,2,1,5,4}	7.0	3.571	3.964
25	{7,5}	{7,1,2,1,5,4}	6.0	3.333	3.917
35	**{7,5,7}**	**{1,2,1,5,4}**	**6.333**	**2.6**	**1.983**
45	{7,5,7,1}	{2,1,5,4}	5.0	3.0	4.25
55	{7,5,7,1,2}	{1,5,4}	4.4	3.333	4.983
65	{7,5,7,1,2,1}	{5,4}	3.833	4.5	5.167
75	{7,5,7,1,2,1,5}	{4}	4.0	4.0	5.25
100	{7,5,7,1,2,1,5,4}	{}	4.0	-	5.25

　最適な分割点は予測値の MSE が最も小さい 35 歳です。回帰決定木の最初の決定ノードはこれで完成です。この要領で、左データセットと右データセットを再帰的に分割していきます。手作業で行うのではなく、前節と同じように scikit-learn を使うことにします。
　まず、特徴量とラベルを定義します。配列を使うのがよさそうです。

```
features = [[10],[20],[30],[40],[50],[60],[70],[80]]
labels = [7,5,7,1,2,1,5,4]
```

　次に、DecisionTreeRegressor オブジェクトを使って最大の深さが 2 の回帰決定木を構築します。

```
from sklearn.tree import DecisionTreeRegressor

dt_regressor = DecisionTreeRegressor(max_depth=2)
dt_regressor.fit(features, labels)
```

　結果として図 9-26 の回帰決定木が構築されます。最初の分割点は 35 ですが、これは先ほど突き止めたとおりです。次の 2 つの分割点は 15 と 65 です。図 9-26 の右図で、これら 4 つのサブセットの予測値も確認できます。予測値はこの決定木の葉ノードに対応する 7、6、

1.33、4.5 です。

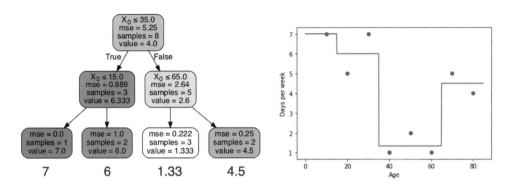

図 9-26：左は scikit-learn で構築した決定木で、3 つの決定ノードと 4 つの葉ノードで構成される。右はこの決定木の予測値をプロットしたもので、決定木の決定ノードに対応する 35、15、65 で区切られていることがわかる

9.7　決定木の応用

　日々の生活には決定木の応用例がいくつもあります。決定木の（予測以外の）特徴の 1 つは、データを階層構造にまとめるため、決定木からいろいろな情報が明らかになることです。多くの場合、この情報には予測値を生成する能力と同じかそれ以上の価値があります。ここでは、次の分野で実際に使われている決定木の例を紹介します。

- 医療
- レコメンデーションシステム

9.7.1　医療分野で広く使われている決定木

　医療分野では、予測を行うだけではなく、予測の決定因子である特徴量を特定する目的でも決定木が広く使われています。想像できるように、この分野では、「患者は病気である」または「患者は健康である」と告げるだけのブラックボックスでは不十分です。一方で、決定木には、そのように予測した理由に関する情報が大量に含まれています。このため、患者の症状、家族の病歴、生活習慣など、さまざまな因子に基づいて患者が病気に罹っているかどうかを予測できます。

9.7.2　レコメンデーションシステムに役立つ決定木

決定木はレコメンデーションシステムでも役立ちます。最も有名なレコメンデーションシステム問題の 1 つは Netflix Prize であり、優勝チームは決定木を使っていました。2006 年、Netflix はオリジナル映画のユーザー評価を最もうまく予測できるレコメンデーションシステムを構築するコンテストを開催しました。そして 2009 年、Netflix のアルゴリズムを 10% 以上も改善した優勝チームが 100 万ドルの賞金を獲得しました。優勝チームは勾配ブースティング決定木を使って 500 種類以上のモデルを組み合わせていました。この他にも、決定木を使ってユーザーエンゲージメントを調査するレコメンデーションエンジンや、エンゲージメントを最もうまく特定できる人口統計学的特徴量を突き止めるレコメンデーションエンジンがあります。

第 12 章では、勾配ブースティング決定木とランダムフォレストを詳しく見ていきます。さしあたり、これらのモデルについては、できるだけよい予測値を生成するために多くの決定木を組み合わせたものとして考えるとよいでしょう。

9.8　まとめ

- 決定木は分類と回帰に使われる重要な機械学習モデルである。

- 決定木は、データについてイエス・ノー形式の質問をし、それらの質問の答えに基づいて予測を行うという仕組みになっている。

- 分類のための決定木を構築するアルゴリズムは、ラベルの特定に最も役立つ特徴量をデータから見つけ出すというステップを繰り返す。

- ある特徴量がラベルの特定に最も役立つかどうかを判断する方法がいくつかある。本章では、そのうちの 3 つである正解率、ジニ不純度、エントロピーを取り上げた。

- ジニ不純度は集合の純度を数値化する。要素のラベルがすべて同じである集合のジニ不純度は 0 であり、要素のラベルがすべて異なる集合のジニ不純度は 1 に近い。

- エントロピーも集合の純度を数値化する。要素のラベルがすべて同じである集合のエントロピーは 0 である。要素の半分に 1 つのラベルが付いていて、もう半分にもう 1 つのラベルが付いている集合のエントロピーは 1 である。決定木を構築する際には、分割の前後のエントロピーの差を情報利得と呼ぶ。

- 回帰のための決定木を構築するアルゴリズムは、分類のための決定木を構築するアルゴリズムとほぼ同じである。唯一の違いは、データを最もうまく分割できる特徴量を選択するために MSE を使うことだ。

- 回帰木の2次元でのプロットは複数の水平線を組み合わせたようなものになる。それらの水平線はそれぞれ特定の葉ノードの要素に対する予測値を表す。
- 決定木はレコメンデーションアルゴリズムから医学や生物学まで、非常に幅広く応用されている。

9.9　練習問題

練習問題 9-1

次のスパム検出決定木モデルは母親が送ってきた「特売があるからスーパーに行ってきて」という件名のメールをスパムに分類するでしょうか。

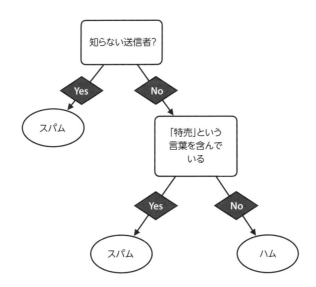

練習問題 9-2

次の特徴量を持つクレジットカード決済データセットを使って、クレジットカード決済が不正取引かどうかを判断する決定木モデルを構築したいと考えています。

金額：取引の金額
承認済みベンダー：クレジットカード会社の承認済みベンダーのリストにこのベンダーが含まれているかどうか

	金額	承認済みベンダー	不正取引
取引 1	$100	No	Yes
取引 2	$100	Yes	No
取引 3	$10,000	Yes	No
取引 4	$10,000	No	Yes
取引 5	$5,000	Yes	Yes
取引 6	$100	Yes	No

次の仕様に従って、この決定木の最初のノードを構築してください。

- **a.** ジニ不純度を使う。
- **b.** エントロピーを使う。

練習問題 9-3

次の表は COVID-19 の検査結果が陽性または陰性だった患者のデータセットです。患者の症状は、咳（C）、発熱（F）、呼吸困難（B）、倦怠感（T）です。

	咳 (C)	発熱 (F)	呼吸困難 (B)	倦怠感 (T)	診断
患者 1		×	×	×	陽性
患者 2	×	×		×	陽性
患者 3	×		×	×	陽性
患者 4	×	×	×		陽性
患者 5	×			×	陰性
患者 6		×	×		陰性
患者 7		×			陰性
患者 8				×	陰性

このデータを分類する高さ 1 の決定木（決定株）を、正解率を使って構築してください。このデータセットに対するその分類器の正解率はいくつでしょうか。

要素を組み合わせて性能を向上させる
ニューラルネットワーク | 10

本章の内容

- ニューラルネットワークとは何か

- ニューラルネットワークのアーキテクチャ：ノード、層、深さ、活性化関数

- 誤差逆伝播法を使ってニューラルネットワークを訓練する

- 訓練時の潜在的な問題：過学習から勾配消失まで

- 訓練を改善する方法：正規化とドロップアウト

- Keras を使って感情分析と画像分類のニューラルネットワークを訓練する

- ニューラルネットワークを回帰モデルとして使う

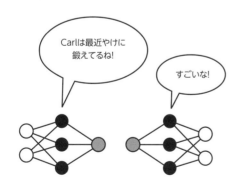

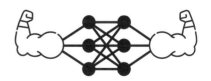

本章では、**ニューラルネットワーク**（neural network）を学びます。ニューラルネットワークは（一番とは言わないまでも）最もよく知られている機械学習モデルの 1 つであり、**多層パーセプトロン**（multilayer perceptron）とも呼ばれます。ニューラルネットワークは非常に役立つため、**ディープラーニング**（deep learning）という分野が確立されています。ディープラーニングは、画像認識、自然言語処理（NLP）、医療、自動運転車など、機械学習の最先端の分野で広く活用されています。ニューラルネットワークは、広い意味では、人間の脳の働きを模倣するような作りになっており、非常に複雑なものになることがあります。図 10-1 は複雑に見えるかもしれませんが、次節でこの謎を解き明かしていきます。

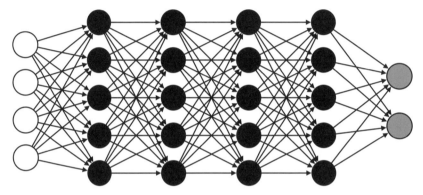

図 10-1：ニューラルネットワーク

図 10-1 のニューラルネットワークがノードやエッジだらけなのを見て、ちょっと不安になったかもしれません。しかし、ニューラルネットワークをもっと簡単に理解できる方法があります。1 つの手は、ニューラルネットワークを（第 5 章と第 6 章で学んだ）パーセプトロンの集まりとして考えることです。筆者はどうしているかというと、線形分類器を結合して非線形分類器にしたものとして考えるようにしています。低次元では、線形分類器は線や平面のようなものになり、非線形分類器は複雑な曲線か曲面のようなものになります。本章では、ニューラルネットワークを支えている概念とそれらの仕組みを詳しく見ていきます。また、ニューラルネットワークをコーディングし、画像認識などに応用します。

ニューラルネットワークは分類と回帰に役立ちます。本章では分類用のニューラルネットワークを重点的に見ていきますが、回帰に応用するために必要な小さな変更点も取り上げます。まず、用語について少し説明します。第 5 章ではパーセプトロン、第 6 章ではロジスティック回帰について学んだことを思い出してください。また、それぞれ離散値のパーセプトロン、連続値のパーセプトロンと呼ばれていることもわかりました。離散値のパーセプトロンの出力は 0 または 1 であり、連続値のパーセプトロンの出力は区間 (0, 1) の任意の数値です。この出力を計算するために、離散値のパーセプトロンはステップ関数を使い、連続値のパーセプトロン

はシグモイド関数を使います※1。本章では、両方の分類器をパーセプトロンと呼ぶことにし、どちらのパーセプトロンを指しているのかについてはそのつど明記します。

10.1　ニューラルネットワークの例：さらに複雑な異星人の惑星

　本章では、すっかりおなじみとなった感情分析の例を使って、ニューラルネットワークとは何かを学ぶことにします。シナリオはこうです。私たちは異星人が住む遠くの惑星を訪れています。異星人が話している言語には、aack と beep の 2 つの単語しかないようです。そこで、異星人が話している単語に基づいて異星人が喜んでいるのか悲しんでいるのかを判断するための機械学習モデルを構築したいと思います。ここで構築しなければならないのは異星人の感情を分析するモデルなので、これは感情分析の例です。異星人の会話を記録し、彼らが喜んでいるのか悲しんでいるのかを他の手段で何とか突き止めた結果、表 10-1 のデータセットが完成します。

文	aack	beep	感情
Aack	1	0	Sad
Aack aack	2	0	Sad
Beep	0	1	Sad
Beep beep	0	2	Sad
Aack beep	1	1	Happy
Aack aack beep	2	1	Happy
Beep aack beep	1	2	Happy
Beep aack beep aack	2	2	Happy

　十分によいデータセットに見えるため、このデータに分類器を適合させることができるはずです。まず、データをプロットしてみましょう（図 10-2）。横軸は文に aack が含まれている回数、縦軸は beep が含まれている回数を表しています。笑顔の異星人は喜んでいる異星人です。

※1　第 5 章の 5.1.5 項と第 6 章の 6.1.1 項を参照。

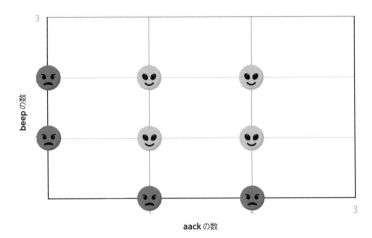

図 10-2：表 10-1 のデータセットのプロット

　図 10-2 を見た限りでは、このデータに線形分類器を適合させるのは無理なようです。つまり、2 つの表情の異星人を直線で分けることは不可能です。では、どうすればよいでしょう。ここまで説明してきたように、ナイーブベイズ分類器（第 8 章）や決定木（第 9 章）など、この問題にうまく対処できる分類器は他にもありますが、ここではパーセプトロンにこだわることにします。目標が図 10-2 のデータ点を分割することで、1 本の直線ではこの目標を達成できないとしたら、もっとよい方法は何でしょうか。次の方法はどうでしょう。

1. 2 本の直線
2. 1 本の曲線

　これらはニューラルネットワークの例です。2 本の直線を使う分類器がなぜニューラルネットワークなのでしょうか。では、こちらから見ていきましょう。

10.1.1　解：1 本の直線で足りなければ、2 本の直線を使えばよい

　ここで見ていくのは、このデータセットを 2 本の直線で分割する分類器です。このデータセットの Happy のデータ点と Sad のデータ点を 1 本の直線で分割することはできませんが、2 本の直線ならうまく分割できます。このデータセットを分割するために 2 本の直線を引く方法はさまざまであり、図 10-3 はそのうちの 1 つを示しています。この 2 本の直線を「直線 1」、「直線 2」と呼ぶことにします。

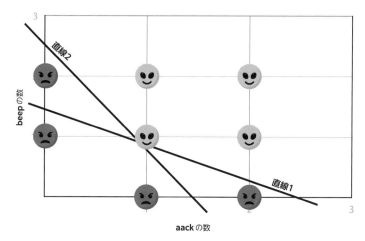

図 10-3：線形分類器をこのように組み合わせることがニューラルネットワークのベースになる

この分類器の定義は次のようになります。

感情分析分類器

これらのデータ点はそれぞれ 1 つの文に対応しています。データ点が図 10-3 の 2 つの直線よりも上にある場合は Happy に分類されます。少なくとも 1 本の直線よりも下にあるデータ点は Sad に分類されます。

では、数学を導入しましょう。これらの直線の方程式を思い付けるでしょうか。いろいろな方程式が考えられますが、ここでは次の 2 つを使うことにします。ここで、x_a は文に含まれている aack の個数、x_b は beep の個数を表しています。

直線 1：$6x_a + 10x_b - 15 = 0$
直線 2：$10x_a + 6x_b - 15 = 0$

これらの方程式をどのようにして見つけたのか

直線 1 がデータ点 $(0, 1.5)$ と $(2.5, 0)$ を通ることに注目してください。したがって、横軸の変化を縦軸の変化で割ったものとして定義される傾きは $-1.5/2.5 = -3/5$ になります。直線が縦軸と交わる高さである y 切片は 1.5 であるため、この直線の方程式は $x_b = -\frac{3}{5}x_a + 1.5$ であり、この方程式を解くと $6x_a + 10x_b - 15 = 0$ になります。同じ要領で直線 2 の方程式も求まります。

したがって、この分類器の定義は次のようになります。

感情分析分類器

次の 2 つの不等式がどちらも成り立つ場合、その文は Happy に分類されます。これらの不

等式が 1 つでも成り立たなければ、その文は Sad に分類されます。

不等式 1：$6x_a + 10x_b - 15 \geq 0$
不等式 2：$10x_a + 6x_b - 15 \geq 0$

　整合性チェックとしてそれぞれの方程式に値を代入したものが表 10-2 になります。4 つ目と 6 つ目の列は 2 つの直線（式）に対応しています。各式の右の列では、その式の値が 0 以上（非負）かどうかをチェックします。最後の列では、両方の式の値が 0 以上（非負）かどうかをチェックします。

表 10-2：表 10-1 と同じデータセットに新しい列をいくつか追加したもの

文	aack	beep	式 1	式 1 ≥ 0 ?	式 2	式 2 ≥ 0 ?	両方の式 ≥ 0 ?
Aack	1	0	-9	No	-5	No	No
Aack aack	2	0	-3	No	5	Yes	No
Beep	0	1	-5	No	-9	No	No
Beep beep	0	2	5	Yes	3	No	No
Aack beep	1	1	1	Yes	1	Yes	Yes
Aack aack beep	1	2	11	Yes	7	Yes	Yes
Beep aack beep	2	1	7	Yes	11	Yes	Yes
Beep aack beep aack	2	2	17	Yes	17	Yes	Yes

　表 10-2 の最後の列（Yes または No）が、表 10-1 の最後の列（Happy または Sad）と一致している点に注目してください。つまり、この分類器はどうやらすべてのデータを正しく分類しています。

10.1.2　なぜ 2 本の線を使うのか：幸福は線形ではない？

　第 5 章と第 6 章では、分類器の方程式を使ってどうにかこの言語についてあれこれ推測しました。たとえば、aack という単語の重みが正だとすれば、おそらく aack は喜びを表す単語であると結論付けました。この場合はどうでしょうか。2 つの式を含んでいるこの分類器で、この言語について何かわかるでしょうか。

　この 2 つの式については、次のように考えることができます。異星人の惑星では、幸福は単純な線形ではなく、2 つのことに基づいているのかもしれません。現実を振り返ってみると、幸福はさまざまなことに基づいています。誰かの幸福は充実したキャリアに幸せな家庭生活と食卓に並んだ食べ物を組み合わせた結果に基づいているのかもしれません。あるいは、コー

ヒーとドーナツがあれば幸せなのかもしれません。この例では、幸福にキャリアと家庭という2つの側面があるとしましょう。異星人が幸福であるためには、その**両方**が揃っている必要があります。

　この場合、キャリアの幸せと家庭の幸せはどちらも単純な線形分類器であり、それぞれ2本の直線のうちの1本によって表されます。直線1がキャリアの幸せ、直線2が家庭の幸せを表しているとしましょう。したがって、異星人の幸福を図10-4のように考えることができます。図10-4では、キャリアの幸せと家庭の幸せをAND演算子で結合し、両方が真であることを確認しています。つまり、両方の分類器の出力がYesである場合、その異星人は幸福です。どちらかの分類器の出力がNoの場合、その異星人は幸福ではありません。

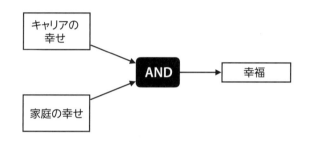

図 10-4：幸福分類器は、キャリアの幸福分類器、家庭の幸福分類器、AND 演算子でできている

　キャリアの幸福分類器と家庭の幸福分類器は直線の方程式で表されるため、どちらもパーセプトロンです。このAND演算子も別のパーセプトロンにできるでしょうか。もちろんです。次項では、その方法について説明します。

　図10-4はすでにニューラルネットワークっぽくなってきています。あともう少しのステップと計算で、図10-1にぐっと近づくはずです。

10.1.3　パーセプトロンの出力を別のパーセプトロンに結合する

　図10-4はパーセプトロンの結合をほのめかしており、2つのパーセプトロンの出力を3つ目のパーセプトロンの入力としてつないでいます。ニューラルネットワークはこのような方法で構築されます。ここでは、ニューラルネットワークの背後にある数学を確認します。

　第5章の5.1.5項では、ステップ関数を定義しました。ステップ関数は入力が負のときに0を返し、正または0のときに1を返します。ここではステップ関数を使っているので、これらは離散値のパーセプトロンです。この関数を使ってキャリアの分類器と家庭の分類器を次のように定義できます。

キャリアの幸福分類器

重み：aack：6、beep：10

バイアス：–15

文のスコア：$6x_a + 10x_b - 15$

予測値：$C = \text{step}(6x_a + 10x_b - 15)$

家庭の幸福分類器

重み：aack：10、beep：6

バイアス：–15

文のスコア：$10x_a + 6x_b - 15$

予測値：$F = \text{step}(10x_a + 6x_b - 15)$

　次のステップは、キャリアの分類器と家庭の分類器の出力を新しい幸福分類器に入力として渡すことです。次の分類器がうまくいくかどうか検証してみましょう。図10-5は3つの表で構成されています。最初の2つの表には、キャリアの分類器と家庭の分類器の出力が含まれています。3つ目の表では、最初の2つの列はキャリアの分類器と家庭の分類器の出力であり、最後の列は新しい幸福分類器の出力です。これら3つの表はそれぞれパーセプトロンに相当します。

キャリアの分類器

x_a	x_b	$6x_a + 10x_b - 15$	$C = step(6x_a + 10x_b - 15)$
1	0	–9	0
2	0	–3	0
0	1	–5	0
0	2	5	1
1	1	1	1
1	2	11	1
2	1	7	1
2	2	17	1

家庭の分類器

x_a	x_b	$10x_a + 6x_b - 15$	$F = step(10x_a + 6x_b - 15)$
1	0	–5	0
2	0	5	1
0	1	–9	0
0	2	3	0
1	1	1	1
1	2	7	1
2	1	11	1
2	2	17	1

幸福分類器

C	F	$1 \cdot C + 1 \cdot F - 1.5$	$\hat{y} = step(C + F - 1.5)$
0	0	–1.5	0
0	1	–0.5	0
0	1	–0.5	0
1	0	–0.5	0
1	1	0.5	1
1	1	0.5	1
1	1	0.5	1
1	1	0.5	1

図10-5：3つのパーセプトロン分類器（キャリアの分類器、家庭の分類器、これら2つを組み合わせた幸福分類器）

幸福分類器

重み：C（キャリア）：1、F（家庭）：1

バイアス：–1.5

文のスコア：$1 \cdot C + 1 \cdot F - 1.5$

予測値：$\hat{y} = \text{step}(1 \cdot C + 1 \cdot F - 1.5)$

　このようにして分類器を結合したのがニューラルネットワークです。次項では、この分類器の結合を図10-1のようにする方法を見てみましょう。

10.1.4　パーセプトロンを図解する

　ここでは、パーセプトロンを図解化することで、ニューラルネットワークをグラフィカルに表現する方法を調べます。ニューラルネットワークという名前は、その基本単位であるパーセプトロンがニューロンにどことなく似ていることに由来します。

　ニューロンは細胞体、樹状突起、軸索の 3 つの主要な部分でできています。大まかに言うと、ニューロンは樹状突起を通じて他のニューロンからの信号を受け取り、それらの信号を細胞体で処理し、軸索を通じて他のニューロンに信号を送ります。この仕組みをパーセプトロンと比べてみましょう。パーセプトロンは入力として数値を受け取り、それらの数値で数学演算（通常は活性化関数によって計算された総和）を実行し、新しい数値を出力します（図 10-6）。

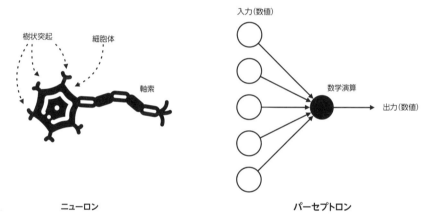

図 10-6：左はニューロンとその主要な構成要素である樹状突起、細胞体、軸索、
右はニューロンを大まかに模したものであるパーセプトロン

　第 5 章と第 6 章のパーセプトロンのもう少し形式的な定義を思い出してください。この定義は次の要素で構成されていました。

入力：$x_1, x_2, ..., x_n$

重み：$w_1, w_2, ..., w_n$

バイアス：b

活性化関数：ステップ関数（離散値のパーセプトロンの場合）またはシグモイド関数（連続値のパーセプトロンの場合）

予測値：式 $\hat{y} = f(w_1x_1 + w_2x_2 + ... + w_nx_n + b)$ によって定義される。ここで f は該当する活性化関数

これらの要素を図 10-6 に当てはめた結果が図 10-7 になります。左側に入力ノード、右側に出力ノードがあります。入力変数（特徴量）は入力ノードに配置されます。最後の入力ノードには変数が含まれておらず、1 の値が含まれています。重みは入力ノードと出力ノードを結んでいるエッジに配置されます。最後の入力ノードの重みはバイアスです。予測値を計算するための数学演算は出力ノードに配置され、このノードの出力が予測値になります。このノードは重みと入力の線形結合を受け取り、バイアスを足し、活性化関数を適用します。

図 10-7 は方程式 $\hat{y} = \sigma(3x_1 - 2x_2 + 4x_3 + 2)$ で定義されたパーセプトロンです。このパーセプトロンは次の手順を実行します。

- 入力に対応する重みを掛け、それらを足すと $3x_1 - 2x_2 + 4x_3$ になる。
- この式にバイアスを足すと $3x_1 - 2x_2 + 4x_3 + 2$ になる。
- シグモイド活性化関数を適用すると、出力として $\hat{y} = \sigma(3x_1 - 2x_2 + 4x_3 + 2)$ が得られる。

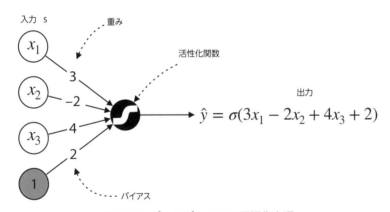

図 10-7：パーセプトロンの可視化表現

たとえば、このパーセプトロンに対する入力がデータ点 $(x_1, x_2, x_3) = (1, 3, 1)$ であるとすれば、出力は $\sigma(3 \cdot 1 - 2 \cdot 3 + 4 \cdot 1 + 2) = \sigma(3) = 0.953$ になります。

このパーセプトロンがシグモイド関数ではなくステップ関数を使って定義されていた場合、出力は $\text{step}(3 \cdot 1 - 2 \cdot 3 + 4 \cdot 1 + 2) = \text{step}(3) = 1$ になるでしょう。

次項で見ていくように、このように可視化するとパーセプトロンを簡単に結合できるようになります。

10.1.5　ニューラルネットワークを図解する

前項で示したように、ニューラルネットワークはパーセプトロンをつなぎ合わせたものです。

このパーセプトロンの結合は人間の脳を大まかに模したもので、複数のニューロンの出力が別のニューロンの入力になるような構造をしています。それと同じように、ニューラルネットワークでは、複数のパーセプトロンの出力が別のパーセプトロンの入力になります（図10-8）。

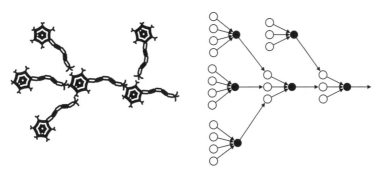

図10-8：ニューラルネットワークは脳の構造を（大まかに）模したような構造になっている。脳の中では、ニューロンの出力が別のニューロンの入力になるような形で結び付いている（左）。ニューラルネットワークでは、パーセプトロンの出力が別のパーセプトロンの入力になるような形で結び付いている（右）

　10.1.3項で構築したニューラルネットワークでは、キャリアパーセプトロンと家庭パーセプトロンが幸福パーセプトロンで結合されています（次ページの図10-9）。このニューラルネットワークは活性化関数としてステップ関数を使っています。

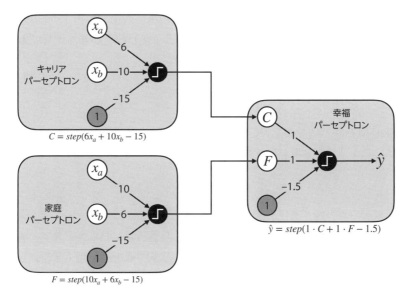

図10-9：キャリアパーセプトロンと家庭パーセプトロンの出力を
幸福パーセプトロンに結合するとニューラルネットワークになる

　図10-9で、キャリアパーセプトロンと家庭パーセプトロンの入力が繰り返されていることに注目してください。このような繰り返しを回避して、もっと簡潔に書く方法があります。次ページの図10-10を見てください。特徴量 x_a、x_b とバイアスが繰り返されておらず、それぞれが右にある両方のノードに結合されており、3つのパーセプトロンが1つの図にうまくまとめられています。

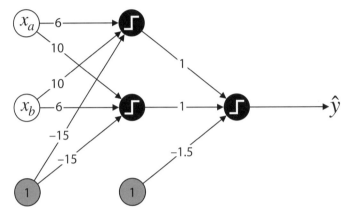

図10-10：図10-9を簡潔化したもの

　これら3つのパーセプトロンがステップ関数を使っているのは、そのほうが説明するのに都合がよいからです。実際には、ニューラルネットワークが活性化関数としてステップ関数を使うことはまずありません。ステップ関数を使ったりすれば、次節で説明する勾配降下法が使えなくなってしまいます。ただし、シグモイド関数は広く使われています。10.2.5項では、実際に使われている他の便利な活性化関数を紹介します。

10.1.6　ニューラルネットワークの境界線

　第5章と第6章では、パーセプトロンの境界線を取り上げました。これらの境界線は直線で表されます。ニューラルネットワークの境界線はどのようなものでしょうか。さっそく見てみましょう。

　離散値のパーセプトロンと連続値のパーセプトロン（ロジスティック分類器）には、1次方程式で表される線形の境界線があります。離散値のパーセプトロンは、データ点が境界線のどちら側にあるかに応じて、それらのデータ点に0と1の予測値を割り当てます。連続値のパーセプトロンは、平面上のすべてのデータ点に0〜1の予測値を割り当てます。境界線上にあるデータ点の予測値は0.5であり、境界線の片側にあるデータ点の予測値は0.5よりも大きく、その反対側にあるデータ点の予測値は0.5よりも小さくなります。左端にあるデータ点の予測

値は 0 に近い値になり、右端にあるデータ点の予測値は 1 に近い値になります。$10x_a + 6x_b - 15 = 0$ という式で表される離散値のパーセプトロンと連続値のパーセプトロンは図 10-11 のようになります。

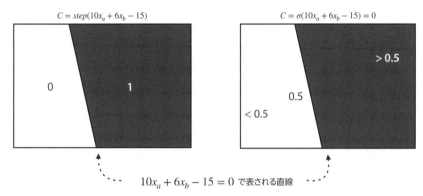

$$C = step(10x_a + 6x_b - 15)$$

$$C = \sigma(10x_a + 6x_b - 15) = 0$$

$$10x_a + 6x_b - 15 = 0 \text{ で表される直線}$$

図 10-11：左は離散値のパーセプトロンであり、境界線の片側にあるデータ点の予測値は 0、その反対側にあるデータ点の予測値は 1 になる。右は続値のパーセプトロンであり、すべてのデータ点に区間 (0,1) の予測値を割り当てる

ニューラルネットワークの出力も同じような方法で可視化できます。すでに説明したように、活性化関数としてステップ関数を使うニューラルネットワークの出力は次のようになります。

- $6x_a + 10x_b - 15 \geq 0$ かつ $10x_a + 6x_b - 15 \geq 0$ のとき、出力は 1
- それ以外のとき、出力は 0

ニューラルネットワークを構築するには、2 つのパーセプトロンとバイアスノード（常に 1 の値を出力する分類器として表されます）の出力を 3 つ目のパーセプトロンで使います。結果として得られる分類器の境界線は、入力分類器の境界線を組み合わせたものになります。次ページの図 10-12 の左図は、この境界線を 2 本の直線で表しています。この図が 2 つの入力パーセプトロンの境界線とバイアスノードの組み合わせとして表現されていることに注目してください。ステップ活性化関数によって得られる境界線は折れ線ですが、シグモイド活性化関数によって得られる境界線は曲線です。

この境界線をさらによく調べるために次ページの図 10-13 を見てみましょう。上の 2 つの線形分類器はキャリア分類器（左）と家庭分類器（右）です。下はステップ関数（左）を使ったニューラルネットワークとシグモイド関数（右）を使ったニューラルネットワークです[2]。

※2　これらのプロットに使ったコードは https://github.com/luisguiserrano/manning/blob/master/Chapter_10_Neural_Networks/Plotting_Boundaries.ipynb にある。

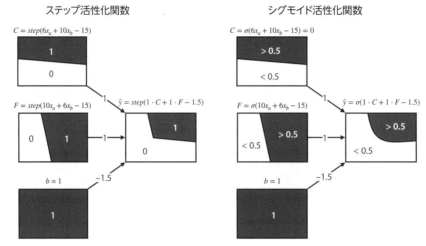

図 10-12：左はステップ関数を使って得られる境界線であり、折れ線で表される。
右はシグモイド関数を使って得られる境界であり、曲線で表される

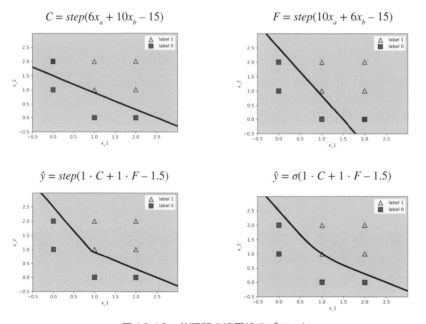

図 10-13：分類器の境界線のプロット

　シグモイド活性化関数を使っているニューラルネットワークが実際にはデータセット全体に
うまく適合しているわけではないことに注意してください。図 10-13 の右下の図に示されて
いるように、データ点 (1, 1) を誤分類しています。このデータ点をうまく分類できるように
重みを変更してみてください（章末の練習問題 10-3 を参照）。

10.1.7　全結合ニューラルネットワークの一般的なアーキテクチャ

　前項では小さなニューラルネットワークの例を見てもらいましたが、現実のニューラルネットワークはずっと巨大で、ノードが層ごとに配置されています（図10-14）。最初の層は入力層、最後の層は出力層であり、その中間にある層をすべて「隠れ層」と呼びます。これらのノードと層の配置をニューラルネットワークの**アーキテクチャ**と呼び、（入力層を除く）層の個数をニューラルネットワークの**深さ**と呼びます。図10-14のニューラルネットワークの深さは3で、アーキテクチャは次のようになります。

- サイズが4の入力層
- サイズが5の隠れ層
- サイズが3の隠れ層
- サイズが1の出力層

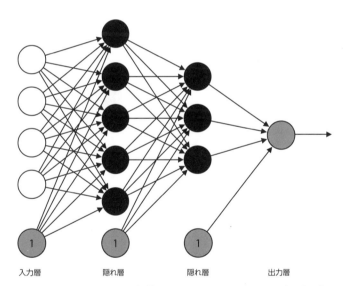

図10-14：ニューラルネットワークの一般的なアーキテクチャ。ノードは層ごとに分かれており、層内のノードはすべて次の層の（バイアス以外の）全ノードと結合する

　ニューラルネットワークにはバイアスノードが描き込まれていないことがよくありますが、バイアスノードはアーキテクチャの一部であると考えられています。ただし、バイアスノードはアーキテクチャのノードとしてカウントされません。つまり、層のサイズはその層内のバイアス以外のノードの個数です。

　図10-14のニューラルネットワークでは、ある層のすべてのノードが次の層の（バイアス以

外の）すべてのノードと結合しています。さらに、隣り合っていない層の間には、このような結合はありません。このようなアーキテクチャを**全結合**（fully connected）と呼びます。用途によっては、結合していないノードがあるアーキテクチャや、層をまたいで結合しているノードがあるアーキテクチャを使うこともあります。10.5 節では、そのようなアーキテクチャをいくつか紹介します。ただし、本章で構築するニューラルネットワークはすべて全結合です。

　ニューラルネットワークの境界線のイメージは図 10-15 のようなものになります。この図では、各ノードに対応している分類器を確認できます。1 つ目の隠れ層のノードはすべて線形分類器（パーセプトロン）なので、直線で描かれています。各層のノードの境界線は 1 つ前の層の境界線の組み合わせでできているため、隠れ層を通過するたびに境界線が複雑になっていくことがわかります。

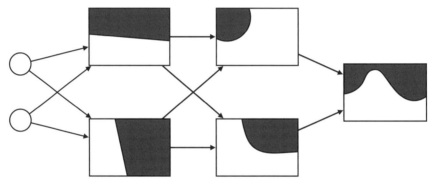

図 10-15：筆者はニューラルネットワークをこのようにイメージする。ノードはそれぞれ分類器に相当し、分類器の境界線は明確に定義されている。なお、この図ではバイアスノードを省略している

　Tensorflow Playground[3] はニューラルネットワークを理解するのにもってこいです。何種類かのグラフィカルデータセットが用意されており、さまざまなアーキテクチャとハイパーパラメータを使ってニューラルネットワークを訓練できます。

10.2　ニューラルネットワークを訓練する

　ここまでは、ニューラルネットワークが一般にどのようなものなのかを見てきました。それらが思ったほど謎に包まれているわけではないことがわかりました。この巨大なネットワークはどのように訓練するのでしょうか。理論的にはそれほど複雑ではありませんが、計算量的に高くつくことがあります。そこで、訓練プロセスを高速化するために利用できるさまざまなトリックや経験則があります。ここで学ぶのは、この訓練のプロセスです。ニューラルネットワー

※3　https://playground.tensorflow.org

クの訓練は、パーセプトロンやロジスティック分類器といった他のモデルの訓練とそれほど変わりません。まず、すべての重みとバイアスを乱数で初期化します。次に、ニューラルネットワークの性能を計測するための誤差関数を定義します。最後に、誤差関数を繰り返し適用しながら、誤差関数を小さくするためにモデルの重みとバイアスを調整します。

10.2.1　誤差関数：ニューラルネットワークの性能を計測する

まず、ニューラルネットワークの訓練に使われる誤差関数を確認します。運のよいことに、誤差関数なら以前に見たことがあります。第 6 章の 6.1 節で登場したログ損失関数です。ログ損失の式は次のとおりであり、ここで y はラベル（正解値）、$\hat{y}$ は予測値を表しています。

$$log\ loss = -y\ ln(\hat{y}) - (1 - y)\ ln(1 - \hat{y})$$

覚えていると思いますが、分類問題にログ損失を使う理由は、予測値とラベルが近いときは小さい値を返し、離れているときは大きい値を返すことにあります。

10.2.2　誤差逆伝播法：ニューラルネットワークの訓練における重要なステップ

次に、ニューラルネットワークの訓練プロセスにおいて最も重要なステップを学びます。第 3 章（線形回帰）、第 5 章（パーセプトロン）、第 6 章（ロジスティック回帰）では、勾配降下法というアルゴリズムを使ってモデルを訓練しました。ニューラルネットワークも例外ではありません。ニューラルネットワークの訓練アルゴリズムは**誤差逆伝播法**（backpropagation algorithm）または**バックプロパゲーション**と呼ばれるもので、擬似コードは次のようになります。

誤差逆伝播法の擬似コード

- ランダムな重みとバイアスを使ってニューラルネットワークを初期化する。
- 以下の処理を何回も繰り返す。
    - 損失関数とその傾き（重みとバイアスのそれぞれについての微分）を求める。
    - 損失関数を少し小さくするために、傾きとは逆方向にほんの少し移動する。
- このようにして得られた重みは（おそらく）データにうまく適合するニューラルネットワークに対応している。

ニューラルネットワークの損失関数は複雑です。なぜなら、予測の対数が必要となり、予測自体が複雑な関数だからです。さらに、ニューラルネットワークの重みとバイアスに対応しているさまざまな変数について微分を求める必要もあります。付録 B の B.2 節では、隠れ層が 1 つ（または任意のサイズの）ニューラルネットワークの誤差逆伝播法を数学的な角度から詳し

く説明します。もっと深いニューラルネットワークの誤差逆伝播法の数学が知りたい場合は、付録 C の参考文献を参照してください。なお、このアルゴリズムの高速で性能のよい実装が Keras、TensorFlow、PyTorch などのパッケージに含まれています。

　線形回帰モデル（第 3 章）、離散値のパーセプトロン（第 5 章）、連続値のパーセプトロン（第 6 章）を学んだときに、データをうまくモデル化できるように直線を動かすステップが常に存在したことを思い出してください。ニューラルネットワークでは、このステップがはるかに高い次元で発生するため、このような構造を可視化することは難しくなります。ただし、誤差逆伝播法を頭の中でイメージすることは可能です。ニューラルネットワークの 1 つのノードと 1 つのデータ点だけに焦点を合わせるようにするのです。図 10-16 の右側にあるような分類器を想像してみてください。この分類器は左側にある 3 つの分類器でできており（一番下にあるのはバイアスであり、常に予測値 1 を返す分類器として表されています）、データ点を誤分類しています。3 つの入力分類器のうち、1 つ目の分類器はこのデータ点をうまく分類していますが、残りの 2 つは誤分類しています。そこで逆伝播ステップでは、1 つ目の分類器のエッジの重みを大きくし、残りの 2 つの分類器の重みを小さくします。このようにすると、最終的な分類器が 1 つ目の分類器に近いものになり、データ点がうまく分類されるようになります。

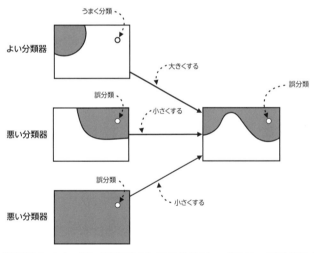

図 10-16：逆伝搬のイメージ。訓練プロセスの各ステップでエッジの重みを更新する。分類器の性能がよければ重みが少し大きくなり、そうではなければ重みが少し小さくなる

10.2.3　潜在的な問題：過学習から勾配消失まで

　実際のところ、ニューラルネットワークは非常に効果的ですが、なにぶん複雑であるため、訓練時にさまざまな問題が発生します。ありがたいことに、待ったなしの問題については解決

策があります。ニューラルネットワークで発生する問題の1つは過学習です。つまり、巨大なアーキテクチャがデータにうまく汎化せず、データを記憶してしまうことがあります。次項では、ニューラルネットワークの訓練時に過学習を抑制する方法をいくつか紹介します。

　ニューラルネットワークで起こり得るもう1つの深刻な問題は、勾配消失問題です。シグモイド関数の両端がかなり平坦で、微分（曲線の接線）が平らになりすぎる点に注目してください（図10-17）。つまり、それらの傾きは0に限りなく近くなります。

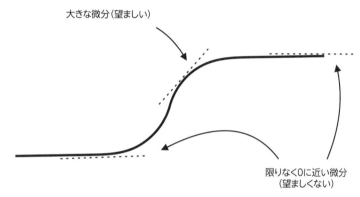

大きな微分（望ましい）

限りなく0に近い微分
（望ましくない）

**図10-17：シグモイド関数は両端が平坦であるため、
大きな正の値や負の値に対する微分が非常に小さく、訓練の妨げとなる**

　逆伝播プロセスでは、このようなシグモイド関数の多くを結合し、シグモイド関数の出力を別のシグモイド関数の入力としてつなぐ作業を繰り返します。案の定、この結合によって微分が0に非常に近くなり、逆伝搬時の動きが非常に小さなものになります。これでは、望ましい分類器になるまでにかなり時間がかかってしまいます —— 確かに問題ですね。

　勾配消失問題にはさまざまな解決策がありますが、これまでのところ、最も効果的な方法の1つは活性化関数を変更することです。10.2.5項では、勾配消失問題に対処するのに役立つ新しい活性化関数をいくつか紹介します。

10.2.4　ニューラルネットワークを訓練するための手法：正則化とドロップアウト

　前項で述べたように、ニューラルネットワークは過学習に陥りがちです。そこで、ニューラルネットワークの訓練時の過学習を抑制する手法をいくつか紹介します。

　正しいアーキテクチャはどのようにして選択するのでしょうか。これは難しい質問であり、明確な答えはありません。経験からすると、用心するに越したことはありません —— つまり、必要になりそうなものよりもひと回り大きなアーキテクチャを選択し、ネットワークの過学習を抑制する手法を適用するくらいの心づもりでいてください。ある意味、小さすぎるズボンと大きすぎるズボンのどちらか1つを選ぶようなものです。小さすぎるズボンを選んだ場合は

どうにもなりませんが、大きすぎるズボンを選んだ場合はベルトで調整できます。ぴったりとはいきませんが、とりあえず何とかなるでしょう。データセットに基づいて正しいアーキテクチャを選択するというのは複雑な問題であり、この方向での研究は現在も盛んに行われています。この点について詳しく知りたい場合は、付録 C を参照してください。

正則化：大きな重みにペナルティを科すことで過学習を減らす

第 4 章で学んだように、回帰モデルと分類モデルでは、過学習を減らすために L1 正則化と L2 正則化を使うことができます。そして、ニューラルネットワークも例外ではありません。ニューラルネットワークで正則化を適用する方法は線形回帰のときと同じで、誤差関数に正則化項を追加します。L1 正則化の正則化項は、正則化パラメータ（λ）にモデルのすべての重み（バイアスを除く）の絶対値の和を掛けたものになります。L2 正則化の正則化項では、絶対値の代わりに二乗和を使います。10.1 節の例で言うと、ニューラルネットワークの L2 正則化誤差は次のようになります。

$$log\ loss + \lambda \cdot (6^2 + 10^2 + 10^2 + 6^2 + 1^2 + 1^2) = log\ loss + 274\lambda$$

ドロップアウト：一部の強いノードに訓練を支配させない

ドロップアウト（dropout）はニューラルネットワークの過学習を抑制するための興味深い手法です。この手法を理解するために、次のたとえを使って説明することにします。私たちは右利きで、ジムによく通っています。しばらくして、右の二頭筋はかなり大きくなってきたものの、左の二頭筋はそれほどでもないことが気になりだします。そこで、トレーニング中に注意を払うようにしたところ、右利きなのでいつも右腕でダンベルを持つ傾向にあり、それだと左腕があまり鍛えられないことに気付きます。これじゃあだめだということで、思い切った手段に打って出ます。数日間右手を背中に縛り付け、一連のメニューを右腕を使わずにこなすしかない状態にしたのです。その結果、期待どおりに左腕が大きくなり始めます。そこで、今度は両腕を鍛えるために次のようにします。毎日ジムに向かう前に、それぞれの腕に対して 1 枚ずつ、2 枚のコインを投げます。左のコインの表が出たら左腕を背中に縛り付け、右腕のコインの表が出たら右腕を背中に縛り付けます。両腕を鍛える日もあれば、片腕だけを鍛える日もあり、腕を鍛えない日もあります（きっとその日は足を鍛えます）。コインのランダム性のおかげで、平均すると両腕をほぼ均等に鍛えることになります。

ドロップアウトのロジックも同じですが、腕を鍛えるのではなく、ニューラルネットワークの重みを訓練します。ニューラルネットワークのノードの数があまりにも多いケースでは、データの中から正しい予測に役立つパターンを拾い上げるノードや、ノイズだらけのパターンや無関係なパターンを拾い上げるノードがあるものです。ドロップアウトは、エポックごとにノードの一部をランダムに取り除き、1 回の勾配降下法ステップを残りのノードで実行します。

エポックごとにノードのいくつかを除外すると、有益なパターンを拾っていたノードが取り除かれ、他のノードがその代役を務めざるを得なくなるはずです。

　もっと具体的に言うと、ドロップアウトプロセスは各ニューロン（ノード）に小さな確率 p を割り当てます。そして、訓練プロセスのエポックごとに、各ノードを確率 p で削除し、残りのノードだけでニューラルネットワークを訓練します。ドロップアウトを使うのは隠れ層だけで、入力層や出力層では使いません。図 10-18 はドロップアウトプロセスを示しています。エポックごとに訓練から除外するノードをランダムに選ぶことで、すべてのノードに重みを更新する機会を与え、一部のノードが訓練で優位に立つのを防ぎます。

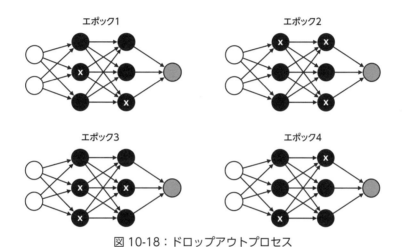

図 10-18：ドロップアウトプロセス

　ドロップアウトは現場で大きな成功を収めています。ニューラルネットワークを訓練するときは常にドロップアウトを使うことをお勧めします。後ほど見ていくように、ニューラルネットワークの訓練にパッケージを使うと、ドロップアウトを簡単に適用できます。

10.2.5　さまざまな活性化関数：tanh と ReLU

　10.2.3 項で説明したように、シグモイド関数は少し平坦すぎるため、勾配消失問題を引き起こします。この問題に対処する方法は、別の活性化関数を使うことです。ここでは、双曲線正接（tanh）と ReLU という 2 つの活性化関数を取り上げます。これら 2 つの関数は訓練プロセスを改善するのに不可欠です。

双曲線正接関数（tanh）

　双曲線正接（hyperbolic tangent：tanh）関数は、その形状からして、実践ではシグモイド関数よりもうまくいく傾向にあります。

$$\tanh(x) = \frac{e^x - e^{-x}}{e^x + e^{-x}}$$

　tanh はシグモイドほど平坦ではないものの、同じような形状であることに変わりありません（図 10-19）。シグモイドを使ったときよりも訓練プロセスは改善されますが、やはり勾配消失問題に悩まされます。

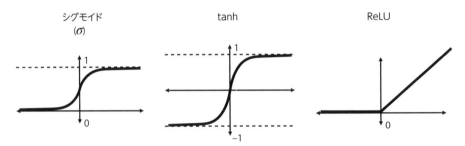

図 10-19：ニューラルネットワークで使われる 3 種類の活性化関数。
シグモイド関数（左）、tanh 関数（中）、ReLU 関数（右）

ReLU 関数

　もっとよく知られていて、ニューラルネットワークでもよく使われている活性化関数は、**ReLU**（Rectified Linear Unit）です。ReLU は、入力が負の場合は 0 を出力し、それ以外の場合は入力と同じ値を出力するという単純な関数です。つまり、非負の数はそのままにし、負の数はすべて 0 にします。

$$\mathrm{ReLU}(x) = \begin{cases} x & (x \geq 0) \\ 0 & (x < 0) \end{cases}$$

　ReLU の微分は入力が正のときに 1 になるため、勾配消失問題のよい解決策であり、大規模なニューラルネットワークで広く使われています。

　これらの活性化関数のすばらしい点は、同じニューラルネットワーク内でこれらの関数を組み合わせて使えることです。最もよく目にするアーキテクチャの 1 つは、最後のノードを除くすべてのノードで ReLU 活性化関数を使い、最後のノードでシグモイド活性化関数を使うというものです。最後のノードでシグモイドを使うのは、ニューラルネットワークで解こうとしているのが分類問題である場合は、ネットワークの出力が 0 〜 1 でなければならないからです。

10.2.6 複数の出力を持つニューラルネットワーク：ソフトマックス関数

ここまで見てきたニューラルネットワークでは、出力は1つだけでした。しかし、第6章の6.5節で学んだソフトマックス関数を使えば、複数の出力を生成するニューラルネットワークを構築するのも難しいことではありません。ソフトマックス関数はシグモイド関数の多変数拡張であり、スコアを確率に変換するために使うことができます。

ソフトマックス関数については、例を使って説明するのが一番です。画像の中にツチブタ（aardvark）、鳥（bird）、猫（cat）、または犬（dog）が含まれているかどうかを判断するニューラルネットワークがあるとしましょう。最後の層には、これらの動物ごとに1つ、合計4つのノードがあります。1つ前の層から渡されたスコアにシグモイド関数を適用する代わりに、すべてのスコアにソフトマックス関数を適用します。たとえば、スコアが0、3、1、1だとすれは、ソフトマックス関数は次の値を返します。

$$Probability(\text{aardvark}) = \frac{e^0}{e^0 + e^3 + e^1 + e^1} = 0.0377$$

$$Probability(\text{bird}) = \frac{e^3}{e^0 + e^3 + e^1 + e^1} = 0.7573$$

$$Probability(\text{cat}) = \frac{e^1}{e^0 + e^3 + e^1 + e^1} = 0.1025$$

$$Probability(\text{dog}) = \frac{e^1}{e^0 + e^3 + e^1 + e^1} = 0.1025$$

この結果から、このニューラルネットワークはその画像に鳥が含まれていると確信します。

10.2.7 ハイパーパラメータ

ほとんどの機械学習アルゴリズムと同様に、ニューラルネットワークには、その性能を向上させるために調整できるさまざまなハイパーパラメータがあります。これらのハイパーパラメータは訓練をどのように行うのかを決定します。つまり、訓練プロセスを実行する長さ、その速度、モデルに与えるデータの選び方はハイパーパラメータによって決まります。次に示すのは、ニューラルネットワークの最も重要なハイパーパラメータの一部です。

学習率：訓練時に使うステップのサイズ（η）

エポック数：訓練時に使うステップの数

勾配降下法：訓練プロセスに一度に与えるデータ点の量。データ点を1つずつ与えるか（確率的勾配降下法）、いくつかに分けて与えるか（ミニバッチ勾配降下法）、すべて一度に与えるか（バッチ勾配降下法）

アーキテクチャ：

- ニューラルネットワークの層の数

- 層あたりのノードの数

- 各ノードで使う活性化関数

正則化パラメータ：

- L1 正則化または L2 正則化

- 正則化項（λ）

ドロップアウト確率

　これらのハイパーパラメータを調整する方法は、他のアルゴリズムで調整する方法と同じで、グリッドサーチなどの手法を使います。これらの手法については、第 13 章で例を交えて詳しく説明します。

10.3　Keras を使ったニューラルネットワークのコーディング

　ニューラルネットワークのもとになっている理論を学んだところで、実践に移すことにしましょう。ニューラルネットワークには、Keras、TensorFlow、PyTorch をはじめとするすばらしいパッケージが揃っています。これら 3 つのパッケージはどれも強力ですが、ここでは使いやすさを優先して Keras を使うことにし、2 種類のデータセットに対するニューラルネットワークを構築します。1 つ目のデータセットには、2 つの特徴量とラベル（0 と 1）を持つデータ点が含まれています。このデータセットは 2 次元なので、モデルが作成した非線形の境界線を調べることができます。2 つ目のデータセットは、画像認識でよく使われる MNIST（Modified National Institute of Standards and Technology）というデータセットです。MNIST データセットには手書きの数字が含まれており、ニューラルネットワークを使ってそれらを分類できます。

10.3.1　2 次元のグラフィカルな例

　この例では、図 10-20 に示されているデータセットで、Keras を使ってニューラルネットワークを訓練します。このデータセットには 0 と 1 の 2 つのラベルが含まれており、ラベル 0 のデータ点は四角形、ラベル 1 のデータ点は三角形で描かれています。ラベル 1 のデータ点が中央に集まっていて、ラベル 0 のデータ点がその周囲にあることに注目してください。このようなデータセットには、非線形の境界線を持つ分類器が必要であり、ニューラルネットワークの例にぴったりです。

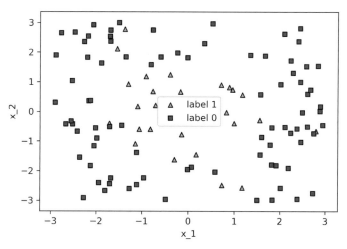

図 10-20：ニューラルネットワークは非線形分離可能なデータセットに最適である。
このことを確かめるために、この円形のデータセットでニューラルネットワークを訓練する

本項で使うコードはすべて本書の GitHub リポジトリにあります。

GitHub リポジトリ：`https://github.com/luisguiserrano/manning/`
フォルダ：`Chapter_10_Neural_Networks`
Jupyter Notebook：`Graphical_example.ipynb`
データセット：`one_circle.csv`

　モデルを訓練する前に、このデータセットの行をちょっと調べてみましょう。ここでは、入力を x、特徴量を x_1、x_2、出力を y と呼ぶことにします。表 10-3 はサンプルデータ点を示しています。このデータセットには、110 行のデータが含まれています。

表 10-3：2 つの特徴量と 1 つのラベルで構成された 110 行のデータセット

x_1	x_2	y
-0.759416	2.753240	0
-1.885278	1.629527	0
...	...	...
0.729767	-2.479655	1
-1.715920	-0.393404	1

　ニューラルネットワークを構築して訓練する前に、データの前処理を行う必要があります。

データのカテゴリ化：特徴量を二値の特徴量に変換する

　このデータセットの出力は 0 ～ 1 の数値ですが、この出力は 2 つのクラスを表しています。Keras では、このような出力はカテゴリ化することが推奨されます。といっても、ラベル 0 のデータ点にラベル [1,0] を割り当て、ラベル 1 のデータ点にラベル [0,1] を割り当てるだけです。この処理には to_categorical 関数を使います。新しいラベルの名前は categorized_y になります。

```
from tensorflow.keras.utils import to_categorical

categorized_y = np.array(to_categorical(y, 2))
```

ニューラルネットワークのアーキテクチャ

　ここでは、このデータセットに対するニューラルネットワークのアーキテクチャを定義します。どのアーキテクチャを使うのかを厳密に判断することはできませんが、原則として小さめにするよりも少し大きめにすることが推奨されます。このデータセットでは、2 つの隠れ層を持つアーキテクチャを使うことにします（図 10-21）。

入力層：サイズ：2
1 つ目の隠れ層：サイズ：128、活性化関数：ReLU
2 つ目の隠れ層：サイズ：64、活性化関数：ReLU
出力層：サイズ：2、活性化関数：ソフトマックス

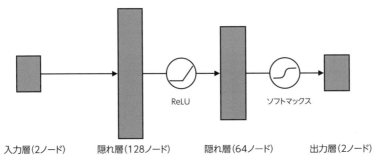

入力層(2ノード)　　隠れ層(128ノード)　　隠れ層(64ノード)　　出力層(2ノード)
図 10-21：このデータセットの分類に使うアーキテクチャ

　さらに、過学習を防ぐために、隠れ層の間にドロップアウト確率として 0.2 を使うドロップアウト層を追加します。

Keras を使ってモデルを構築する

　ニューラルネットワークの構築は、Keras を使えばほんの数行のコードで済みます。まず、必要なパッケージと関数をインポートします。

```
from tensorflow.keras.models import Sequential
from tensorflow.keras.layers import Dense, Dropout, Activation
```

　次に、前目で定義したアーキテクチャでモデルを構築します。

```
# モデルを定義
model = Sequential()

# ReLU 活性化関数を使う 1 つ目の隠れ層を追加
model.add(Dense(128, activation='relu', input_shape=(2,)))

# ドロップアウト確率 0.2 のドロップアウトを追加
model.add(Dropout(.2))

# ReLU 活性化関数を使う 2 つ目の隠れ層を追加
model.add(Dense(64, activation='relu'))
model.add(Dropout(.2))

# ソフトマックス活性化関数を使う出力層を追加
model.add(Dense(2, activation='softmax'))
```

　モデルを定義したら、次のコードを使ってコンパイルできます。

```
model.compile(loss='categorical_crossentropy', optimizer='adam',
              metrics=['accuracy'])
```

　compile メソッドのパラメータは次のとおりです。

- loss='categorical_crossentropy' は本書でログ損失として定義した損失関数である。ラベルには複数の列があるため、ログ損失関数の多変数バージョンである**多クラス交差エントロピー**（categorical cross-entropy）を使う必要がある。
- optimizer='adam' はオプティマイザを指定する。Keras のようなパッケージにはモデルを最適な方法で訓練するため仕掛けがいろいろ組み込まれているため、訓練にオプティマイザを追加するのは常によい考えである。最も効果的なのは Adam、SGD、RMSProp、Adagrad などを追加することだ。ぜひ他のオプティマイザでも同じ訓練を行ってどのような結果になるか調べてみよう。

- `metrics=['accuracy']` は性能指標を指定する。訓練ではエポックごとにモデルの性能が報告される。訓練時に確認したい指標はこのフラグで指定できる。この例では、正解率を選択している。

このモデルのアーキテクチャとパラメータの数を確認してみましょう。

```
>>> model.summary()
Model: "sequential"

Layer (type)                    Output Shape                Param #
=================================================================
dense (Dense)                   (None, 128)                 384

dropout (Dropout)               (None, 128)                 0

dense_1 (Dense)                 (None, 64)                  8256

dropout_1 (Dropout)             (None, 64)                  0

dense_2 (Dense)                 (None, 2)                   130

=================================================================
Total params: 8,770
Trainable params: 8,770
Non-trainable params: 0
```

　この出力の各行は層を表しています（ドロップアウト層はアーキテクチャを説明するために独立した層として扱われています）。各列は、層の種類、出力の形状（ノードの数）、パラメータの数を表しています。パラメータの数は重みの数にバイアスの数を足したものです。このモデルには、訓練可能なパラメータが合計で8,770個あります。

モデルを訓練する

　モデルを訓練するために必要なコードはたった1行です。

```
model.fit(x, categorized_y, epochs=100, batch_size=10)
```

　fit メソッドのパラメータは次のとおりです。

- x と categorized_y はそれぞれ特徴量とラベル。

- epochs はデータセット全体に逆伝播を実行する回数（この例では 100 回）。
- batch_size はモデルの訓練に使うバッチのサイズ。この例では、データをサイズ 10 のバッチとしてモデルに与える。このような小さなデータセットでは、データをバッチで与える必要はないが、参考までに見てもらうことにした。

モデルの訓練では、エポックごとに情報が出力されます。具体的には、損失値（誤差関数）と正解率が出力されます。最初のエポックでは損失値が大きく、正解率が低いのに対し、最後のエポックでは両方の指標が大きく改善されていることに注目してください。

```
Epoch 1/100
11/11 [==========================] - 0s 2ms/step - loss: 0.5473 - accuracy: 0.7182
......
Epoch 100/100
11/11 [==========================] - 0s 2ms/step - loss: 0.2110 - accuracy: 0.9000
```

訓練時の最終的な正解率は 0.90 です。なかなかよい数字ですが、正解率はテストデータセットで計算しなければならないことを思い出してください。ここでは省略しますが、このデータセットを訓練データセットとテストデータセットに分割した上でモデルを再び訓練し、テストデータセットでの正解率を調べてみてください。このニューラルネットワークの境界線は図 10-22 のようになります。いくつか例外はあるものの、ほとんどのデータ点が正しく分類されています。

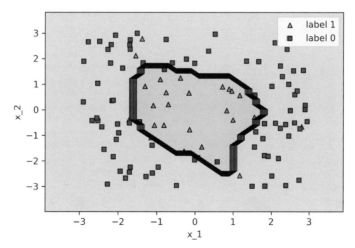

図 10-22：訓練したニューラルネットワーク分類器の境界線

このモデルはデータをかなりうまく分類しており、三角形が境界線の内側にあり、四角形が境界線の外側にあります。データのノイズのせいで誤分類がいくつかありますが、これで OK です。つぎはぎっぽい境界線は何となく過学習を感じさせますが、全体的にはよいモデルに思えます。

10.3.2　画像認識のためのニューラルネットワークを訓練する

ここでは、画像認識のためのニューラルネットワークを訓練する方法を学びます。ここで使うデータセットは画像認識によく使われている MNIST であり、0 から 9 までの手書きの数字の画像が 70,000 個含まれています。各画像のラベルはその画像が表している数字です。これらの画像は 0 〜 255 の数値からなる 28 × 28 行列であり、0 は白、255 は黒、中間の数字はグレースケールを表しています。

本項で使うコードはすべて本書の GitHub リポジトリにあります。

GitHub リポジトリ：https://github.com/luisguiserrano/manning/
フォルダ：Chapter_10_Neural_Networks
Jupyter Notebook：Image_recognition.ipynb
データセット：MNIST (Keras にあらかじめ組み込まれている)

データを読み込む

このデータセットは Keras にあらかじめ組み込まれているため、NumPy 配列に簡単に読み込むことができます。しかも、訓練データセット（60,000）とテストデータセット（10,000）にすでに分割されています。

```python
from tensorflow import keras

(x_train, y_train), (x_test, y_test) = keras.datasets.mnist.load_data()
```

このデータセット内の最初の 5 つの画像とそれらのラベルを見てみましょう（図 10-23）。

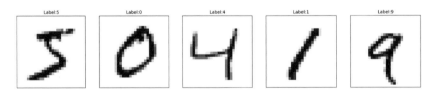

図 10-23：MNIST の手書き数字とラベルの例

データの前処理を行う

　ニューラルネットワークは入力を行列ではなくベクトルで受け取るため、28 × 28 画像を
それぞれ長さが $28^2 = 784$ の長いベクトルに変換しなければなりません。行列は reshape
メソッドを使ってベクトル化できます。

```
x_train_reshaped = x_train.reshape(-1, 28*28)
x_test_reshaped = x_test.reshape(-1, 28*28)
```

　前項の例と同様に、ラベルをカテゴリ化する必要もあります。ラベルは 0 ～ 9 の数字なので、
長さが 10 のベクトルに変換する必要があります。ベクトル内でそのラベルに該当するエント
リは 1、残りのエントリは 0 になります。

```
from tensorflow.keras.utils import to_categorical

y_train_cat = to_categorical(y_train, 10)
y_test_cat = to_categorical(y_test, 10)
```

　この前処理プロセスを図解すると図 10-24 のようになります。

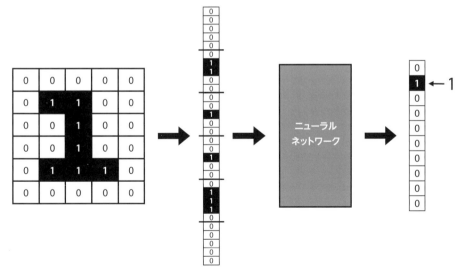

図 10-24：ニューラルネットワークを訓練する前に画像とラベルの前処理を行う

モデルの構築と訓練

　モデルとそのアーキテクチャを定義します。前項のモデルで使ったのと同じアーキテクチャ

を使うことができますが、入力のサイズが 784 になるため、少し変更が必要です。

```
from tensorflow.keras.models import Sequential
from tensorflow.keras.layers import Dense, Dropout, Activation

model = Sequential()
model.add(Dense(128, activation='relu', input_shape=(28*28,)))
model.add(Dropout(.2))
model.add(Dense(64, activation='relu'))
model.add(Dropout(.2))
model.add(Dense(10, activation='softmax'))
```

　次に、モデルをコンパイルし、バッチサイズ 10、エポック数 10 で訓練します。このモデルには訓練可能なパラメータが 109,386 個あるため、コンピュータによっては、10 エポックの訓練に数分ほどかかるかもしれません。

```
model.compile(loss='categorical_crossentropy', optimizer='adam',
              metrics=['accuracy'])
model.fit(x_train_reshaped, y_train_cat, epochs=10, batch_size=10)
```

　出力を調べてみると、訓練データセットでの正解率が 0.9164 であることがわかります。なかなかよい数字ですが、テストデータセットでの正解率を調べて、このモデルが過学習に陥っていないことを確認してみましょう。

モデルを評価する

　テストデータセットでの正解率を調べるには、テストデータセットで予測値を生成し、それらの予測値をラベル（正解値）と比較します。このニューラルネットワークの出力は長さが 10 のベクトルであり、各エントリには各ラベルの確率が含まれています。予測値を取得するには、このベクトル内で値が最も大きいエントリを調べます。

```
import numpy as np

predictions_vector = model.predict(x_test_reshaped)
predictions = [np.argmax(pred) for pred in predictions_vector]
```

　これらの予測値をラベルと比較すると、テストデータセットでの正解率が 0.942 で、かなりよい結果であることがわかります。10.5 節で取り上げる畳み込みニューラルネットワーク（CNN）のようなもう少し複雑なアーキテクチャを利用すれば、正解率をさらに向上させることができますが、小さな全結合ニューラルネットワークでも画像認識問題でかなりよい結果が

得られることがわかったのは収穫でした。

予測値をいくつか見てみましょう。図 10-25 は正しい予測値（左）と間違った予測値（右）を示しています。間違って予測した数字は 3 ですが、ちょっと字が汚いので少し 8 のようにも見えます。

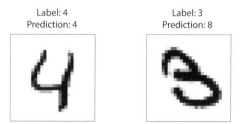

図 10-25：ニューラルネットワークが正しく分類した 4 の画像（左）と 8 として誤分類した 3 の画像

この実習では、大規模なニューラルネットワークなどの訓練プロセスを数行の Keras コードで実行できることがわかりました。もちろん、できることはまだたくさんあります。ぜひノートブックをいじって、ニューラルネットワークにさらに層を追加し、ハイパーパラメータを変更して、テストデータセットでの正解率をどれくらい改善できるか試してみてください。

10.4　回帰のためのニューラルネットワーク

本章では、ニューラルネットワークを分類モデルとして使う方法を見てきましたが、ニューラルネットワークは回帰モデルとしても同じように役立ちます。うまい具合に、分類用のニューラルネットワークで小さな調整を 2 つ行うだけで、回帰用のニューラルネットワークになります。1 つ目の変更点は、ニューラルネットワークの最後のシグモイド関数を削除することです。この関数の役割は入力を 0 〜 1 の数値に変換することなので、この関数を削除するとニューラルネットワークがどのような数値でも返せるようになります。2 つ目の変更点は、誤差関数を回帰にふさわしく絶対誤差か平均二乗誤差（MSE）に変更することです。それ以外の部分は訓練プロセスを含めて同じままです。

本項で使うコードはすべて本書の GitHub リポジトリにあります。

> **GitHub リポジトリ**：`https://github.com/luisguiserrano/manning/`
> **フォルダ**：`Chapter_10_Neural_Networks`
> **Jupyter Notebook**：`House_price_predictions_neural_network.ipynb`
> **データセット**：`Hyderabad.csv`

　例として、10.1.4 項の図 10-7 で示したパーセプトロンを見てみましょう。このパーセプトロンは予測値 $\hat{y} = \sigma(3x_1 - 2x_2 + 4x_3 + 2)$ を生成します。シグモイド活性化関数を削除した場合、新しいパーセプトロンの予測値は $\hat{y} = 3x_1 - 2x_2 + 4x_3 + 2$ になります。このパーセプトロンが線形回帰モデルを表すことに注目してください（図 10-26）。

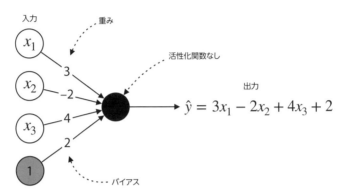

図 10-26：パーセプトロンから活性化関数を削除すると、分類モデルが線形回帰モデルに変わる。
線形回帰モデルは 0 ～ 1 だけではなくあらゆる数値を予測する

　このプロセスを理解するために、おなじみのハイデラバードの住宅価格データセットを使ってニューラルネットワークを Keras で訓練します。第 3 章の 3.5 節では、線形回帰モデルを訓練してこのデータセットに適合させたことを思い出してください。

　このデータセットを読み込み、データセットを特徴量とラベルに分割する方法はノートブックで確認できます。このニューラルネットワークのアーキテクチャは次のとおりです。

- サイズ（このデータセットの列数）38 の入力層
- ReLU 活性化関数とドロップパラメータ 0.2 を使うサイズ 128 の隠れ層
- ReLU 活性化関数とドロップパラメータ 0.2 を使うサイズ 64 の隠れ層
- 活性化関数を使わないサイズ 1 の出力層

```
model = Sequential()
model.add(Dense(38, activation='relu', input_shape=(38,)))
model.add(Dropout(.2))
model.add(Dense(128, activation='relu'))
model.add(Dropout(.2))
model.add(Dense(64, activation='relu'))
model.add(Dropout(.2))
model.add(Dense(1))
```

　このニューラルネットワークの訓練には、誤差関数として MSE、オプティマイザとして Adam、性能指標として二乗平均平方根誤差（RMSE）を使います。そして、バッチサイズ 10、エポック 10 で訓練します。

```
model.compile(loss='mean_squared_error', optimizer='adam',
              metrics=[keras.metrics.RootMeanSquaredError()])
model.fit(features, labels, epochs=10, batch_size=10)
```

　訓練データセットでの RMSE は 5,535,425 でした。このニューラルネットワークをさらに調査するために、テストデータセットを追加し、アーキテクチャをいろいろいじって、どれくらい改善できるか確かめてみてください。

10.5　さらに複雑なデータセットに対するその他のアーキテクチャ

　ニューラルネットワークはさまざまな用途に役立ちます。現時点では、おそらく他のどの機械学習アルゴリズムよりも多くの用途があります。こうした用途の幅広さはニューラルネットワークの最も重要な特性の 1 つです。データにうまく適合させて問題を解くために、さまざまなアーキテクチャを非常に興味深い方法で調整できます。それらのアーキテクチャを詳しく知りたい場合は、本書の付録 C、Andrew Trask 著『Grokking Deep Learning』（Manning、2019 年）[4]、または「Serrano.Academy」の Web サイト[5] を参照してください。

10.5.1　CNN：ニューラルネットワークはどのように見る？

　本章で説明したように、ニューラルネットワークは画像と相性がよく、次のような用途に役立ちます。

画像認識：入力は画像、出力は画像のラベル。画像認識に使われるデータセットしてよく知られているデータセットは次のとおり。

　　MNIST：手書き数字の 28 × 28 グレースケール画像
　　CIFAR-10：飛行機や自動車など 10 種類のラベルが付いた 32 × 32 カラー画像
　　CIFAR-100：CIFAR-10 と似ているが、水生哺乳類や花など 100 種類のラベルが付いている

---

[4]　『なっとく！ ディープラーニング』（翔泳社、2020 年）
[5]　https://serrano.academy/

セマンティックセグメンテーション：入力は画像。出力には画像で見つかったラベルだけではなく画像内でのそれらの位置も含まれている。通常、ニューラルネットワークはこの位置を画像内の有界矩形として出力する。

10.3.2 項では、MNIST データセットをかなりうまく分類する小さな全結合ニューラルネットワークを構築しました。しかし、画像を長いベクトルに変換すると多くの情報が失われてしまうため、写真や顔のようなもっと複雑な画像では、このようなニューラルネットワークはあまりうまくいきません。そのような複雑な画像には、別のアーキテクチャが必要です。そこで役立つのが**畳み込みニューラルネットワーク**（convolutional neural network：CNN）です。

ニューラルネットワークの詳細については付録 C の参考文献を見てもらうことにして、ここではそれらの仕組みをざっと説明することにします。大きな画像を処理したいとしましょう。そこで 5×5 ピクセルや 7×7 ピクセルといった小さなウィンドウ（窓）をこの大きな画像の上でスライドさせます。ウィンドウをスライドさせるたびに、**畳み込み**（convolution）と呼ばれる式を適用します。フィルタリング後の画像は若干小さくなり、ある意味、1 つ前の画像を要約したものになります —— これが畳み込み層です。CNN はこのような畳み込み層をいくつか組み合わせたものであり、その後に全結合層が続きます。

複雑な画像を扱う場合、通常はニューラルネットワークを一から訓練することはしません。**転移学習**（transfer learning）という非常に効果的な手法では、訓練済みのネットワークから始めて、データを使ってそのパラメータ（通常は最後の層）を調整します。この手法はうまくいく傾向にあり、計算コストも抑えられます。InceptionV3、Imagenet、ResNet、VGG などのネットワークは高い計算能力を持つ企業や研究グループによって訓練されているため、ぜひ活用してください。

10.5.2　RNN、LSTM、GRU：ニューラルネットワークはどのように話す？

ニューラルネットワークの最も魅力的な用途の 1 つは、ニューラルネットワークに話をさせたり、人間が話す内容を理解させたりすることです。つまり、人間が話していることを聞いたり人間が書いたものを読んだりして、その内容を分析し、返事をしたり行動を起こしたりします。コンピュータが言語を理解して処理する能力を**自然言語処理**（natural language processing：NLP）と呼びます。ニューラルネットワークは NLP で多くの成功を収めています。本章の最初の例である感情分析は、文を理解してその感情がポジティブかネガティブかを判断するため、NLP の一部です。想像できるように、次を含め、最先端の応用例が他にもたくさんあります。

機械翻訳：さまざまな言語で書かれた文を他の言語に翻訳する。

音声認識：人間の声をデコードして文字に変換する。

テキスト要約：大量のテキストをいくつかの段落に要約する。

チャットボット：人間に話しかけたり質問に答えたりできるシステム。まだ完成形ではないが、カスタマーサポートといった特定のトピックで動作する便利なチャットボットが存在する。

　テキスト処理に適した最も便利なアーキテクチャは**リカレントニューラルネットワーク**（recurrent neural network：RNN）であり、RNN をさらに高度化したものとして**長短期記憶**（long short-term memory：LSTM）と**ゲート付きリカレントユニット**（gated recurrent unit：GRU）があります。これらのアーキテクチャがどのようなものかを理解するための参考として、出力が入力の一部としてネットワークに戻されるニューラルネットワークを想像してみてください。ニューラルネットワークはこのようにして記憶を持ちます。正しく訓練されれば、テキスト内のトピックの意味を理解するのにこの記憶が役立つことがあります。

10.5.3　GAN：ニューラルネットワークはどのように描く？

　ニューラルネットワークの最も興味深い用途の 1 つは生成です。ここまでのニューラルネットワーク（そして本書に登場する他のほとんどの機械学習モデル）は予測型機械学習に役立つものでした。つまり、それらのニューラルネットワークは「それはいくらですか」、「これは猫ですか、犬ですか」といった質問に答えることができます。一方で、最近では**生成型機械学習**（generative machine learning）と呼ばれる魅力的な分野で多くの進展が見られます。生成型機械学習は、単に質問に答えるのではなく、コンピュータに何かの作り方を教える分野の機械学習です。絵を描く、曲を作る、物語を書くといった行為は、この世界をはるかに高いレベルで理解していることを体現するものです。

　この数年間で最も重要な進歩の 1 つは、間違いなく**敵対的生成ネットワーク**（generative adversarial network：GAN）の開発です。GAN は画像生成に関して注目すべき成果を上げています。GAN は生成器と識別器という 2 つの競合するネットワークで構成されます。生成器は本物そっくりの画像を生成しようとし、識別器は本物と偽物の画像を見分けようとします。訓練プロセスでは、本物の画像と生成器が生成した偽物の画像を識別器に与えます。このプロセスを人間の顔写真のデータセットに適用すると、生成器がかなりリアルな顔を生成できるようになります。実際、それらは本物そっくりに見えるため、人間にはなかなか見分けがつきません。「Which Face is Real」[6] にアクセスしてぜひ GAN を体験してください。

※6　https://www.whichfaceisreal.com/

10.6 まとめ

- ニューラルネットワークは分類と回帰に使われる非常に強力なモデルである。ニューラルネットワークは一連のパーセプトロンを階層化したものであり、1 つの層の出力が次の層の入力になる。ニューラルネットワークは複雑であるため、他の機械学習モデルでは難しい用途でも大きな成功を収めることができる。

- ニューラルネットワークは画像認識やテキスト処理といった多くの最先端分野で応用されている。

- ニューラルネットワークの基本的な構成要素はパーセプトロンである。パーセプトロンは複数の値を入力として受け取り、1 つの値を出力する。この出力値は、入力に重みを掛け、バイアスを足し、活性化関数を適用した結果である。

- よく使われる活性化関数には、シグモイド、双曲線正接（tanh）、ソフトマックス、ReLU がある。これらの活性化関数は、ニューラルネットワークに非線形性を持たせて、より複雑な境界線を構築できるようにするために、ニューラルネットワークの層の間で使われる。

- シグモイド関数は実数を区間 0 〜 1 の値に変換する単純な関数である。双曲線正接関数（tanh）も同様だが、出力は区間 -1 〜 1 の値になる。これらの関数の目的は、入力を小さな区間に圧縮することで、答えをカテゴリ値として解釈できるようにすることにある。これらの関数は主にニューラルネットワークの最後の（出力）層で使われる。微分が平坦であるために勾配消失問題を引き起こすことがある。

- ReLU 関数は、負の数を 0 に変換し、非負の数をそのままにする関数である。勾配消失問題の抑制で大きな成果を上げているため、ニューラルネットワークの訓練ではシグモイド関数や双曲線正接関数よりもよく使われている。

- ニューラルネットワークの構造は非常に複雑であるため、訓練するのは難しい。ニューラルネットワークの訓練に使われるプロセスは誤差逆伝播法と呼ばれ、大きな成果を上げている。誤差逆伝播法は、損失関数の微分をとり、モデルのすべての重みについて偏微分係数を求めるというものだ。これらの微分係数はモデルの性能を向上させるためにモデルの重みの更新に繰り返し使われる。

- ニューラルネットワークでは過学習や勾配消失などの問題が起こりがちだが、こうした問題は正則化やドロップアウトなどの手法を使って抑制できる。

- ニューラルネットワークの訓練には、Keras、TensorFlow、PyTorch といった便利なパッケージを使うことができる。これらのパッケージを使う場合は、モデルのアーキテクチャと誤差関数を定義するだけで訓練が自動的に行われるため、ニューラルネット

ワークの訓練が非常に簡単になる。さらに、パッケージに組み込まれている最先端のオプティマイザも利用できる。

10.7 練習問題

練習問題 10-1

次の図はすべての活性化関数がシグモイド関数であるニューラルネットワークを示しています。このニューラルネットワークは入力 (1, 1) に対して何を予測するでしょうか。

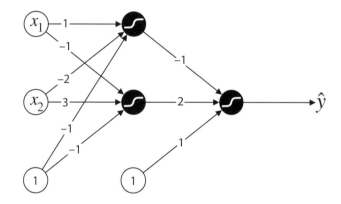

練習問題 10-2

練習問題 5-3 で学んだように、XOR ゲートを模倣するパーセプトロンを構築することは不可能です。つまり、次のデータセットをパーセプトロンで適合させて 100% の正解率を達成することはできません。

x_1	x_2	y
0	0	0
0	1	1
1	0	1
1	1	0

というのも、このデータセットは線形分離不可能だからです。深さ 2 のニューラルネットワークを使って、この XOR ゲートを模倣するパーセプトロンを構築してください。離散値の出力を得るために、活性化関数としてシグモイド関数の代わりにステップ関数を

使ってください。**ヒント：**この問題を訓練方式で解くのは難しいので、重みに見当をつけてください。AND ゲート、OR ゲート、NOT ゲートを使って XOR ゲートを構築し（またはその方法をインターネットで検索し）、練習問題 5-3 の結果を参考にしてください。

練習問題 10-3

10.1.6 項の最後に述べたように、図 10-13 のニューラルネットワークと活性化関数はデータ点 (1, 1) を誤分類するため、表 10-1 のデータセットに適合しません。

a. 実際にそうなることを検証してください。

b. このニューラルネットワークがすべてのデータ点を正しく分類するように重みを変更してください。

サポートベクトルマシンとカーネル法

本章の内容

- サポートベクトルマシンとは何か
- あるデータセットを最もうまく分類する線形分類器はどれか
- カーネル法を使って非線形分類器を構築する
- scikit-learn でのサポートベクトルマシンとカーネル法のコーディング

専門家が鶏データセットの分割に勧めるのはカーネル法
（カーネルに餌のトウモロコシ (kernel) をかけている）

　本章では、**サポートベクトルマシン**（support vector machine：SVM）という強力な分類モデルを紹介します。2 クラスのデータセットを線形の境界で分割するという点では、SVM はパーセプトロンに似ています。ただし、SVM の目的はデータセット内のデータ点からできるだけ離れた位置にある線形の境界を見つけ出すことにあります。本章では、**カーネル法**（kernel method）も取り上げます。カーネル法は SVM と組み合わせると効果的な手法であり、非線形の境界を使ってデータセットを分類するのに役立つことがあります。

　第 5 章では、線形分類器（パーセプトロン）について説明しました。2 次元データでは、線

形分類器は 2 クラスのデータ点からなるデータセットを分割する直線として定義されます。しかし、データセットを分割できる直線がいくつもあることに気付いた場合は、「どれが最もよい線なのかはどうすればわかるのか」という問題にぶつかります。図 11-1 は、このデータセットを分割する 3 つの線形分類器を示しています。あなたならどの分類器を選びますか？

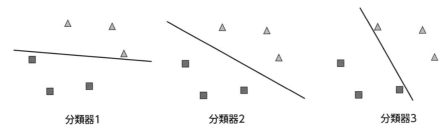

図 11-1：データセットを正しく分類する 3 つの分類器のうち、私たちが選ぶのはどれか

　答えは分類器 2 だと考えているなら、筆者も賛成です。3 つの直線はどれもデータセットをうまく分割していますが、2 つ目の直線はちょうどよいところに引かれています。1 つ目と 3 つ目の直線はデータ点の一部にかなり接近していますが、2 つ目の直線はどのデータ点からもかなり離れています。これら 3 つの直線を小刻みに動かすと、1 つ目と 3 つ目の直線がいくつかのデータ点を超えてしまい、それらのデータ点を誤分類するかもしれません。一方で、2 つ目の直線は依然としてすべてのデータ点を正しく分類するでしょう。したがって、分類器 2 は分類器 1 と 3 よりも堅牢です。

　ここで登場するのが SVM です。SVM 分類器は 1 本の直線ではなく 2 本の平行な直線を使います。SVM の目標は 2 つあります。データを正しく分類することと、直線の間隔をできるだけ広く保つことです。図 11-2 は、3 つの分類器に対する 2 本の平行線と、参考までに中間の直線を示しています。見るからに最も離れているのは、分類器 2 の平行線（点線）です。つまり、分類器 2 の中央の直線（実線）はどのデータ点からも最適な位置にあります。というわけで、分類器 2 が最適な分類器です。

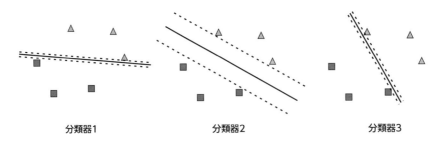

図 11-2：分類器をできるだけ間隔が空いた 2 本の平行線として描くと、
分類器 2 の平行線が最も離れていることがわかる

SVM を可視化するときには、データ点からできるだけ離れた中央の直線として描いてもよいですし、できるだけ間隔が空いた 2 本の外側の平行線として考えることもできます。どちらも特定の状況で役立つため、本章ではその時々において両方の方法で可視化することにします。

そのような分類器をどうやって構築するのでしょうか。誤差関数と繰り返しのステップが若干異なりますが、構築の方法は以前とだいたい同じです。

本章の分類器はすべて 0 または 1 を出力する離散値の分類器です。これらの分類器は、予測値 $\hat{y} = \text{step}(f(x))$ で表されることもあれば、境界線の方程式 $f(x) = 0$ ―― つまり、データ点を 2 つのクラスに分割しようとする関数のグラフとして表されることもあります。たとえば、予測値 $\hat{y} = \text{step}(3x_1 + 4x_2 - 1)$ を生成するパーセプトロンを線形方程式 $3x_1 + 4x_2 - 1 = 0$ だけで表すこともあります。本章のいくつかの分類器、特に 11.3 節で取り上げるものについては、境界線の方程式が線形関数になるとは限りません。

本章では、この理論を主に 1 次元と 2 次元のデータセット（直線上または平面上のデータ点）を使って理解します。ただし、SVM はより高い次元のデータセットでも同じように有効です。1 次元の線形境界は点であり、2 次元の線形境界は線であり、3 次元の線形境界は面です。それよりも高い次元では、データ点が置かれている空間よりも次元が 1 つ少ない超平面になります。どのケースでも、データ点から最も離れている境界を見つけ出すことが目標となります。図 11-3 は 1 次元、2 次元、3 次元の境界の例を示しています。

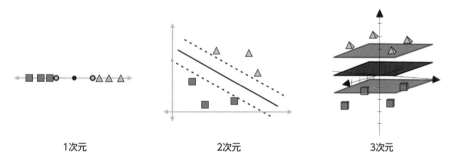

1次元   2次元   3次元

図 11-3：1 次元、2 次元、3 次元でのデータセットの線形境界。
参考までに中央の境界（点、線、面）も追加している

11.1 新しい誤差関数を使ってさらによい分類器を構築する

機械学習モデルは一般に誤差関数を使って定義しますが、SVM も例外ではありません。ここでは SVM の誤差関数を見ていきますが、この誤差関数はかなり特殊です。というのも、「データ点の分類」と「直線間の距離」の 2 つを同時に最大化しようとするからです。

SVMを訓練するには、できるだけ間隔が広く空いた2本の直線で表される分類器に対する誤差関数を作成しなければなりません。誤差関数について考えるときには、常に「モデルに達成させたいのは何か」を問いかけてみてください。ここで達成したいのは次の2つのことです。

- 2本の直線はどちらもデータ点をできるだけうまく分類しなければならない
- 2本の直線の間隔はできるだけ広く空いていなければならない

誤差関数は、これらの目的を達成しないモデルにペナルティを科すものになります。目的は2つあるため、SVMの誤差関数は2つの誤差関数の和になるはずです。1つ目の誤差関数は誤分類されたデータ点にペナルティを科し、2つ目の誤差関数は近づきすぎている直線にペナルティを科します。したがって、誤差関数の定義は次のようになります。

$$誤差 = 分類誤差 + 距離誤差$$

ここでは、これら2つの項を別々に展開することにします。

11.1.1 分類誤差関数：データ点を正しく分類する

ここでは、誤差関数において分類器にデータ点を正しく分類させる部分である分類の誤差関数を定義します。簡単に言うと、この誤差は次のように計算します。この分類器は2本の直線でできているため、それらの直線を2つの異なる「離散値のパーセプトロン」として考えます。そして、この分類器全体の誤差を2つのパーセプトロン誤差の合計として計算します[1]。例を見てみましょう。

SVMは2本の平行線を使いますが、うまいことに、これらの平行線の方程式はよく似ています。重みは同じですが、バイアスが異なります。そこで、このSVMでは、中央の直線を方程式 $w_1 x_1 + w_2 x_2 + b = 0$ で表される基準線Lとして定義し、その上下に次の式で表される2本の直線を描きます。

$$L+ : w_1 x_1 + w_2 x_2 + b = 1$$
$$L- : w_1 x_1 + w_2 x_2 + b = -1$$

例として、次の方程式で表される3本の平行線 L、L+、L- を見てみましょう（図11-4）。

$$L : 2x_1 + 3x_2 - 6 = 0$$
$$L+ : 2x_1 + 3x_2 - 6 = 1$$
$$L- : 2x_1 + 3x_2 - 6 = -1$$

※1　第5章の5.2.1項を参照。

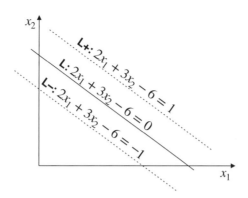

図 11-4：基準線 L は中央の直線。
L の方程式を少し変更することで等距離にある 2 本の平行線 L+ と L- を描く

　これで、この分類器が直線 L+ と L- で構成されるようになりました。L+ と L- については、2 つの独立したパーセプトロン分類器として考えることができます。これらの分類器の目標は同じで、データ点を正しく分類することです。それぞれの分類器には独自のパーセプトロン誤差関数が含まれているため、分類誤差関数はこれら 2 つの誤差関数の和として定義されます。つまり、誤分類されたデータ点の誤差を、2 つの直線を基準として計測し、それらの誤差を足して分類誤差を求めます。図 11-5 に示すように、誤差は境界線に対して垂直な線分の長さではありませんが、その長さに比例します。

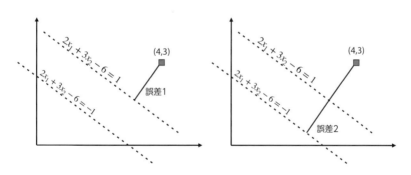

誤差 ＝ 誤差1 ＋ 誤差2

図 11-5：分類誤差を 2 つの誤差関数の和として求める

　SVM では、**両方**の直線がデータ点をうまく分類しなければならないことに注意してください。2 本の直線の間にあるデータ点は常にどちらかの直線によって誤分類されているため、SVM では正しく分類されているデータ点とは見なされません。

　第 5 章の 5.2.1 項で説明したように、データ点 (p, q) で予測値 $\hat{y} = \text{step}(w_1 x_1 + w_2 x_2 + b)$ を生成する離散値のパーセプトロンの誤差関数は次のようになります。

- このデータ点が正しく分類されている場合は 0
- このデータ点が誤分類されている場合は $|w_1x_1 + w_2x_2 + b|$

例として、ラベル 0 が付いているデータ点 (4, 3) について考えてみましょう。このデータ点は図 11-5 の両方のパーセプトロンで誤分類されています。これら 2 つのパーセプトロンの予測値は次のとおりです。

$$L+ : \hat{y} = \text{step}(2x_1 + 3x_2 - 7)$$
$$L- : \hat{y} = \text{step}(2x_1 + 3x_2 - 5)$$

したがって、この SVM でのその分類誤差は次のようになります。

$$|2 \cdot 4 + 3 \cdot 3 - 7| + |2 \cdot 4 + 3 \cdot 3 - 5| = 10 + 12 = 22$$

11.1.2　距離誤差関数：2本の直線をできるだけ離す

分類誤差を計測する誤差関数を作成したら、次は 2 本の直線間の距離を調べて、この距離が短い場合に警告を出す誤差関数を作成する必要があります。ここで説明するのは驚くほど単純な誤差関数であり、2 本の直線が近いときは大きくなり、離れているときは小さくなります。

この距離誤差関数はすでに見たことがあります。第 4 章の 4.5.3 節で学んだ正則化項です。もっと具体的に言うと、直線の方程式が $w_1x_1 + w_2x_2 + b = 1$ と $w_1x_1 + w_2x_2 + b = -1$ のとき、誤差関数は $w_1^2 + w_2^2$ です。なぜでしょうか。次の事実を利用するからです。図 11-6 に示されているように、2 本の直線間の垂直距離はちょうど $\frac{2}{\sqrt{w_1^2+w_2^2}}$ になります。この距離計算の詳細が知りたい場合は、章末の練習問題 11-1 を調べてみてください。

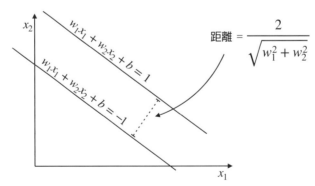

図 11-6：2 本の平行な直線間の距離は直線の方程式に基づいて求めることができる

このことから次の 2 つのことがわかります。

- $w_1^2 + w_2^2$ が大きい場合、$\frac{2}{\sqrt{w_1^2+w_2^2}}$ は小さい
- $w_1^2 + w_2^2$ が小さい場合、$\frac{2}{\sqrt{w_1^2+w_2^2}}$ は大きい

ここでは 2 本の平行な直線の間隔をできるだけ空けたいので、悪い分類器（直線どうしの距離が短い）に大きな値を割り当て、よい分類器（直線どうしの距離が長い）に小さな値を割り当てるこの $w_1^2 + w_2^2$ 項は、よい誤差関数です。

図 11-7 は SVM 分類器の例を 2 つ示しています。

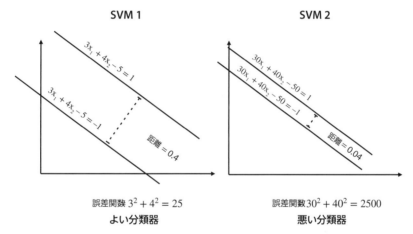

図 11-7：左の分類器は直線間の距離が 0.4、誤差が 25 の SVM、
右の分類器は直線間の距離が 0.04、誤差が 2500 の SVM

これらの分類器の式は次のとおりです。

SVM 1：

$$L+ : 3x_1 + 4x_2 + 5 = 1$$
$$L- : 3x_1 + 4x_2 + 5 = -1$$

SVM 2：

$$L+ : 30x_1 + 40x_2 + 50 = 1$$
$$L- : 30x_1 + 40x_2 + 50 = -1$$

それらの距離誤差関数は次のとおりです。

SVM 1：

$$距離誤差関数 = 3^2 + 4^2 = 25$$

SVM 2：

$$距離誤差関数 = 30^2 + 40^2 = 2500$$

図 11-7 からわかるように、SVM 2 の直線は SVM 1 の直線よりもはるかに接近している
ため、（距離という点では）SVM 1 のほうがずっとよい分類器です。SVM 1 の直線間の距離
は $\frac{2}{\sqrt{3^2+4^2}} = 0.4$ ですが、SVM 2 は $\frac{2}{\sqrt{30^2+40^2}} = 0.004$ です。

11.1.3　2 つの誤差関数を足して誤差関数を求める

分類誤差関数と距離誤差関数を作成したところで、これらの誤差関数を組み合わせ、データ
点をうまく分類するという目標と 2 本の直線間の間隔を空けるという目標を達成するのに役立
つ誤差関数を作成してみましょう。

この誤差関数を求めるには、分類誤差関数と距離誤差関数を足して次の式を求めます。

$$誤差 = 分類誤差 + 距離誤差$$

この誤差関数を最小化するよい SVM は、分類誤差をできるだけ小さくすると同時に、2 本
の直線の間隔をできるだけ空けるものでなければなりません。

図 11-8 は同じデータセットに対する 3 つの SVM 分類器を示しています。左の SVM はデー
タをうまく分類しており、2 本の直線が離れていて、誤差の尤度が低いため、よい分類器です。
真ん中の SVM は誤分類がいくつかあるため（上の直線の下に三角形が 1 つ、下の直線の上に
正方形が 1 つ）、よい分類器ではありません。右の SVM はデータ点を正しく分類していますが、
2 つの直線間の距離が短すぎるため、やはりよい分類器ではありません。

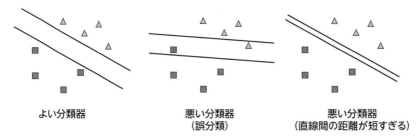

よい分類器　　　　　　　悪い分類器　　　　　　悪い分類器
　　　　　　　　　　　　（誤分類）　　　　（直線間の距離が短すぎる）

図 11-8：左はすべてのデータ点を正しく分類し、2 本の直線間の距離が十分な SVM。真ん中は 2 つ
　　　のデータ点を誤分類する悪い SVM。右は 2 本の直線間の距離が短すぎる悪い SVM

11.1.4　C パラメータ：SVM に分類か距離のどちらかを重視させる

ここでは、モデルを調整して改善するのに役立つ手法として、**C パラメータ**（C parameter）
を導入します。C パラメータを使うのは、距離よりも分類を重視して（あるいは分類よりも距
離を重視して）SVM を訓練したいときです。

　ここまでは、よい SVM 分類器を構築するために注意しなければならないことは 2 つだけでした。分類器の誤差をできるだけ少なくすると同時に、2 本の直線の間隔をできるだけ空ける必要がありました。しかし、一方を優先するためにもう一方を犠牲にしなければならない場合はどうすればよいのでしょう。図 11-9 には、同じデータセットに対する 2 つの分類器があります。左の分類器はいくつかのデータ点を誤分類していますが（短所）、2 本の直線は離れています（長所）。右の分類器はすべてのデータ点を正しく分類していますが（長所）、2 本の直線が近すぎます（短所）。どちらの分類器を選べばよいでしょうか。

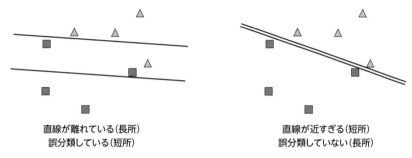

図 11-9：どちらの分類器も一長一短

　この質問に対する答えは、どのような問題を解いているかによります。たとえ直線どうしが近すぎるとしても、できるだけ誤分類の少ない分類器にしたいこともあれば、誤分類がいくつかあったとしても、直線どうしが離れている分類器にしたいこともあります。分類器をこのようにコントロールするために使うのが **C パラメータ** です。分類誤差に C を掛けると、誤差の式が次のように変化します。

$$誤差の式 = C \cdot (分類誤差) + (距離誤差)$$

　C の値が大きい場合は誤差の式で分類誤差が優位に立つため、分類器はデータ点を正しく分類することをより重視します。C の値が小さい場合は距離誤差が優位に立つため、分類器は直線間の間隔を広く保つことをより重視します。

　図 11-10 は 3 つの分類器を示しています。右の分類器は C の値が大きく、すべてのデータ点を正しく分類します。左の分類器は C の値が小さく、直線の間隔を広く保っています。C ＝ 1 の分類器はその両方を試みます。実際には、C はさまざまな手法を使って調整できるハイパーパラメータです。それらの手法には、モデルの複雑度グラフ[2] や、あるいは解こうとしている問題、データ、モデルについての知識が含まれます。

※2　第 4 章の 4.4 節を参照。

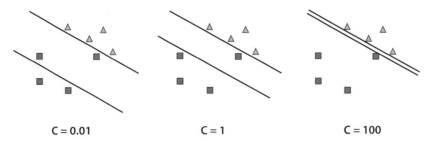

図 11-10：C の値を変えることで直線間の距離を十分に保つ分類器とデータ点を
正しく分類する分類器を切り替える

11.2　scikit-learn での SVM のコーディング

　SVM がどのようなものであるかがわかったところで、SVM をコーディングしてデータを
モデル化してみましょう。ここで説明するように、scikit-learn を使えば SVM のコーディン
グは簡単です。また、コードで C パラメータを実際に使う方法も示します。

> 本節で使うコードはすべて本書の GitHub リポジトリにあります。
>
> **GitHub リポジトリ**：https://github.com/luisguiserrano/manning/
> **フォルダ**：Chapter_11_Support_Vector_Machines
> **Jupyter Notebook**：SVM_graphical_example.ipynb
> **データセット**：linear.csv

11.2.1　単純な SVM をコーディングする

　まず、サンプルデータセットで単純な SVM をコーディングし、続いて C パラメータを追加
します。このデータセットをプロットしたものが図 11-11 になります。

　まず、このデータセットを features と labels という 2 つの DataFrame に読み込みま
す。

```
import pandas as pd
import numpy as np

linear_data = pd.read_csv('linear.csv')
features = np.array(linear_data[['x_1', 'x_2']])
labels = np.array(linear_data['y'])
```

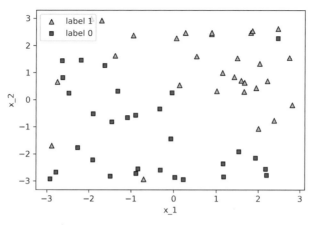

図 11-11：外れ値がいくつかあるものの、ほぼ線形に分割できるデータセット

次に、scikit-learn の svm パッケージをインポートし、svm_linear というモデルを定義して、訓練を行います。

```
from sklearn.svm import SVC

svm_linear = SVC(kernel='linear')
svm_linear.fit(features, labels)
```

正解率は 0.933 です（図 11-12）。

Accuracy: 0.9333333333333333

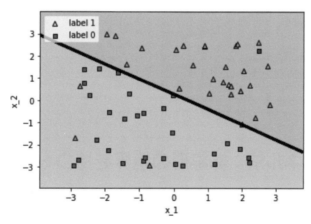

図 11-12：scikit-learn で構築した SVM 分類器のプロットは 1 本の直線で構成される。
このモデルの正解率は 0.933

11.2.2　C パラメータ

scikit-learn では、C パラメータをモデルに導入するのは簡単です。ここでは、2 つのモデルを訓練してプロットします。1 つ目のモデルでは C = 0.01 という非常に小さい値を使い、2 つ目のモデルでは C = 100 という大きい値を使います（図 11-13）。

```
svm_c_001 = SVC(kernel='linear', C=0.01)
svm_c_001.fit(features, labels)

svm_c_100 = SVC(kernel='linear', C=100)
svm_c_100.fit(features, labels)
```

C の値が小さい左の分類器はデータ点を正しく分類することをそれほど重視しておらず、データ点をいくつか誤分類しています。このことはその低い正解率（0.86）に表れています。この例ではわかりにくいものの、この分類器は直線がデータ点からできるだけ離れていることを重視しています。対照的に、C の値が大きい右の分類器はすべてのデータ点を正しく分類しようとしています。このことはその高い正解率（0.92）に表れています。この分類器はデータ点を誤分類していませんが、直線がいくつかのデータ点のすぐ下を通っています。

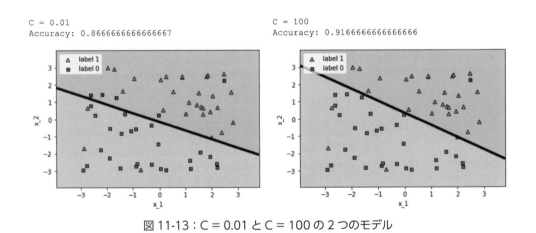

図 11-13：C = 0.01 と C = 100 の 2 つのモデル

11.3　カーネル法：非線形の境界を持つ SVM を訓練する

ここまでの章で見てきたように、データセットは必ずしも線形分離可能ではなく、データの複雑さを捕捉するために非線形の分類器を構築しなければならないことがよくあります。ここでは、非線形性の高い分類器の構築に役立つ**カーネル法**（kernel method）という手法を紹介します。カーネル法は SVM と組み合わせると効果的な手法です。

　データセットを線形分類器で分割できないことに気付いた場合はどうすればよいでしょうか。1 つの方法として考えられるのは、このデータセットが線形分離可能になることを願って、列をさらに追加してデータセットを拡張することです。カーネル法は、この列の追加をうまく考えられた方法で行い、新しいデータセットで線形分類器を構築した後、（非線形になった）分類器に注意を払いながら追加した列を削除するというものです。

　文章で説明すると長くなりますが、カーネル法は図解してみるとよくわかります。このデータセットが 2 次元であると考えてください。つまり、入力に 2 つの列があります。ここに 3 つ目の列を追加すると、データセットは 3 次元になります。紙の上にあるデータ点が突然さまざまな高さで宙に浮かび上がるようなものです。データ点をさまざまな高さに持ち上げると、おそらく平面で分割できるようになるはずです。これがカーネル法です（図 11-14）。

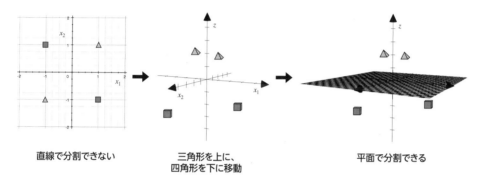

図 11-14：直線で分割できない集合（左）を 3 次元にしてみる（真ん中）。2 つの三角形を上に移動し、2 つの四角形を下に移動する。そうすると、新しいデータセットを平面で分割できる（右）[※3]

カーネル、特徴量マップ、作用素論

　カーネル法の論拠となっているのは作用素論という数学の分野です。カーネルは類似度関数です。要するに、2 つのデータ点が似ているかどうか（距離が近いどうか）を明らかにする関数であり、カーネルから**特徴量マップ**（feature map）が得られます。特徴量マップはデータセットが存在する空間と（通常は）より高い次元の空間をマッピング（写像）するものです。

　分類器を理解するためにカーネルと特徴量マップの理論を完全に理解する必要はありません。この点について詳しく知りたい場合は、付録 C の参考文献を参照してください。本章では、データ点を分割可能にするために列を追加する手段としてカーネル法を捉えることにします。たとえば、図 11-14 のデータセットには x_1 と x_2 の 2 つの列があり、$x_1 x_2$ の値を持つ 3 つ目の列を追加しています。この例の追加を、平面上のデータ点 (x_1, x_2) を空間内のデータ点 $(x_1, x_2, x_1 x_2)$ に移動する関数として考えることもできます。3 次元空間に配置されたデータ点

※3　本章の 3 次元の図の作成には Golden Software, LLC の Grapher を使っている。
https://www.goldensoftware.com/products/grapher

は図 11-14 の右の平面を使って分割できるようになります。この例をもっと詳しく調べたい場合は、章末の練習問題 11-2 を参照してください。

本節で取り上げる 2 つのカーネルとそれらに対応する特徴量マップは**多項式カーネル**と **RBF カーネル**です。やり方は異なりますが、どちらも非常に効果的な方法でデータセットに列を追加します。

11.3.1　多項式カーネル：多項式を活用する

ここでは、**多項式カーネル**（polynomial kernel）について説明します。多項式カーネルは非線形のデータセットのモデル化に役立つ便利なカーネルです。もっと具体的に言うと、カーネル法は円、放物線、双曲線といった多項式を使ってデータをモデル化するのに役立ちます。ここでは 2 つの例を使って多項式カーネルを説明することにします。

例 1：円形のデータセット

1 つ目の例では、表 11-1 のデータセットを分類します。

表 11-1：小さなデータセット

x_1	x_2	y		x_1	x_2	y
0.3	0.3	0		−0.4	1.2	1
0.2	0.8	0		0.9	−0.7	1
−0.6	0.4	0		−1.1	−0.8	1
0.6	−0.4	0		0.7	0.9	1
−0.4	−0.3	0		−0.9	0.8	1
0	−0.8	0		0.6	−1	1

このデータセットをプロットしたものが図 11-15 になります。ラベル 0 のデータ点は四角形、ラベル 1 のデータ点は三角形で描かれています。このデータセットは直線で分割できないため、カーネル法の有力な候補となります。

これらの四角形と三角形を直線で分割できないことは明らかですが、円を使えば分割できそうです（図 11-16）。ここで問題です。SVM が線形の境界線しか描けないとしたら、どうすればこの円を描けるのでしょうか。

この境界線を描くために少し考えてみましょう。これらの四角形と三角形を分割する特性は何でしょうか。プロットを見た限りでは、三角形は四角形よりも原点から離れているようです。原点までの距離を数値化する公式は、2 つの座標の 2 乗の和の平方根です。これらの座標を

x_1、x_2 とすると、この距離は $\sqrt{x_1^2 + x_2^2}$ になります。平方根を無視して $x_1^2 + x_2^2$ だけで考えてみましょう。この値を持つ列を表 11-1 のデータセットに追加したらどうなるでしょうか（表 11-2）。

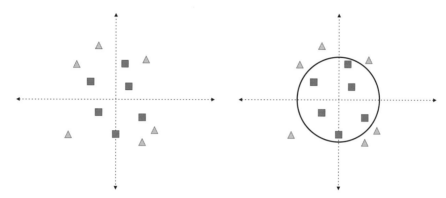

図 11-15：表 11-1 のデータセットのプロット　　図 11-16：カーネル法はこれらのデータ点をうまく分割する円形境界で表される分類器を実現する

表 11-2：表 11-1 のデータセットに列（最初の 2 つの列の 2 乗の和）を 1 つ追加

x_1	x_2	$x_1^2 + x_2^2$	y	x_1	x_2	$x_1^2 + x_2^2$	y
0.3	0.3	0.18	0	–0.4	1.2	1.6	1
0.2	0.8	0.68	0	0.9	–0.7	1.3	1
–0.6	0.4	0.52	0	–1.1	–0.8	1.85	1
0.6	–0.4	0.52	0	0.7	0.9	1.3	1
–0.4	–0.3	0.25	0	–0.9	0.8	1.45	1
0	–0.8	0.64	0	0.6	–1	1.36	1

　表 11-2 を調べてみると傾向がわかります。ラベル 0 のデータ点はすべて座標の 2 乗の和が 1 よりも小さく、ラベル 1 のデータ点はすべて座標の 2 乗の和が 1 よりも大きくなっています。したがって、データ点を分割する座標の方程式はまさに $x_1^2 + x_2^2 = 1$ です。変数の冪指数が 1 よりも大きいため、これは線形方程式ではありません。実際には、これは円の方程式です。

　このことを幾何学的にイメージしたものが図 11-17 になります。元のデータセットは平面上に存在しており、2 つのクラスを直線で分割することは不可能です。しかし、(x_1, x_2) を $x_1^2 + x_2^2$ の高さまで持ち上げると、$z = x_1^2 + x_2^2$ の方程式で表される放物線にデータ点を配置することになります（図 11-17 の右上）。各データ点を持ち上げる距離はちょうどそのデータ点から原点までの距離の 2 乗です。つまり、四角形は原点に近いため少しだけ持ち上げられ、三角

形は原点から離れているため大きく持ち上げられます。これで四角形と三角形の距離が離れたので、高さ 1 の水平面 —— つまり、方程式 $z = 1$ で分割できるようになります。最後に、すべてを平面に射影します。放物面と平面が交わる場所は方程式 $x_1^2 + x_2^2 = 1$ の円になります。この式には 2 次の項が含まれているため、線形ではないことに注意してください。この分類器の予測値を求める式は $\hat{y} = \text{step}(x_1^2 + x_2^2 - 1)$ になります。

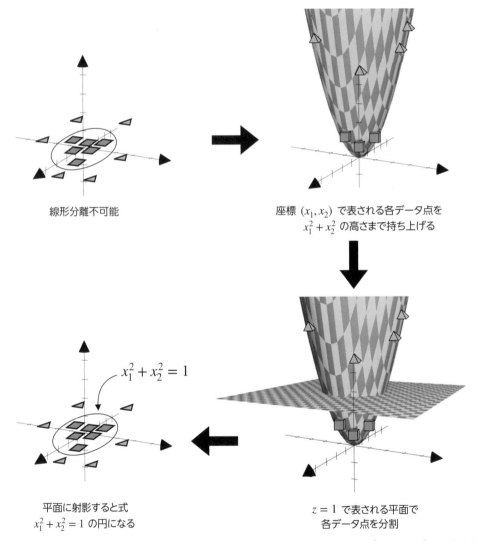

線形分離不可能

座標 (x_1, x_2) で表される各データ点を
$x_1^2 + x_2^2$ の高さまで持ち上げる

$x_1^2 + x_2^2 = 1$

平面に射影すると式
$x_1^2 + x_2^2 = 1$ の円になる

$z = 1$ で表される平面で
各データ点を分割

図 11-17：カーネル法は線形分離不可能なデータセットから始まる（ステップ 1）。各データ点を原点までの距離の 2 乗に相当する距離だけ持ち上げると放物面ができる（ステップ 2）。高い位置にある三角形と低い位置にある四角形を高さ 1 の平面で分割し（ステップ 3）、すべてを平面に射影する（ステップ 4）。放物面と平面の交わる場所は円になる。この円の射影が分類器の円形境界になる

例 2：変更を加えた XOR データセット

　描画できるのは円だけではありません。表 11-3 に示す非常に単純なデータセットについて考えてみましょう。このデータセットは練習問題 5-3 と練習問題 10-2 の XOR 演算子のものに似ています。元の XOR データセットで同じ問題を解いてみたい場合は、章末の練習問題 11-2 を解いてみてください。

表 11-3：変更を加えた XOR データセット

x_1	x_2	y
−1	−1	1
−1	1	0
1	−1	0
1	1	1

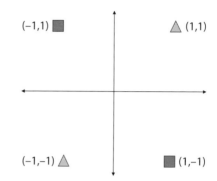

図 11-18：表 11-3 のデータセットのプロット。四角形と三角形を分割する分類器の境界線の方程式は $x_1 x_2 = 0$ であり、縦軸と横軸の和集合に相当する

　このデータセットが線形分離不可能であることを確認するために、図 11-18 を見てください。2 つの三角形が四角形の反対側の隅に置かれ、残りの 2 つの隅に四角形が置かれています。これらの三角形と四角形を直線で分割することは不可能です。しかし、この状況を打開するために多項式を使うことができます。今回は 2 つの特徴量の積を使います。積 $x_1 x_2$ に対応する列をこのデータセットに追加すると、表 11-4 のようになります。

表 11-4：表 11-3 のデータセットに列（最初の 2 つの列の積）を 1 つ追加

x_1	x_2	$x_1 x_2$	y
−1	−1	1	1
−1	1	−1	0
1	−1	−1	0
1	1	1	1

　積 $x_1 x_2$ に対応する列はラベルの列とよく似ています。このデータをうまく分類する分類器が境界方程式 $x_1 x_2 = 1$ で表されるものであることがわかります。この方程式のプロットは縦軸と横軸の合併です。その理由は、積 $x_1 x_2$ が 0 であるためには $x_1 = 0$ または $x_2 = 0$ でなけ

ればならないからです。この分類器の予測値は $\hat{y} = \text{step}(x_1 x_2)$ で求められ、平面の右上と左下の象限にあるデータ点では 1、それ以外のデータ点では 0 になります。

多項式カーネル：2 次方程式を超えて

先の 2 つの例では、線形分離不可能なデータセットを分類できるようにするために多項式を使いました。1 つ目の例では、$x_1^2 + x_2^2$ という式を使いました。というのも、この値は原点の近くにあるデータ点では小さくなり、原点から離れているデータ点では大きくなるからです。2 つ目の例で使った式 $x_1 x_2$ は、平面のさまざまな象限にあるデータ点を分割するのに役立ちました。

これらの式はどのようにして見つけたのでしょうか。もっと複雑なデータセットでは、いちいちプロットして使えそうな式の見当をつける余裕なんてないかもしれません。何か手法のようなもの —— つまり、アルゴリズムが必要です。そこで、x_1 と x_2 を含んでいて、次数が 2 の単項式（2 次方程式）として考えられるものをすべて調べることにします。該当する単項式は x_1^2、$x_1 x_2$、x_2^2 の 3 つです。これらの新しい変数を x_3、x_4、x_5 と呼ぶことにし、x_1、x_2 とは無関係であるかのように扱います。この方法を 1 つ目の例（円）に適用してみましょう。この 3 つの単項式に対応する 3 つの新しい列を表 11-1 のデータセットに追加した結果は表 11-5 のようになります。

表 11-5：表 11-1 のデータセットに 3 つの単項式に対応する 3 つの新しい列を追加

x_1	x_2	$x_3 = x_1^2$	$x_4 = x_1 x_2$	$x_5 = x_2^2$	y
0.3	0.3	0.09	0.09	0.09	0
0.2	0.8	0.04	0.16	0.64	0
-0.6	0.4	0.36	-0.24	0.16	0
0.6	-0.4	0.36	-0.24	0.16	0
-0.4	-0.3	0.16	0.12	0.09	0
0	-0.8	0	0	0.64	0
-0.4	1.2	0.16	-0.48	1.44	1
0.9	-0.7	0.81	-0.63	0.49	1
-1.1	-0.8	1.21	0.88	0.64	1
0.7	0.9	0.49	0.63	0.81	1
-0.9	0.8	0.81	-0.72	0.64	1
0.6	-1	0.36	-0.6	1	1

これで、この拡張データセットを分類する SVM を構築できるようになりました。SVM の訓練には、前節で学んだ方法を使います。このような分類器の構築には、scikit-learn や Turi Create などのパッケージを使うことをお勧めします。調べてみたところ、分類器の方程式の 1 つは次のようになります。

$$0x_1 + 0x_2 + 1x_3 + 0x_4 + 1x_5 - 1 = 0$$

$x_3 = x_1^2$、$x_5 = x_2^2$ であるため、円の望ましい方程式は次のようになります。

$$x_1^2 + x_2^2 = 1$$

ここまで見てきたように、このプロセスを可視化したい場合は少し手間がかかります。扱いやすかった 2 次元のデータセットは今や 5 次元になっています。この場合は、ラベル 0 とラベル 1 のデータ点がかなり離れたので、4 次元の超平面で分割できます。これを 2 次元に射影すれば、目的の円が得られます。

多項式カーネルを使うと、2 次元平面を 5 次元平面に変換するマップが得られます。このマップはデータ点 (x_1, x_2) をデータ点 $(x_1, x_2, x_1^2, x_1x_2, x_2^2)$ に変換するものです。各単項式の最大次数は 2 なので、これを「次数 2 の多項式カーネル」と言います。多項式カーネルでは常に次数を指定する必要があります。

もっと高い次数 (k) の多項式カーネルを使っている場合、データセットに追加する列はどのようなものになるでしょうか。与えられた変数に対する多項式のうち、次数が k 以下の単項式ごとに列を 1 つ追加します。たとえば、変数 x_1、x_2 に対して次数 3 の多項式カーネルを使っている場合は、多項式 $\{x_1, x_2\, x_1^2, x_1x_2, x_2^2, x_1^3, x_1^2x_2, x_1x_2^2\, x_2^3\}$ に対応する列を追加します。変数の数がもっと多い場合も方法は同じです。たとえば、変数 x_1、x_2、x_3 で次数 2 の多項式カーネルを使っている場合は、単項式 $\{x_1, x_2, x_3, x_1^2, x_1x_2, x_1x_3, x_2^2, x_2x_3, x_3^2\}$ に対応する列を追加します。

11.3.2　RBF カーネル：より高い次元の隆起をうまく利用する

次に調べるカーネルは、**動径基底関数カーネル**（radial basis function kernel：RBF カーネル）です。このカーネルは各データ点を中心とする特殊な関数を使って非線形境界を構築するのに役立つため、実践時にものすごく役立ちます。RBF カーネルを理解するために、まず 1 次元の例を見てみましょう。図 11-19 では、2 つの三角形のちょうど真ん中に四角形があるため、このデータセットは線形分離不可能です。線形分類器は直線を 2 つに分割する点であり、すべての三角形を片側に、四角形をその反対側に配置できるような点は存在しません。

図11-19：線形分類器では分類できない1次元のデータセット

　このデータセットの分類器を構築する方法として、それぞれの点に山か谷を配置したらどうなるか想像してみてください。ラベル1のデータ点（三角形）には山を配置し、ラベル0のデータ点（四角形）には谷を配置します。これらの山と谷を**動径基底関数**（radial basis function：RBF）と呼びます。結果として、図11-20の上図のようになります。次に、それらの点ごとに、高さがその点にあるすべての山と谷の高さの合計になるような山並みを描いていきます。そうすると図11-20の下図のような山並みになります。そして、この山並みの高さが0になる点——つまり、下図の印の付いた2つの点がこの分類器の境界になります。この分類器はこの2つの点の間にあるものをすべて四角形として分類し、その外側にあるものをすべて三角形として分類します。

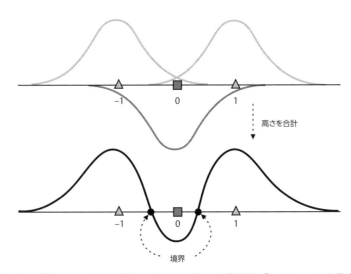

図11-20：RBFカーネルを使うSVMで1次元の非線形データセットを分割する

　以上がRBFカーネルの本質です。RBFカーネルを使って2次元のデータセットで同じような分類器を構築してみましょう。
　山と谷を配置する平面として毛布のようなものを想像してみてください（図11-21）。ある点をつまんで毛布を持ち上げると山になり、押し込んでくぼませると谷になります。これらの山と谷は動径基底関数です。動径基底関数と呼ばれるのは、ある点での関数の値がその点とその中心点の間の距離によってのみ決まるからです。どこでも好きな点で毛布をつまみ上げると、点ごとに異なる動径基底関数が得られます。RBFカーネルを使うと、これらの関数を使って

データセットの分割に役立つ列を追加するためのマップが得られます。

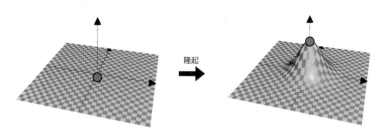

図 11-21：動径基底関数は特定の点で平面を隆起させる。
動径基底関数は非線形分類器を構築するための関数の一種

　さて、これを分類器としてどのように使うのでしょうか。次のように考えてみてください。
図 11-22 の左にあるのはデータセットであり、これまでと同様に、ラベル 1 のデータ点を三
角形、ラベル 0 のデータ点を四角形で表しています。次に、三角形ごとに平面を隆起させ、四
角形ごとに平面をくぼませます。そうすると図 11-22 の右にある 3 次元プロットになります。
これで、このデータセットを平面で分割できるようになります。つまり、変更後のデータセッ
トは線形分離可能になります。

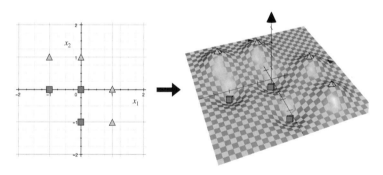

図 11-22：左は線形分割できない平面上のデータセット。
右は動径基底関数を使って各三角形を隆起させ、各四角形をくぼませた結果

　分類器を作成するには、高さ 0 の平面を描いて図 11-22 の曲面と交差させます。高さ 0 の
点でできた曲線を調べるのと同じです。山と海がある景色を思い浮かべてください。曲線は海
岸線であり、海と陸が交わる場所です。次ページの図 11-23 の左に示されている曲線がこの
海岸線です。そして、すべてを元の平面に射影すると、目的の分類器になります（図 11-23 の
右）。

　以上が RBF カーネルのもとになっている考え方です。もちろん、後ほど行うように、数式
を展開しなければなりません。しかし原理的には、「毛布をつまみ上げたりくぼませたりしな

がら特定の高さにある点の境界を調べれば分類器を構築できる」ということが想像できれば、RBF カーネルがどのようなものか理解できています。

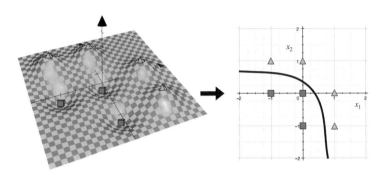

図 11-23：高さ 0 の点を調べるとそれらは曲線になる。高い場所にある点を陸、低い場所にある点を海と考えると、この曲線は海岸線に相当する（左）。これらの点を元の平面に射影して平坦化すると、この海岸線が三角形と四角形を分割する分類器になる（右）

動径基底関数をさらに詳しく調べる

　動径基底関数では、変数をいくつでも使うことができます。本項の最初に示した動径基底関数は変数が 1 つと 2 つのものでした。変数が 1 つの場合、最も単純な動径基底関数の式は $y = e^{-x^2}$ です。この関数は直線上の隆起のようになり（図 11-24）、標準正規（ガウス）分布にかなり近いものになります。標準正規分布に似ているとはいえ、式がちょっと違っていて、曲線下の面積は 1 になります。

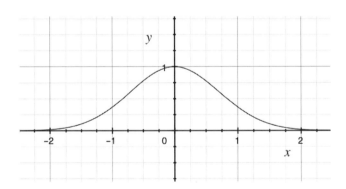

図 11-24：変数が 1 つの動径基底関数の例。正規分布によく似ている

　この隆起が 0 の点で発生していることに注目してください。別の点（p）を隆起させたい場合は、式を $y = e^{-(x-p)^2}$ に変更します。たとえば、5 の点を中心とする動径基底関数は $y = e^{-(x-5)^2}$ になります。

　変数が 2 つの場合、最も基本的な動径基底関数の式は $y = e^{-(x^2 + y^2)}$ になります。この関数をプロットすると図 11-25 のようになります。やはり多変量正規分布によく似ていることがわかりますが、これもまた多変量正規分布に手を加えたものです。

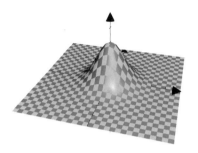

図 11-25：変数が 2 つの動径基底関数の例。やはり正規分布に似ている

　この隆起はちょうど点 (0, 0) で発生しています。別の点、たとえば (p, q) を隆起させたい場合は、式を次の 1 つ目の式に変換します。たとえば、点 (-2, 3) を中心とする動径基底関数は次の 2 つ目の式になります。

$$y = e^{-\left[(x-p)^2 + (y-q)^2\right]}$$
$$y = e^{-\left[(x-2)^2 + (y+3)^2\right]}$$

　変数が n 個のときの基本的な動径基底関数は次の 1 つ目の式で表されます。$n + 1$ 次元でのプロットは不可能ですが、n 次元の毛布をつまみ上げることをイメージすると、そのような状態になります。ただし、私たちが使うアルゴリズムは純粋に数学的であるため、必要な変数の個数がいくつであってもコンピュータはこのアルゴリズムを問題なく実行します。この n 次元の隆起の中心も 0 ですが、点 $(p_1, ..., p_n)$ を中心とする場合は次の 2 つ目の式になります。

$$y = e^{-\left(x_1^2 + ... + x_n^2\right)}$$
$$y = e^{-\left[(x_1 - p_1)^2 + ... + (x_n - p_n)^2\right]}$$

点の近さの指標：類似度

　RBF カーネルを使って SVM を構築するには、**類似度**（similarity）という概念が必要になります。2 つの点どうしが近くにある場合を「類似している」と言い、離れている場合を「類似していない」と言います（図 11-26）。つまり、点と点が近くにあるとき、それらの点の類似度は高くなり、離れているときは低くなります。2 つの点が同じ点である場合の類似度は 1 です。

理論的には、無限に離れた距離にある2つの点の類似度は0です。

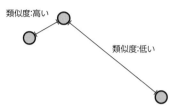

図11-26：近くにある2つの点は類似度が高く、離れている2つの点は類似度が低い

そこで、類似度の式を求める必要があります。2つの点の類似度はそれらの間の距離（distance）が長くなるほど低くなることがわかります。したがって、この条件を満たすものである限り、さまざまな類似度の式が有効となります。ここでは指数関数を使っているため、次のように定義することにしましょう。点 p と q の類似度の式は次のようになります。

$$similarity(p, q) = e^{-distance(p,q)^2}$$

類似度の式にしては複雑そうですが、次のように考えるとよく理解できます。2つの点 p、q の類似度は、点 p を中心とする動径基底関数の点 q での高さに相当します。点 p で毛布をつまんで持ち上げたとき、点 q の毛布の高さは、q が p に近い場合は高くなり、q が p から離れている場合は低くなります。図11-27は変数が1つの場合のプロットを示していますが、毛布のたとえを使えば、変数がいくつであってもイメージできます。

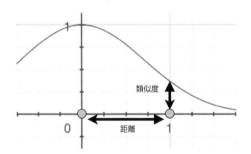

図11-27：類似度は動径基底関数の点の高さとして定義される（入力は距離）。距離が長いほど類似度が低くなり、距離が短いほど類似度が高くなる

11.3.3　RBFカーネルを使うSVMを訓練する

RBFカーネルを使うSVMの訓練に必要なツールがすべて揃ったところで、これらのツールをどのように組み合わせるのか見てみましょう。まず、図11-19（354ページ）の単純なデー

タセットをもう一度見てください。このデータセットを表にしたのが表 11-6 になります。

表 11-6：図 11-19 の 1 次元データセット

データ点	x	y（ラベル）
1	–1	1
2	0	0
3	1	1

　ラベル 0 のデータ点がラベル 1 の 2 つのデータ点のちょうど真ん中にあるため、このデータセットは線形分離可能ではありません。そこで、線形分離可能にするために列をいくつか追加します。ここで追加する 3 つの列は類似度列であり、データ点どうしの類似度を記録します。11.3.2 項で説明したように、x 座標が x_1 と x_2 の 2 つのデータ点の類似度は $e^{-(x_1 - x_2)^2}$ で表されます。たとえば、データ点 1 とデータ点 2 の類似度は $e^{-(-1 - 0)^2} = 0.368$ です。Sim1 列はこれら 3 つのデータ点に対するデータ点 1 の類似度を記録するといった具合になります。拡張後のデータセットは表 11-7 のようになります。

表 11-7：表 11-6 のデータセットに新しい列を 3 つ追加

データ点	x	Sim1	Sim2	Sim3	y
1	–1	1	0.368	0.018	1
2	0	0.368	1	0.368	0
3	1	0.018	0.368	1	1

　拡張後のデータセットは 5 次元空間に存在し、線形分離可能になっています！ このデータセットを分割する分類器はいくつもありますが、具体的には、次の境界方程式を使って分割します。

$$\hat{y} = \text{step}(Sim1 - Sim2 + Sim3)$$

　この分類器を検証するために、データ点ごとにラベルを予測してみましょう。

データ点 1：$\hat{y} = \text{step}(1 - 0.368 + 0.018) = \text{step}(0.65) = 1$
データ点 2：$\hat{y} = \text{step}(0.368 - 1 + 0.368) = \text{step}(-0.264) = 0$
データ点 3：$\hat{y} = \text{step}(0.018 - 0.368 + 1) = \text{step}(0.65) = 1$

さらに、$\mathrm{Sim}1 = e^{-(x+1)^2}$、$\mathrm{Sim}2 = e^{-(x-0)^2}$、$\mathrm{Sim}3 = e^{-(x-1)^2}$ であるため、最終的な分類器の予測値は次のようになります。

$$\hat{y} = \mathrm{step}\left(e^{-(x+1)^2} - e^{-x^2} + e^{-(x-1)^2}\right)$$

では、同じ手順を 2 次元で実行してみましょう。コードは必要ありませんが、計算量が多いため、本書の GitHub リポジトリでノートブックを調べてみてもよいでしょう[4]。

表 11-8 のデータセットについて考えてみましょう。このデータセットの分類自体はすでに図 11-22 と図 11-23 で視覚的に行っています（図 11-28 に再掲）。このプロットでも、ラベル 1 のデータ点を三角形、ラベル 0 のデータ点を四角形で表しています。これらのデータ点は直線で分割できないため、RBF カーネルを使う SVM で曲線を使って分割します。

表 11-8：2 次元の単純なデータセット

データ点	x_1	x_2	y
1	0	0	0
2	-1	0	0
3	0	-1	0
4	0	1	1
5	1	0	1
6	-1	1	1
7	1	-1	1

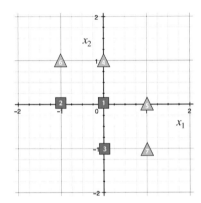

図 11-28：表 11-8 のデータセットのプロット

表 11-8 の最初の列ですべてのデータ点に番号を振っていますが、この列はデータの一部ではなく、あくまでも便宜上のものです。このテーブルにデータ点ごとの類似度を表す列を 7 つ追加します。たとえば、データ点 1 に対して Sim1 という名前の類似度列を追加します。この列のエントリはそれぞれそのデータ点に対するデータ点 1 の類似度を表します。例として、データ点 6 に対する類似度を計算してみましょう。ピタゴラスの定理により、データ点 1（point 1）とデータ点 6（point 6）の間の距離（distance）を次のように求めることができます。

$$distance(point1, point6) = \sqrt{(0+1)^2 + (0-1)^2} = \sqrt{2}$$

したがって類似度は次のようになります。

---

[4]　https://github.com/luisguiserrano/manning/blob/master/Chapter_11_Support_Vector_Machines/Calculating_similarities.ipynb

$$similarity(point1, point6) = e^{-distance(point1, point6)^2} = e^{-2} = 0.135$$

　この値を行 1 の Sim6 列に（その対角線上にある行 6 の Sim1 列にも）記入します。この表の値をいくつか自分で埋めてみて、このようになることを確かめてください。表全体の計算は本書の GitHub にあるノートブックでも確認できます。結果は表 11-9 のようになります。

表 11-9：表 11-8 のデータセットに類似度列を 7 つ追加したもの

データ点	x_1	x_2	Sim1	Sim2	Sim3	Sim4	Sim5	Sim6	Sim7	y
1	0	0	1	0.368	0.368	0.368	0.368	0.135	0.135	0
2	−1	0	0.368	1	0.135	0.135	0.018	0.368	0.007	0
3	0	−1	0.368	0.135	1	0.018	0.135	0.007	0.368	0
4	0	1	0.368	0.135	0.018	1	0.135	0.368	0.007	1
5	1	0	0.368	0.018	0.135	0.135	1	0.007	0.368	1
6	−1	1	0.135	0.368	0.007	0.367	0.007	1	0	1
7	1	−1	0.135	0.007	0.368	0.007	0.368	0	1	1

　次の点に注意してください。

1. 各データ点とそれ自身の類似度は常に 1 である。

2. データ点のペアごとの類似度は、それらがプロット上で近い位置にある場合は高く、離れた位置にある場合は低い。

3. 列 Sim1 〜 Sim7 からなる表は対称的である。なぜなら、p と q の類似度は（p と q の距離によってのみ決まるため）q と p の類似度と同じだからだ。

4. データ点 6 と 7 の類似度は 0 になっているが、実際には、それらの間の距離は $\sqrt{2^2 + 2^2} = \sqrt{8}$ であるため、類似度は $e^{-8} = 0.00033546262$ である。本書では有効数字を 3 桁にしているため、0 で丸めている。

　では、分類器の構築に進みましょう。表 11-8 のデータに対して有効な線形分類器はありませんが（それらのデータ点を直線で分割できないため）、特徴量（列）の数がずっと増えている表 11-9 のデータには線形分類器を適合させることができます。このデータに SVM を適合させてみましょう。このデータセットを分類できる SVM はいくつも考えられますが、本書の GitHub のノートブックでは Turi Create を使って構築しています。ただし、もっと単純なものでもうまくいきます。この分類器は次の重みを使います。

- x_1 と x_2 の重みは 0
- $p = 1, 2, 3$ に対する $\mathrm{Sim}\,p$ の重みは -1
- $p = 4, 5, 6, 7$ に対する $\mathrm{Sim}\,p$ の重みは 1
- バイアスは $b = 0$

　この分類器がラベル1のデータ点に対応している列に +1 の重みを割り当て、ラベル0の
データ点に対応している列に -1 の重みを割り当てることがわかります。図 11-29 に示すよう
に、これはラベル1のデータ点のすべてに山を追加し、ラベル0のデータ点のすべてに谷を
追加するのと同じです。この仕組みを数学的に確認するために、表 11-9 の Sim4 列、Sim5 列、
Sim6 列、Sim7 列の値の合計から Sim1 列、Sim2 列、Sim3 列の値の合計を引いてみてくだ
さい。最初の3行が負の値になり、最後の4行が正の値になることがわかります。したがって、
ラベル1のデータ点は正のスコアを獲得し、ラベル0のデータ点は負のスコアを獲得するため、
0 の閾値を使って、この分類器にこのデータセットを正しく分類させることができます。閾値
として 0 を使うことは、図 11-29 のプロットでデータ点を分割するために海岸線を使うこと
と同じです。

　類似度関数を組み込んだ分類器は次のようになります。

$$\hat{y} = \mathrm{step}(-e^{-(x_1^2+x_2^2)} - e^{-((x_1+1)^2+x_2^2)} - e^{-(x_1^2+(x_2+1)^2)} + e^{-(x_1^2+(x_2-1)^2)} + e^{-((x_1-1)^2+x_2^2)} + e^{-((x_1+1)^2+(x_2-1)^2)} + e^{-((x_1-1)^2+(x_2+1)^2)})$$

　ここまでの内容をまとめてみましょう。線形分離不可能なデータセットがあり、データ点の
間の類似度と動径基底関数を使ってデータセットに複数の列を追加しました。このようにして、
（ずっと高い次元の空間で）線形分類器を構築しました。続いて、この高次元の線形分類器を平
面に射影することで、目的の分類器を手に入れました。図 11-29 が、このようにして得られ
た曲線の分類器になります。

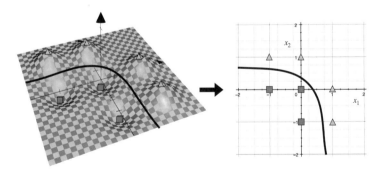

図 11-29：このデータセットでは、まず、三角形を隆起させ、四角形をくぼませた。次に、三角形と
四角形を分割する高さ0の平面を描いた。この平面と曲面が交わる部分は曲線の境界線になる。続いて、
すべてを2次元に射影すると、この曲線の境界線（右）によって三角形と四角形が分割される

RBF カーネルでの過学習と学習不足：γパラメータ

本節で説明したように、動径基底関数は平面上の点ごとに 1 つ存在します。実はそれだけではなく、ある点で平面を隆起させて狭い曲面を作るものや広い曲面を作るものがあります。図 11-30 はいくつかの例を示しています。実践では、動径基底関数の幅を調整したいことがあります。そのために使うのが γ（gamma）というパラメータです。このパラメータの値を小さくすると非常に広い曲面になり、このパラメータの値を大きくすると非常に狭い曲面になります。

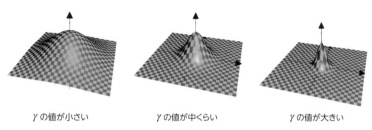

γの値が小さい　　　　γの値が中くらい　　　　γの値が大きい

図 11-30：曲面の幅は γ パラメータによって決まる

γはハイパーパラメータです。ハイパーパラメータがモデルを訓練するための仕様であることを思い出してください。このハイパーパラメータの調整には、モデルの複雑度グラフ[5]など、ここまで説明してきた手法を使います。γの値によっては、モデルが過学習や学習不足に陥りやすくなります。図 11-31 は、11.3.2 項の例で 3 種類の γ 値を使った結果を示しています。

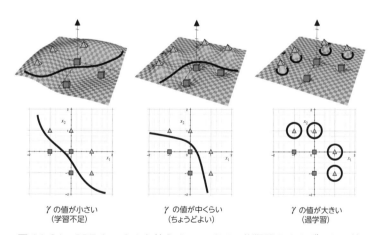

γ の値が小さい　　　　γ の値が中くらい　　　　γ の値が大きい
（学習不足）　　　　　　（ちょうどよい）　　　　　　（過学習）

図 11-31：RBF カーネルを使う 3 つの SVM 分類器とさまざまな γ 値

γの値が非常に小さい場合は、曲線が単純になりすぎてデータがうまく分類されなくなるた

※5　第 4 章の 4.4 節を参照。

め、モデルが学習不足に陥ります。γの値が大きい場合は、モデルが三角形ごとに小さな山を築き、四角形ごとに小さな谷を築くため、ひどい過学習に陥ります。結果として、三角形のまわりの小さな領域を除いて、ほぼすべてのものを四角形として分類するようになります。γの値がその中間にある場合は、十分に単純でありながらデータ点を正しく分類する境界線になります。これならうまくいきそうです。

　動径基底関数の式はγパラメータを追加してもそれほど変わりません。指数にγパラメータを掛けるだけです。一般的なケースでは、動径基底関数の式は次のようになります。

$$y = e^{-\gamma \left[(x_1 - p_1)^2 + \ldots + (x_n - p_n)^2 \right]}$$

　この式を暗記することを心配するよりも、より高い次元でも隆起の幅を広げたり狭めたりできることだけ覚えておいてください。この式をコーディングして実際に動かしてみましょう。

11.3.4　カーネル法をコーディングする

　SVMのためのカーネル法を学んだところで、それらのコードをscikit-learnで記述しながら、多項式カーネルとRBFカーネルを使ってモデルをもっと複雑なデータセットで訓練する方法を学ぶことにします。これらのカーネルを使ってSVMを訓練するために必要なのは、SVMを定義するときにパラメータとしてカーネルを追加することだけです。

本項で使うコードはすべて本書のGitHubリポジトリにあります。

　　GitHub リポジトリ：https://github.com/luisguiserrano/manning/
　　フォルダ：Chapter_11_Support_Vector_Machines
　　Jupyter Notebook：SVM_graphical_example.ipynb
　　データセット：one_circle.csv、two_circles.csv

円形のデータセットの分類：多項式カーネルのコーディング

　ここでは、多項式カーネルをscikit-learnでコーディングする方法を見ていきます。この作業には、one_circle.csvというデータセットを使います（図11-32）。多項式カーネルを使うSVMでこのデータセットを分類します。

　外れ値が多少あるものの、このデータセットはほぼ円形です。次に示すように、kernelパラメータに'poly'、degreeパラメータに2を指定してSVM分類器を構築し、fitメソッドを呼び出して訓練します。次数を2にするのは、円の方程式が次数2の多項式だからです。

```
svm_degree_2 = SVC(kernel='poly', degree=2)
svm_degree_2.fit(features, labels)
```

結果は図 11-33 のようになります。

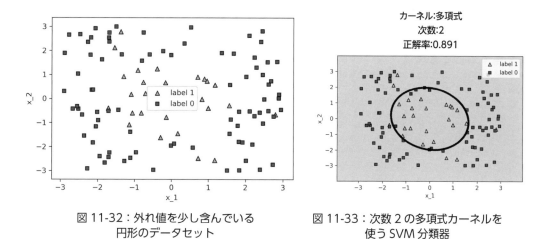

図 11-32：外れ値を少し含んでいる　　　　図 11-33：次数 2 の多項式カーネルを
　　　　円形のデータセット　　　　　　　　　　　使う SVM 分類器

　この次数 2 の多項式カーネルを使う SVM は、狙いどおり、データセットの境界としてほぼ
円形の領域を定義しています。

2 つの円が交わるデータセットの分類：RBF カーネルのコーディングと γ パラメータの操作

　円形の境界線を描いたところで、もう少し複雑な境界線を描いてみましょう。ここでは、2
つの円が交わるような形をしたデータセットを分類するために、RBF カーネルを使って何種
類かの SVM を構築します。このデータセットは `two_circles.csv` に含まれています（図
11-34）。

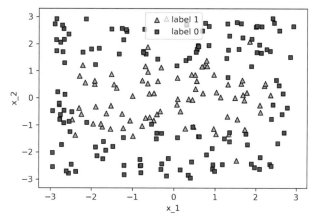

図 11-34：外れ値を少し含んでいる 2 つの円が交わるような形をしたデータセット

RBFカーネルを使うには、kernelパラメータに'rbf'を指定します。また、gammaパラメータの値も指定します。ここでは、0.1、1、10、100の4つの値を使って4種類のSVM分類器を訓練します。

```
svm_gamma_01 = SVC(kernel='rbf', gamma=0.1)       # γ=0.1
svm_gamma_01.fit(features, labels)

svm_gamma_1 = SVC(kernel='rbf', gamma=1)          # γ=1
svm_gamma_1.fit(features, labels)

svm_gamma_10 = SVC(kernel='rbf', gamma=10)        # γ=10
svm_gamma_10.fit(features, labels)

svm_gamma_100 = SVC(kernel='rbf', gamma=100)      # γ=100
svm_gamma_100.fit(features, labels)
```

4つの分類器は図11-35のようになります。

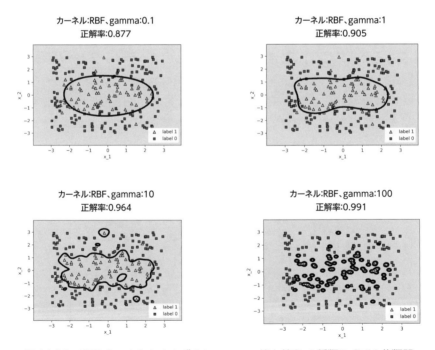

図11-35：RBFカーネルとさまざまなgamma値を使う4種類のSVM分類器

gamma=0.1の場合、このモデルは境界線が1つの楕円であると考え、データ点をいくつか誤分類するため、少し学習不足に陥っています。gamma=1の場合は、データをうまく捕捉

するよいモデルになります。gamma=10 では、過学習が始まっていることがわかります。モ
デルはすべてのデータ点を正しく分類しようとしており、外れ値に至っては別々の境界線で
囲んでいます。gamma=100 では、深刻な過学習が確認できます。モデルは三角形をそれぞれ
小さな円領域で囲み、それ以外はすべて四角形として分類しています。ここで試した中では、
gamma=1 が最適なようです。

11.4　まとめ

- SVM は 2 本の平行線（または超平面）で構成される分類器であり、それらの直線の間隔
  をできるだけ広く保ちながらデータを正しく分類することを試みる。

- SVM の構築には、2 つの項を持つ誤差関数を使う。1 つ目の項は、平行する直線ごとに
  1 つ、合計 2 つの分類誤差の和である。2 つ目の項は距離誤差であり、2 本の直線が近
  いときは大きくなり、離れているときは小さくなる。

- C パラメータは、出点を正しく分類することと、直線の間隔を広く保つことの間で調整
  を行うために使う。構築している分類器でデータを非常にうまく分類することと境界線
  の間隔を十分に空けることのどちらかを優先できるようになるため、訓練時に役立つ。

- カーネル法は非線形分類器の構築に役立つ強力なツールである。

- カーネル法では、より高い次元の空間にデータセットを埋め込んでそれらのデータ点を
  線形分類器で分類しやすくするために関数を使うというものである。データセットに賢
  いやり方で列を追加し、そのようにして拡張したデータセットを線形に分割できるよう
  にすることと同じである。

- 多項式カーネルや RBF カーネルなど、さまざまなカーネルを利用できる。多項式カー
  ネルを使うと、円、放物線、双曲線といった多項式領域を構築できる。RBF カーネルを
  使うと、さらに複雑な曲線領域を構築できる。

11.5　練習問題

練習問題 11-1

それぞれ方程式 $w_1 x_1 + w_2 x_2 + b = 1$ と $w_1 x_1 + w_2 x_2 + b = -1$ で表される直線間の
距離がちょうど $\frac{2}{\sqrt{w_1^2 + w_2^2}}$ であることを証明してください（この練習問題は 11.1.2 項の計算
を完成させるものです）。

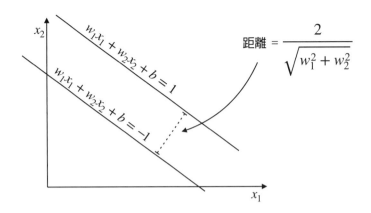

練習問題 11-2

練習問題 5-3 で学んだように、XOR ゲートを模倣するパーセプトロンを構築することは不可能です。つまり、次のデータセットをパーセプトロンで適合させて 100% の正解率を達成することはできません。

x_1	x_2	y
0	0	0
0	1	1
1	0	1
1	1	0

というのも、このデータセットは線形分離不可能だからです。SVM も線形モデルであるため、同じ問題を抱えています。しかし、カーネルを利用すれば、この問題を切り抜けることができます。このデータセットを線形分離可能なものに変えるためにどのようなカーネルを使えばよいでしょうか。結果として得られる SVM はどのようなものになるでしょうか。**ヒント**：11.3.1 項でよく似た問題を解いているので参考にしてください。

最大の成果を上げるためにモデルを結合する

アンサンブル学習

本章の内容

- アンサンブル学習とは何か、弱分類器を組み合わせて
  強分類器にするためにどのように使うか

- バギングを使って分類器をランダムに組み合わせる

- ブースティングを使って分類器をより賢く組み合わせる

- よく知られているアンサンブル法：ランダムフォレスト、AdaBoost、勾配ブースティング、XGBoost

　興味深く有益な機械学習モデルをいろいろ学んだところで、「これらの分類器は組み合わせることができるのでは」と考えるのは自然な流れです。うれしいことに、これらの分類器を組み合わせことは可能です。本章では、弱い分類器を組み合わせて強い分類器にする方法をいくつか紹介します。ここで主に学ぶのはバギングとブースティングの 2 つです。簡単に言うと、バギングはいくつかのモデルをランダムに構築し、それらを 1 つにまとめるというものです。これに対し、ブースティングは前のモデルの誤分類に重点的に対処するモデルを戦略的に選ぶことで、これらのモデルをよりスマートに構築します。アンサンブル法は重要な機械学習問題において驚異的な成果を上げています。たとえば、Netflix の視聴者データからなる大規模なデータセットに最もうまく適合したモデルに与えられる Netflix Prize では、優勝チームはアンサンブル法を使っていました。

　本章では、ランダムフォレスト、AdaBoost、勾配ブースティング、XGBoost を含め、最も強力で最もよく知られているバギングモデルとブースティングモデルをいくつか紹介します。ここで説明するモデルのほとんどは分類モデルですが、回帰モデルもいくつかあります。ただし、ほとんどのアンサンブル法は分類でも回帰でもうまくいきます。

　用語について少し説明しておきます。本書では機械学習モデルのことを「モデル」と呼んでおり、タスクに応じて「回帰器」または「分類器」と呼ぶこともありました。本章では、機械学習モデルと同じ意味で**学習器**（learner）という用語を取り入れます。というのも、アンサンブル法の文献では**弱学習器**（weak learner）、**強学習器**（strong learner）という用語がよく使われるからです。とはいえ、機械学習モデルと学習器の間に違いはありません。

12.1　友だちに少し助けてもらう

　アンサンブル法をイメージするために、数学、地理、化学、歴史、音楽など、さまざまなトピックに関する正誤問題が 100 問出題される試験を受けなければならないとしましょう。幸いにも、Adriana、Bob、Carlos、Dana、Emily の 5 人の友人に電話をかけて助けてもらってもよいことになっています。ただし、ちょっとした制約があります。5 人全員がフルタイムで働いており、100 問すべてに答えている時間はないのですが、一部の問題なら喜んで協力してくれるそうです。友人に助けてもらうためにどのような方法が利用できるでしょうか。次の 2 つの方法が考えられます。

方法 1：友人ごとに複数の問題をランダムに選び、それらの問題を解いてもらう（どの問題についても少なくとも 1 人の友人から答えをもらうようにする）。そして、その問題に対する友人の答えの中で最も多かった選択肢を試験の解答にする。たとえば、問題 1 に対して 2 人が「True」と答え、1 人が「False」と答えた場合は、問題 1 の解答を「True」にす

る（答えが半々の場合はどちらかをランダムに選ぶ）。

方法2： Adriana に試験問題を渡し、最も自信のある問題にだけ答えてもらう。それらの答え
が正しいと仮定し、試験問題からそれらの問題を取り除く。次に、残りの問題を Bob に
渡し、同じように答えてもらう。この要領で、5 人全員に問題を渡す。

　方法 1 はバギングアルゴリズムに似ており、方法 2 はブースティングアルゴリズムに似て
います。もっと具体的に言うと、バギングとブースティングは**弱学習器**と呼ばれるモデルの集
合を使い、それらを組み合わせて**強学習器**にします（図 12-1）。

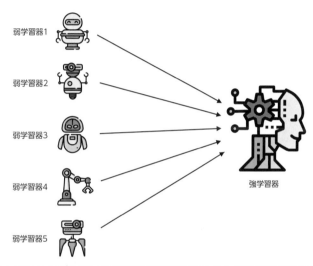

弱学習器1

弱学習器2

弱学習器3

弱学習器4

弱学習器5

強学習器

図 12-1：アンサンブル法は複数の弱学習器を組み合わせて強学習器を構築する

バギング（bagging）：データセットからデータ点を（交代で）ランダムに選び、ランダムな集
合を作成する。それぞれの集合で異なるモデルを訓練する。これらのモデルは弱学習器
である。弱学習器を組み合わせて強学習器にし、その予測値を決めるために投票を行う
か（分類器の場合）、予測値の平均を求める（回帰の場合）。

ブースティング（boosting）：最初の弱学習器としてランダムに選んだモデルを訓練し、デー
タセット全体で評価する。正しく予測したデータ点を小さくし、うまく予測できなかっ
たデータ点を大きくする。このように変更したデータセットで 2 つ目の弱学習器を訓練
する。この方法を繰り返しながら複数のモデルを構築する。弱学習器を組み合わせて強
学習器にする方法はバギングと同じで、投票するか、弱学習器の予測値の平均を求める。
学習器が分類器の場合は、弱学習器が予測したクラスの中で最も多いものが強学習器の
予測値になる（**投票**）。同数の場合は、それらの中から 1 つのクラスをランダムに選ぶ。

学習器が回帰器の場合は、弱学習器の予測値の平均が強学習器の予測値になる。

本章のモデルのほとんどは、（回帰と分類の両方で）弱学習器として決定木を使います。というのも、決定木はこのような手法に非常に適しているからです。ただし、本章を読みながら、パーセプトロンやサポートベクトルマシン（SVM）といった他の種類のモデルを組み合わせる方法についても考えてみてください。

本章では、性能のよい学習器を構築することにページを割いてきました。最初から強学習器を構築すればよいのに、なぜ複数の弱学習器を組み合わせるのでしょうか。その理由の1つとして、アンサンブル法は他のモデルと比べて過学習になりにくいことがわかっています。要するに、1つのモデルだと過学習になりやすいのですが、同じデータセットで複数のモデルを組み合わせると過学習になりにくいのです。ある意味、1つの学習器がミスを犯しても他の学習器がカバーするため、平均すると性能がよくなるようです。

本章では、次の4つのモデルを学びます。1つ目はバギングアルゴリズム、残りの3つはブースティングアルゴリズムです。

- ランダムフォレスト
- AdaBoost
- 勾配ブースティング
- XGBoost

これらのモデルはすべて回帰でも分類でもうまくいきます。ここでは、最初の2つを分類モデル、残りの2つを回帰モデルとして学ぶことにします。分類でも回帰でも作業の流れに大きな違いはありませんが、それぞれの説明を読みながら、両方のケースでどのような仕組みになるのかイメージしてみてください。これらのアルゴリズムの分類と回帰での仕組みについては、付録Cの参考文献を参照してください。

12.2　バギング：複数の弱学習器をランダムに組み合わせて強学習器にする

ここでは、最もよく知られているバギングモデルの1つである**ランダムフォレスト**（random forest）について説明します。ランダムフォレストの弱学習器は、データセットからランダムに選択したサブセットで訓練された小さな決定木です。ランダムフォレストは分類問題と回帰問題に適しており、作業の流れはどちらもほぼ同じです。ランダムフォレストの説明には分類の例を使います。

　ここでは、第8章のナイーブベイズモデルで使ったような、スパムメールとハムメールからなる小さなデータセットを使います（表12-1）。このデータセットの特徴量はメールに含まれている "lottery" と "sale" という単語の個数であり、ラベルはそのメールがスパム（1）かハム（0）かを表します。

表 12-2：スパムデータセット

Lottery	Sale	Spam（ラベル）
7	8	1
3	2	0
8	4	1
2	6	0
6	5	1
9	6	1
8	5	0
7	1	0
1	9	1

Lottery	Sale	Spam（ラベル）
4	7	0
1	3	0
3	10	1
2	2	1
9	3	0
5	3	0
10	1	0
5	9	1
10	8	1

　このデータセットをプロットしたのが図12-2になります。スパムメールは三角形、ハムメールは四角形で表されています。横軸と縦軸はそれぞれメールに含まれている "lottery" と "sale" の個数を表しています。

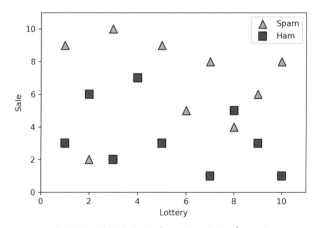

図 12-2：表 12-1 のデータセットのプロット

本節で使うコードはすべて本書の GitHub リポジトリにあります。

GitHub リポジトリ：`https://github.com/luisguiserrano/manning/`
フォルダ：`Chapter_12_Ensemble_Methods`
Jupyter Notebook：`Random_forests_and_AdaBoost.ipynb`

決定木の（過剰）適合

　ランダムフォレストに取りかかる前に、このデータに決定木分類器を適合させ、その性能を調べてみましょう。具体的な方法については第 9 章ですでに説明しているため、最終的な結果を示すだけにしますが、コードは本書の GitHub リポジトリのノートブックで確認できます。図 12-3 の左は実際の（かなり深い）決定木、右はその境界線のプロットです。このモデルはデータセットに非常にうまく適合しており、訓練時の正解率は 100% ですが、過学習に陥っていることは明らかです。過学習であることは、モデルが正しく分類しようとしている 2 つの外れ値を見ればわかります。このモデルはそれらが外れ値であることに気付いていません。よいモデルは孤立した 2 つのデータ点を外れ値として扱うはずです。

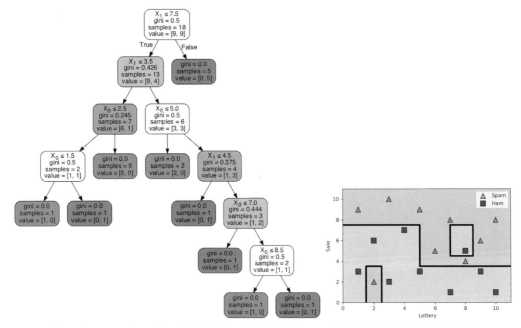

図 12-3：このデータセットを分類する分類木（左）とこの分類器が定義した境界線（左）

　この過学習の問題に対処するためにランダムフォレストを適合させる方法を見てみましょう。

12.2.1　ラダムフォレストを手動で適合させる

　ここでは、ランダムフォレストを手動で適合させる方法を実際に体験してもらいます（なお、実践ではこのような方法はとりません）。簡単に説明すると、データセットからランダムに選択したサブセットで弱学習器（決定木）を訓練します。複数のサブセットに含まれるデータ点もあれば、どのサブセットにも含まれないデータ点もあります。これらの弱学習器を組み合わせると強学習器になります。強学習器の予測値を生成する方法は、弱学習器に投票させることです。このデータセットでは、弱学習器を 3 つ使うことにします。このデータセットのデータ点は 18 個なので、データ点を 6 個含んだサブセットを 3 つ用意することしましょう（図 12-4）。

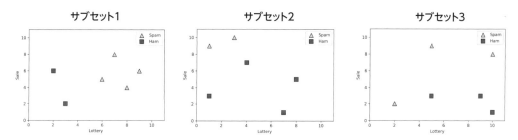

図 12-4：ランダムフォレストを構築するために
図 12-2 のデータセットを 3 つのサブセットに分割する

　次に、弱学習器を 3 つ構築します。サブセットごとに深さ 1 の決定木を 1 つ適合させます（図 12-5）。第 9 章で説明したように、深さ 1 の決定木は 1 つの決定ノードと 2 つの葉ノードだけでできており、その境界線はデータセットをできるだけうまく分割する 1 本の水平線または垂直線になります。

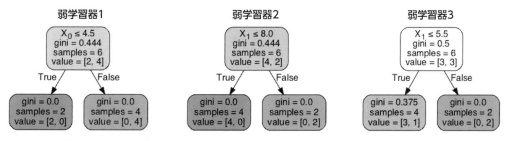

図 12-5：ランダムフォレストを構成する 3 つの弱学習器は深さ 1 の決定木。
それぞれの決定木を図 12-4 の 3 つのサブセットの 1 つに適合させる

　これらの弱学習器を組み合わせて強学習器にするために投票を行います。つまり、任意の入力に対して弱学習器がそれぞれ 0 または 1 の予測値を生成します。最も多かった予測値が強

学習器（ランダムフォレスト）の予測値になります。この組み合わせは図 12-6 のようになります。上にあるのが弱学習器、下にあるのが強学習器です。

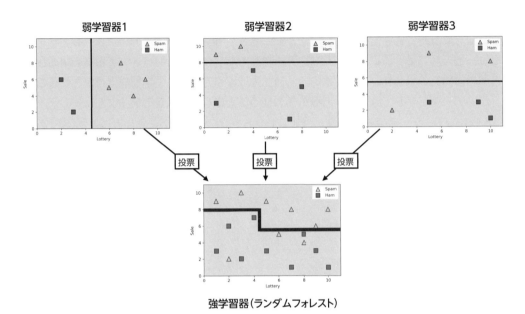

図 12-6：上の 3 つの境界線は図 12-5 の決定木のもの、
下は 3 つの決定木の投票によって得られたランダムフォレストの境界線

　ランダムフォレストがよい分類器であるのは、ほとんどのデータ点を正しく分類する一方、データを過学習しないように誤分類の余地を残しておくからです。ただし、ランダムフォレストを手動で訓練する必要はありません。次項で説明するように、scikit-learn にはそのための関数が用意されています。

12.2.2　ランダムフォレストを scikit-learn で訓練する

　ここでは scikit-learn を使ってランダムフォレストを訓練する方法を見ていきます。以下のコードでは、sklearn.ensemble モジュールの RandomForestClassifier クラスを使っています。なお、データは features と labels の 2 つの DataFrame オブジェクトに読み込まれています。

```
from sklearn.ensemble import RandomForestClassifier

random_forest_classifier = RandomForestClassifier(random_state=0,
                                        n_estimators=5, max_depth=1)
```

```
random_forest_classifier.fit(features, labels)
random_forest_classifier.score(features, labels)
```

　n_estimators ハイパーパラメータを使って弱学習器が 5 つ必要であることを指定しています。これらの弱学習器も決定木であり、max_depth ハイパーパラメータでそれらの深さを 1 に設定しています。このモデルをプロットすると図 12-7 のようになります。誤分類がいくつかありますが、なかなかよい境界線をどうにか突き止めています。スパムメールには lottery と sale が多く含まれていることと、ハムメールにはそれほど含まれていないことがわかります。このモデルは誤分類した 2 つのデータ点を外れ値として扱い、無理に分類しようとしていません。

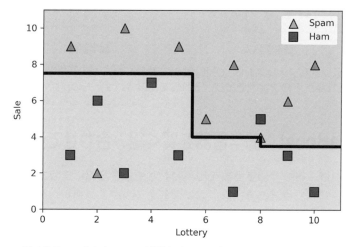

図 12-7：scikit-learn で構築したランダムフォレストの境界線

　scikit-learn でも個々の弱学習器を可視化できます（コードについては GirHub リポジトリのノートブックを参照してください）。弱学習器を可視化すると次ページの図 12-8 のようになります。すべての弱学習器が効果的であるとは限らないことがわかります。たとえば、1 つ目の弱学習器はすべてのデータ点をハムとして分類しています。

　ここでは深さ 1 の決定木を弱学習器として使いましたが、一般的には、任意の深さの決定木を使うことができます。max_depth ハイパーパラメータの値を変更して、もっと深い決定木を使ってモデルを再び訓練し、ランダムフォレストがどのようになるかぜひ確かめてみてください。

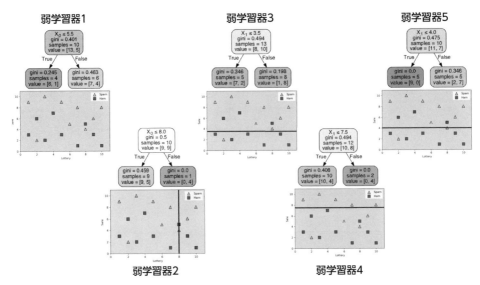

図 12-8：このランダムフォレストは scikit-learn で構築した 5 つの弱学習器で構成されている。
弱学習器はそれぞれ深さ 1 の決定木であり、それらを組み合わせたものが図 12-7 の強学習器である

12.3　AdaBoost：弱学習器を賢く組み合わせて強学習器にする

　ブースティングは、複数の弱学習器を組み合わせて強学習器にするという点では、バギングに似ています。バギングとの違いは、弱学習器をランダムに選択しないことです。弱学習器はそれぞれ前の弱学習器の弱点に重点的に取り組むという方法で構築されます。ここでは、1997 年に Freund と Schapire が開発した AdaBoost(adaptive boosting)という強力なブースティング法を学びます[1]。AdaBoost は分類でも回帰でもうまくいきますが、ここでは分類の例を使って説明することにします（そのほうが、訓練アルゴリズムが理解しやすくなるはずです）。

　AdaBoost の各弱学習器は、ランダムフォレストのときと同じ深さ 1 の決定木です。ただし、ランダムフォレストとは異なり、各弱学習器の訓練にはデータセットの一部ではなくデータセット全体を使います。注意しなければならないのは、各弱学習器を訓練した後、誤分類されたデータ点が大きくなるようにデータセットを修正することだけです。そのようにすると、後続の弱学習器がそれらのデータ点により注意を払うようになります。AdaBoost の仕組みをざっと説明すると次のようになります。

※1　付録 C の参考文献を参照。

AdaBoost モデルを訓練するための擬似コード

1. 最初のデータセットで最初の弱学習器を訓練する。

2. 新しい弱学習器ごとに以下の手順を繰り返す。

 i. 弱学習器を訓練した後、誤分類されたデータ点が大きくなるようにデータセットを書き換える。

 ii. 書き換えられたデータセットで新しい弱学習器を訓練する。

　ここでは、例を見ながらこの擬似コードを具体化していきます。図 12-9 は、この例で使うデータセットを示しています。このデータセットは 2 つのクラス（三角形と四角形）で構成されています。

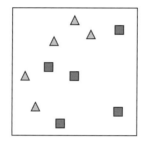

図 12-9：AdaBoost を使って分類するデータセット

12.3.1　AdaBoost の全体像：弱学習器を構築する

　本項と次項では、図 12-9 のデータセットに適合する AdaBoost モデルの構築方法を確認します。まず、強学習器にするために組み合わせる弱学習器を構築します。

　ステップ 1 は、各データ点に 1 の重みを割り当て（図 12-10 の左）、このデータセットで弱学習器を構築することです。すでに説明したように、弱学習器は深さ 1 の決定木です。深さ 1 の決定木はデータ点をできるだけうまく分割する水平線または垂直線に相当します。そのような決定木はいくつか考えられますが、そのうちどれか 1 つを選びます。図 12-10 の真ん中の図の垂直線は、その左側にある 2 つの三角形と右側にある 5 つの四角形を正しく分類しており、右側にある 3 つの三角形を誤分類しています。ステップ 2 は、誤分類した 3 つのデータ点を大きくすることです。このようにすると、後続の弱学習器がそれらのデータ点をより重視するようになります。データ点の重みが最初は 1 であることを思い出してください。そこで、この弱学習器の**スケーリング係数**として、正しく分類されたデータ点の個数を誤分類されたデータ点の個数で割った値を使います。この場合のスケーリング係数は 7/3 = 2.33 です。このスケーリング係数を使って、誤分類されたデータ点をすべてスケーリングします（図 12-10 の右）。

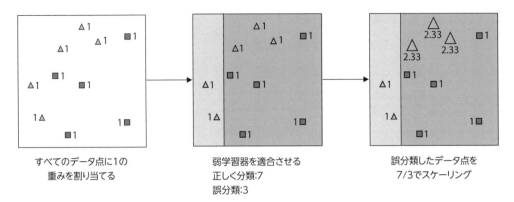

すべてのデータ点に1の　　　　弱学習器を適合させる　　　　　誤分類したデータ点を
重みを割り当てる　　　　　　　正しく分類：7　　　　　　　　　7/3でスケーリング
　　　　　　　　　　　　　　　　誤分類：3

図12-10：AdaBoost モデルの1つ目の弱学習器の適合。左は各データ点に1の重みが割り当てられたデータセット。真ん中はこのデータセットに最もよく適合する弱学習器。右はスケーリングされたデータセット

　1つ目の弱学習器を構築したら、それ以降の弱学習器も同じように構築します。2つ目の弱学習器は図 12-11 のようになります。左はスケーリングされたデータセットであり、このデータセットに最もよく適合するのが2つ目の弱学習器です。具体的に言うと、各データ点の重みが異なっているため、この弱学習器が正しく分類するデータ点の重みの合計が最大になるようにします。この弱学習器が図 12-11 の真ん中の水平線です。続いて、スケーリング係数を計算します。データ点の重みが同じではなくなったので、スケーリング係数の定義を少し変更する必要があります。スケーリング係数は、「正しく分類されたデータ点の重みの合計」と「誤分類されたデータ点の重みの合計」の比率になります。1つ目の項は 2.33 + 2.33 + 2.33 + 1 + 1 + 1 + 1 = 11、2つ目の項は 1 + 1 + 1 = 3 なので、スケーリング係数は 11/3 = 3.67 になります。この係数 3.67 を、誤分類された3つのデータ点の重みに掛けます（図 12-11 の右）。

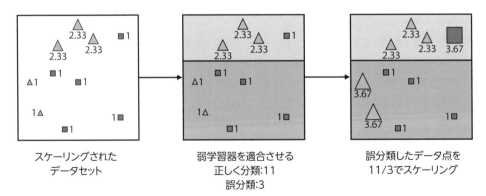

スケーリングされた　　　　　　弱学習器を適合させる　　　　　誤分類したデータ点を
データセット　　　　　　　　　正しく分類：11　　　　　　　　11/3でスケーリング
　　　　　　　　　　　　　　　　誤分類：3

図12-11：AdaBoost モデルの2つ目の弱学習器の適合。左は図 12-10 のスケーリングされたデータセット。真ん中はこのデータセットに最もよく適合する弱学習器。右は再びスケーリングされたデータセット

必要な数の弱学習器を構築するまで、この作業を繰り返します。この例で構築する弱学習器は3つだけです。この3つ目の弱学習器は垂直線です（図 12-12）。

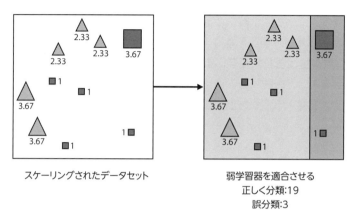

スケーリングされたデータセット　　　　　弱学習器を適合させる
正しく分類:19
誤分類:3

図 12-12：AdaBoost モデルの 3 つ目の弱学習器の適合。左は図 12-11 のスケーリングされた
データセット。右はこのデータセットに最もよく適合する弱学習器

弱学習器を構築する方法はこのようになります。次に、これらの弱学習器を組み合わせて強学習器にする必要があります。ランダムフォレストのときと方法は似ていますが、次項で見ていくように、少し計算が増えます。

12.3.2　弱学習器を組み合わせて強学習器にする

弱学習器を構築した後は、それらをうまく組み合わせて強学習器にする方法を見てみましょう。要するに、ランダムフォレスト分類器のときと同じように分類器に投票させるのですが、今回は性能のよい分類器の発言権が大きくなります。分類器の性能が**ひどく**悪い場合、なんとその分類器の票は負になります。

このことを理解するために、正直者の Teresa、予測不能な Umbert、嘘つきの Lenny の 3人の友だちがいると想像してみてください。正直者の Teresa はたいてい本当のことを言い、嘘つきの Lenny はたいてい嘘をつき、予測不能な Umbert は半々くらいで本当のことを言ったり嘘をついたりします。この 3 人の中で最も当てにできないのは誰でしょうか。

筆者が思うに、正直者の Teresa はたいてい本当のことを言うので信用しても大丈夫でしょう。予測不能な Umbert と嘘つきの Lenny のどちらかを選ぶとしたら、Lenny でしょう。Lenny はほぼ必ず嘘をつくので、正誤問題を出したときに彼の答えが逆だと考えればだいたいそれで合っているはずです。これに対し、予測不能な Umbert は本当のことを言っているのか嘘をついているのかさっぱりわからないので、まったく当てになりません。このような場合、それぞれの友だちが言うことにスコアを割り当てるとしたら、正直者の Teresa に大きな正の

スコアを割り当て、嘘つきの Lenny に大きな負のスコアを割り当て、予測不能な Umbert の
スコアを 0 にすることになるでしょう。

　さて、この 3 人の友だちを 2 クラスのデータセットで訓練された弱学習器だと考えてみて
ください。正直者の Teresa は正解率が非常に高い分類器であり、嘘つきの Lenny は正解率
が非常に低い分類器であり、予測不能な Umbert は正解率が 50% に近い分類器です。これら
3 つの弱学習器の重み付けされた投票によって予測値が決まる強学習器を構築したいので、そ
れぞれの弱学習器にスコアを割り当てます。これらのスコアは最終的な投票においてその学習
器の票をどれくらい重視するのかを表します。さらに、これらのスコアを次のように割り当て
ます。

- 正直者の Teresa 分類器には大きな正のスコアを割り当てる
- 予測不能な Umbert 分類器には 0 に近いスコアを割り当てる
- 嘘つきの Lenny 分類器には大きな負のスコアを割り当てる

　つまり、弱学習器のスコアは次の特性を持つ数値です。

1. 学習器の正解率が 0.5 よりも大きい場合は正になる
2. 学習器の正解率が 0.5 の場合は 0 になる
3. 学習器の正解率が 0.5 よりも小さい場合は負になる
4. 学習器の正解率が 1 に近い場合は大きな正の数になる
5. 学習器の正解率が 0 に近い場合は大きな負の数になる

　この 1 〜 5 の特性を満たす弱学習器の適切なスコアを突き止めるには、確率でおなじみの
ロジット（logit）または**対数オッズ**（log-odds）という概念を使います。

確率、オッズ、対数オッズ

　ギャンブルでは決して確率に言及せず、常に**オッズ**で話をすることをご存知でしょうか。こ
のオッズとは何のことでしょう。オッズは次の点で確率に似ています。実験を何回も繰り返し、
特定の結果になった回数を記録するとしましょう。この場合、その結果になる確率はその発生
回数を実験回数で割ったものです。この結果のオッズは、その結果が発生した回数を発生しな
かった回数で割ったものです。

　たとえば、サイコロを振って 1 の目が出る確率は 6 分の 1 ですが、オッズは 5 分の 1 です。
特定の馬が 4 レース中 3 回勝ったとすると、その馬が勝つ確率は 4 分の 3 ですが、オッズは
1 分の 3 ＝ 3 です。オッズの式は単純です。事象が発生する確率を x とすると、オッズの式は
次のようになります。サイコロの例では、確率は 6 分の 1 で、オッズは 5 分の 1 です。

$$\frac{x}{1-x}, \qquad \frac{\frac{1}{6}}{1-\frac{1}{6}} = \frac{1}{5}$$

確率は0から1までの数なので、オッズは0から∞までの数になることに注意してください。

最初の目標に戻って、上記の1～5の特性を満たす関数を求めてみましょう。オッズ関数はいい線を行っていますが、正の値しか出力しないので、一歩およびません。オッズを1～5の特性を満たす関数にする方法は、対数を使うことです。対数オッズはロジットとも呼ばれており、その定義は次のようになります。

$$\text{log-odds}(x) = ln\frac{x}{1-x}$$

図12-13は対数オッズ関数 $y = ln\left(\frac{x}{1-x}\right)$ の正解率に関するグラフです。正解率が低い場合、対数オッズは非常に大きな負の数になります。正解率が高い場合、対数オッズは非常に大きな正の数になります。正解率が50%（0.5）の場合、対数オッズは0になります。この関数が1～5の特性を満たしていることに注目してください。

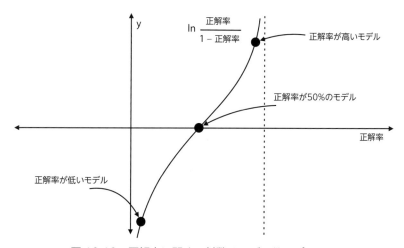

図12-13：正解率に関する対数オッズ関数のプロット

　ということは、対数オッズ関数を使って各弱学習器のスコアを計算すればよいわけです。ここでは、この対数オッズ関数を正解率に適用します。表12-2は弱学習器の正解率とその対数オッズをまとめたものです。狙いどおり、正解率が高いモデルは大きな正のスコアを獲得しており、正解率が低いモデルは大きな負のスコアを獲得しています。正解率が0.5に近いモデル

は0に近いスコアを獲得します。

表12-2：弱学習器の正解率と対数オッズを使って計算したスコア

正解率	対数オッズ（弱学習器のスコア）
0.01	–4.595
0.1	–2.197
0.2	–1.386
0.5	0
0.8	1.386
0.9	2.197
0.99	4.595

分類器を組み合わせる

すべての弱学習器のスコアの計算方法が対数オッズに決まったところで、弱学習器を組み合わせて強学習器にする作業に進みましょう。弱学習器の正解率が、正しく分類されたデータ点のスコアの合計をすべてのデータ点のスコアの合計で割ったものであることを思い出してください（図12-10 〜 12-12）。

弱学習器1：正解率：$\frac{7}{10}$、スコア：$ln\left(\frac{7}{3}\right) = 0.847$

弱学習器2：正解率：$\frac{11}{14}$、スコア：$ln\left(\frac{11}{3}\right) = 1.299$

弱学習器3：正解率：$\frac{19}{22}$、スコア：$ln\left(\frac{19}{3}\right) = 1.846$

強学習器の予測値は弱学習器による重み付きの投票の結果です。各弱学習器の票はそのスコアです。計算を楽にするために、弱学習器の予測値を「0と1」から「-1と1」に変更し、弱学習器の予測値にそのスコアを掛け、それらの予測値を合計します。弱学習器の投票結果が0以上の場合、強学習器の予測値は1です。弱学習器の投票結果が負の場合、強学習器の予測値は0です。図12-14は投票プロセス、図12-15は予測値を示しています。図12-14の下図の各領域には、弱学習器のスコアの合計が含まれています。図12-15では、結果として得られた強学習器がデータセットのすべてのデータ点を正しく分類していることもわかります。

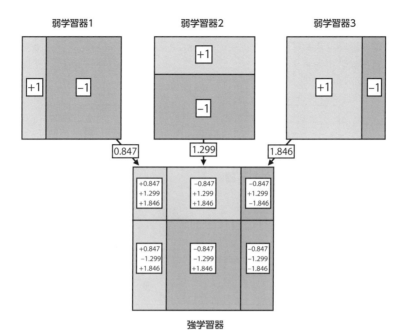

図 12-14：AdaBoost モデルで弱学習器を組み合わせて強学習器を構築する方法。対数オッズを使って各弱学習器にスコアを割り当て、それらのスコアに基づいて弱学習器に投票させる（スコアが大きいほど議決権が大きくなる）

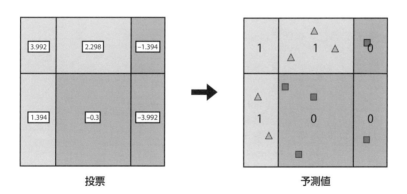

図 12-15：AdaBoost モデルで予測値を求める方法。弱学習器のスコア（図 12-14）を合計し、その値が 0 以上の場合は 1、それ以外の場合は 0 が予測値となる

12.3.3　scikit-learn での AdaBoost のコーディング

ここでは、scikit-learn を使って AdaBoost モデルを訓練する方法を確認します。この訓

練には、12.2.1 項で使ったスパムデータセット（図 12-16）とノートブックを引き続き使います。特徴量はメールに含まれている "lottery" と "sale" の個数であり、スパムメールは三角形、ハムメールは四角形で表されています。

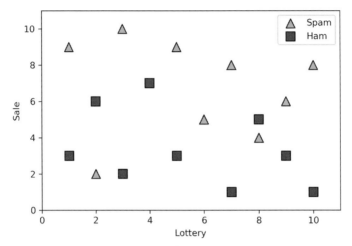

図 12-16：スパムデータセット

このデータセットのデータは features と labels の 2 つの DataFrame オブジェクトに読み込まれています。モデルの訓練には、sklearn.ensemble モジュールの AdaBoostClassifier クラスを使います。n_estimators ハイパーパラメータを使って弱学習器が 6 つ必要であることを指定します。

```
from sklearn.ensemble import AdaBoostClassifier

adaboost_classifier = AdaBoostClassifier(n_estimators=6)
adaboost_classifier.fit(features, labels)
adaboost_classifier.score(features, labels)
```

このモデルの境界線を見てみましょう（図 12-17）。このモデルがデータセットにうまく適合していて、過学習もそれほどひどくないことがわかります。

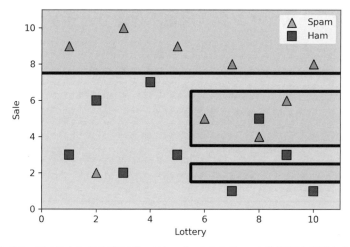

図 12-17：図 12-16 のスパムデータセットで AdaBoost 分類器を訓練した結果

　せっかくなので、6 つの弱学習器とそれらのスコアも調べてみましょう。弱学習器はそれぞれ深さ 1 の決定木です。

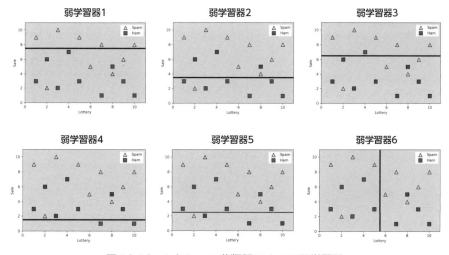

図 12-18：AdaBoost 分類器の 6 つの弱学習器

　図 12-18 の各弱学習器にスコア 1 を割り当てた上で投票させると、図 12-17 の強学習器になります。

12.4　勾配ブースティング：決定木を使って強学習器を構築する

　次に説明するのは勾配ブースティングです。勾配ブースティングは現在最もよく使われていて成果を上げている機械学習モデルの 1 つです。弱学習器が決定木で、1 つ前の学習器のミスから学ぶことが各弱学習器の目的であるという点では、AdaBoost に似ています。AdaBoost との違いの 1 つは、深さ 1 の決定木に制限されないことです。勾配ブースティングは回帰と分類に使うことができますが、ここでは回帰の例を使うことにします。そのほうが、説明が明確になるはずです。勾配ブースティングを分類に使う場合は小さな調整が必要です。この点について詳しく知りたい場合は、付録 C の参考文献を参照してください。

本節と次節で使うコードはすべて本書の GitHub リポジトリにあります。

GitHub リポジトリ：`https://github.com/luisguiserrano/manning/`
フォルダ：`Chapter_12_Ensemble_Methods`
Jupyter Notebook：`Gradient_boosting_and_XGBoost.ipynb`

　ここで使うデータセットは、第 9 章の 9.6 節でユーザーのエンゲージメントレベルを予測したときのものと同じです（表 12-3）。特徴量はユーザーの年齢（Age）、ラベルはエンゲージメント（Engagement：ユーザーがアプリを使った日数）です。このデータセットに勾配ブースティングモデルを適合させます。図 12-19 は表 12-3 のデータセットのプロットです。

表 12-3：8 人のユーザーの年齢とエンゲージメントレベルからなる小さなデータセット

特徴量（Age）	ラベル（Engagement）
10	7
20	5
30	7
40	1
50	2
60	1
70	5
80	4

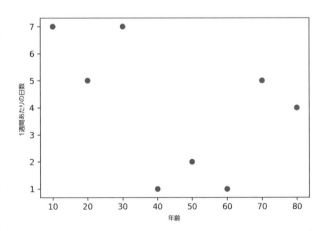

図 12-19：表 12-3 のエンゲージメントデータセットのプロット。横軸はユーザーの年齢、縦軸はエンゲージメント

　勾配ブースティングの目的は、このデータセットに適合する一連の決定木を作成することにあります。ここでは、決定木の個数（5）と学習率（0.8）の2つのハイパーパラメータを使います。1つ目の弱学習器（以下、弱学習器1）は非常に単純で、データセットに最もうまく適合する深さ0の決定木です。深さ0の決定木は、単にデータセットの各データ点に同じラベルを割り当てるノードです。ここで最小化する誤差関数は平均二乗誤差（MSE）なので、弱学習器1に最適な予測値はラベルの平均値です。このデータセットのラベルの平均値は4なので、弱学習器1はすべてのデータ点に予測値4を割り当てるノードになります。

　次のステップは残差の計算です。残差は弱学習器1の予測値とラベル（正解値）の差であり、新しい弱学習器をこれらの残差に適合させます。このようにして、最初の決定木が残したギャップを埋めるように新しい決定木を訓練します。ラベル、予測値、残差をまとめると表12-4のようになります。

表12-4：弱学習器2を訓練して弱学習器1の残差に適合させる

特徴量（Age）	ラベル（Engagement）	弱学習器1の予測値	残差	弱学習器2の予測値
10	7	4	3	3
20	5	4	1	2
30	7	4	3	2
40	1	4	-3	-2.667
50	2	4	-2	-2.667
60	1	4	-3	-2.667
70	5	4	1	0.5
80	4	4	0	0.5

　2つ目の弱学習器（以下、弱学習器2）は、これらの残差に適合する決定木です。決定木は好きな深さにできますが、この例では、すべての弱学習器を最大で深さ2になるようにします。

```
import numpy as np
from sklearn.tree import DecisionTreeRegressor

features = np.array([[10],[20],[30],[40],[50],[60],[70],[80]])
residuals = np.array([3,1,3,-3,-2,-3,1,0])
decision_tree_regressor2 = DecisionTreeRegressor(max_depth=2)
decision_tree_regressor2.fit(features, residuals)
```

　図12-20はこの決定木（とその境界線）を示しています。これらの決定木の予測値は表12-4の右端の例にあります。

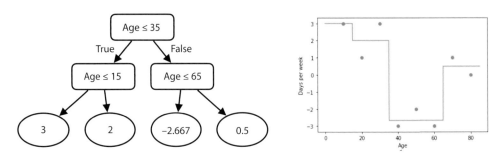

図 12-20：勾配ブースティングモデルの弱学習器 2（深さ 2 の決定木）

　この要領で、新しい残差を計算し、これらの残差に新しい弱学習器を適合させるというプロセスを繰り返します。ただし、小さな注意点があります。最初の 2 つの弱学習器による予測値を計算するために、まず弱学習器 2 の予測値に学習率（0.8）を掛けます。したがって、最初の 2 つの弱学習器による最終的な予測値は、弱学習器 1 の予測値（4）＋弱学習器 2 の予測値× 0.8 になります。このようにするのは、訓練データに適合しすぎると過学習になるからです。ここでの目標は、解にゆっくり近づきながら勾配降下法をエミュレートすることです。そこで、このエミュレーションを実現するために予測値に学習率を掛けます。新しい残差は元のラベルから最初の 2 つの弱学習器による最終的な予測値を引いたものになります（表 12-5）。

表 12-5：最初の 2 つの弱学習器による最終的な予測値は弱学習器 1 の予測値＋弱学習器 2 の予測値× 0.8

ラベル	弱学習器 1 の予測値	弱学習器 2 の予測値	弱学習器 2 の予測値×学習率	最終的な予測値	残差
7	4	3	2.4	6.4	0.6
5	4	2	1.6	5.6	-0.6
7	4	2	1.6	5.6	1.4
1	4	-2.667	-2.13	1.87	-0.87
2	4	-2.667	-2.13	1.87	0.13
1	4	-2.667	-2.13	1.87	-0.87
5	4	0.5	0.4	4.4	0.6
4	4	0.5	0.4	4.4	-0.4

　続いて、新しい残差に新しい弱学習器を適合させ、弱学習器 1 の予測値に弱学習器 2 と弱学習器 3 の予測値の合計× 0.8 を足します。構築したい弱学習器ごとに、このプロセスを繰り返します。ただし、このプロセスを手作業で実行する代わりに、`sklearn.ensemble` モジュー

ルの GradientBoostingRegressor クラスを使うことができます。モデルを適合させて予測値を生成するコードを見てみましょう。決定木の最大の深さが 2、決定木の個数が 5、学習率が 0.8 であることに注意してください。これらの設定に使うハイパーパラメータはそれぞれ max_depth、n_estimators、learning_rate です。なお、1 つ目の決定木はカウントしないため、決定木が 5 つ必要な場合は n_estimators ハイパーパラメータに 4 を指定します。

```python
from sklearn.ensemble import GradientBoostingRegressor

gradient_boosting_regressor = GradientBoostingRegressor(
    max_depth=2, n_estimators=4, learning_rate=0.8)
gradient_boosting_regressor.fit(features, labels)
gradient_boosting_regressor.predict(features)
```

　勾配ブースティングを使って構築した強学習器のプロットは図 12-21 のようになります。この学習器がこのデータセットに非常によく適合していることがわかります。

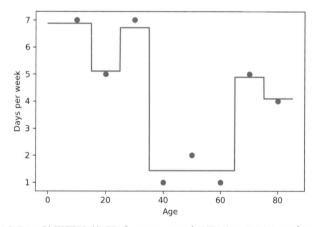

図 12-21：強学習器（勾配ブースティング回帰器）の予測値のプロット

　せっかくなので、5 つの弱学習器もプロットしてみましょう（図 12-22）。1 つ目の弱学習器は深さ 0 の決定木であり、常にラベルの平均値を予測します。それ以降の弱学習器はそれぞれ最大の深さが 2 の決定木であり、1 つ前の弱学習器の残差に適合します。最後の弱学習器の予測値が最初の弱学習器の予測値よりもずっと小さくなっていることに注目してください。というのも、弱学習器はそれぞれ 1 つ前の弱学習器の残差を予測し、強学習器の予測値がラベルに近づくに従って残差が小さくなっていくからです。

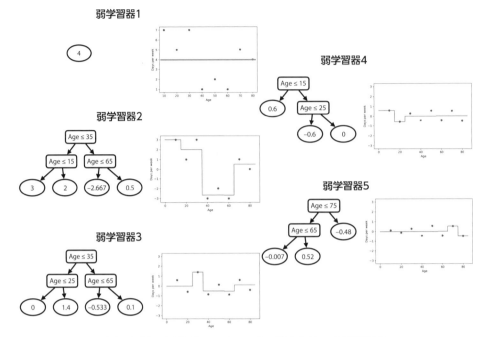

図12-22：勾配ブースティングモデルの5つの弱学習器

最後に、scikit-learnを使うか、手で計算すると、予測値が次のようになることを確認できます。

- 年齢：10、予測値：6.87
- 年齢：20、予測値：5.11
- 年齢：30、予測値：6.71
- 年齢：40、予測値：1.43
- 年齢：50、予測値：1.43
- 年齢：60、予測値：1.43
- 年齢：70、予測値：4.90
- 年齢：80、予測値：4.10

12.5 XGBoost：極端な方法による勾配ブースティング

XGBoost（eXtreme Gradient Boosting）は、最もよく知られていて、強力で、効果的な勾配ブースティング実装の1つです。Tianqi ChenとCarlos Guestrinによって開発されたXGBoostモデルは、他の分類モデルや回帰モデルよりも性能がよい傾向にあります。ここでは前節と同じ回帰の例を使ってXGBoostの仕組みを説明することにします。

XGBoostは弱学習器として決定木を使います。前節のブースティング法と同じように、弱学習器はそれぞれ1つ前の弱学習器の弱点に重点的に対処します。もっと具体的に言うと、こ

れらの決定木はそれぞれ1つ前の決定木の予測値の残差に適合するように訓練されます。ただし、決定木の構築に**類似度**を使うなど、小さな違いがいくつかあります。さらに、後ほど詳しく見ていくように、過学習を回避するための枝刈りステップを追加して、特定の条件を満たさない決定木の枝を刈り取ります。

12.5.1　XGBoost の類似度：集合内の類似性を数値化する新しい方法

　ここでは、集合内の要素がどれくらい似ているかを数値化する XGBoost の重要な要素を確認します。この要素は**類似度**（similarity score）という指標です。ウォーミングアップとして、次の3つの集合のうち類似度が最も高いのはどれで、最も低いのはどれか考えてみてください。

集合1：{10, -10, 4}
集合2：{7, 7, 7}
集合3：{7}

　類似度が最も高いのは集合2で、最も低いのは集合1だと考えたなら、その直感は当たっています。集合1は要素どうしが大きく異なっているため、最も類似度が低い集合です。集合2と集合3は微妙です。どちらも同じ要素を含んでいますが、数が違います。ただし、集合2には数字の7が3回含まれているのに対し、集合3には1回だけです。したがって、集合2の要素のほうが集合3よりも均質性が高く、よって類似度が高くなります。

　類似度を数値化する次の指標について考えてみましょう。集合 $\{a_1, a_2, ..., a_n\}$ があると仮定したとき、類似度は要素の総和の2乗を要素の個数で割ったものです。

$$\frac{(a_1 + a_2 + \ldots + a_n)^2}{n}$$

したがって、先の3つの集合の類似度は次のようになります。

集合1：類似度 $= \frac{(10-10+4)^2}{3} = 5.33$
集合2：類似度 $= \frac{(7+7+7)^2}{3} = 147$
集合3：類似度 $= \frac{7^2}{1} = 49$

　予想どおり、類似度が最も高いのは集合2で、最も低いのは集合1です。

> この類似度は完璧なものではありません。集合 {1, 1, 1} は集合 {7, 8, 9} よりも類似度が高いはず
> ですが、{1, 1, 1} の類似度は 3 で、{7, 8, 9} の類似度は 192 です。とはいえ、以下のアルゴリズ
> ムの目的からすれば、この類似度でうまくいきます。この類似度の主な目標は、大きな値と小さ
> な値をうまく分割することだからです。ここで見ていくように、この目標は達成されます。

この類似度には、過学習を回避するのに役立つハイパーパラメータ λ があります。このハイ
パーパラメータを指定するときは類似度の分母に追加されるため、類似度の式が次のように変
化します。したがって、たとえば $\lambda = 2$ のとき、集合 1 の類似度は 3.2 になります。

$$\frac{(a_1 + a_2 + \ldots + a_n)^2}{n + \lambda}, \qquad \frac{(10 - 10 + 4)^2}{3 + 2} = 3.2$$

この例では λ は使いませんが、後ほどコードを書くときに、λ に適切な値を設定する方法を
示します。

12.5.2　弱学習器を構築する

ここでは弱学習器を構築する方法を見ていきます。以下の説明では、前節の表 12-3 で示し
たものと同じデータセットを使います（表 12-6 の最初の 2 列に再掲）。特徴量はユーザーの年
齢（Age）、ラベルはエンゲージメント（Engagement：ユーザーがアプリを使った日数）です。
このデータセットのプロットは図 12-19 のとおりです。表 12-6 の 3 列目には、XGBoost モ
デルの弱学習器 1 の予測値（デフォルトではすべて 0.5）が含まれています。最後の列には、ラ
ベル（正解値）と予測値の差である残差が含まれています。

表 12-6：表 12-3 と同じデータセット

特徴量（Age）	ラベル（Engagement）	弱学習器 1 の予測値	残差
10	7	0.5	6.5
20	5	0.5	4.5
30	7	0.5	6.5
40	1	0.5	0.5
50	2	0.5	1.5
60	1	0.5	0.5
70	5	0.5	4.5
80	4	0.5	3.5

　XGBoost モデルの訓練プロセスは勾配ブースティング木の訓練プロセスとほぼ同じです。弱学習器 1 は各データ点に 0.5 の予測値を割り当てる決定木です。弱学習器 1 を構築した後、ラベル（正解値）と予測値の差である残差を求めます。この 2 つの数量は表 12-6 の右端の 2 列に含まれています。

　残りの弱学習器の構築に取りかかる前に、このモデルをどれくらい深くするか決めておきましょう。この例は小さく保ちたいので、ここでも最大の深さを 2 にします。つまり、深さが 2 に達したところで弱学習器の構築をやめます。この「最大の深さ」は 12.5.5 項で説明するハイパーパラメータです。

　弱学習器 2 を構築するには、決定木を残差に適合させる必要があります。これには類似度を使います。これまでと同じように、根ノードにはデータセット全体が含まれているため、データセット全体の類似度（similarity）を計算することから始めます。

$$Similarity = \frac{(6.5 + 4.5 + 6.5 + 0.5 + 1.5 + 0.5 + 4.5 + 3.5)^2}{8} = 98$$

　次に、決定木のときと同様に、Age 特徴量を使って、考えられるすべての方法でノードを分割します。分割のたびに、各葉ノードに対応しているサブセットの類似度を計算します。それらを合計したものが、その分割方法全体の類似度です。

根ノードでの分割：
　　データセット：{6.5, 4.5, 6.5, 0.5, 1.5, 0.5, 4.5, 3.5}、類似度：98
15 で分割：
　　左ノード：{6.5}、類似度：42.25
　　右ノード：{4.5, 6.5, 0.5, 1.5, 0.5, 4.5, 3.5}、類似度：66.04
　　この分割の類似度：108.29
25 で分割：
　　左ノード：{6.5, 4.5}、類似度：60.5
　　右ノード：{6.5, 0.5, 1.5, 0.5, 4.5, 3.5}、類似度：48.17
　　この分割の類似度：108.67
35 で分割：
　　左ノード：{6.5, 4.5, 6.5}、類似度：102.08
　　右ノード：{0.5, 1.5, 0.5, 4.5, 3.5}、類似度：22.05
　　この分割の類似度：**124.13**

45 で分割：

　　左ノード：{6.5, 4.5, 6.5, 0.5}、類似度：81

　　右ノード：{1.5, 0.5, 4.5, 3.5}、類似度：25

　　この分割の類似度：106

55 で分割：

　　左ノード：{6.5, 4.5, 6.5, 0.5, 1.5}。類似度：76.05

　　右ノード：{0.5, 4.5, 3.5}、類似度：24.08

　　この分割の類似度：100.13

65 で分割：

　　左ノード：{6.5, 4.5, 6.5, 0.5, 1.5, 0.5}、類似度：66.67

　　右ノード：{4.5, 3.5}、類似度：32

　　この分割の類似度：98.67

75 で分割：

　　左ノード：{6.5, 4.5, 6.5, 0.5, 1.5, 0.5, 4.5}、類似度：85.75

　　右ノード：{3.5}、類似度：12.25

　　この分割の類似度：98

　以上の計算から、Age = 35 で分割すると類似度が最も高くなることがわかります。したがって、次の分割の根ノードは Age = 35 になります。

　次に、各ノードでも同じようにデータセットを分割していきます。まず、左ノード（データセット {6.5, 4.5, 6.5}、類似度 102.08）を分割してみましょう。

15 で分割：

　　左ノード：{6.5}、類似度：42.25

　　右ノード：{4.5, 6.5}、類似度：60.5

　　この分割の類似度：102.75

25 で分割：

　　左ノード：{6.5, 4.5}、類似度：60.5

　　右ノード：{6.5}、類似度：42.25

　　この分割の類似度：102.75

　どちらの方法で分割しても類似度が同じになるため、どちらを使ってもよいことになります。15 で分割することにしましょう。今度は右ノード（データセット {0.5, 1.5, 0.5, 4.5, 3.5}、類似度 22.05）を分割してみましょう。

45 で分割：

　　左ノード：{0.5}、類似度：0.25

　　右ノード：{1.5, 0.5, 4.5, 3.5}、類似度：25

　　この分割の類似度：25.25

55 で分割：

　　左ノード：{0.5, 1.5}、類似度：2

　　右ノード：{0.5, 4.5, 3.5}、類似度：24.08

　　この分割の類似度：26.08

65 で分割：

　　左ノード：{0.5, 1.5, 0.5}、類似度：2.08

　　右ノード：{4.5, 3.5}、類似度：32

　　この分割の類似度：**34.08**

75 で分割：

　　左ノード：{0.5, 1.5, 0.5, 4.5}、類似度：12.25

　　右ノード：{3.5}、類似度：12.25

　　この分割の類似度：24.5

　以上の計算から、Age = 65 で分割するのが最適であるという結論を下します。この時点で、決定木の深さが 2 になっているため、最初の取り決めどおり、決定木を成長させるのをここでやめます。このようにして得られた決定木と各ノードの類似度は図 12-23 のようになります。

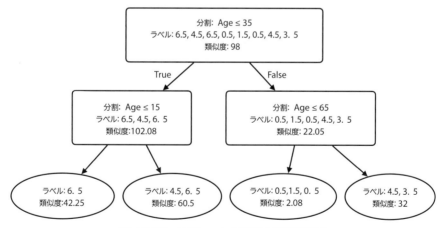

図 12-23：XGBoost 分類器の弱学習器 2

弱学習器 2 はこれで（ほぼ）完成です。次の弱学習器の構築に進む前に、過学習を抑制するためにもうひと手間かけておきましょう。

12.5.3　決定木の枝刈り：弱学習器を単純化して過学習を抑制する

XGBoost の優れた特徴は過学習になりにくいことです。その理由は、12.5.5 項で説明する複数のハイパーパラメータを使うことにあります。その 1 つである γ は、結果として得られたノードの類似度が元のノードの類似度よりもそれほど高くない場合に分割を阻止します。この差を**類似度利得**（similarity gain）と呼びます。たとえば、前項の決定木の根ノードの類似度は 98 であり、ノードを分割したときの合計類似度は 124.13 です。したがって、類似度利得は 124.13 - 98 = 26.13 になります。同様に、左のノードの類似度利得は -0.67、右のノードの類似度利得は 12.03 です（図 12-24）。

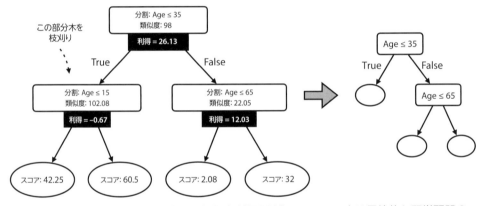

図 12-24：左は図 12-23 の決定木に類似度利得を追加したもの。右は最終的な弱学習器 2

この例では、γ ハイパーパラメータを 1 にします。この設定により、分割が許可されるのは類似度利得が 1 よりも大きいときだけになるため、左のノード（Age ≤ 15）の分割が阻止されます。したがって、図 12-24 の右のように枝刈りされたものが弱学習器 2 になります。

12.5.4　予測値を生成する

弱学習器 2 を構築したところで、さっそく予測値を生成してみましょう。予測値を取得する方法はどの決定木でも同じであり、該当する葉ノードのラベルの平均を求めます。弱学習器 2 の予測値は図 12-25 のようになります。

次に、最初の 2 つの弱学習器による最終的な予測値を計算します。過学習を防ぐために、勾配ブースティングのときと同じ手法を使って、（弱学習器 1 を除く）すべての弱学習器の予測

値に学習率を掛けます。このようにするのは、勾配降下法をエミュレートして、処理を繰り返しながら適切な予測値にゆっくり収束させたいからです。ここでは学習率として 0.7 を使います。したがって、最初の 2 つの弱学習器による最終的な予測値は、弱学習器 1 の予測値＋弱学習器 2 の予測値× 0.7 になります。たとえば、1 つ目のデータ点に対する予測値は 0.5 ＋ 5.83・0.7 ＝ 4.58 になります。最初の 2 つの弱学習器による最終的な予測値は表 12-7 の 5 列目に含まれています。

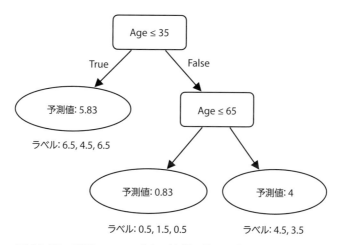

図 12-25：XGBoost モデルの枝刈り後の弱学習器 2 の予測値

表 12-7：ラベル、最初の 2 つの弱学習器の予測値、残差、最終的な予測値

ラベル（Engagement）	弱学習器 1 の予測値	弱学習器 2 の予測値	弱学習器 2 の予測値×学習率	最終的な予測値	残差
7	0.5	5.83	4.08	4.58	2.42
5	0.5	5.83	4.08	4.58	0.42
7	0.5	5.83	4.08	4.58	2.42
1	0.5	0.83	0.58	1.08	-0.08
2	0.5	0.83	0.58	1.08	0.92
1	0.5	0.83	0.58	1.08	-0.08
5	0.5	4	2.8	3.3	1.7
4	0.5	4	2.8	3.3	0.7

　最終的な予測値が弱学習器 1 の予測値よりもラベル（正解値）に近づいていることがわかります。次のステップは繰り返しです。つまり、すべてのデータ点で新しい残差を計算し、決定

木をそれらの残差に適合させ、決定木を枝刈りし、新しい予測値を計算するというプロセスを繰り返します。構築する決定木の個数も最初に選択できるハイパーパラメータの１つです。これらの決定木を引き続き構築するために、xgboost という便利な Python パッケージを使うことにします。

12.5.5　XGBoost モデルを Python で訓練する

　ここでは、Python の xgboost パッケージを使ってモデルを訓練し、現在のデータセットに適合させる方法を学びます。ここでも前節と同じノートブックを使います。

　作業を始める前に、このモデルのために定義したハイパーパラメータを確認しておきましょう。

n_estimators：推定器（弱学習器）の個数。xgboost パッケージでは、１つ目の弱学習器が推定器の１つとしてカウントされないことに注意。この例では３を指定するため、弱学習器の個数は４になる。

max_depth：各決定木（弱学習器）に許可される最大の深さ。この例では２を指定。

reg_lambda：λ パラメータ（類似度の分母に追加する数）。この例では０を指定。

min_split_loss：γ パラメータ（分割を許可するために最低限必要な類似度利得）。この例では１を指定。

learning_rate：２つ目以降の弱学習器の予測値に掛ける学習率。この例では 0.7 を指定。

　xgboost パッケージをインポートし、XGBRegressor モデルを構築し、データセットに適合させるコードは次のようになります[2]。

```
import xgboost
from xgboost import XGBRegressor

xgboost_regressor = XGBRegressor(random_state=0, n_estimators=3, max_depth=2,
                                 reg_lambda=0, min_split_loss=1,
                                 learning_rate=0.7)
xgboost_regressor.fit(features, labels)
```

　このモデルのプロットからデータセットにうまく適合していることがわかります（図 12-26）。

※ 2　［訳注］xgboost パッケージのインストールが必要。

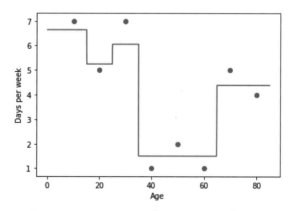

図 12-26：XGBoost モデルの予測値のプロット

　xgboost パッケージでも弱学習器を調べることができます。この方法で得られた決定木の予測値には学習率 0.7 がすでに掛けられています。このことは、手で作成した決定木（図 12-25）と図 12-27 の左から 2 つ目の決定木の予測値を比較してみるとわかります。弱学習器 1 の予測値は常に 0.5 です。残りの 3 つの弱学習器の形は（たまたま）似ていますが、弱学習器を適合させる残差は徐々に小さくなっていくため、決定木もそれぞれ小さくなっていきます。

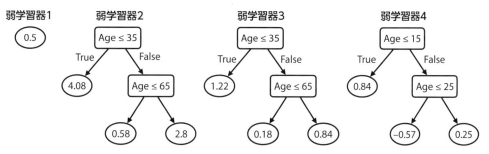

図 12-27：XGBoost モデルの強学習器を構成している 4 つの弱学習器

　したがって、強学習器の予測値を求めるには、すべての決定木の予測値を足していけばよいだけです。たとえば、20 歳のユーザーに対する予測値は次のようになります。

- 弱学習器 1：0.5
- 弱学習器 2：4.08
- 弱学習器 3：1.22
- 弱学習器 4：-0.57

したがって、予測値は 0.5 + 4.08 + 1.22 - 0.57 = 5.23 になります。他のデータ点に対する予測値は次のようになります。

- 年齢：10、予測値：6.64
- 年齢：20、予測値：5.23
- 年齢：30、予測値：6.05
- 年齢：40、予測値：1.51

- 年齢：50、予測値：1.51
- 年齢：60、予測値：1.51
- 年齢：70、予測値：4.39
- 年齢：80、予測値：4.39

12.6　アンサンブル法の応用

アンサンブル法は比較的低いコストで高い性能を発揮するため、最近使われている機械学習法の中でも最も便利なアルゴリズムの 1 つです。アンサンブル法は Netflix Prize などの機械学習コンテストで非常によく使われています。Netflix Prize は Netflix が主催したコンテストであり、データは匿名化した上で公開されていました。参加者は 100 万ドルの賞金をかけて Netflix のレコメンデーションシステムよりも高性能なシステムの構築を目指しました。優勝チームが使っていたのは学習器を非常に強力な方法で組み合わせたアンサンブルでした。詳細については、付録 C の参考文献を参照してください。

12.7　まとめ

- アンサンブル法は、複数の弱学習器を訓練し、それらを組み合わせて強学習器にするというものである。非常に強力なモデルを効果的に構築するアンサンブル法は本物のデータセットですばらしい成果を上げている。

- アンサンブル法は回帰と分類に使うことができる。

- アンサンブル法には主にバギングとブースティングの 2 種類がある。

- バギングは、データセットからランダムに選んだサブセットで一連の学習器を訓練し、それらの学習器を組み合わせることで、多数決に基づいて予測値を決める強学習器を構築する。

- ブースティングも一連の学習器を構築するが、各学習器に 1 つ前の学習器の弱点に重点的に対処させる。それらの学習器を組み合わせることで、重み付きの投票に基づいて予測値を決める強学習器を構築する。

- AdaBoost、勾配ブースティング、XGBoost の 3 つは、本物のデータセットですばらしい成果を上げている高度なブースティングアルゴリズムである。

- アンサンブル法は、レコメンデーションアルゴリズムから医学や生物学の分野まで、幅広く応用されている。

12.8 練習問題

練習問題 12-1

弱学習器 L_1、L_2、L_3 で構成されたブースティング強学習器 L があります。弱学習器の重みはそれぞれ 1、0.4、1.2 です。特定のデータ点に対し、L_1 と L_2 は正のラベルを予測し、L_3 は負のラベルを予測します。このデータ点に対する強学習器 L の最終的な予測値は何になるでしょうか。

練習問題 12-2

サイズ 100 のデータセットで AdaBoost モデルを訓練している最中だとします。現在の弱学習器は 100 個のデータ点のうち 68 個を正しく分類します。最終的なモデルにおいて、この弱学習器に割り当てる重みはいくつになるでしょうか。

データエンジニアリングと機械学習の例

本章の内容

- モデルが読めるようにするためのデータの前処理

- scikit-learn を使って複数のモデルの訓練と評価を行う

- グリッドサーチを使ってモデルに適したハイパーパラメータを選ぶ

- k 分割交差検証を使ってデータを訓練と検証に同時に使えるようにする

　本書では、教師あり学習において最も重要なアルゴリズムを学び、それらのアルゴリズムのコードを書き、さまざまなデータセットで予測を行ってきました。しかし、本物のデータでモデルを訓練するには、まだ足りないステップがいくつかあります —— それが本章のテーマです。

　データサイエンティストの最も基本的な仕事の1つは、データの前処理です。データの前処理は非常に重要です。というのも、コンピュータはこの作業を完全に行うことができないからです。データをきちんと整理するには、データだけではなく、解こうとしている問題もよく理解しておく必要があります。本章では、データの前処理を行うための最も重要な手法をいくつか紹介します。続いて、特徴量をさらに詳しく調べて、特徴量をモデルで処理できる状態にするための特徴量エンジニアリングを行います。さらに、モデルを訓練データセット、検証データセット、テストデータセットの3つに分割し、データセットで複数のモデルを訓練し、それらのモデルを評価します。このようにすると、このデータセットにとって最も性能のよいモデルを選択できるようになります。最後に、モデルにとって最適なハイパーパラメータを突き止めるために、グリッドサーチなどの重要な手法を学びます。

　ここでは、これらのステップをすべて Titanic データセットに適用します。次節で詳しく見ていくように、Titanic データセットは機械学習の手法の習得や練習によく使われているデータセットです。本章にはコードが大量に含まれており、それらのコードではすっかりおなじみとなった pandas と scikit-learn を使います。pandas は、ファイルを開く、データを読み込む、データを DataFrame というテーブルにまとめるなど、データの処理に役立つ Python パッケージです。scikit-learn はモデルの訓練と評価に役立つ Python パッケージであり、本書で取り上げているアルゴリズムのほとんどに対して堅牢な実装を提供しています。

本章で使うコードはすべて本書の GitHub リポジトリにあります。

　　GitHub リポジトリ：`https://github.com/luisguiserrano/manning/`
　　フォルダ：`Chapter_13_End_to_end_example`
　　Jupyter Notebook：`End_to_end_example.ipynb`
　　データセット：`titanic.csv`

13.1　Titanic データセット

　ここでは、データセットを読み込んでその内容を調べます。データの読み込みと処理はデータサイエンティストに不可欠なスキルです。モデルの成功は、そのモデルに与えられるデータがどのように前処理されているかに大きく左右されるからです。この部分の作業には pandas を使うことにします。

　本章で使うのは、機械学習を学ぶための例としてよく使われている Titanic データセットです。このデータセットには、タイタニック号の乗客の多くに関する情報（氏名、年齢、配偶者の有無、乗船港、客室クラスなど）が含まれています。最も重要なのは、乗客の生存状況に関する情報も含まれていることです。このデータセットは Kaggle[1] で提供されています。Kaggle はすばらしいデータセットとコンテストでよく知られているオンラインコミュニティです。ぜひ Kaggle を調べてみてください。

ここで使うデータセットは歴史的なデータセットであり、想像できるように、1912 年当時の社会的バイアスがあちこちに見られます。歴史的なデータセットには、現在の社会規範や世界観を反映するための改訂や新たなサンプリングの機会がありません。たとえば、ノンバイナリジェンダーが含まれていなかったり、性別や社会階級で乗客の扱いが違ったりします。本書では、このデータセットを「内容が非常に充実していて、モデルの構築や予測によく使われるデータセットである」と考えているため、「1 つの数値テーブル」として評価することにします。とはいえ、人種、性同一性、性的指向、社会的地位、能力、国籍、信仰など、データに含まれているバイアスを常に意識し、構築しているモデルが歴史的バイアスの轍を踏まないように最善を尽くすことも私たちデータサイエンティストの務めです。

13.1.1　Titanic データセットの特徴量

　Titanic データセットには、タイタニック号の 891 人の乗客の氏名と、生存状況をはじめとする情報が含まれています。このデータセットは次の列で構成されています。

PassengerID：各乗客を一意に識別する番号（1 ～ 891）

Name：乗客の氏名

Sex：乗客の性別（男性または女性）

Age：乗客の年齢（整数）

Pclass：乗客の客室クラス（1 等、2 等、3 等）

SibSP：乗客の兄弟や配偶者の人数（乗客が 1 人で旅行している場合は 0）

Parch：乗客の親や子の人数（乗客が 1 人で旅行している場合は 0）

Ticket：チケット番号

Fare：乗客が支払った乗船料金（イギリスポンド）

Cabin：乗客の客室

Embarked:乗客が乗船した港。シェルブール（C）、クイーンズタウン（Q）、サウサンプトン（S）のいずれか

Survived：乗客の生存状況（生存者は 1、死亡者は 0）

※1　https://www.kaggle.com/

13.1.2 pandas を使ってデータセットを読み込む

ここでは、pandas を使ってデータセットを開き、そのデータを DataFrame に読み込む方法について説明します。DataFrame とは、pandas がデータテーブルの格納に使うオブジェクトのことです。本書では、このデータセットをあらかじめ Kaggle からダウンロードし、titanic.csv という CSV（Comma-Separated Values）ファイルに格納してあります。pandas で何か行うには、まず次のコードを使って pandas をインポートする必要があります。

```
import pandas
```

pandas をインポートしたら、データセットを読み込みます。pandas では、データセットの格納に DataFrame と Series の 2 つのオブジェクトを使います。これらのオブジェクトは基本的に同じものですが、Series は 1 列だけのデータセットに使い、DataFrame は複数列のデータセットに使います。

データセットを DataFrame として読み込むコードは次のようになります。

```
raw_data = pandas.read_csv('./titanic.csv', index_col="PassengerId")
```

このコードは Titanic データセットを raw_data という DataFrame オブジェクトに格納します。raw_data という名前にしたのは、後ほどこのデータの前処理を行う予定だからです。このデータセットは 891 行 12 列で構成されています。このデータセットを読み込むと、最初のほうの行が次の図のようになっていることがわかります。一般に、pandas はデータセット内のすべての要素に番号を振る列を追加します。このデータセットにはすでにそのような番号が含まれているため、index_col="PassengerId" を指定して、その列をインデックス列として設定しています。通常、行のインデックスは 0 始まりですが、このデータセットは 1 始まりです。

PassengerId	Survived	Pclass	Name	Sex	Age	SibSp	Parch	Ticket	Fare	Cabin	Embarked
1	0	3	Braund, Mr. Owen Harris	male	22.0	1	0	A/5 21171	7.2500	NaN	S
2	1	1	Cumings, Mrs. John Bradley (Florence Briggs Th...	female	38.0	1	0	PC 17599	71.2833	C85	C
3	1	3	Heikkinen, Miss. Laina	female	26.0	0	0	STON/O2. 3101282	7.9250	NaN	S
...	...	...	...	...	...	...	...	...	...	...	...
889	0	3	Johnston, Miss. Catherine Helen "Carrie"	female	NaN	1	2	W./C. 6607	23.4500	NaN	S
890	1	1	Behr, Mr. Karl Howell	male	26.0	0	0	111369	30.0000	C148	C
891	0	3	Dooley, Mr. Patrick	male	32.0	0	0	370376	7.7500	NaN	Q

データセットの保存と読み込み

　このデータセットを調べる前に、作業の助けになるちょっとしたコツを教えましょう。本章では、各節の最後にデータセットを CSV ファイルに保存し、このファイルを次の節の最初に再び読み込みます。このようにすると、本書を読むのを中断したり、Juypter Notebook を終了したりした後に、すべてのコマンドを最初から実行し直さなくても、中断した場所から作業を再開できるようになります。このような小さなデータセットでは、コマンドを再び実行するのは大した手間ではありませんが、大量のデータを処理している場合はどうなるか想像してみてください。そのような場合、時間と処理能力の節約につながるデータのシリアル化と保存は非常に重要です。

　各節の最後に保存するデータセットの名前は次のとおりです。

- 13.1 節：`raw_data`
- 13.2 節：`clean_data`
- 13.3 節：`preprocessed_data`

データセットを保存するコマンドとデータセットを読み込むコマンドは次のとおりです。

```
tablename.to_csv('./filename.csv', index=None)
tablename = pandas.read_csv('./filename.csv')
```

　先ほども述べたように、pandas はデータセットを読み込むときにすべての要素に番号を振る列を追加します。この列は無視してかまいませんが、データセットを保存するときには `index=None` パラメータを指定して、不要なインデックスを保存しないようにしてください。

　このデータセットには PassengerId というインデックス列がすでに存在します。この列をデフォルトのインデックス列として使いたい場合は、データセットを読み込むときに `index_col='PassengerId'` を指定してください（ただし、本章ではそのようにしません）。

13.1.3　pandas を使ってデータセットを調べる

　このデータセットを調べるのに役立つ方法をいくつか見ておきましょう。1 つ目は、長さを返す関数 `len` です。この関数はデータセットの行数を返します。

```
>>> len(raw_data)
891
```

　つまり、このデータセットには 891 行のデータが含まれています。列の名前を出力するには、DataFrame オブジェクトの `columns` プロパティを使います。

```
>>> raw_data.columns
Index(['PassengerId', 'Survived', 'Pclass', 'Name', 'Sex', 'Age', 'SibSp',
       'Parch', 'Ticket', 'Fare', 'Cabin', 'Embarked'],
      dtype='object')
```

今度は列の1つを調べてみましょう。Survived列を調べるコマンドは次のようになります。

```
>>> raw_data['Survived']
0      0
1      1
2      1
3      1
      ..
889    1
890    0
Name: Survived, Length: 891, dtype: int64
```

1列目は乗客のインデックス（1～891）です。2列目は乗客が救助されたか（1）死亡したか（0）を表します。ただし、たとえばNameとAgeなど2つの列が必要な場合は、次のコマンドを使います。このようにすると、この2つの列だけを含んだDataFrameオブジェクトが返されます。

```
raw_data[['Name', 'Age']]
```

次に、救助された乗客の人数を調べたい場合は、sum関数を使ってSurvived列の値を合計できます。

```
>>> sum(raw_data['Survived'])
342
```

したがって、このデータセットに含まれている891人の乗客のうち救助されたのは342人だけです。

データセットを処理するためにpandasが提供している機能からすると、これは氷山の一角にすぎません。ぜひpandaのドキュメントページ[2]でさらに詳しく調べてみてください。

※2　https://pandas.pydata.org/docs/

13.2　データセットの前処理：欠損値とその対処法

　DataFrame の扱い方がわかったところで、データセットの前処理の方法をいくつか紹介します。前処理はなぜ重要なのでしょうか。現実には、データがまったく整理されていないことがあり、そのようなデータをモデルに与えるとたいてい性能がよくないモデルになります。このため、モデルを訓練する前に、データサイエンティストがデータセットをよく調べて、データの前処理を行ってモデルに提供できる状態にすることが重要となります。

　最初に直面する問題は、欠損値を含んでいるデータセットです。人間やコンピュータのミス、あるいは単にデータ収集時の問題が原因で、データセットの値がすべて揃っているとは限らないことがあります。欠損値を含んでいるデータセットにモデルを適合させようとすれば、おそらく問題が発生するでしょう。Titanic データセットも例外ではありません。例として、このデータセットの Cabin 列を見てみましょう。

```
>>> raw_data['Cabin']
0        NaN
1        C85
2        NaN
3       C123
4        NaN
        ...
886      NaN
887      B42
888      NaN
889     C148
890      NaN
Name: Cabin, Length: 891, dtype: object
```

　C123 や C148 といった客室名が出力されていますが、大半の値は NaN です。NaN とは非数（Not a Number）のことであり、その値が欠けているか、判読できないか、数値に変換できない型であることを意味します。誤記を考えれば、このようなことが起こっても不思議ではありません。タイタニック号の記録文書は古く、一部の情報が失われてしまっている、あるいは乗客全員の客室番号がそもそも記録されていたわけではなかったというのは容易に想像できるからです。いずれにしても、データセットに NaN 値が含まれているのはよろしくないので、ここで決断を迫られます。これらの NaN 値を処理するか、それとも列自体を完全に削除してしまうかです。まず、データセットの各列に NaN がいくつ含まれているのか調べてみましょう。その答えによっては、私たちの判断も変わってくるでしょう。

　各列に含まれている NaN の個数を調べるには、isna（または isnull）メソッドを使います。isna メソッドは値が NaN の場合に 1 を返し、それ以外の場合に 0 を返します。したがって、

これらの値を合計すれば、各列に含まれている NaN の個数がわかります。

```
>>> raw_data.isna().sum()
PassengerId      0
Survived         0
Pclass           0
Name             0
Sex              0
Age            177
SibSp            0
Parch            0
Ticket           0
Fare             0
Cabin          687
Embarked         2
dtype: int64
```

この出力から、欠損値を含んでいる列が Age（177 個）、Cabin（687 個）、Embarked（2 個）の 3 つだけであることがわかります。欠損値に対処する方法はいくつかありますが、ここでは列ごとに異なる方法を適用してみましょう。

13.2.1　欠損値を含んでいる列を取り除く

列（特徴量）に含まれている欠損値があまりにも多い場合、その特徴量はモデルにとって有益ではないかもしれません。この場合、Cabin 列はよい特徴量には思えません。891 行のうち値のないものが 687 行もあります。この特徴量は取り除くべきです。特徴量の削除には、DataFrame オブジェクトの drop メソッドを使います。前処理後のデータは clean_data という新しい DataFrame オブジェクトに格納します。

```
clean_data = raw_data.drop('Cabin', axis=1)
```

drop メソッドのパラメータは次のとおりです。

- **labels**：削除したい列の名前（パラメータ名は省略可能）
- **axis**：列を削除したい場合は 1、行を削除したい場合は 0 を指定

この関数の出力を変数 clean_data に代入することで、raw_data という古い DataFrame を、Cabin 列を削除した新しい DataFrame に置き換えています。

13.2.2　列全体を削除しない方法：欠損値を埋める

　列に欠損値が含まれているからといって、その列を削除したいとは限りません。列を削除すれば重要なデータを失ってしまうかもしれません。そこで、意味のある値でデータを埋めるという手があります。例として、Age 列を見てみましょう。

```
>>> clean_data['Age']
0       22.0
1       38.0
2       26.0
3       35.0
4       35.0
        ...
886     27.0
887     19.0
888      NaN
889     26.0
890     32.0
Name: Age, Length: 891, dtype: float64
```

　先ほど計算したように、Age 列の値が欠損しているのは 891 行のうち 177 行だけなので、それほど多くありません。この列は役に立つので削除しないでおきましょう。では、これらの欠損値をどのように処理すればよいでしょうか。いろいろな方法がありますが、最もよく使われるのは、他の値の平均値か中央値で埋めるという方法です。ここでは中央値を使うことにしましょう。まず、median メソッドを使って中央値を求めると、28 になります。次に、fillna メソッドを使って欠損値を指定した値で埋めます。

```
median_age = clean_data["Age"].median()
clean_data["Age"] = clean_data["Age"].fillna(median_age)
```

　欠損値を含んでいる 3 つ目の列は Embarked で、欠損している値は 2 つです。このような場合はどうすればよいでしょうか。この列の値は数字ではなく文字なので、平均値を使うわけにはいきません。運のよいことに 891 行のうち値が欠損しているのは 2 行だけなので、失われる情報はそれほど多くありません。そこで提案です。Embarked 列の欠損値をすべて同じクラスにまとめてしまうのはどうでしょう。このクラスを U（Unknown）にするコードは次のようになります。

```
clean_data["Embarked"] = clean_data["Embarked"].fillna('U')
```

最後に、この DataFrame オブジェクトを次節で使う clean_titanic_data という CSV ファイルに保存します。

```
clean_data.to_csv('./clean_titanic_data.csv', index=None)
```

13.3 特徴量エンジニアリング： モデルを訓練する前に特徴量を変換する

　データセットの前処理を行ったので、モデルを訓練できる状態にぐっと近づきました。しかし、重要なデータの書き換えがまだいくつか残っています。1つ目は数値のデータとカテゴリ値のデータの間で変換を行うことです。2つ目は特徴量選択であり、モデルの訓練を改善するために削除すべき特徴量を手動で決定します。

　第2章で説明したように、特徴量には数値とカテゴリ値の2種類があります。数値の特徴量とは、数値として格納される特徴量のことです。このデータセットでは、Age、Fare、Pclass などの特徴量は数値です。カテゴリ値の特徴量とは、複数のカテゴリ（クラス）を含んでいる特徴量のことです。たとえば、Sex 特徴量は female（女性）と male（男性）の2つのクラスを含んでおり、Embarked 特徴量は C（シェルブール）、Q（クイーンズタウン）、S（サウサンプトン）の3つのクラスを含んでいます。

　ここまで見てきたように、機械学習モデルは入力として数値を受け取ります。だとすれば、"female" という単語や "Q" という文字をどのように渡すのでしょうか。カテゴリ値の特徴量を数値の特徴量に変換する方法が必要です。また、信じられないような話ですが、たとえば訓練に役立てるために年齢を1〜10歳、11〜20歳のようにまとめるなど、数値の特徴量をカテゴリ値の特徴量として扱いたいこともあります。この点については、13.3.1項で詳しく見ていきます。

　さらに、Pclass などの特徴量についてちょっと考えてみましょう。これらは本当に数値の特徴量なのでしょうか。それともカテゴリ値の特徴量なのでしょうか。客室クラスは1から3の数値として考えるべきでしょうか。それとも、1等、2等、3等という3つのクラスとして考えるべきでしょうか。本節では、これらすべての質問に答えます。

　ここでは、データセットを読み込む DataFrame オブジェクトを preprocessed_data と呼ぶことにします。データセットの最初のほうの行を見てみましょう。

	Survived	Pclass	Name	Sex	Age	SibSp	Parch	Ticket	Fare	Embarked
PassengerId										
1	0	3	Braund, Mr. Owen Harris	male	22.0	1	0	A/5 21171	7.2500	S
2	1	1	Cumings, Mrs. John Bradley (Florence Briggs Th...	female	38.0	1	0	PC 17599	71.2833	C
3	1	3	Heikkinen, Miss. Laina	female	26.0	0	0	STON/O2. 3101282	7.9250	S
4	1	1	Futrelle, Mrs. Jacques Heath (Lily May Peel)	female	35.0	1	0	113803	53.1000	S
5	0	3	Allen, Mr. William Henry	male	35.0	0	0	373450	8.0500	S

13.3.1　one-hot エンコーディング：カテゴリ値のデータを数値のデータに変換する

　以前に述べたように、機械学習モデルは大量の数学演算を実行します。このデータセットで数学演算を実行するには、すべてのデータが数値になっていなければなりません。つまり、カテゴリ値のデータを含んでいる列がある場合は、それらの列を数値に変換する必要があります。ここでは、**one-hot エンコーディング**（one-hot encoding）という手法を使ってこの変換を効果的に行う方法を学びます。

　one-hot エンコーディングを詳しく見ていく前に、ここで質問です。各クラスに異なる数字を割り当てるだけではなぜだめなのでしょうか。たとえば、10 個のクラスがあるとしたら 0, 1, 2, …9 のように番号を振っていけばよいのでは？ そのようにすると、特徴量に序列を強要することになってしまいます。たとえば、Embarked 列に C（シェルブール）、Q（クイーンズタウン）、S（サウサンプトン）の 3 つのクラスがある場合、それらのクラスに 0, 1, 2 の数字を割り当てると、Q（クイーンズタウン）の値が C（シェルブール）と S（サウサンプトン）の値の途中にあるとモデルに示唆することになりますが、それは必ずしも真実ではありません。複雑なモデルならこのような暗黙的な順序に対処できるかもしれませんが、線形モデルのような単純なモデルはうまく対処できないでしょう。これらの値はもっと独立させる必要があります。そこで登場するのが one-hot エンコーディングです。

　one-hot エンコーディングの仕組みは次のようになります。まず、特徴量に含まれているクラスの数を調べて、同じ数だけ新しい列を作成します。たとえば、female と male の 2 つのカテゴリを持つ列の場合は、female と male に 1 つずつ、合計 2 つの列を作成します。このことを明確にするために、それらの列には gender_male、gender_female といった名前を付けるとよいでしょう。そうしたら、各乗客を調べます。乗客が女性の場合は gender_female 列の値が 1 になり、gender_male 列の値が 0 になります。乗客が男性の場合はその逆になります。

　Embarked 列のようにクラスの数がもっと多い場合はどうなるのでしょうか。この列には 3 つのクラス（C、Q、S）があるため、単純に embarked_c、embarked_q、embarked_s と

いう名前の列を作成します[※3]。乗客がたとえばサウサンプトン（S）で乗船した場合は 3 つ目の列の値が 1 になり、他の 2 つの列の値は 0 になります（図 13-1）。

	sex
乗客1	F
乗客2	M
乗客3	M
乗客4	F

	gender_female	gender_male
乗客1	1	0
乗客2	0	1
乗客3	0	1
乗客4	1	0

	embarked
乗客1	Q
乗客2	S
乗客3	C
乗客4	S

	embarked_c	embarked_q	embarked_s
乗客1	0	1	0
乗客2	0	0	1
乗客3	1	0	0
乗客4	0	0	1

図 13-1：one-hot エンコーディングを使ってすべてのデータを機械学習モデルが読み取れる数値に変換する。左は Sex や Embarked といったカテゴリ値の特徴量を含んでいる列、右はそれらの特徴量を数値の特徴量に変換したもの

　この one-hot エンコーディングに役立つのが pandas の get_dummies 関数です。この関数を使って新しい列を作成し、それらの列をデータセットに連結します。また、情報が重複しないように元の列を削除することも忘れてはなりません。Sex 列と Embarked 列の one-hotエンコーディングのコードは次のようになります。

```
# one-hot エンコーディングを適用した新しい列を作成
gender_columns = pandas.get_dummies(preprocessed_data['Sex'], prefix='Sex')
embarked_columns = pandas.get_dummies(preprocessed_data["Embarked"],
                                      prefix="Embarked")

# 新たに作成した列をデータセットに連結
preprocessed_data = pandas.concat([preprocessed_data, gender_columns], axis=1)
preprocessed_data = pandas.concat([preprocessed_data, embarked_columns], axis=1)

# データセットから古い列を削除
preprocessed_data = preprocessed_data.drop(['Sex', 'Embarked'], axis=1)
```

※3　［訳注］13.2.2 項で欠損値を U クラスに置き換えているため、実際には embarked_u という 4 つ目の列が存在することになる。

　状況によっては、この処理は高くつくことがあります。クラスが 500 もあるような列が存在するとしたらどうでしょう。データセットに新しい列を 500 個も追加することになります。そればかりか、各行が非常に疎な状態になる（ほとんどの列が 0 になる）でしょう。では、クラスが数百もある列がいくつも存在するとしたらどうでしょう。データセットが大きくなりすぎてうまく扱えなくなるでしょう。このような場合、データサイエンティストは個人の裁量で判断を下さなければなりません。数千個あるいは数百万個の列があっても対応できるだけの計算能力と格納領域がある場合は、one-hot エンコーディングを使っても問題はありません。これらのリソースが限られている場合は、おそらく各クラスがカバーする範囲を広げて、作成する列の個数を減らすのがよいでしょう。たとえば、100 種類の動物を含んでいる列がある場合は、それらを哺乳類、鳥類、魚類、両生類、無脊椎動物、爬虫類の 6 つの列にまとめることができます。

数値の特徴量で one-hot エンコーディングは可能？

　特徴量に male や famale といったカテゴリ値が含まれているとしたら、one-hot エンコーディングが最善の戦略であることは間違いありません。一方で、one-hot エンコーディングを検討してもよいかもしれない数値の特徴量がいくつか存在します。たとえば Pclass 列には、1 等、2 等、3 等に対応する 0、1、2 のクラスが含まれています。この列は数値の特徴量のままにしておくべきでしょうか。それとも、one-hot エンコーディングを適用して Pclass1、Pclass2、Pclass3 の 3 つの特徴量に変換すべきでしょうか。確かに議論の余地があり、どちらの側にも十分な根拠があります。モデルの性能を改善できる見込みがないのなら、データセットを無駄に大きくしたくないという言い分もわかります。ここで、列を複数の列に分割すべきかどうかを判断するのに役立つ大まかな目安があります —— その特徴量が結果に直結するかどうかについて考えてみるのです。つまり、その特徴量の値が大きくなると乗客が生存する可能性は高くなる（または低くなる）でしょうか。客室クラスが上になるほど生存の可能性は高くなると考えた人もいるでしょう。実際に集計して本当にそうかどうか確かめてみましょう。

```
class_survived = preprocessed_data[['Pclass', 'Survived']]

first_class = class_survived[class_survived['Pclass'] == 1]
second_class = class_survived[class_survived['Pclass'] == 2]
third_class = class_survived[class_survived['Pclass'] == 3]

print("first class:", sum(first_class['Survived'])/len(first_class)*100)
print("second class:", sum(second_class['Survived'])/len(second_class)*100)
print("third class:", sum(third_class['Survived'])/len(third_class)*100)
```

- 1 等：乗客の 62.96% が生存
- 2 等：乗客の 47.28% が生存
- 3 等：乗客の 24.24% が生存

　生存率が最も低いのは 3 等の乗客です。客室クラスが上になるほど生存の可能性が高くなるため、Pclass 列で one-hot エンコーディングを実行する必要はなさそうです。

13.3.2　ビニング：数値のデータをカテゴリ値のデータに変換する

　前項では、カテゴリ値のデータを数値のデータに変換する方法を学びました。ここでは、その逆のことを行う方法を見ていきます。このようなことがなぜ必要なのでしょうか。

　例として、Age 列を見てみてください。いい具合に数値が含まれています。「タイタニック号の乗客の生存率は年齢にどれくらい左右されるか」という質問に答える線形モデルがあるとすれば、このモデルは次のどちらかの結論に達するでしょう。

- 乗客の年齢が高いほど、生存の可能性が高い
- 乗客の年齢が高いほど、生存の可能性が低い

　しかし、常にそうなるのでしょうか。年齢と生存の関係がそれほど単純ではないとしたらどうでしょう。乗客が 20 ～ 30 歳の場合に生存率が最も高くなり、それ以外の年齢層では生存率が低くなるとしたらどうでしょう。あるいは生存率が最も低いのが 20 ～ 30 歳だとしたらどうでしょう。乗客の生存率を年齢によって自由に決定できるようなモデルが必要です。では、どうすればよいでしょうか。

　この問題に対処できる非線形モデルはいろいろ考えられますが、ここはやはり Age 列を書き換えて、モデルがデータをもっと自由に調べられるようにすべきです。ここで役立つのは、年齢をビン化する —— つまり、年齢を複数のグループに分ける方法です。たとえば、Age 列を次のように分けることができます。

- 0 ～ 10 歳
- 11 ～ 20 歳
- 21 ～ 30 歳
- 31 ～ 40 歳
- 41 ～ 50 歳
- 51 ～ 60 歳
- 61 ～ 70 歳
- 71 ～ 80 歳
- 81 歳以上

Age 列を 9 つの新しいクラスに変換するコードは次のようになります。

```
bins = [0, 10, 20, 30, 40, 50, 60, 70, 80]
categorized_age = pandas.cut(preprocessed_data['Age'], bins)
preprocessed_data['Categorized_age'] = categorized_age
preprocessed_data = preprocessed_data.drop(["Age"], axis=1)
```

さらに、この Categorized_age 列を 9 つの新しい列に変換するコードは次のようになります。

```
cagegorized_age_columns = pandas.get_dummies(
    preprocessed_data['Categorized_age'], prefix='Categorized_age')
preprocessed_data = pandas.concat(
    [preprocessed_data, cagegorized_age_columns], axis=1)
preprocessed_data = preprocessed_data.drop(['Categorized_age'], axis=1)
```

13.3.3　特徴量選択：不要な特徴量を取り除く

13.2.1 項では、欠損値が多すぎる列をデータセットから取り除きました。しかし、モデルにとって必要ではなかったり、（それどころか）モデルにとって邪魔になったりするために削除すべき列が他にも存在します。ここでは、どのような特徴量を削除すべきかについて説明します。ですがその前に、特徴量を調べて、モデルにとってどれが不適切か考えてみましょう。特徴量は次のようなものでした。

PassengerID：各乗客を一意に識別する番号（1 〜 891）

Name：乗客の氏名

Sex（2 クラス）：乗客の性別（男性または女性）

Age（多クラス）：乗客の年齢（整数）

Pclass（多クラス）：乗客の客室クラス（1 等、2 等、3 等）

SibSP：乗客の兄弟や配偶者の人数（乗客が 1 人で旅行している場合は 0）

Parch：乗客の親や子の人数（乗客が 1 人で旅行している場合は 0）

Ticket：チケット番号

Fare：乗客が支払った乗船料金（イギリスポンド）

Cabin：乗客の客室

Embarked：乗客が乗船した港。シェルブール（C）、クイーンズタウン（Q）、サウサンプトン（S）
　　のいずれか

Survived：乗客の生存状況（生存者は 1、死亡者は 0）

　まず、Name 特徴量を見てみましょう。この特徴量は考慮に入れるべきでしょうか。もちろん、その必要はありません。乗客の氏名はそれぞれ異なるため（ごくたまに例外もありますが、無視できるレベルです）、救助された乗客の氏名を記憶するようにモデルが訓練されてしまうからです。このため、初めて見る名前の乗客については何もわかりません。このモデルはデータを記憶しているのであって、この特徴量から何か意味のあることを学んでいるわけではないからです。このようなモデルはひどい過学習に陥っています。したがって、Name 列は完全に取り除くべきです。

　PassengerID 特徴量と Ticket 特徴量も乗客ごとに一意であるため、Name 特徴量と同じ問題を抱えています。そこで、これらの列も削除することにします。列（特徴量）の削除は、DataFrame オブジェクトの drop メソッドを使うと便利です。

```
preprocessed_data = preprocessed_data.drop(['Name', 'Ticket', 'PassengerId'],
                                           axis=1)
```

　Survived 特徴量はどうでしょうか。やはり削除すべきでしょうか。もちろんです！ この特徴量を残しておくと、モデルが乗客の生死を判断するためにこの特徴量を使ってしまうため、やはり過学習に陥るでしょう。試験でカンニングをするようなものです。この特徴量は後ほどデータセットを訓練用の特徴量とラベルに分割するときに削除するので、まだデータセットから削除しないでおきます。

　ここまでの節と同様に、このデータセットを preprocessed_titanic_data.csv という CSV ファイルに保存して、次節で使えるようにしておきましょう。

13.4　モデルを訓練する

　データの前処理が完了したところで、このデータでさまざまなモデルの訓練を開始することができます。本書では、決定木、サポートベクトルマシン（SVM）、ロジスティック分類器を学んできましたが、どのモデルを選べばよいでしょうか。その答えはモデルの評価にあります。ここでは、数種類のモデルを訓練し、それらのモデルを検証データセットで評価し、このデータセットに最適なモデルを選択するという方法を確認します。

　ここまでの節と同様に、前節で保存したファイルからデータを読み込み、data という名前の変数に代入します。

```
data = pandas.read_csv('preprocessed_titanic_data.csv')
```

　次の図は、モデルにすぐに与えられる状態の、前処理済みのデータの最初の 5 行を示してい

ます。なお、19列もあるため、一部の列を省略しています。新たに増えた列は既存の特徴量に one-hot エンコーディングとビニングを適用した結果です。

Survived	Pclass	SibSp	Parch	Fare	Sex_female	Sex_male	Embarked_C	...	Categorized_age_(0,10]	...
0	3	1	0	7.2500	0	1	0	...	0	...
1	1	1	0	71.2833	1	0	1	...	0	...
1	3	0	0	7.9250	1	0	0	...	0	...
1	1	1	0	53.1000	1	0	0	...	0	...
0	3	0	0	8.0500	0	1	0	...	0	...

13.4.1　データを特徴量とラベルに分割した上で訓練と検証を行う

現時点のデータセットには、特徴量とラベルが両方とも含まれています。そこで、分割を2回行う必要があります。まず、このデータセットをモデルに与えるために特徴量とラベルを分けておく必要があります。次に、それぞれを訓練データセットとテストデータセットに分割する必要があります。

まず、dropメソッドを使って、このデータセットを features と labels の2つのサブセットに分割します。

```
features = data.drop(["Survived"], axis=1)
labels = data["Survived"]
```

次に、サブセットをそれぞれ訓練データセットとテストデータセットに分割します。ここでは、データの60%を訓練に使い、20%を検証に使い、残りの20%をテストに使うことにします。データの分割には、scikit-learn の train_test_split 関数を使います。テストに使いたいデータの割合は test_size パラメータで指定します。そうすると、features_train、features_test、labels_train、labels_test の4つのサブセットが出力されます。

データの80%を訓練データセット、20%をテストデータセットにしたい場合は、次のコードを使います。

```
from sklearn.model_selection import train_test_split

features_train, features_test, labels_train, labels_test = train_test_split(
    features, labels, test_size=0.2)
```

　ただし、ここではデータの 60% を訓練、20% を検証、残りの 20% をテストに使いたいので、最初に訓練データセットと検証・テストデータセットに分割し、検証・テストデータセットをさらに検証データセットとテストデータセットに分割するために train_test_split 関数を 2 回使う必要があります。

```
features_train, features_validation_test, labels_train,
    labels_validation_test = train_test_split(features, labels, test_size=0.4)
features_validation, features_test, labels_validation,
    labels_test = train_test_split(features_validation_test,
    labels_validation_test, test_size=0.5)
```

> ノートブックでは、train_test_split 関数に random_state を指定しています。このようにする理由は、この関数がデータの分割時にシャッフルを使うためです。random_state を指定すると、分割結果が常に同じになります。

　これらの DataFrame オブジェクトの長さを調べてみると、訓練データセットの長さが 534、検証データセットの長さが 178、テストデータセットの長さが 179 であることがわかります。第 4 章で説明した「モデルの訓練や意思決定にテストデータを使ってはならない」という鉄則を思い出してください。したがって、テストデータセットはモデルを選択した後の最後の最後まで取っておくことになります。モデルの訓練には訓練データセットを使い、モデルの選択には検証データセットを使います。

13.4.2　データセットで複数のモデルを訓練する

　いよいよお待ちかねのモデルの訓練です。ここでは scikit-learn を使って数種類のモデルをほんの数行のコードで訓練する方法を示します。

　まず、ロジスティック回帰モデルを訓練します。LogisticRegression クラスのインスタンスを作成し、fit メソッドを呼び出します。

```
from sklearn.linear_model import LogisticRegression

lr_model = LogisticRegression()
lr_model.fit(features_train, labels_train)
```

　決定木、ナイーブベイズモデル、SVM、ランダムフォレスト、勾配ブースティング木、AdaBoost モデルも訓練してみましょう。

```
from sklearn.tree import DecisionTreeClassifier
dt_model = DecisionTreeClassifier()
dt_model.fit(features_train, labels_train)

from sklearn.naive_bayes import GaussianNB
nb_model = GaussianNB()
nb_model.fit(features_train, labels_train)

from sklearn.svm import SVC
svm_model = SVC()
svm_model.fit(features_train, labels_train)

from sklearn.ensemble import RandomForestClassifier, GradientBoostingClassifier,
    AdaBoostClassifier
rf_model = RandomForestClassifier()
rf_model.fit(features_train, labels_train)

gb_model = GradientBoostingClassifier()
gb_model.fit(features_train, labels_train)

ab_model = AdaBoostClassifier()
ab_model.fit(features_train, labels_train)
```

13.4.3 モデルを評価する：最もよいのはどのモデル？

複数のモデルを訓練したところで、最もよいモデルを選択する必要があります。ここでは、検証データセットを使ってモデルをさまざまな指標で評価します。第7章では、正解率、再現率、適合率、F_1 スコアを学びました。復習として、それらの定義をもう一度確認しておきましょう。

> **正解率**：正しく予測されたデータ点とデータ点の総数の比率
> **再現率**：陽性のラベルの付いたデータ点のうち正しく予測されたものの割合。再現率 = TP / (TP + FN) であり、TP は真陽性の個数、FN は偽陰性の個数
> **適合率**：陽性として分類されたデータ点のうち正しく分類されたものの割合。適合率 = TP / (TP + FP) であり、FP は偽陽性の個数
> **F_1 スコア**：適合率と再現率の調和平均。適合率と再現率の間にあり、2 つのうち小さいほうに近い数

各モデルの正解率を調べる

まず、scikit-learn の score メソッドを使ってこれらのモデルの正解率を調べてみましょう。

```
>>> lr_model.score(features_validation, labels_validation)
0.7696629213483146
```

ロジスティック回帰以外のモデルの正解率は次のようになります。ここでは小数点以下 2 桁で丸めています。

- ロジスティック回帰：0.77
- 決定木：0.78
- ナイーブベイズ：0.74
- SVM：0.68
- ランダムフォレスト：0.78
- 勾配ブースティング：0.81
- AdaBoost：0.76

　このデータセットに最適なモデルはどうやら検証データセットでの正解率が最も高い勾配ブースティング木のようです（81% の正解率は Titanic データセットにしてはまずまずです）。このアルゴリズムはそもそも非常に性能がよいため、これは意外なことではありません。

　同じような手順で再現率、適合率、F_1 スコアも求めることができます。再現率と適合率については各自で求めてもらうことにして、ここでは F_1 スコアを求めてみましょう。

各モデルの F_1 スコアを調べる

　F_1 スコアを調べるには、まず、predict メソッドを使ってモデルの予測値を生成し、続いて f1_score 関数を呼び出します。

```
>>> from sklearn.metrics import f1_score
>>> # モデルの予測値を取得
>>> lr_predicted_labels = lr_model.predict(features_validation)
>>> # F1 スコアを計算
>>> f1_score(labels_validation, lr_predicted_labels)
0.6870229007633588
```

ロジスティック回帰以外のモデルの F_1 スコアは次のようになります。

- ロジスティック回帰：0.69
- 決定木：0.71
- ナイーブベイズ：0.66
- SVM：0.40
- ランダムフォレスト：0.71
- 勾配ブースティング：0.74
- AdaBoost：0.68

　F_1 スコアでも勾配ブースティング木のスコアが最も高いようです。他のモデルよりも高いスコアをたたき出していることから、8 つのモデルの中で最もよいのは勾配ブースティング木であるということで問題ないでしょう。決定木をベースにしているモデルが概してよい結果を出していることに注目してください。このデータセットの非線形性が高いことを考えれば、当然の結果です。このデータセットでニューラルネットワークや XGBoost モデルを訓練してみるのもおもしろそうです。ぜひ試してみてください。

13.4.4　モデルをテストする

　検証データセットを使ってモデルを比較した後、このデータセットにとって最適なモデルは勾配ブースティング木であるという結論に至りました。驚くなかれ、ほとんどのコンテストで勝利を収めているのは勾配ブースティング木（そしてその近縁モデルである XGBoost）です。しかし、本当にうまくいったのか、それともうっかり過学習したのかを確かめるために、このモデルの最終試験を行う必要があります。まだ手を付けていないテストデータセットでモデルをテストするのです。

　まず、正解率を調べてみましょう。

```
>>> gb_model.score(features_test, labels_test)
0.8324022346368715
```

　次に、F_1 スコアを調べてみましょう。

```
>>> gb_predicted_test_labels = gb_model.predict(features_test)
>>> f1_score(labels_test, gb_predicted_test_labels)
0.8026315789473685
```

　Titanic データセットにしては、どちらもかなりよいスコアです。したがって、このモデルはよいモデルであると言って問題ないでしょう。

　しかし、これらのモデルの訓練では、ハイパーパラメータを調整しませんでした。つまり、scikit-learn が選択した標準的なハイパーパラメータを使いました。モデルにとって最適なハイパーパラメータを突き止める方法はあるのでしょうか。次節では、その方法を学ぶことにします。

13.5　グリッドサーチ：最適なモデルを見つけ出すためのハイパーパラメータチューニング

　前節では、複数のモデルを訓練した結果、その中で最も性能がよいのは勾配ブースティング木であることがわかりました。しかし、ハイパーパラメータのさまざまな組み合わせを調べてみたわけではないので、この訓練には改善の余地があります。ここでは、このデータに適したモデルを見つけ出すために、ハイパーパラメータのさまざまな組み合わせを調べる便利な方法を確認します。

　勾配ブースティング木の性能は Titanic データセットで得られる最大限の性能とだいたい同じだったので、このモデルはこのままでよいでしょう。これに対し、最も性能が悪かったSVM の正解率は 68%、F_1 スコアは 0.40 でした。しかし、SVM は強力な機械学習モデルであり、こんなはずはありません。ひょっとすると、SVM の性能が振るわなかったのは、使っているハイパーパラメータのせいかもしれません。もっとうまくいく組み合わせがあるはずです。

> ここでは、ハイパーパラメータの選択を行います。これらの選択は経験、標準的な作法、あるいは個人の裁量に基づいて行うことになります。あなたが選択したハイパーパラメータで同様の手順を実行し、現在よりも高いスコアを出してみてください。

　SVM モデルの性能を改善するために、**グリッドサーチ**（grid search）という手法を使うことにします。グリッドサーチは、ハイパーパラメータのさまざまな組み合わせでモデルを何回か訓練し、検証データセットで最も性能がよかったものを選択するという手法です。

　カーネルの選択から始めましょう。実践では、RBF（radial basis function）カーネルがうまくいく傾向にあることがわかっているため、このカーネルを使うことにします。第11章で説明したように、RBF カーネルに関連するハイパーパラメータは γ（gamma）という実数です。そこで、0.1、1、10 の3つの γ 値で SVM を訓練することにします。なぜ 0.1、1、10 なのでしょうか。通常、ハイパーパラメータを探索するときには指数探索を使う傾向にあるため、1、2、3、4、5 ではなく 0.1、1、10、100、1000 といった値を試すことになります。この指数探索によってより広い空間がカバーされ、よいハイパーパラメータが見つかる可能性が高くなります。この種の探索を行うことはデータサイエンティストにとって標準的なプラクティスとなっています。

　同じく第11章で説明したように、C パラメータも SVM 関連のハイパーパラメータの1つです。そこで、C=1 と C=10 でモデルを訓練してみましょう。そうすると、次の6つのモデルを訓練することになります。

モデル1：kernel=RBF, gamma=0.1, C=1
モデル2：kernel=RBF, gamma=0.1, C=10
モデル3：kernel=RBF, gamma=1, C=1
モデル4：kernel=RBF, gamma=1, C=10
モデル5：kernel= RBF, gamma=10, C=1
モデル6：kernel=RBF, gamma=10, C=10

次のコードを使って、これらのモデルを訓練データセットで簡単に訓練できます。

```
svm_1_01 = SVC(kernel='rbf', C=1, gamma=0.1)
svm_1_01.fit(features_train, labels_train)

svm_1_1 = SVC(kernel='rbf', C=1, gamma=1)
svm_1_1.fit(features_train, labels_train)

svm_1_10 = SVC(kernel='rbf', C=1, gamma=10)
svm_1_10.fit(features_train, labels_train)

svm_10_01 = SVC(kernel='rbf', C=10, gamma=0.1)
svm_10_01.fit(features_train, labels_train)

svm_10_1 = SVC(kernel='rbf', C=10, gamma=1)
svm_10_1.fit(features_train, labels_train)

svm_10_10 = SVC(kernel='rbf', C=10, gamma=10)
svm_10_10.fit(features_train, labels_train)
```

続いて、正解率を使ってモデルを評価します（指標は F_1 スコア、適合率、または再現率でもかまいません）。結果は表 13-1 のようになります。最もよいモデルは gamma=0.1、C=10 のモデルであり、正解率は 0.72 です。

表 13-1：グリッドサーチを使って SVM の C パラメータと γ パラメータの最もよい組み合わせを選ぶ

	C = 1	C = 10
gamma = 0.1	0.70	**0.72**
gamma = 1	0.70	0.70
gamma = 10	0.67	0.65

表 13-1 から、最も高い正解率は gamma=0.1、C=10 のモデルの 0.72 であることがわかります。ハイパーパラメータを指定しなかったときは 0.68 だったので、だいぶ改善されてい

ます。

　さらに多くのパラメータがある場合は、それらをグリッド化し、考えられるモデルをすべて訓練するだけです。検証する選択肢の数が増えるに従ってモデルの数も急速に増えていくことに注意してください。たとえば、γパラメータの値を5つ、Cパラメータの値を4つ検証したい場合は、全部で20個のモデル（5×4）を訓練しなければなりません。また、ハイパーパラメータをさらに追加することもできます。たとえば、試してみたい3つ目のパラメータがあり、その値が7つあるとしたら、全部で140個のモデル（5×4×7）を訓練しなければなりません。このようにモデルの数が急速に増えるため、膨大な数のモデルを訓練しなくてもハイパーパラメータ空間を十分に探索できるような選択肢を選ぶことが重要となります。

　scikit-learn の GridSearchCV オブジェクトを使えば簡単です。まず、ハイパーパラメータをディクショナリ（辞書）として定義します。このディクショナリのキーとしてパラメータの名前を使い、キーに対応する値としてハイパーパラメータで試してみたい値のリストを使います。ここでは、次のハイパーパラメータの組み合わせを試してみることにします。

kernel：RBF
C：0.01, 0.1, 1, 10, 100
gamma：0.01, 0.1, 1, 10, 100

　コードは次のようになります。

```
# ハイパーパラメータと試してみたい値が含まれたディクショナリ
svm_parameters = {'kernel': ['rbf'],
                  'C': [0.01, 0.1, 1 , 10, 100],
                  'gamma': [0.01, 0.1, 1, 10, 100]}

# ハイパーパラメータを指定していない通常の SVM
svm = SVC()

# GridSearchCV オブジェクトに SVM と svm_parameters ディクショナリを渡す
svm_gs = GridSearchCV(estimator=svm, param_grid=svm_parameters)

# 通常のモデルを適合させるときと同じ方法で GridSearchCV モデルを適合させる
svm_gs.fit(features_train, labels_train)
```

　このコードはディクショナリで指定されたハイパーパラメータのすべての組み合わせを使って25個のモデルを訓練します。次に、これらのモデルの中から最もよいものを選び、svm_winnerと呼ぶことにします。このモデルの検証データセットでの正解率を調べてみましょう。

```
>>> svm_winner = svm_gs.best_estimator_
>>> svm_winner.score(features_validation, labels_validation)
0.7078651685393258
```

svm_winner モデルの正解率は 0.71 であり、元の 0.68 よりも高くなっています。ハイパーパラメータの探索範囲を広げれば、このモデルをさらに改善できるかもしれません。ぜひ試してみてください。svm_winner モデルでどのハイパーパラメータが使われたのか調べてみましょう。

```
>>> svm_winner
SVC(C=10, break_ties=False, cache_size=200, class_weight=None, coef0=0.0,
    decision_function_shape='ovr', degree=3, gamma=0.01, kernel='rbf',
    max_iter=-1, probability=False, random_state=None, shrinking=True,
    tol=0.001, verbose=False)
```

このモデルは RBF カーネルと gamma=0.01、C=10 を使っていました。

他のモデルでグリッドサーチを試して、svm_winner モデルの正解率と F_1 スコアをどれくらい改善できるか調べてみてください。よいスコアが得られたら、Kaggle のデータセットで実行し、次のリンクから予測値を送ってみてください

https://www.kaggle.com/c/titanic/submit

最後にもう 1 つ。GridSearchCV の最後の "CV" とはいったい何のことでしょうか。この "CV" は**交差検証**（cross-validation）の略です。次は、交差検証について学ぶことにします。

13.6　k 分割交差検証：データを訓練と検証に再利用する

ここでは、本章で使ってきた従来の「訓練・検証・テスト」方式に代わるものを学びます。この **k 分割交差検証**（k-fold cross validation）と呼ばれる手法はさまざまな状況で役立ちますが、特に役立つのはデータセットが小さい場合です。

この例では、データの 60% を訓練、20% を検証、最後の 20% をテストに使いました。この方法は実際にうまくいきましたが、データの一部が失われるような気がしませんか。データの 60% だけでモデルを訓練することになるため、特にデータセットが小さい場合は支障があるかもしれません。k 分割交差検証は、データを繰り返し再利用することで、すべてのデータを訓練とテストに使うという手法です。その仕組みを見てみましょう。

1. データを k 個のフォールドに等分（またはほぼ等分）する。

2. 等分した k-1 個のフォールドを訓練データセットとして使い、残りの 1 つを検証データセットとして使うことで、モデルを k 回訓練する。

3. k 個の検証スコアの平均値がモデルの最終スコアになる。

4 分割交差検証を図で示すと図 13-2 のようになります。データを 4 等分（またはほぼ 4 等分）した後、モデルを 4 回訓練します。4 つに等分したフォールドのうち 3 つを訓練データセットにし、残りの 1 つを検証データセットにします。各検証データセットで得られた 4 つのスコアの平均値がこのモデルのスコアになります。

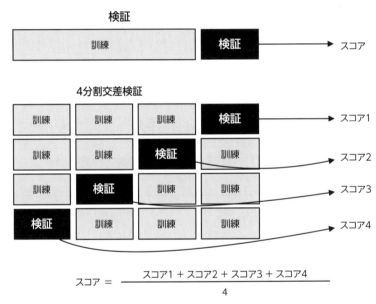

$$\text{スコア} = \frac{\text{スコア1} + \text{スコア2} + \text{スコア3} + \text{スコア4}}{4}$$

図 13-2：上はデータを訓練用と検証用に分割する従来の方法。下は 4 分割交差検証

GridSearchCV でも同じ手法を使っています。`svm_gs.cv_results_` と入力すると、このプロセスの結果を調べることができます。

13.7　まとめ

● pandas はデータセットを開いたり、操作したり、保存したりするために使うことができる便利な Python パッケージである。

● データには欠損値などの問題があるかもしれないため、データの前処理が必要である。

- 特徴量には数値とカテゴリ値の 2 種類がある。数値の特徴量は年齢などの数字である。カテゴリ値の特徴量はカテゴリ（男性と女性、犬と猫と鳥など）を表す。

- 機械学習モデルには入力として数値を渡さなければならないため、カテゴリ値のデータを機械学習モデルに渡すには、数値データに変換しなければならない。その方法の 1 つは one-hot エンコーディングである。

- 状況によっては、数値の特徴量をカテゴリ値の特徴量として扱いたいこともある。ビニングを行うと、そのようなことが可能になる。

- 特徴量選択を使ってデータから不要なデータを取り除くことが重要である。

- scikit-learn は機械学習モデルの訓練、テスト、評価を行うための便利なパッケージである。

- モデルを訓練する前に、データを訓練データセット、検証データセット、テストデータセットに分割しなければならない。pandas にはそのための関数が含まれている。

- グリッドサーチは、モデルに最適なハイパーパラメータを突き止めるために、一連のハイパーパラメータ（膨大な量になることもある）で複数のモデルを訓練するという手法である。

- k 分割交差検証は、データを再利用して訓練と検証に使うという手法であり、分割したデータを組み合わせて複数のモデルの訓練とテストを行う。

13.8　練習問題

練習問題 13-1

本書の GitHub リポジトリに test.csv というファイルがあります。このファイルにはタイタニック号のより多くの乗客のデータが含まれていますが、Survived 列は含まれていません。

1. 本章で行ったように、このファイルのデータの前処理を行います。

2. モデルのいずれかを使ってこのデータセットのラベルを予測します。モデルの予測では、生存していた乗客は何人でしょうか。

3. 本章のすべてのモデルの性能を比較します。テストデータセットで実際に生存していたと思われる乗客は何人でしょうか。

練習問題の解答 | A

A.1　第2章

　第2章の練習問題に対する解答は、本書の解答と違っていてもかまいません。これらの用途に使われるモデルに対して別の考えを持っているとしたら、それはすばらしいことかもしれません。ぜひ文献を調べて、同じ考えが見当たらない場合は、そのモデルを実装してみてください。

練習問題 2-1

　次の5つのシナリオはそれぞれ教師あり学習の例でしょうか。それとも教師なし学習の例でしょうか。どちらともとれる場合は、どちらか1つを選んでその理由を説明してください。

    a. 友だちになりそうなユーザーを勧めるソーシャルネットワークのレコメンデーションシステム

    b. ニュースサイトでニュースをテーマごとに分類するシステム

    c. 入力候補を表示するGoogleのオートコンプリート機能

    d. 過去の購入履歴に基づいてユーザーに商品を勧めるオンラインショップのレコメンデーションシステム

    e. 不正な取引を検知するクレジットカード会社のシステム

解答

　問題とデータセットをどのように解釈したかによっては、どのシナリオも教師あり学習または教師なし学習の例と見なすことができます。したがって、以下の解答と違っていても、その根拠が正しければ問題はまったくありません（むしろ奨励されることです）。

a. これは教師あり学習の例であり、教師なし学習の例でもある。教師あり学習の場合は、特定のユーザーと友だちになりそうなユーザーに陽性のラベルを付け、友だちになりそうにないユーザーに陰性のラベルを付ける分類モデルを構築する。教師なし学習の場合は、人口統計学的または行動学的な特徴量が似ているユーザーを同じクラスタにまとめることができる。そして特定のユーザーに対し、同じクラスタ内の他のユーザーを友だち候補として勧めることができる。

b. これも教師あり学習と教師なし学習の両方の例である。教師あり学習の場合は、各ニュース記事を「政治」、「スポーツ」、「科学」などのトピックでラベル付けする分類モデルを構築する。教師なし学習の場合は、記事をクラスタ化した後、各クラスタ内の記事のトピックが似ているかどうかを手作業で調べる。トピックが似ている場合は、各クラスタを最も共通しているトピックで（手作業で）ラベル付けできる。潜在ディリクレ配分（LDA）[1] など、さらに高度な教師なし学習法もある。

c. これはどちらかというと教師あり学習タスクである。ユーザーが最後に入力した数個の単語を特徴量として使い、ユーザーが次に入力する単語をラベルとして使う分類モデルを構築できる。このモデルの予測値はユーザーに提案する単語である。

d. 問題aと似ており、教師あり学習または教師なし学習の問題と見なすことができる。教師あり学習の場合は、特定のユーザーを対象としてすべての商品に対する分類モデルを構築し、そのユーザーがそれぞれの商品を購入するかどうかを予測できる。また、特定の商品にユーザーが費やす金額を予測する回帰モデルも構築できる。教師なし学習の場合は、ユーザーをクラスタ化する。あるユーザーが過去にある商品を購入している場合は、その商品を同じクラスタ内の他のユーザーに勧めることができる。また、商品のほうをクラスタ化し、あるユーザーがある商品を過去に購入している場合に、同じクラスタに含まれている商品を勧めることもできる。

e. これはどちらかというと教師あり学習タスクである。特定の取引の特徴量に基づいてその取引が不正取引かどうかを予測する分類モデルを構築できる。このシナリオは教師なし学習タスクと見なすこともできる。取引をクラスタ化したときに外れ値として残ったものは不正取引である可能性が高い。

---

[1]　https://www.youtube.com/watch?v=T05t-SqKArY

練習問題 2-2

次に示す機械学習の用途に対し、あなたなら回帰と分類のどちらを使うでしょうか。どちらともとれる場合は、どちらか1つを選んでその理由を説明してください。

    a. ユーザーがサイトでどれくらいお金を使うかを予測するオンラインストア

    b. 音声をデコードしてテキストに変換する音声アシスタント

    c. 特定の会社の株の売買

    d. ユーザーに動画を勧める YouTube

解答

    a. 回帰。ユーザーがサイトで費やす金額を予測しようとしている（数値の特徴量）。

    b. 分類。ユーザーの発話がアレクサに向けられたものかどうかを予測しようとしている（カテゴリ値の特徴量）。

    c. 回帰とも分類ともとれる。意思決定に役立てるために、期待される利得またはリスクを予測しようとしている場合は回帰。株を買うべきかどうかを予測しようとしている場合は分類。

    d. これも回帰とも分類ともとれる。ユーザーに動画を勧めるために、ユーザーがその動画を視聴する時間を予測しようとしている場合は回帰。ユーザーが動画を視聴するかどうかを予測しようとしている場合は分類。

練習問題 2-3

自動運転車の開発に従事しているとしましょう。自動運転車を開発するために解かなければならない機械学習の問題として何が考えられるでしょうか。その例を少なくとも3つ挙げてください。それぞれの例で、教師あり学習と教師なし学習のどちらを使うのか、教師あり学習を使う場合は回帰と分類のどちらを使うのかを説明してください。他の種類の機械学習を使う場合は、どの機械学習を使うのか、そしてその理由を説明してください。

解答

- 画像に基づいて歩行者、一時停止の標識、車線、他の車などの有無を判断する分類モデル。これはコンピュータビジョンと呼ばれる機械学習の一大分野であり、さらに詳しく調べてみることを強くお勧めする。

- 1つ前と同じような分類モデル。車に搭載されたさまざまなセンサー（LiDAR など）から受け取った信号に基づいて車の周囲の物体を特定する。

- 目的地までの最短経路を見つけ出す機械学習モデル。厳密には、教師あり学習でも教師

なし学習でもない。このモデルには A*（A スター）探索などの従来の人工知能アルゴリ
ズムを利用できる。

A.2　第 3 章

練習問題 3-1

ある Web サイトで、ユーザーの滞在時間（分単位）を予測するための線形回帰モデルを
訓練していて、次のような式が導出されました。

$$\hat{t} = 0.8d + 0.5m + 0.5y + 0.2a + 1.5$$

$\hat{t}$ は予測された時間（分単位）、d、m、y、a は指標変数（値は 0 か 1 のどちらか）であり、
次のように定義されます。

- d はユーザーがデスクトップを使ってサイトにアクセスしているかどうかを表す変
数
- m はユーザーがモバイルデバイスを使ってサイトにアクセスしているかどうかを
表す変数
- y はユーザーが未成年（21 歳未満）かどうかを表す変数
- a はユーザーが成人（21 歳以上）かどうかを表す変数

例：ユーザーが 30 歳で、デスクトップを使って Web サイトにアクセスしている場合は、
$d = 1, m = 0, y = 0, a = 1$ になります。
45 歳のユーザーがスマートフォンから Web サイトにアクセスするとしたら、そのユー
ザーの滞在時間はどれくらいになると予測されるでしょうか。

解答

この場合、各変数の値は次のようになります。

- $d = 0$（ユーザーはデスクトップを使っていない）
- $m = 1$（ユーザーはモバイルデバイスを使っている）
- $y = 0$（ユーザーは 21 歳未満ではない）
- $a = 1$（ユーザーは 21 歳以上である）

式に当てはめると次のようになります。つまり、このモデルはこのユーザーが Web サイ
トに滞在する時間を 2.2 分と予測します。

$$\hat{t} = 0.8 \cdot 0 + 0.5 \cdot 1 + 0.5 \cdot 0 + 0.2 \cdot 1 + 1.5 = 2.2$$

練習問題 3-2

医療データセットで線形回帰モデルを訓練したとします。このモデルが予測するのは患者の余命です。このモデルはデータセット内の各特徴量に重みを割り当てます。

次の数量に対応する重みの値は正でしょうか、負でしょうか、それとも 0 でしょうか。

注意：正か負かを問わず、重みの値が非常に小さいと考えられる場合は 0 でもよいことにします。

- a. 患者の 1 週間の運動時間
- b. 患者が 1 週間に吸うたばこの本数
- c. 心臓疾患のある家族の人数
- d. 患者の兄弟の人数
- e. 患者に入院歴があるかどうか

このモデルにはバイアスもあります。バイアスの値は正でしょうか、負でしょうか、それとも 0 でしょうか。

解答

ここでは一般的な医学的知識に基づいて一般論を述べるにとどめます。以下の内容は特定の患者に必ずしも当てはまるわけではありませんが、一般的な集団に当てはまるものと仮定します。

- a. よく運動する患者は運動しない同じような患者よりも寿命が長いと予想される。したがって、この重みの値は正になるはずだ。
- b. 1 週間あたりの喫煙本数が多い患者はそうではない同じような患者よりも寿命が短いと予想される。したがって、この重みの値は負になるはずだ。
- c. 心臓疾患のある家族が多い患者は心臓の病気になる尤度が高いため、そのような家族がいない同じような患者よりも寿命が短いと予想される。したがって、この重みの値は負になるはずだ。
- d. 兄弟の人数は予想寿命とは無関係な傾向にあるので、この重みの値は非常に小さい数か 0 になると予想される。
- e. 過去に入院歴のある患者は以前に健康上の問題があった可能性が高いため、入院歴のない同じような患者よりも寿命が短いと予想される。したがって、この重みの値は負になるはずだ。もちろん、入院理由（足の骨折など）が予想寿命に影響を与えるとは限らないが、患者が過去に入院したことがある場合は、平均すると健康上の問題を抱えている確率が高くなる。

バイアスはすべての特徴量が 0 の患者（非喫煙者で、運動をせず、心臓疾患のある家族

がおらず、兄弟がおらず、入院歴のない患者）に対する予測値です。この患者の余命は正の値になると予想されるため、このモデルのバイアスは正の値になるはずです。

練習問題 3-3

次に示すのは、広さ（平方フィート）と価格（ドル）からなる住宅のデータセットです。

	広さ（s）	価格（p）
住宅 1	100	200
住宅 2	200	475
住宅 3	200	400
住宅 4	250	520
住宅 5	325	735

広さに基づいて住宅の価格を次のように予測するモデルを訓練したとします。

$$\hat{p} = 2s + 50$$

a. このデータセットでのモデルの予測値を計算してください。

b. このモデルの平均絶対誤差（MAE）を求めてください。

c. このモデルの二乗平均平方根誤差（RMSE）を求めてください。

解答

a. このモデルが予測する住宅価格は次のとおり。

住宅 1：$\hat{p} = 2 \cdot 100 + 50 = 250$
住宅 2：$\hat{p} = 2 \cdot 200 + 50 = 450$
住宅 3：$\hat{p} = 2 \cdot 200 + 50 = 450$
住宅 4：$\hat{p} = 2 \cdot 250 + 50 = 550$
住宅 5：$\hat{p} = 2 \cdot 325 + 50 = 700$

b. 平均絶対誤差（MAE）は次のとおり。

$$\frac{1}{5}(|200 - 250| + |475 - 450| + |400 - 450| + |520 - 550| + |735 - 700|)$$
$$= \frac{1}{5}(50 + 25 + 50 + 30 + 35) = 38$$

c. 平均二乗誤差（MSE）は次のとおり。

$$\frac{1}{5}((200 - 250)^2 + (475 - 450)^2 + (400 - 450)^2 + (520 - 550)^2 + (735 - 700)^2)$$

$$= \frac{1}{5}(2500 + 625 + 2500 + 900 + 1225) = 1550$$

したがって、二乗平均平方根誤差（RMSE）は $\sqrt{1550} = 39.37$。

練習問題 3-4

第3章で学んだ絶対法と二乗法を使って式 $\hat{y} = 2x + 3$ で表される直線を点 $(x, y) = (5, 15)$ に近づけてください。次の2つの小問題では、学習率として $\eta = 0.01$ を使ってください。

a. 絶対法を使って上記の直線を点に近づくように書き換えてください。

b. 二乗法を使って上記の直線を点に近づくように書き換えてください。

解答

この点でのモデルの予測値は $\hat{y} = 2 \cdot 5 + 3 = 13$ です。

a. 予測値 13 はラベル 15 よりも小さいため、この点は直線よりも下にある。このモデルでは、傾きは $m = 2$、y切片は $b = 3$ である。絶対法では、傾きに $x\eta = 5 \cdot 0.01 = 0.05$ を足し、y切片に $\eta = 0.01$ を足すため、モデルの式は $\hat{y} = 2.05x + 3.01$ になる。

b. 二乗法では、傾きに $(y - \hat{y}) x\eta = (15 - 13) \cdot 5 \cdot 0.01 = 0.1$ を足し、y切片に $(y - \hat{y})\eta = (15 - 13) \cdot 0.01 = 0.02$ を足すため、モデルの式は $\hat{y} = 2.1x + 3.02$ になる。

A.3　第4章

練習問題 4-1

同じデータセットで異なるハイパーパラメータを使って4つのモデルを訓練しました。それぞれのモデルの訓練誤差とテスト誤差は次のようになりました。

モデル	訓練誤差	テスト誤差
1	0.1	1.8
2	0.4	1.2
3	0.6	0.8
4	1.9	2.3

a. このデータセットに対してどのモデルを選択しますか？

b. どのモデルが学習不足に陥っているように見えますか？

c. どのモデルが過学習に陥っているように見えますか？

解答

a. 最もよいモデルはテスト誤差が最も小さいモデル3。

b. モデル4は、訓練誤差とテスト誤差が大きいため、学習不足に陥っているように見える。

c. モデル1とモデル2は、訓練誤差は小さいもののテスト誤差が大きいため、過学習に陥っているように見える。

練習問題 4-2

次のデータセットが与えられたとします。

x	y
1	2
2	2.5
3	6
4	14.5
5	34

そこで、y の値を $\hat{y}$ として予測する次の多項式回帰モデルを訓練します。

$$\hat{y} = 2x^2 - 5x + 4$$

正則化パラメータが $\lambda = 0.1$ で、このデータセットの訓練に使った誤差関数が平均絶対誤差（MAE）である場合、次の誤差はいくつになるでしょうか。

a. モデルのラッソ回帰誤差（L1 ノルムを使用）

b. モデルのリッジ回帰誤差（L2 ノルムを使用）

解答

まず、このモデルの平均絶対誤差（MAE）を求めるために予測値を調べる必要があります。式 $\hat{y} = 2x^2 - 5x + 4$ で求めた予測値と、予測値とラベルの誤差の絶対値 $|y - \hat{y}|$ は次のようになります。

x	y	$\hat{y}$	$\|y - \hat{y}\|$
1	2	1	1
2	2.5	2	0.5
3	6	7	1
4	14.5	16	1.5
5	34	29	5

したがって、MAE は4行目の数値の平均であり、次のようになります。

$$\frac{1}{5}(1 + 0.5 + 1 + 1.5 + 5) = 1.8$$

a. まず、多項式の L1 ノルムを調べる必要がある。多項式の L1 ノルムは非定数係数の絶対値の和であり、|2| + |-5| = 7 である。モデルの L1 正則化コストを求めるには、MAE + L1 ノルム×正則化パラメータを求める。したがって、1.8 + 0.1・7 = 2.5 になる。

b. 同様に、多項式の L1 ノルムを調べるために非定数係数の二乗の和を求めると、2^2 + $(-5)^2$ = 29 になる。したがって、モデルの L2 正則化コストは 1.8 + 0.1・29 = 4.7 になる。

A.4　第5章

練習問題 5-1

次に示すのは、COVID-19 の検査で陽性または陰性となった患者のデータセットです。患者の症状は、咳（C）、発熱（F）、呼吸困難（B）、倦怠感（T）です。

	咳（C）	発熱（C）	呼吸困難（B）	倦怠感（T）	診断（D）
患者1		×	×	×	陽性
患者2	×	×		×	陽性
患者3	×		×	×	陽性
患者4	×	×	×		陽性
患者5	×			×	陰性
患者6		×	×		陰性

	咳 (C)	発熱 (C)	呼吸困難 (B)	倦怠感 (T)	診断 (D)
患者 7	×				陰性
患者 8			×		陰性

このデータセットを分類するパーセプトロンモデルを構築してください。**ヒント：**パーセプトロンアルゴリズムを使うことができますが、もっとよいパーセプトロンを思い付けるかもしれません。

解答

各患者の症状の数を調べてみると、陽性の患者には 3 つ以上の症状が現れるのに対し、陰性の患者の症状は 2 つ以下であることがわかります。したがって、次のモデルは診断結果 $\hat{D}$ をうまく予測します。

$$\hat{D} = \text{step}(C + F + B + T - 2.5)$$

練習問題 5-2

データ点 (x_1, x_2) に対して予測値 $\hat{y} = \text{step}(2x_1 + 3x_2 - 4)$ を生成するパーセプトロンモデルがあるとします。このモデルの境界線は式 $2x_1 + 3x_2 - 4 = 0$ で表されます。データ点 $p = (1, 1)$ のラベルは 0 です。

    a. このモデルがデータ点 p を誤分類していることを検証してください。

    b. このモデルのデータ点 p に対するパーセプトロン誤差を計算してください。

    c. パーセプトロン法を使って新しいモデルを求めてください。このモデルは依然としてデータ点 p を誤分類しますが、誤差は小さくなります。学習率として $\eta = 0.01$ を使うことができます。

    d. この新しいモデルのデータ点 p に対する予測値を調べて、パーセプトロン誤差が小さくなっていることを確認してください。

解答

    a. データ点 p の予測値は次のようになる。このデータ点のラベルは 0 であるため、このデータ点は誤分類されている。

$$\hat{y} = \text{step}(2x_1 + 3x_2 - 4) = \text{step}(2 \cdot 1 + 3 \cdot 1 - 4) = \text{step}(1) = 1$$

    b. パーセプトロン誤差はスコアの絶対値である。スコアは $2x_1 + 3x_2 - 4 = 2 \cdot 1 + 3 \cdot 1 - 4 = 1$ なので、パーセプトロン誤差は 1 である。

    c. このモデルの重みは 2、3、–4、データ点の座標は $(1, 1)$ である。パーセプトロ

ン法は次の処理を行う。

- 2 を 2 − 0.01・1 = 1.99 と置き換える。
- 3 を 3 − 0.01・1 = 2.99 と置き換える。
- −4 を −4 − 0.01・1 = −4.01 と置き換える。

したがって、新しいモデルは次の予測値を出力するものになる。

$$\hat{y} = \text{step}(1.99x_1 + 2.99x_2 - 4.01)$$

d. データ点 p に対する新しい予測値は $\hat{y} = \text{step}(1.99x_1 + 2.99x_2 - 4.01) = \text{step}(0.97) = 0$ であり、新しいモデルが依然としてこのデータ点を誤分類していることがわかる。しかし、新しいパーセプトロン誤差は $|1.99 \cdot 1 + 2.99 \cdot 1 - 4.01| = 0.97$ であり、前のモデルの誤差である 1 よりも小さくなっている。

練習問題 5-3

パーセプトロンは特に AND や OR といった論理ゲートの構築に役立ちます。

x_1	x_2	y	x_1	x_2	y	x_1	x_2	y
0	0	0	0	0	0	0	0	0
0	1	0	0	1	1	0	1	1
1	0	0	1	0	1	1	0	1
1	1	1	1	1	1	1	1	0

a. AND ゲートをモデル化するパーセプトロンを構築してください。つまり、左のデータセットに適合するパーセプトロンを構築します（x_1、x_2 は特徴量、y はラベル）。

b. 同様に、OR ゲートをモデル化するパーセプトロンを構築してください。つまり、真ん中のデータセットに適合するパーセプトロンを構築します。

c. 右のデータセットに適合する XOR ゲートパーセプトロンモデルは存在しないことを証明してください。

解答

次の図は、わかりやすいようにデータ点をプロットしたものです。パーセプトロン分類器は黒い点と白い点を分割する直線です。

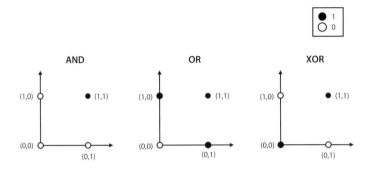

AND データセットと OR データセットについては、黒い点と白い点を次のように直線で簡単に分割できます。

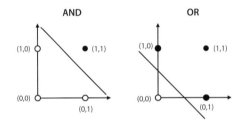

a. AND データセットを分割する直線の有効な式はいくつもあるが、ここでは $x_1 + x_2 - 1.5$ で表される直線を使う。したがって、このデータセットを分類するパーセプトロンの予測値の式は $\hat{y} = \text{step}(x_1 + x_2 - 1.5)$ になる。

b. 同様に、OR データセットでも有効な式がいくつもあり、ここでは $x_1 + x_2 - 0.5$ で表される直線を使う。したがって、予測値の式は $\hat{y} = \text{step}(x_1 + x_2 - 0.5)$ になる。

c. XOR データセットは 1 本の直線では分割できないことがわかる。したがって、XOR データセットに完全に適合するパーセプトロンモデルは存在しない。ただし、複数のパーセプトロンを組み合わせれば、このデータセットを分割できる。この多層パーセプトロンまたはニューラルネットワークとも呼ばれるものについては第 10 章で説明する。興味があれば、練習問題 10-2 も解いてみよう。

A.5 第 6 章

練習問題 6-1

ある歯科医が患者の虫歯の有無を予測するために患者のデータセットでロジスティック分類器を訓練しています。患者に虫歯がある確率を求めるモデルは次のように定義されています。

$$\sigma(d + 0.5c - 0.8)$$

ここで、d はその患者が虫歯になったことがあるかどうかを示す変数であり、c はその患者がお菓子を食べるかどうかを示す変数です。たとえば、患者がお菓子を食べる場合は $c = 1$、食べない場合は $c = 0$ です。今日診察に来た患者にお菓子を食べる習慣があり、去年虫歯の治療を受けている場合に、その患者に虫歯がある確率を求めてください。

解答

患者がお菓子を食べる場合は $c = 1$ であり、去年虫歯の治療を受けている場合は $d = 1$ です。したがって、その患者に虫歯がある確率は次のようになります。

$$\sigma(1 + 0.5 \cdot 1 - 0.8) = \sigma(0.7) = 0.668$$

練習問題 6-2

データ点 (x_1, x_2) に予測値 $\hat{y} = \sigma(2x_1 + 3x_2 - 4)$ を割り当てるロジスティック分類器と、ラベルが 0 のデータ点 $p = (1, 1)$ があるとします。

a. このモデルがデータ点 p に割り当てる予測値 $\hat{y}$ を求めてください。

b. このモデルがデータ点 p で生成するログ損失を求めてください。

c. ログ損失がより小さい新しいモデルをロジスティック法で作成してください。学習率として $\eta = 0.1$ を使ってよいものとします。

d. この新しいモデルがデータ点 p に割り当てる予測値を求め、元のモデルよりもログ損失が小さくなっていることを検証してください。

解答

a. 予測値は次のとおり。

$$\hat{y} = \sigma(2 \cdot 1 + 3 \cdot 1 - 4) = \sigma(1) = 0.731$$

b. ログ損失は次のとおり。

$$
\begin{aligned}
log\ loss &= -y\ ln(\hat{y}) - (1 - y)\ ln(1 - \hat{y}) \\
&= -0\ ln(0.731) - (1 - 0)\ ln(1 - 0.731) = 1.313
\end{aligned}
$$

c. 次の予測値 $\hat{y}$ を出力するロジスティック回帰モデルでは、パーセプロトン法が次の新しい重みを使うことを思い出そう。

$$\hat{y} = \sigma(w_1 x_1 + w_2 x_2 + b)$$
$$w'_i = w_i + \eta(y - \hat{y})x_i \ \ (i = 1, 2)$$
$$b' = b + \eta(y - \hat{y})$$

この式に $y = 0, \hat{y} = 0.731, w_1 = 2, w_2 = 3, b = -4, \eta = 0.1, x_1 = 1, x_2 = 1$ の値を当てはめると、この分類器の重みは次のようになる。

$$w'_1 = 2 + 0.1 \cdot (0 - 0.731) \cdot 1 = 1.9269$$
$$w'_2 = 3 + 0.1 \cdot (0 - 0.731) \cdot 1 = 2.9269$$
$$b = -4 + 0.1 \cdot (0 - 0.731) = -4.0731$$

したがって、新しい分類器の予測値の式は次のようになり、データ点 p での予測値は 0.686 である。ラベルは 0 であるため、予測値が元の 0.731 から 0.686 に実際に改善されている。

$$\hat{y} = \sigma(1.9269 x_1 + 2.9269 x_2 - 4.0731)$$
$$\hat{y} = \sigma(1.9269 \cdot 1 + 2.9269 \cdot 1 - 4.0731) = 0.686$$

    d. この予測値のログ損失は 1.158 であり、元のログ損失である 1.313 よりも小さくなっていることがわかる。

$$-y \ ln(\hat{y}) - (1 - y) \ ln(1 - \hat{y}) = -0 \ ln(0.686) - (1 - 0) \ ln(1 - 0.686) = 1.158$$

練習問題 6-3

練習問題 6-2 のモデルを使って予測値が 0.8 になるデータ点を求めてください。

ヒント：予測値が 0.8 になるスコア調べてください。また、予測値が $\hat{y} = \sigma(score)$ であることを思い出してください。

解答

まず、$\sigma(score) = 0.8$ のようなスコアを求める必要があります。式で表すと次ページのようになります。

データ点 (x_1, x_2) のスコアが $2x_1 + 3x_2 - 4$ であることを思い出してください。スコアが 1.386 という条件を満たすデータ点 (x_1, x_2) はたくさんありますが、ここでは便宜上 $x_2 = 0$ のものを選択します。式 $2x_1 + 3 \cdot 0 - 4 = 1.386$ を解く必要があり、解は $x_1 = 2.693$ です。したがって、予測値が 0.8 になるデータ点は $(2.693, 0)$ です。

$$\frac{e^{score}}{1 + e^{score}} = 0.8$$

$$e^{score} = 0.8(1 + e^{score}) = 0.8 + 0.8 \cdot e^{score}$$

$$0.2e^{score} = 0.8$$

$$e^{score} = 4$$

$$score = ln(4) = 1.386$$

A.6　第7章

練習問題 7-1

ある動画サイトに、動物の動画をよく観ていて、それ以外の動画は何も観ていないユーザーがいます。次の図は、このユーザーがこのサイトにログインしたときに表示されるレコメンデーションです。

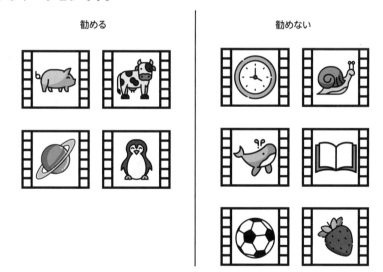

モデルに与えるデータがこれで全部だとして、次の質問に答えてください。

- **a.** このモデルの正解率（accuracy）はいくつでしょうか。
- **b.** このモデルの再現率（recall）はいくつでしょうか。
- **c.** このモデルの適合率（precision）はいくつでしょうか。
- **d.** このモデルの F_1 スコアはいくつでしょうか。
- **e.** このモデルはよいレコメンデーションモデルでしょうか。

解答

まず、混同行列を作成してみましょう。この場合、動物関連の動画には**陽性**のラベルを付け、お勧めの動画には**陽性と予測**というラベルを付けます。

- 4 つのお勧め動画のうちの 3 つは動物関連の動画であり、お勧め動画にふさわしい。残りの 1 つは動物関連の動画ではないため、偽陽性である。

- 6 つのお勧めではない動画のうちの 2 つは動物関連の動画であり、お勧め動画にすべきである。したがって、それらは偽陰性である。残りの 4 つは動物関連の動画ではないため、お勧め動画にしないのが正解である。

	陽性予測（勧める）	陰性予測（勧めない）
陽性（動物関連の動画）	3	2
陰性（動物関連ではない動画）	1	4

これで問題 a 〜 d の 4 つの指標を計算できます。

$$Accuracy = \frac{7}{10} = 0.7$$

$$Recall = \frac{3}{5} = 0.6$$

$$Precision = \frac{3}{4} = 0.75$$

$$F_1 score = \frac{2\left(\frac{3}{4}\right)\left(\frac{3}{5}\right)}{\frac{3}{4} + \frac{3}{5}} = \frac{2}{3} = 0.67$$

問題 e については主観的な解答を示します。これらの指標を見た限りでは、これが医療モデルだったとしたら十分によいとは言えないかもしれません。しかし、レコメンデーションモデルではミスがいくつかあってもそれほど致命的ではないため、正解率、適合率、再現率がそれなりの値であればよいモデルと見なされます。

練習問題 7-2

次の混同行列を使って医療モデルの感度と特異度を求めてください。

	Sick と予測	Healthy と予測
Sick	120	22
Healthy	63	795

解答

感度は正しく予測された病人（Sick）の人数を病人の総数で割ったものであり、0.845 になります。特異度は正しく予測された健康な人（Healthy）の人数を健康な人の総数で割ったものであり、0.927 になります。

$$\frac{120}{142} = 0.845, \qquad \frac{795}{858} = 0.927$$

練習問題 7-3

次の 3 つのモデルについて、偽陽性と偽陰性のどちらがより深刻な誤分類か判断してください。その結果に基づき、それぞれのモデルを評価するときに適合率と再現率のどちらをより重視すべきか判断してください。

1. ユーザーがある映画を観るかどうかを予測する映画レコメンデーションシステム
2. 画像に歩行者が含まれているかどうかを検出する、自動運転車で使われる画像検出モデル
3. ユーザーが指示を出したかどうかを予測する家庭用音声アシスタント

解答

> 以下のどのモデルでも偽陰性と偽陽性は望ましいものではなく、どちらも避けたいところです。それはともかく、ここではどちらがより深刻かについての根拠を示します。これらはすべて概念的な問題であるため、あなたの考えが違ったとしても、十分な根拠を示せるのであれば、それは正しい解答です。この種の議論はデータサイエンティストチームにつきものです。重要なのは、それぞれの見解を裏付ける健全な意見や根拠があることです。

1. このモデルでは、ユーザーが観たい映画に陽性のラベルを付ける。ユーザーが観たくない映画を勧めた場合は偽陽性になる。ユーザーが観たい映画があるのにその映画を勧めない場合は偽陰性になる。偽陰性と偽陽性のうち、より望ましくないのはどちらだろうか。ホームページにはたくさんのお勧め映画が表示されるが、ユーザーはそれらのほとんどを無視する。このため、このモデルには多くの偽陽性があるが、ユーザーエクスペリエンスにはそれほど影響を与えない。とはいえ、ユーザーが観たいと思っている名作がある場合は、その映画を勧めることが非常に重要となる。したがって、このモデルでは偽

陽性よりも偽陰性のほうが望ましくないため、このモデルは**再現率**で評価すべきである。

2. このモデルでは、歩行者の存在を陽性としてラベル付けする。実際には歩行者がいないのに自動運転車が「いる」と判断した場合は偽陽性になる。前に歩行者がいるのに自動運転車がそれを検知しない場合は偽陰性になる。偽陰性のケースでは、自動運転車が歩行者に衝突するかもしれない。偽陽性のケースでは、車が不必要にかけたブレーキのせいで事故が起こるかもしれない。どちらも深刻だが、歩行者をはねてしまうほうがはるかに深刻である。したがって、このモデルでは偽陽性よりも偽陰性のほうが望ましくないため、このモデルは**再現率**で評価すべきである。

3. このモデルでは、音声コマンドを陽性としてラベル付けする。ユーザーが音声アシスタントに話しかけていないのに音声アシスタントが応答する場合は偽陽性になる。ユーザーが音声アシスタントに話しかけているのに音声アシスタントが応答しない場合は偽陰性になる。個人的には、音声アシスタントにいきなり話しかけられるくらいなら、繰り返し話しかけなければ応答しないほうがましである。したがって、このモデルでは偽陰性よりも偽陽性のほうが望ましくないため、このモデルは**適合率**で評価すべきである。

練習問題 7-4

次のモデルがあるとします。

1. 車載カメラからの画像に基づいて歩行者を検出する自動運転車モデル
2. 患者の症状に基づいて命に関わる病気を診断する医療モデル
3. ユーザーが過去に観た映画に基づく映画レコメンデーションシステム
4. 音声コマンドに基づいてユーザーが支援を必要としているかどうかを判断する音声アシスタント
5. メールに含まれている単語に基づいてそのメールがスパムかどうかを判断するスパム検出モデル

F_β スコアを使ってこれらのモデルを評価する仕事を任されています。ただし、β の値は特に指定されていません。それぞれのモデルを評価するために β に使う値はいくつでしょうか。

解答

再現率よりも適合率のほうが重要なモデルには、β の値が小さい F_β スコアを使うことを思い出してください。対照的に、適合率よりも再現率のほうが重要なモデルには、β の値が大きい F_β スコアを使います。**注意**：あなたが考えたスコアが解答と異なっていたとしても、適合率と再現率のどちらがより重要であるか、そして選択した β の値について

の根拠が示されている限り、問題はまったくありません。

- 自動運転車モデルと医療モデルでは偽陰性がほとんどないようにしたいので、再現率がきわめて重要である。したがって、β に 4 などの大きな値を使う。

- スパム検出モデルでは偽陽性がほとんどないようにしたいので、適合率が重要である。したがって、β に 0.25 などの小さな値を使う。

- レコメンデーションシステムでは、適合率も大事だが、再現率のほうがより重要である（練習問題 7-3 を参照）。したがって、β に 2 などの大きな値を使う。

- 音声アシスタントでは、再現率も大事だが、適合率のほうがより重要である（練習問題 7-3 を参照）。したがって、β に 0.5 などの小さな値を使う。

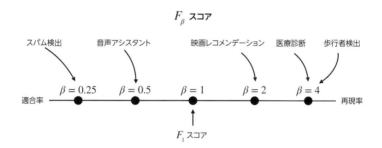

A.7　第 8 章

練習問題 8-1

事象 A、B のペアごとに、それらの事象が独立しているかどうかを判断し、a ～ d を数学的に証明してください。

3 枚のコインを投げます。

- **a.** A：1 枚目が表を向く。　B：3 枚目が裏を向く。
- **b.** A：1 枚目が表を向く。　B：3 枚投げたうち表を向いたコインの枚数は奇数。

2 個のサイコロを振ります。

- **c.** A：1 つ目は 1 の目が出る。　B：2 つ目は 2 の目が出る。
- **d.** A：1 つ目は 2 の目が出る。　B：2 つ目は 1 つ目よりも大きな目が出る。

e と f は言葉で証明してください。この問題では、季節のある場所に住んでいるものと仮定します。

e.　A：外は雨だ。　B：今日は月曜日だ。

f.　A：外は雨だ。　B：今日は 6 月だ。

解答

a ～ f の中には直感的に推測できるものがあります。しかし、2 つの事象が独立している
かどうかを判断するときに直感がうまく働かないことがあります。このため、事象が明
らかに独立している場合を除いて、$P(A \cap B) = P(A)\ P(B)$ の場合に事象 A と事象 B が
独立しているかどうかを確認することにします。

a.　A と B は別々のコインを投げることに相当するため、それらは独立した事象である。

b.　公平なコインを投げると 2 つのシナリオが同じ確率で発生するため、$P(A) = \frac{1}{2}$ で
ある。$P(B)$ の計算では、コインの表を "h"、裏を "t" で表すことにする。つまり、
事象 "hth" は 1 枚目と 3 枚目のコインが表になり、2 枚目が裏になることを表す。
したがって、3 枚のコインを投げた場合は、{hhh, hht, hth, htt, thh, tht, tth, ttt}
の 8 つが同じ確率で起こり得る。そのうち表の数が奇数なのは {hhh, htt, tht, tth}
の 4 つだけなので、$P(B) = \frac{4}{8} = \frac{1}{2}$ である。また、1 枚目が表で、かつ表の数が奇
数なのは {hhh, htt} の 2 つだけなので、$P(A \cap B) = \frac{2}{4} = \frac{1}{2}$ である。よって $P(A)$
$P(B) = \frac{1}{4} = P(A \cap B)$ が成り立つため、事象 A と事象 B は独立している。

c.　A と B は異なるサイコロを投げることに相当するため、それらは独立した事象で
ある。

d.　A はサイコロを投げて特定の目が出ることに相当するため、$P(A) = \frac{1}{6}$ である。ま
た、次の理由により $P(B) = \frac{5}{12}$ である。2 個のサイコロを投げるときには、{11,
12, 13, ..., 56, 66} のように、同じ確率で起こり得る 36 通りの組み合わせがある。
そのうち 6 通りは 2 つのサイコロの目が同じである。残りの 30 通りのうちの半分
は 1 つ目のサイコロの目のほうが大きく、残りの半分は 2 つ目のサイコロの目の
ほうが大きいため、対称をなしている。したがって、2 つ目のサイコロの目が 1 つ
目のサイコロの目よりも大きいシナリオが 15 通りあるため、$P(B) = \frac{15}{36} = \frac{5}{12}$ であ
る。さらに、次の理由により $P(A \cap B) = \frac{1}{2}$ である。1 つ目のサイコロの目が 3 で
ある場合、同じ確率で起こり得るシナリオは {31, 32, 33, 34, 35, 36} の 6 通りで
ある。そのうち 2 つ目のサイコロの目のほうが大きいのは 3 通りなので、$P(A \cap$
$B) = \frac{3}{6} = \frac{1}{2}$ である。$P(A)P(B) \neq P(A \cap B)$ なので、事象 A と事象 B は従属して
いる。

e.　この問題では、A と B が独立していて、天気が曜日に左右されないものと仮定する。
天気に関する私たちの知識からすれば妥当な仮定だが、もう少し確実なものにした
い場合は、気象データセットを調べて該当する確率を求めることで検証できる。

f. 季節のある場所に住んでいると仮定しているため、6 月は北半球では夏、南半球では冬である。住んでいる地域によっては、冬のほうが雨が多いこともあれば、夏のほうが多いこともある。したがって、事象 A と B は従属していると見なすことができる。

練習問題 8-2

事務手続きをするために定期的に訪れなければならないオフィスがあります。このオフィスには Aisha と Beto の 2 人の事務員がいます。Aisha は週に 3 日勤務し、残りの 2 日は Beto が勤務することがわかっています。ただし、スケジュールが毎週変わるため、Aisha が何曜日にそこにいて、Beto が何曜日にそこにいるのかまったくわかりません。

a. オフィスにふらっと立ち寄ったときに Aisha がいる確率はいくつでしょうか。

外からは赤いセーターを着た事務員がいるのが見えますが、誰なのかはわかりません。このオフィスは何度か訪れているため、Aisha よりも Beto のほうがよく赤い服を着ていることを知っています。実際には、Aisha は 3 日に 1 回は（3 分の 1 の確率で）赤い服を着ており、Beto は 2 日に 1 回は（2 分の 1 の確率で）赤い服を着ています。

b. 今日は事務員が赤い服を着ていることがわかっていると仮定して、Aisha が事務所にいる確率はいくつでしょうか。

解答

事務員が Aisha である事象を A、事務員が Beto である事象を B、事務員が赤い服を着ている事象を R とします。

a. Aisha は 3 日間、Beto は 2 日間事務所に勤務しているため、Aisha が事務所にいる確率は 60%（$P(A) = \frac{3}{5}$）であり、Beto が事務所にいる確率は 40%（$P(A) = \frac{2}{5}$）である。

b. Beto は Aisha よりもよく赤い服を着ているため、事務所にいるのが Aisha である確率が 60% よりも低いことが直感的にわかる。数学的にも同じ結果になるか調べてみることにしよう。事務員が赤い服を着ていることはわかっている。そこで、事務員が赤い服を着ているが**わかっているという仮定の下で**、事務所に Aisha がいる確率 $P(A|R)$ を調べる必要がある。

Aisha が赤い服を着ている確率は 3 分の 1 であるため、$P(R|A) = \frac{1}{3}$ です。Beto が赤い服を着ている確率は 2 分の 1 であるため、$P(R|B) = \frac{1}{2}$ です。ベイズの定理を適用すると 50% になります。

$$P(A \mid R) = \frac{P(R|A)P(A)}{P(R|A)P(A) + P(R|B)P(B)} = \frac{\frac{1}{3} \cdot \frac{3}{5}}{\frac{1}{3} \cdot \frac{3}{5} + \frac{1}{2} \cdot \frac{2}{5}} = \frac{\frac{1}{5}}{\frac{1}{5} + \frac{1}{5}} = \frac{1}{2} \quad (50\%)$$

同様の計算により、Beto が事務所にいる確率は 50%($P(B|R) = \frac{1}{2}$)になります。Aisha が事務所にいる確率が 60% よりも低いことから、事実上、私たちの直感は正しかったことになります。

練習問題 8-3

次の表は COVID-19 の検査結果が陽性または陰性だった患者のデータセットです。患者の症状は、咳(C)、発熱(F)、呼吸困難(B)、倦怠感(T)です。

	咳 (C)	発熱 (F)	呼吸困難 (B)	倦怠感 (T)	診断
患者 1		×	×	×	陽性
患者 2	×	×		×	陽性
患者 3	×		×	×	陽性
患者 4	×	×	×		陽性
患者 5	×			×	陰性
患者 6		×	×		陰性
患者 7		×			陰性
患者 8				×	陰性

この練習問題の目的は症状から診断を予測するナイーブベイズモデルを構築することです。ナイーブベイズアルゴリズムを使って次の確率を求めてください。**注意:**以下の質問では、言及されていない症状についてはまったくわからないものとします。たとえば、患者が咳をしていることがわかっていて、熱について何の言及もない場合、その患者が発熱していないという意味ではありません。

- **a.** 患者が咳をしていると仮定して、患者が陽性である確率
- **b.** 患者に倦怠感の症状がないと仮定して、患者が陽性である確率
- **c.** 患者に咳と発熱の症状があると仮定して、患者が陽性である確率
- **d.** 患者に咳と発熱の症状があり、呼吸困難の症状がないと仮定して、患者が陽性である確率

解答

この問題では、次の6つの事象を使います。

- C：患者が咳をしている事象
- F：患者が発熱している事象
- B：患者が呼吸困難を起こしている事象
- T：患者に倦怠感がある事象
- S：患者が陽性と診断されている事象
- H：患者が陰性と診断されている事象

さらに、A^c は事象 A の補数（逆）を表します。したがって、たとえば T^c は患者に倦怠感がないという事象を表します。

まず、$P(S)$ と $P(H)$ を計算してみましょう。このデータセットには陰性患者と陽性患者が4人ずつ含まれているため、どちらも（事前）確率は2分の1、つまり50%であることに注意してください。

a. 4人の患者が咳をしていて、そのうち3人が陽性であるため、75%（$P(S|C) = \frac{3}{4}$）。ベイズの定理を使って同じ確率を求めることもできる。まず、4人の陽性患者のうち3人が咳をしていることがわかっているため、$P(C|S) = \frac{3}{4}$ である。また、4人の陰性患者うち咳をしているのは1人だけなので、$P(C|H) = \frac{1}{4}$ である。式に当てはめると次のようになる。

$$P(S \mid C) = \frac{P(C \mid S)P(S)}{P(C \mid S)P(S) + P(C \mid H)P(H)} = \frac{\frac{3}{4} \cdot \frac{1}{2}}{\frac{3}{4} \cdot \frac{1}{2} + \frac{1}{4} \cdot \frac{1}{2}} = \frac{3}{4}$$

b. 3人の患者には倦怠感がなく、そのうちの1人だけが陽性であるため、33.3%（$P(S \mid T^c) = \frac{1}{3}$）。先ほどと同じようにベイズの定理を使うこともできる。4人の陽性患者のうち倦怠感がないのは1人だけなので、$P(T^c|S) = \frac{1}{4}$ である。また、4人の陰性患者のうち倦怠感がないのは2人なので、$P(T^c|S) = \frac{2}{4}$ である。したがって、次のようになる。

$$P(S \mid T^c) = \frac{P(T^c \mid S)P(S)}{P(T^c \mid S)P(S) + P(T^c \mid H)P(H)} = \frac{\frac{1}{4} \cdot \frac{1}{2}}{\frac{1}{4} \cdot \frac{1}{2} + \frac{2}{4} \cdot \frac{1}{2}} = \frac{\frac{1}{8}}{\frac{1}{8} + \frac{2}{8}} = \frac{1}{3}$$

c. $C \cap F$ は患者に咳と発熱の症状がある事象を表すため、$P(S|C \cap F)$ を計算する必要がある。問題 a の解から $P(C|S) = \frac{3}{4}$、$P(C|H) = \frac{1}{4}$ であることを思い出そう。次に、$P(F|S)$ と $P(F|H)$ を求める必要がある。4 人の陽性患者のうち 3 人に発熱の症状があるため、$(F|S) = \frac{3}{4}$ である。同様に、4 人の陰性患者のうち 2 人に発熱の症状があるため、$P(F|H) = \frac{2}{4} = \frac{1}{2}$ である。

これで、患者に咳と発熱の症状があると仮定して、患者が陽性である確率をナイーブベイズアルゴリズムで求める準備が整った。8.2.4 項で説明した式を使うと 81.82% になる。

$$P(S \mid C \cap F) = \frac{P(C \mid S)P(F \mid S)P(S)}{P(C \mid S)P(F \mid S)P(S) + P(C \mid H)P(F \mid H)P(H)}$$

$$= \frac{\dfrac{3}{4} \cdot \dfrac{3}{4} \cdot \dfrac{1}{2}}{\dfrac{3}{4} \cdot \dfrac{3}{4} \cdot \dfrac{1}{2} + \dfrac{1}{4} \cdot \dfrac{2}{4} \cdot \dfrac{1}{2}} = \frac{\dfrac{9}{32}}{\dfrac{32}{9} + \dfrac{2}{32}} = \frac{9}{11} \ (81.82\%)$$

d. この問題では、$P(S|C \cap F \cap B^c)$ を求める必要がある。4 人の陽性患者のうち呼吸困難の症状がないのは 1 人だけなので、$P(B^c|S) = \frac{1}{4}$ である。4 人の陰性患者のうち呼吸困難の症状がないのは 3 人なので、$P(B^c|H) = \frac{3}{4}$ である。先ほどと同じようにナイーブベイズアルゴリズムを使うと 60% になる。

$$P(S \mid C \cap F \cap B^c) = \frac{P(C \mid S)P(F \mid S)P(B^c \mid S)P(S)}{P(C \mid S)P(F \mid S)P(B^c \mid S)P(S) + P(C \mid H)P(F \mid H)P(B^c \mid H)P(H)}$$

$$= \frac{\dfrac{3}{4} \cdot \dfrac{3}{4} \cdot \dfrac{1}{4} \cdot \dfrac{1}{2}}{\dfrac{3}{4} \cdot \dfrac{3}{4} \cdot \dfrac{1}{4} \cdot \dfrac{1}{2} + \dfrac{1}{4} \cdot \dfrac{2}{4} \cdot \dfrac{3}{4} \cdot \dfrac{1}{2}} = \frac{\dfrac{9}{32}}{\dfrac{32}{9} + \dfrac{6}{32}} = \frac{9}{15} \ (60\%)$$

A.8 第 9 章

練習問題 9-1

次のスパム検出決定木モデルは母親が送ってきた「特売があるからスーパーに行ってきて」という件名のメールをスパムに分類するでしょうか。

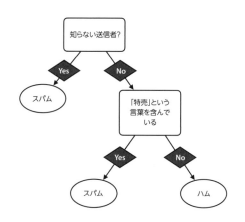

解答

まず、送信者が知らない相手かどうかを調べます。送信者は母親なので、知らない相手ではありません。したがって、右の枝に進みます。次に、メールに「特売」という言葉が含まれているかどうかを調べます。このメールには「特売」という言葉が含まれているため、分類器はこのメールをスパムとして（誤）分類します。

練習問題 9-2

次の特徴量を持つクレジットカード決済データセットを使って、クレジットカード決済が不正取引かどうかを判断する決定木モデルを構築したいと考えています。

金額：取引の金額
承認済みベンダー：クレジットカード会社の承認済みベンダーのリストにこのベンダーが含まれているかどうか

	金額	承認済みベンダー	不正取引
取引 1	$100	No	Yes
取引 2	$100	Yes	No
取引 3	$10,000	Yes	No
取引 4	$10,000	No	Yes
取引 5	$5,000	Yes	Yes
取引 6	$100	Yes	No

次の仕様に従って、この決定木の最初のノードを構築してください。

a. ジニ不純度を使う。

b. エントロピーを使う。

解答

どちらの指標を使う場合も、「承認済みベンダー」特徴量を使うと最もうまく分割できます。

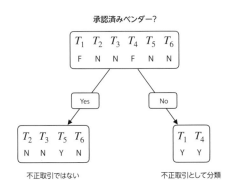

各取引を T_1、T_2、T_3、T_4、T_5、T_6 と呼ぶことにします。まず、分割の候補をすべて洗い出してみましょう。「承認済みベンダー」列は二値のカテゴリ値の特徴量であるため、この列を使って分割するのは簡単です。「金額」列はもう少し複雑で、データを分割する方法が2つ考えられます。1つは100～5,000ドルのどこかで区切る方法であり、もう1つは5,000～10,000ドルのどこかで区切る方法です。まとめると、分割方法の候補が全部で3つあります。

金額1：100ドルから5,000ドルのどこかで区切る。この場合は $\{T_1, T_2, T_6\}$ と $\{T_3, T_4, T_5\}$ の2つのクラスに分かれる。

金額2：5,000ドルから10,000ドルのどこかで区切る。この場合は $\{T_1, T_2, T_5, T_6\}$ と $\{T_3, T_4\}$ の2つのクラスに分かれる。

承認済みベンダー：「承認済み」と「未承認」の2つのクラス、つまり $\{T_2, T_3, T_5, T_6\}$ と $\{T_1, T_4\}$ に分かれる。

a. 3つの分割方法ごとにジニ不純度を計算する。

金額1の分割では、1つ目のクラス $\{T_1, T_2, T_6\}$ に対する「不正取引」列のラベルは {"yes", "no", "no"} であり、この分割のジニ不純度は $1 - \left(\frac{1}{3}\right)^2 - \left(\frac{2}{3}\right)^2 = \frac{4}{9}$ である。2つ目のクラス $\{T_3, T_4, T_5\}$ に対する「不正取引」列のラベルは {"no", "yes", "yes"} であり、この分割のジニ不純度は $1 - \left(\frac{2}{3}\right)^2 - \left(\frac{1}{3}\right)^2 = \frac{4}{9}$ である。したがって、この分割

方法の加重ジニ不純度は$\frac{3}{6} \cdot \frac{4}{9} + \frac{3}{6} \cdot \frac{4}{9} = \frac{4}{9} = 0.444$。

金額2の分割では、1つ目のクラス $\{T_1, T_2, T_5, T_6\}$ に対する「不正取引」列のラベルは $\{\text{"yes"}, \text{"no"}, \text{"yes"}, \text{"no"}\}$ であり、この分割のジニ不純度は $1 - \left(\frac{2}{4}\right)^2 - \left(\frac{2}{4}\right)^2 = \frac{1}{2}$ である。2つ目のクラス $\{T_3, T_4\}$ に対する「不正取引」列のラベルは $\{\text{"no"}, \text{"yes"}\}$ であり、この分割のジニ不純度は $1 - \left(\frac{1}{2}\right)^2 - \left(\frac{1}{2}\right)^2 = \frac{1}{2}$ である。したがって、この分割方法の加重ジニ不純度は $\frac{2}{6} \cdot \frac{1}{2} + \frac{2}{6} \cdot \frac{1}{2} = \frac{1}{2} = 0.5$。

承認済みベンダーの分割では、1つ目のクラス $\{T_2, T_3, T_5, T_6\}$ に対する「不正取引」列のラベルは $\{\text{"no"}, \text{"no"}, \text{"yes"} \text{"no"}\}$ であり、この分割のジニ不純度は $1 - \left(\frac{3}{4}\right)^2 - \left(\frac{1}{4}\right)^2 = \frac{6}{16}$ である。2つ目のクラス $\{T_1, T_4\}$ に対する「不正取引」列のラベルは $\{\text{"yes"}, \text{"yes"}\}$ であり、この分割のジニ不純度は $1 - 1^2 = 0$ である。したがって、この分割方法の加重ジニ不純度は $\frac{4}{6} \cdot \frac{6}{16} + \frac{2}{6} \cdot 0 = \frac{1}{4} = 0.25$。

最も低い加重ジニ不純度は「承認済みベンダー」列の 0.25 である。したがって、このデータの分割には「承認済みベンダー」特徴量を使うのが最も効果的である。

b. 面倒な計算のほとんどがすでに済んでいる。問題aと同じ手順に従って、各ステップでジニ不純度ではなくエントロピーを計算する。

金額1の分割では、集合 $\{\text{"yes"}, \text{"no"}, \text{"no"}\}$ のエントロピーは $-\frac{1}{3} \log_2\left(\frac{1}{3}\right) - \frac{2}{3} \log_2\left(\frac{2}{3}\right) = 0.918$。集合 $\{\text{"no"}, \text{"yes"}, \text{"yes"}\}$ のエントロピーは $-\frac{2}{3} \log_2\left(\frac{2}{3}\right) - \frac{1}{3} \log_2\left(\frac{1}{3}\right) = 0.918$。したがって、この分割の加重エントロピーは $\frac{3}{6} \cdot 0.918 + \frac{3}{6} \cdot 0.918 = 0.918$。

金額2の分割では、集合 $\{\text{"yes"}, \text{"no"}, \text{"yes"}, \text{"no"}\}$ のエントロピーは $-\frac{2}{4} \log_2\left(\frac{2}{4}\right) - \frac{2}{4} \log_2\left(\frac{2}{4}\right) = 1$。集合 $\{\text{"no"}, \text{"yes"}\}$ のエントロピーは $-\frac{1}{2} \log_2\left(\frac{1}{2}\right) - \frac{1}{2} \log_2\left(\frac{1}{2}\right) = 1$。したがって、この分割の加重エントロピーは $\frac{4}{6} \cdot 1 + \frac{2}{6} \cdot 1 = 1$。

承認済みベンダーの分割では、集合 $\{\text{"no"}, \text{"no"}, \text{"yes"}, \text{"no"}\}$ のエントロピーは $-\frac{1}{4} \log_2\left(\frac{1}{4}\right) - \frac{3}{4} \log_2\left(\frac{3}{4}\right) = 0.811$。集合 $\{\text{"yes"}, \text{"yes"}\}$ のエントロピーは $-\frac{2}{2} \log_2\left(\frac{2}{2}\right) = 0$。したがって、この分割の加重エントロピーは $\frac{4}{6} \cdot 0.811 + \frac{2}{6} \cdot 0 = 0.541$。

最も低い加重エントロピーは「承認済みベンダー」列の 0.541 である。したがって、このデータの分割にはやはり「承認済みベンダー」特徴量を使うのが最も効果的である。

練習問題 9-3

次の表は COVID-19 の検査結果が陽性または陰性だった患者のデータセットです。患者の症状は、咳（C）、発熱（F）、呼吸困難（B）、倦怠感（T）です。

	咳 (C)	発熱 (F)	呼吸困難 (B)	倦怠感 (T)	診断
患者 1		×	×	×	陽性
患者 2	×	×		×	陽性
患者 3	×		×	×	陽性
患者 4	×	×	×		陽性
患者 5	×			×	陰性
患者 6		×	×		陰性
患者 7		×			陰性
患者 8				×	陰性

このデータを分類する高さ1の決定木（決定株）を、正解率を使って構築してください。このデータセットに対するその分類器の正解率はいくつでしょうか。

解答

患者を $P_1 \sim P_8$ と呼ぶことにします。そして、陽性の患者を "s"、陰性の患者を "h" で表します。

最初の分割は C、F、B、T の 4 つの特徴量のどれでも行うことができます。まず、特徴量 C でデータを分割したときに得られる分類器 —— つまり、「患者は咳をしているか」という質問に基づく分類器の正解率を求めてみましょう。

特徴量 C に基づく分割：

- 咳をしている患者：$\{P_2, P_3, P_4, P_5\}$。ラベルは $\{s, s, s, h\}$
- 咳をしていない患者：$\{P_1, P_6, P_7, P_8\}$。ラベルは $\{s, h, h, h\}$

（特徴量 C のみに基づく）最も正解率の高い分類器は、咳をしている患者を全員陽性に分類し、咳をしていない患者を全員陰性に分類するものであることがわかります。この分類器は 8 人の患者のうち 6 人を正しく分類するため（陽性が 3 人、陰性が 3 人）、正解率は 6/8 = 75% です。

同じ手順に従って残りの 3 つの特徴量を使って分割してみましょう。

特徴量 F に基づく分割：

- 発熱している患者：$\{P_1, P_2, P_4, P_6, P_7\}$。ラベルは $\{s, s, s, h, h\}$
- 発熱していない患者：$\{P_3, P_5, P_8\}$。ラベルは $\{s, h, h\}$

（特徴量 F のみに基づく）最も正解率の高い分類器は、発熱している患者を全員陽性に分類し、発熱していない患者を全員陰性に分類するものであることがわかります。この分類器は 8 人の患者のうち 5 人を正しく分類するため（陽性が 3 人、陰性が 2 人）、正解率は 5/8 = 62.5% です。

特徴量 B に基づく分割：

- 呼吸困難の症状がある患者：$\{P_1, P_3, P_4, P_5\}$。ラベルは $\{s, s, s, h\}$
- 呼吸困難の症状がない患者：$\{P_2, P_6, P_7, P_8\}$。ラベルは $\{s, h, h, h\}$

（特徴量 B のみに基づく）最も正解率の高い分類器は、呼吸困難の症状がある患者を全員陽性に分類し、その症状がない患者を全員陰性に分類するものであることがわかります。この分類器は 8 人のうち 6 人を正しく分類するため（陽性が 3 人、陰性が 3 人）、正解率は 6/8 = 75% です。

特徴量 T に基づく分割：

- 倦怠感のある患者：$\{P_1, P_2, P_3, P_5, P_8\}$。ラベルは $\{s, s, s, h, h\}$
- 倦怠感のない患者：$\{P_4, P_6, P_7\}$。ラベルは $\{s, h, h\}$

（特徴量 T のみに基づく）最も正解率の高い分類器は、倦怠感のある患者を全員陽性に分類し、倦怠感のない患者を全員陰性に分類するものであることがわかります。この分類器は 8 人の患者のうち 5 人を正しく分類するため（陽性が 3 人、陰性が 2 人）、正解率は 5/8 = 62.5% です。

正解率が最も高くなる特徴量が C（咳）と B（呼吸困難）の 2 つであることに注目してください。決定木はこのうちの 1 つをランダムに選択します。ここでは、1 つ目の C を選択することにしましょう。特徴量 C を使ってデータを分割すると、次の 2 つのデータセットが生成されます。

- 咳をしている患者：$\{P_2, P_3, P_4, P_5\}$。ラベルは $\{s, s, s, h\}$
- 咳をしていない患者：$\{P_1, P_6, P_7, P_8\}$。ラベルは $\{s, h, h, h\}$

したがって、75% の正解率でデータを分類する深さ 1 の決定木になります。

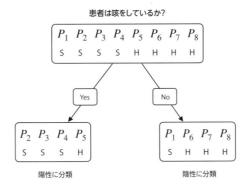

患者は咳をしているか？

陽性に分類

陰性に分類

$$正解率 = \frac{6}{8} = 75\%$$

A.9　第 10 章

練習問題 10-1

次の図はすべての活性化関数がシグモイド関数であるニューラルネットワークを示しています。このニューラルネットワークは入力 (1, 1) に対して何を予測するでしょうか。

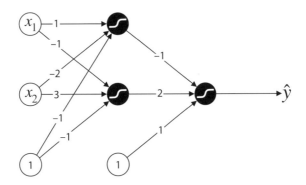

解答

中間ノードの出力値をそれぞれ h_1、h_2 と呼ぶことにします。これらの出力値は次のように計算されます。

$$h_1 = \sigma(1 \cdot x_1 - 2 \cdot x_2 - 1)$$
$$h_2 = \sigma(-1 \cdot x_1 + 3 \cdot x_2 - 1)$$

$x_1 = 1$ と $x_2 = 1$ を代入すると、次のようになります。

$$h_1 = \sigma(-2) = 0.119$$
$$h_2 = \sigma(1) = 0.731$$

最後の層は次のようになります。

$$\hat{y} = \sigma(-1 \cdot h_1 + 2 \cdot h_2 + 1)$$

先ほど求めた h_1 と h_2 の値を代入すると次のようになります。

$$\hat{y} = \sigma(-0.119 + 2 \cdot 0.731 + 1) = \sigma(2.343) = 0.912$$

したがって、このニューラルネットワークの出力値は 0.912 です。

練習問題 10-2

練習問題 5-3 で学んだように、XOR ゲートを模倣するパーセプトロンを構築することは不可能です。つまり、次のデータセットをパーセプトロンで適合させて 100% の正解率を達成することはできません。

x_1	x_2	y
0	0	0
0	1	1
1	0	1
1	1	0

というのも、このデータセットは線形分離不可能だからです。深さ 2 のニューラルネットワークを使って、この XOR ゲートを模倣するパーセプトロンを構築してください。離散値の出力を得るために、活性化関数としてシグモイド関数の代わりにステップ関数を使ってください。**ヒント**：この問題を訓練方式で解くのは難しいので、重みに見当をつけてください。AND ゲート、OR ゲート、NOT ゲートを使って XOR ゲートを構築し（またはその方法をインターネットで検索し）、練習問題 5-3 の結果を参考にしてください。

解答

AND ゲート、OR ゲート、NOT ゲートを次のように組み合わせると XOR ゲートになります（NAND ゲートは AND ゲートと NOT ゲートを組み合わせたものです）。

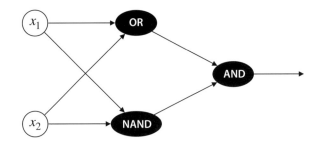

真理値表にまとめると次のようになります。

x_1	x_2	$h_1 = x_1 \text{ OR } x_2$	$h_2 = x_1 \text{ NAND } x_2$	$h_1 \text{ AND } h_2$	$x_1 \text{ XOR } x_2$
0	0	0	1	0	0
0	1	1	1	1	1
1	0	1	1	1	1
1	1	1	0	0	0

練習問題 5-3 で行ったように、OR ゲート、NAND ゲート、AND ゲートを模倣するパーセプトロンは次のようになります。NAND ゲートは AND ゲートのすべての重みの符号を反転させることによって得られます。

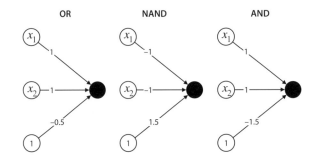

これらを 1 つにまとめると、次のようなニューラルネットワークになります。
このネットワークが XOR 論理ゲートを確かに再現していることを検証してください。具体的には、ニューラルネットワークに入力として (0,0), (0,1), (1,0), (1,1) の 4 つのベクトルを与え、出力値が 0, 1, 1, 0 になることを確認してください。

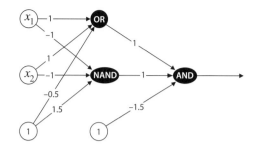

練習問題 10-3

10.1.6 項の最後に述べたように、図 10-13 のニューラルネットワークと活性化関数は
データ点 (1, 1) を誤分類するため、表 10-1 のデータセットに適合しません。

- **a.** 実際にそうなることを検証してください。
- **b.** このニューラルネットワークがすべてのデータ点を正しく分類するように重みを
変更してください。

解答

- **a.** データ点 (x_a, x_b) に対する予測値 $\hat{y}$ は次のようになる。この予測は 1 よりも 0 に
近いため、このデータ点は誤分類されている。

$$C = \sigma(6 \cdot 1 + 10 \cdot 1 - 15) = \sigma(1) = 0.731$$
$$F = \sigma(10 \cdot 1 + 6 \cdot 1 - 15) = \sigma(1) = 0.731$$
$$\hat{y} = \sigma(1 \cdot 0.731 + 1 \cdot 0.731 - 1.5) = \sigma(-0.39) = 0.404$$

- **b.** 最後のノードのバイアスを 2・0.731 = 1.461 よりも小さくするとうまくいくだ
ろう。たとえば、このバイアスの値が 1.4 だったとすれば、データ点 (1, 1) の予
測値は 0.5 よりも大きくなる。試しに、この新しいニューラルネットワークが残り
のデータ点のラベルを正しく予測することを確認してみよう。

A.10　第11章

練習問題 11-1

それぞれ方程式 $w_1 x_1 + w_2 x_2 + b = 1$ と $w_1 x_1 + w_2 x_2 + b = -1$ で表される直線間の
距離がちょうど $\frac{2}{\sqrt{w_1^2 + w_2^2}}$ であることを証明してください(この練習問題は 11.1.2 項の計算
を完成させるものです)。

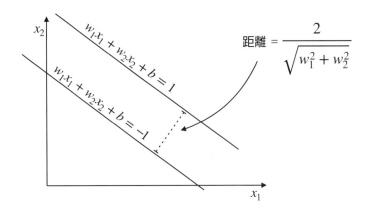

解答

まず、それぞれの直線を次のように定義します。

- L_1 は方程式 $w_1 x_1 + w_2 x_2 + b = 1$ で表される直線
- L_2 は方程式 $w_1 x_1 + w_2 x_2 + b = -1$ で表される直線

方程式 $w_1 x_1 + w_2 x_2 + b = 0$ は傾き $-\frac{w_1}{w_2}$ の $x_2 = -\frac{w_1}{w_2} x_1 - b$ として書き直すことができます。この直線に垂直な直線の傾きは $\frac{w_1}{w_2}$ です。具体的に言うと、式 $x_2 = \frac{w_1}{w_2} x_1$ で表される直線は L_1 と L_2 の両方に対して垂直です。この直線を L_3 と呼ぶことにします。

次に、L_3 と L_1、L_2 が交わる点の値を求めます。L_1 と L_3 が交わる点は次の式の解です。

$$w_1 x_1 + w_2 x_2 + b = 1$$
$$x_2 = \frac{w_1}{w_2} x_1$$

2つ目の方程式を1つ目の方程式に代入すると、次の1つ目の式になり、x_1 の値を求めると2つ目の式になります。

$$w_1 x_1 + w_2 \cdot \frac{w_1}{w_2} x_1 + b = 1$$
$$x_1 = \frac{1 - b}{2 w_1}$$

したがって、L_2 の点はすべて $\left(x, \frac{w_1}{w_2} x\right)$ の形式になるため、L_1 と L_3 が交わる点の座標は $\left(\frac{1-b}{w_1}, \frac{1-b}{w_2}\right)$ になります。同様の計算により、L_2 と L_3 が交わる点の座標は $\left(\frac{-1-b}{w_1}, \frac{-1-b}{w_2}\right)$ になります。

2つの点の間の距離はピタゴラスの定理を使って求めることができます。そうすると、期待どおりの結果になることがわかります。

$$\sqrt{\left(\frac{1-b}{w_1} - \frac{-1-b}{w_1}\right)^2 + \left(\frac{1-b}{w_2} - \frac{-1-b}{w_2}\right)^2} = \sqrt{\left(\frac{2}{w_1}\right)^2 + \left(\frac{2}{w_1}\right)^2} = \frac{2}{\sqrt{w_1^2 + w_2^2}}$$

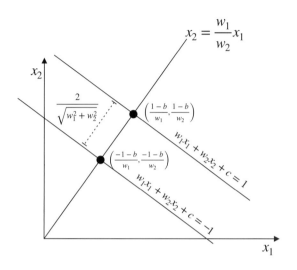

練習問題 11-2

練習問題 5-3 で学んだように、XOR ゲートを模倣するパーセプトロンを構築することは不可能です。つまり、次のデータセットをパーセプトロンで適合させて 100% の正解率を達成することはできません。

x_1	x_2	y
0	0	0
0	1	1
1	0	1
1	1	0

というのも、このデータセットは線形分離不可能だからです。SVM も線形モデルであるため、同じ問題を抱えています。しかし、カーネルを利用すれば、この問題を切り抜けることができます。このデータセットを線形分離可能なものに変えるためにどのようなカーネルを使えばよいでしょうか。結果として得られる SVM はどのようなものになるでしょうか。**ヒント**: 11.3.1 項でよく似た問題を解いているので参考にしてください。

解答

次数が 2 の多項式カーネルを使うと、データセットが次のように変化します。

x_1	x_2	x_1^2	$x_1 x_2$	x_2^2	y
0	0	0	0	0	0
0	1	0	0	1	1
1	1	1	0	0	1
1	1	1	1	1	0

このように変換されたデータセットでうまくいく分類器がいくつかあります。たとえば式 $\hat{y} = \text{step}(x_1 + x_2 - 2x_1x_2 - 0.5)$ で表される分類器はデータを正しく分類します。

A.11　第 12 章

練習問題 12-1

弱学習器 L_1、L_2、L_3 で構成されたブースティング強学習器 L があります。弱学習器の重みはそれぞれ 1、0.4、1.2 です。特定のデータ点に対し、L_1 と L_2 は正のラベルを予測し、L_3 は負のラベルを予測します。このデータ点に対する強学習器 L の最終的な予測値は何になるでしょうか。

解答

L_1 と L_2 は正のラベルを予測し、L_3 は負のラベルを予測したので、集計すると 1 + 0.4 − 1.2 = 0.2 になります。結果は正であり、強学習器はこのデータ点に対して正のラベルを予測します。

練習問題 12-2

サイズ 100 のデータセットで AdaBoost モデルを訓練している最中だとします。現在の弱学習器は 100 個のデータ点のうち 68 個を正しく分類します。最終的なモデルにおいて、この弱学習器に割り当てる重みはいくつになるでしょうか。

解答

この重みは対数オッズ（オッズの自然対数）です。この弱学習器は 68 個のデータ点を正しく分類し、残りの 32 個のデータ点を誤分類するため、オッズは 68/32 です。したがって、この弱学習器に割り当てられる重み（weight）は次のようになります。

$$weight = ln\left(\frac{68}{32}\right) = 0.754$$

A.12　第13章

練習問題 13-1

本書の GitHub リポジトリに test.csv というファイルがあります。このファイルには
タイタニック号のより多くの乗客のデータが含まれていますが、Survived 列は含まれて
いません。

1. 本章で行ったように、このファイルのデータの前処理を行います。

2. モデルのいずれかを使ってこのデータセットのラベルを予測します。モデルの予測で
   は、生存していた乗客は何人でしょうか。

3. 第13章のすべてのモデルの性能を比較します。テストデータセットで実際に生存し
   ていたと思われる乗客は何人でしょうか。

解答

練習問題 13-1 の解答は、次のフォルダに含まれているノートブックの最後にあります。

```
https://github.com/luisguiserrano/manning/tree/master/Chapter_13_End_to_end_
example
```

微分と勾配を使って山を下る
勾配降下法の計算　B

　本付録では、勾配降下法の数学的な部分を詳しく見ていきます。以下の内容はかなり専門的であり、これが理解できないと本書の他の部分が理解できないというわけではありません。しかし、基本的な機械学習アルゴリズムの内部の仕組みを理解したいと考えている読者のために、ここで説明することにしました。以下の内容を読むには、本書の他の部分よりも高い数学的知識が求められます。具体的には、ベクトル、微分、連鎖律の知識が必要です。

　第3章、第5章、第6章、第10章、第11章では、モデルの誤差関数を最小化するために勾配降下法を使いました。具体的には、勾配降下法を使って次の誤差関数を最小化しました。

- 第3章：線形回帰モデルの絶対誤差関数と二乗誤差関数
- 第5章：パーセプトロンモデルのパーセプトロン誤差関数
- 第6章：ロジスティック分類器のログ損失
- 第10章：ニューラルネットワークのログ損失
- 第11章：SVMの分類（パーセプトロン）誤差と距離（正則化）誤差

　これらの章で学んだように、誤差関数はモデルの性能がどれくらい低いかを計測します。したがって、この誤差関数の最小値を突き止めること —— あるいは最小値ではないとしても、少なくとも非常に小さな値を突き止めることは、よいモデルを見つけ出すのに貢献するでしょう。

　本書では、「エラレスト山を下る」というたとえを使いました（図 B-1）。あなたはエラレスト山の中腹にいて、山のふもとまで下りたいのですが、濃い霧が立ち込めていてあまり遠くまで見渡せません。最も確実な方法は、一歩ずつ山を下ることです。そこであなたは、「一歩しか踏み出せないのなら、最も傾斜の大きい方向はどれだろう」と考えます。進む方向が決まったら、その方向に一歩進みます。そして同じ質問をしては一歩進むというプロセスを何回も繰り返します。常に最も傾斜が大きい方向に踏み出せば、山を下るはずだということが想像できます。谷で立ち往生したりせずに山のふもとに無事にたどり着くためには、少し運が必要かもしれません。この点については、B.4 節で取り上げます、

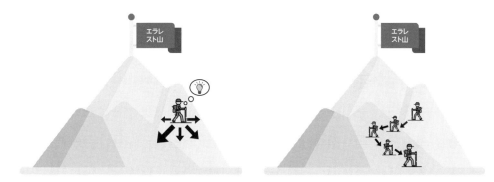

図 B-1：勾配降下法を使ってエラレスト山を下りたい

　以降の節では、勾配降下法で使われる数学について説明し、誤差関数を小さくすることに基づく機械学習アルゴリズムの訓練にそれらの知識を役立てます。

B.1　勾配降下法を使って関数を小さくする

　勾配降下法を数学的に表すと次のようになります。n 個の変数 $x_1, x_2, ..., x_n$ に関する関数 $f(x_1, x_2, ..., x_n)$ を最小化したいとしましょう。ここでは、この関数が連続的で、n 個の変数のそれぞれで微分可能であると仮定します。

　私たちは現在、座標 $(p_1, p_2, ..., p_n)$ の点 p に立っており、関数が最も小さくなる方向を調べて、その方向に一歩踏み出したいと考えています（図 B-2）。関数が最も小さくなる方向を調べるには、関数の**勾配**（gradient）を使います。勾配 ∇ は変数 $x_1, x_2, ..., x_n$ での f の偏微分によって求まる n 次元ベクトルです。

$$\nabla f = \left(\frac{\partial f}{\partial x_1}, \frac{\partial f}{\partial x_2}, \ldots, \frac{\partial f}{\partial x_n} \right)$$

　勾配は最も伸びが大きい方向 —— つまり、関数が最も**大きくなる**方向を指すベクトルです。したがって、勾配の符号を反転させると関数が最も**小さくなる**方向になり、その方向に 1 ステップ進む必要があります。1 ステップの大きさは、第 3 章で説明した**学習率** η を使って決定します。勾配降下法のステップは、勾配 ∇f の負の方向に長さ $\eta|\nabla f|$ だけ進むというものです。したがって、元の点 p は、勾配降下法ステップを適用した後は $p - \eta\nabla f$ になります（図 B-2）。

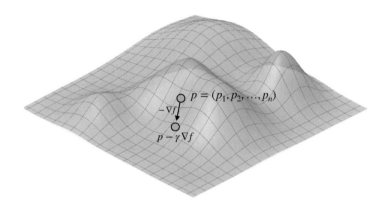

$$p = (p_1, p_2, \ldots, p_n)$$
$$-\nabla f$$
$$p - \gamma\nabla f$$

図 B-2：最初の点 p から勾配の負の方向（関数が最も小さくなる方向）に
1 ステップ進むと現在の点になる[1]

　関数をほんの少し小さくするために 1 ステップ進む方法がこれでわかりました。関数を最小化するには、このプロセスを何回も繰り返せばよいだけです。勾配降下法の擬似コードを見てみましょう。

勾配降下法の擬似コード

目標：関数 f を最小化する。

ハイパーパラメータ：

- エポック数 N
- 学習率 η

手順：

　1. ランダムな点 p_0 を選択する。

　2. $i = 0, \ldots, N-1$ に対して以下の処理を繰り返す。

　　i. 勾配 $\nabla f(p_i)$ を求める。

※ 1 　本付録の 3 次元の図の作成には Golden Software, LLC の Grapher を使っている。
https://www.goldensoftware.com/products/grapher

ⅱ. 点 $p_{i+1} = p_i - \eta \nabla f(p_i)$ を選択する。
3. 点 p_n で処理を終了する。

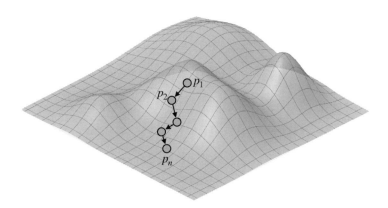

図 B-3：勾配降下法のステップを何回も繰り返せば関数の最小値が見つかる可能性が高い。
p_1 は開始点、p_n は勾配降下法によってたどり着いた点を表す

　この手順を実行すれば関数の最小値が**必ず**見つかるのでしょうか。残念ながらそうではありません。勾配降下法を使って関数を最小化するときには、極小値（谷）で立ち往生するなど、さまざまな問題が起こる可能性があります。この問題に対処する非常に効果的な方法があるので、B.4 節で説明します。

B.2　勾配降下法を使ってモデルを訓練する

　勾配降下法が関数の最小化（あるいは少なくとも小さな値を見つけ出すこと）にどのように役立つのかがわかったところで、勾配降下法を使って機械学習モデルを訓練する方法を見てみましょう。ここでは、次のモデルを訓練します。

- 線形回帰（第 3 章）
- パーセプトロン（第 5 章）
- ロジスティック分類器（第 6 章）
- ニューラルネットワーク（第 10 章）
- 正則化（第 4 章、第 11 章）。正則化はモデルではないが、正則化を使っているモデルに対する勾配降下法の効果を確認できる。

勾配降下法を使ってモデルを訓練する方法は、勾配降下法を使ってモデルの誤差関数 f を最小化するというものです。誤差関数の値の計算には、データセットを使います。しかし、第 3 章の 3.4.6 項、第 6 章の 6.2.3 項、第 10 章の 10.2.7 項で説明したように、データセットが大きすぎる場合は、データセットを（だいたい）同じ大きさのミニバッチに分割し、ステップごとに異なるミニバッチを使って誤差関数を計算すると、訓練を高速化するのに役立ちます。

本付録では、次の表記を使います。用語のほとんどは第 1 章と第 2 章で説明したものです（$i = 1, 2, ..., m$ とします）。

- データセットの**サイズ**（行数）は m
- データセットの**次元**（列数）は n
- データセットは**特徴量**と**ラベル**で構成される
- **特徴量**は m 個のベクトル $x_i = (x_1^{(i)}, x_2^{(i)}, ..., x_n^{(i)})$
- **ラベル**は y_i
- **モデル**には重みベクトル $w = (w_1, w_2, ..., w_n)$ とバイアス b（スカラー）が与えられる（ただし、モデルがニューラルネットワークの場合は重みとバイアスの数が増える）
- モデルの**予測値**は $\hat{y}_i$
- モデルの**学習率**は η
- データの**ミニバッチ**は $B_1, B_2, ..., B_l$（l は何らかの数）。各ミニバッチの長さは q、1 つのミニバッチに含まれるデータ点は（表記の便宜上）$x^{(1)}, ..., x^{(q)}$、ラベルは $y_1, ..., y_q$

モデルの訓練に使う勾配降下法のアルゴリズムは次のようになります。

機械学習モデルを訓練するための勾配降下法アルゴリズム

ハイパーパラメータ：

- エポック数 N
- 学習率 η

手順：

1. 重み $w_1, w_2, ..., w_n$ とバイアス b をランダムに選択する。
2. $i = 0, ..., N - 1$ に対して以下の処理を繰り返す。
   i. ミニバッチ $B_1, B_2, ..., B_l$ のそれぞれに対し、
      - このミニバッチに対する誤差関数 $f(w, b)$ を計算する。
      - 勾配を計算する。

$$\nabla f(w_1, \ldots, w_n, b) = \left(\frac{\partial f}{\partial w_1}, \ldots, \frac{\partial f}{\partial w_n}, \frac{\partial f}{\partial b} \right)$$

- 重みとバイアス (w, b) を次の (w', b') に置き換える。

$$w_i' = w_i - \eta \frac{\partial f}{\partial w_i}, \qquad b' = b - \eta \frac{\partial f}{\partial b}$$

以降の節では、この手順を次のモデルと誤差関数に対して実行します。

- 線形回帰モデルと平均絶対誤差関数（B.2.1）
- 線形回帰モデルと平均二乗誤差関数（B.2.1）
- パーセプトロンモデルとパーセプトロン誤差関数（B.2.2）
- ロジスティック回帰モデルとログ損失関数（B.2.2）
- ニューラルネットワークとログ損失関数（B.2.3）
- 正則化を使うモデル（B.3）

B.2.1　勾配降下法を使って線形回帰モデルを訓練する

ここでは、勾配降下法を使って線形回帰モデルを訓練します。モデルの訓練には、本書で学んだ平均絶対誤差（MAE）と平均二乗誤差（MSE）の2つの誤差関数を使います。第3章で説明したように、線形回帰の予測値 $\hat{y}_1, \hat{y}_2, ..., \hat{y}_q$ の式は次のようになります。

$$\hat{y}_i = \sum_{j=1}^{n} w_j x_j^{(i)} + b \tag{B.2.1}$$

この回帰モデルの目標は、ラベルに非常に近い予測値を生成する重み $w_1, ..., w_n$ を見つけ出すことです。したがって、誤差関数は特定の重みの集合に関して $\hat{y}$ が y からどれくらい離れているかを計測するのに役立ちます。第3章の3.4.1項と3.4.2項で説明したように、この距離を求める方法は2つあります。1つは絶対値 $|\hat{y} - y|$ であり、もう1つは差の2乗 $(\hat{y} - y)^2$ です。1つ目の方法がMAE、2つ目の方法がMSEです。これら2つの方法を別々に見ていきましょう。

MAE を小さくするために勾配降下法を使って線形回帰モデルを訓練する

ここでは、MAE 関数の勾配を計算し、その値を使って勾配降下法を適用し、線形回帰モデルを訓練します。MAE は $\hat{y}$ が y からどれくらい離れているかを数値化します。3.4.1項で定

義したように、MAE の式は次のようになります。

$$MAE(w, b, x, y) = \frac{1}{q} \sum_{i=1}^{q} | \hat{y}_l - y_i |$$

便宜上、$MAE(w, b, x, y)$ を MAE と略すことにします。勾配降下法を使って MAE を小さくするには、勾配 ∇MAE を求める必要があります。勾配は MAE の $w_1, ..., w_n, b$ についての $n + 1$ 個の偏微分係数を含んでいるベクトルです。

$$\nabla MAE = \left(\frac{\partial MAE}{\partial w_1}, \dots, \frac{\partial MAE}{\partial w_n}, \frac{\partial MAE}{\partial b} \right)$$

これらの偏微分係数は連鎖律を使って計算します。まず、次の式を見てください。

$$\frac{\partial MAE}{\partial w_j} = \frac{1}{q} \sum_{i=1}^{q} \frac{\partial | \hat{y}_i - y_i |}{\partial w_j}$$

$f(x) = |x|$ の微分は符号関数 $\mathrm{sgn}(x) = \frac{|x|}{x}$ であり、x が正のときは +1、負のときは -1 になります（0 のときの定義はありませんが、便宜的に 0 にできます）。したがって、先の式を次のように書き換えることができます。

$$\frac{\partial MAE}{\partial w_j} = \frac{1}{q} \sum_{i=1}^{q} \mathrm{sgn}(\hat{y}_i - y_i) \frac{\partial \hat{y}_i}{\partial w_j}$$

この値を計算するために、式の最後の部分に注目してみましょう。$\hat{y}_i$ の式 (B.2.1) を当てはめると次のようになります。

$$\frac{\partial \hat{y}_i}{\partial w_j} = \sum_{j=1}^{n} \frac{\partial \left(w_j x_j^{(i)} \right)}{\partial w_j} = x_j^{(i)}$$

このようになるのは、w_i についての w_j の微分が、$j = i$ のときは 1、それ以外のときは 0 になるためです。したがって、微分を置換すると次のようになります。

$$\frac{\partial MAE}{\partial w_j} = \frac{1}{q} \sum_{i=1}^{q} \mathrm{sgn}(\hat{y}_i - y_i) x_j^{(i)}$$

同様に、$MAE(w, b)$ の b についての微分を次のように求めることができます。

$$\frac{\partial MAE}{\partial b} = \frac{1}{q} \sum_{i=1}^{q} \text{sgn}(\hat{y}_i - y_i)$$

勾配降下法ステップは次のようになります。

勾配降下法ステップ

(w, b) を次のような (w', b') に置き換えます。

$$w'_j = w_j + \eta \frac{1}{q} \sum_{i=1}^{q} \text{sgn}(y_i - \hat{y}_i)x_j^{(i)}, \quad (i = 1, 2, \ldots, n)$$

$$b' = b + \eta \frac{1}{q} \sum_{i=1}^{q} \text{sgn}(y_i - \hat{y}_i)$$

ここで興味深い点があります。ミニバッチの大きさが $q = 1$ で、ラベル y と予測値 $\hat{y}$ を持つデータ点 $x = (x_1, x_2, ..., x_n)$ で構成されている場合、勾配降下法ステップは次のように定義されます。

$$w'_j = w_j + \eta \, \text{sgn}(y - \hat{y})x_j$$

$$b' = b + \eta \, \text{sgn}(y - \hat{y})$$

これはまさに3.2.2項で線形回帰アルゴリズムを訓練するために使った単純なトリックです。

MSE を小さくするために勾配降下法を使って線形回帰モデルを訓練する

ここでは、MSE 関数の勾配を計算し、その値を使って勾配降下法を適用し、線形回帰モデルを訓練します。MSE は $\hat{y}$ が y からどれくらい離れているかを数値化するもう1つの方法であり、第3章の3.4.2項で最初に定義したものです。MSE の式は次のようになります。

$$MSE(w, b, x, y) = \frac{1}{2m} \sum_{i=1}^{q} (\hat{y}_i - y_i)^2$$

便宜上、$MSE(w, b, x, y)$ を MSE と略すことにします。勾配 ∇MSE の計算手順は MAE のときと同じです。ただし、$f(x) = x^2$ の微分は $2x$ です。したがって、MSE の w_j についての微分は次のようになります。

$$\frac{\partial MSE}{\partial w_j} = \frac{1}{2q} \sum_{i=1}^{q} \frac{\partial (\hat{y}_i - y_i)^2}{\partial w_j} = \frac{1}{2q} \sum_{i=1}^{q} 2(\hat{y}_i - y_i)\frac{\partial \hat{y}_i}{\partial w_j} = \frac{1}{q} \sum_{i=1}^{q} (\hat{y}_i - y_i)\frac{\partial \hat{y}_i}{\partial w_j}$$

同様に、$MSE(w, b)$ の b についての微分は次のようになります。

$$\frac{\partial MSE}{\partial b} = \frac{1}{2q} \sum_{i=1}^{q} \frac{\partial(\hat{y}_i - y_i)^2}{\partial b} = \frac{1}{2q} \sum_{i=1}^{q} 2(\hat{y}_i - y_i)\frac{\partial \hat{y}_i}{\partial b} = \frac{1}{q} \sum_{i=1}^{q} (\hat{y}_i - y_i)\frac{\partial \hat{y}_i}{\partial b}$$

勾配降下法ステップ

(w, b) を次のような (w', b') に置き換えます。

$$w'_j = w_j + \eta \frac{1}{q} \sum_{i=1}^{q} (y_i - \hat{y}_i)x_j^{(i)}, \;\; (i = 1, 2, \ldots, n)$$

$$b' = b + \eta \frac{1}{q} \sum_{i=1}^{q} (y_i - \hat{y}_i)$$

ここでも、ミニバッチの大きさが $q = 1$ で、ラベル y と予測値 $\hat{y}$ を持つデータ点 $x = (x_1, x_2, ..., x_n)$ で構成されている場合、勾配降下法ステップは次のように定義されます。

$$w'_j = w_j + \eta\,(y - \hat{y})x_j$$

$$b' = b + \eta\,(y - \hat{y})$$

これはまさに 3.2.3 項で線形回帰アルゴリズムを訓練するために使った二乗法です。

B.2.2　勾配降下法を使って分類モデルを訓練する

ここでは、勾配降下法を使って分類モデルを訓練します。ここで訓練するのは、パーセプトロンモデル（第 5 章）とロジスティック回帰モデル（第 6 章）の 2 つです。これらのモデルはそれぞれ独自の誤差関数を使うため、別々に見ていきましょう。

パーセプトロン誤差を小さくするために勾配降下法を使ってパーセプトロンモデルを訓練する

ここでは、パーセプトロン誤差関数の勾配を計算し、その値を使って勾配降下法を適用し、パーセプトロンモデルを訓練します。パーセプトロンモデルの予測値は $\hat{y}_1, \hat{y}_2, ..., \hat{y}_q$ であり、ここで $\hat{y}_i$ は 0 または 1 です。予測値を計算するには、まず、第 5 章で導入したステップ関数 $\text{step}(x)$ を定義する必要があります。この関数は入力として実数 x を受け取り、$x < 0$ のときは 0、$x \geq 0$ のときは 1 を出力します（図 B-4）。

図 B-4：ステップ関数は入力が負のときは 0、非負のときは 1 を出力する

$$step(x) = \begin{cases} 0 \ (x < 0) \\ 1 \ (x \geq 0) \end{cases}$$

　このモデルは各データ点に**スコア**を割り当てます。重み w_1, w_2, ..., w_n とバイアス b を使うモデルがデータ点 $x^{(i)} = (x_1^{(i)}, x_2^{(i)}, ..., x_n^{(i)})$ に割り当てるスコア $score(w, b, x^{(i)})$ と、このモデルの予測値 $\hat{y}_i$ は次のようになります。

$$score(w, b, x^{(i)}) = \sum_{j=1}^{n} w_j x_j^{(i)} + b$$

$$\hat{y}_i = \text{step}(score(w, b, x^{(i)})) = \text{step}\left(\sum_{j=1}^{n} w_j x_j^{(i)} + b\right)$$

　つまり、スコアが正のときは予測値が 1 になり、それ以外のときは 0 になります。

　パーセプトロン誤差関数は $PE(w, b, x, y)$ であり、ここでは PE と略すことにします。パーセプトロン誤差関数は第 5 章の 5.2.1 項で最初に定義したものです。構造上、モデルの予測値が大きく外れている場合は大きな値になり、モデルの予測値が妥当である場合は小さな値（この場合は 0）になります。この誤差関数の定義は次のようになります。

$$PE(w, b, x, y) = \begin{cases} 0 & (\hat{y} = y) \\ |score(w, b, x)| & (\hat{y} \neq y) \end{cases}$$

　つまり、データ点が正しく分類されている場合の誤差は 0 であり、誤分類されている場合の誤差はスコアの絶対値です。したがって、誤分類されたデータ点のスコアの絶対値が小さい場合は誤差が小さくなり、絶対値が大きい場合は誤差が大きくなります。というのも、データ点のスコアの絶対値はそのデータ点と境界線の間の距離に比例するからです。したがって、誤差が小さいデータ点は境界線の近くにあり、誤差が大きいデータ点は境界線から離れたところにあります。

　勾配 ∇PE を計算するためのルールは以前と同じです。1 つ注意すべき点は、絶対値関数 $|x|$ の微分が $x \geq 0$ のときは 1、$x < 0$ のときは 0 であることです。$x = 0$ のときの微分は未定義ですが、ひとまず 1 として定義しておいても問題はありません。

　第 10 章で導入した $ReLU(x)$ 関数は、$x < 0$ のときは 0、$x \geq 0$ のときは x になります。デー

タ点が誤分類される方法は次の 2 通りです。

$$y = 0,\ \hat{y} = 1\ \ (score(w, b, x) \geq 0)$$
$$y = 1,\ \hat{y} = 0\ \ (score(w, b, x) < 0)$$

したがって、パーセプトロン誤差を便宜的に次のように書き換えることができます。

$$PE = \sum_{i=1}^{q} y_i\, \mathrm{ReLU}(-score(w, b, x)) + (1 - y_i)\, \mathrm{ReLU}(score(w, b, x))$$

さらに細かく定義すると次のようになります。

$$PE = \sum_{i=1}^{q} y_i\, \mathrm{ReLU}\left(-\sum_{j=1}^{n} w_j x_j^{(i)} - b\right) + (1 - y_i)\, \mathrm{ReLU}\left(\sum_{j=1}^{n} w_j x_j^{(i)} + b\right)$$

これで、連鎖律を使った勾配 ∇PE の計算に進むことができます。ここでは、$\mathrm{ReLU}(x)$ の微分はステップ関数 $\mathrm{step}(x)$ であるという重要な事実を利用します。勾配の式は次のようになります。

$$\frac{\partial PE}{\partial w_j} = \sum_{i=1}^{q} y_i\, \mathrm{step}\left(-\sum_{j=1}^{n} w_j x_j^{(i)} - b\right)(-x_j^{(i)}) + (1 - y_i)\, \mathrm{step}\left(\sum_{j=1}^{n} w_j x_j^{(i)} + b\right) x_j^{(i)}$$

この式を次のように書き換えることができます。

$$\frac{\partial PE}{\partial w_j} = \sum_{i=1}^{q} -y_i\, x_j^{(i)} \mathrm{step}(-score(w, b, x)) + (1 - y_i)\, x_j^{(i)} \mathrm{step}(score(w, b, x))$$

何やら複雑そうですが、実際にはそれほど難しくありません。式の右辺の被加数を順番に見ていきましょう。$\mathrm{step}(score(w, b, x))$ は、$score(w, b, x) > 0$ のときに限り 1 であり、それ以外のときは 0 であることがわかります。まさに $\hat{y} = 1$ のケースです。同様に、$\mathrm{step}(-score(w, b, x))$ は $score(w, b, x) < 0$ のときに限り 1 であり、それ以外のときは 0 です。こちらは $\hat{y} = 0$ のケースです。したがって、次のようになります。

$$\hat{y}_i = 0,\, y_i = 0:$$
$$-y_i x_j^{(i)} \mathrm{step}(-score(w, b, x)) + (i - y_i) x_j^{(i)} \mathrm{step}(score(w, b, x)) = 0$$
$$\hat{y}_i = 1,\, y_i = 1:$$
$$-y_i x_j^{(i)} \mathrm{step}(-score(w, b, x)) + (i - y_i) x_j^{(i)} \mathrm{step}(score(w, b, x)) = 0$$

$$\hat{y}_i = 0, y_i = 1:$$
$$- y_i x_j^{(i)} \text{step}(-score(w, b, x)) + (i - y_i) x_j^{(i)} \text{step}(score(w, b, x)) = -x_j^{(i)}$$
$$\hat{y}_i = 1, y_i = 0:$$
$$- y_i x_j^{(i)} \text{step}(-score(w, b, x)) + (i - y_i) x_j^{(i)} \text{step}(score(w, b, x)) = x_j^{(i)}$$

つまり、$\frac{\partial PE}{\partial w_j}$ の計算時に加算されるのは、誤分類されたデータ点の被加数だけです。次の式も同様です。

$$\frac{\partial PE}{\partial b} = \sum_{i=1}^{q} -y_i \, \text{step}(-score(w, b, x)) + (1 - y_i) \, \text{step}(score(w, b, x))$$

したがって、勾配降下法ステップは次のように定義されます。

勾配降下ステップ

(w, b) を次のような (w', b') に置き換えます。

$$w_j' = w_j + \eta \sum_{i=1}^{q} -y_i \, x_j^{(i)} \text{step}(-score(w, b, x)) + (1 - y_i) \, x_j^{(i)} \text{step}(score(w, b, x))$$

$$b' = b + \eta \sum_{i=1}^{q} -y_i \, \text{step}(-score(w, b, x)) + (1 - y_i) \, \text{step}(score(w, b, x))$$

先ほどと同じように、この式の右辺を調べてみましょう

$$\hat{y}_i = 0, y_i = 0:$$
$$- y_i \, \text{step}(-score(w, b, x)) + (i - y_i) \, \text{step}(score(w, b, x)) = 0$$
$$\hat{y}_i = 1, y_i = 1:$$
$$- y_i \, \text{step}(-score(w, b, x)) + (i - y_i) \, \text{step}(score(w, b, x)) = 0$$
$$\hat{y}_i = 0, y_i = 1:$$
$$- y_i \, \text{step}(-score(w, b, x)) + (i - y_i) \, \text{step}(score(w, b, x)) = -1$$
$$\hat{y}_i = 1, y_i = 0:$$
$$- y_i \, \text{step}(-score(w, b, x)) + (i - y_i) \, \text{step}(score(w, b, x)) = 1$$

あまりピンとこないかもしれませんが、この式をコーディングすると、微分のエントリをすべて計算できます。ミニバッチの大きさが $q = 1$ で、ラベル y と予測値 $\hat{y}$ を持つデータ点 $x = (x_1, x_2, ..., x_n)$ で構成されている場合、勾配降下法ステップは次のように定義されます。

- データ点が正しく分類されている場合は、w と b を変更しない。

- データ点のラベルが $y = 0$ で、$\hat{y} = 1$ として分類されている場合は、(w, b) を次の (w', b') に置き換える。

$$w' = w - \eta x, \qquad b' = b - \eta$$

- データ点のラベルが $y = 1$ で、$\hat{y} = 0$ として分類されている場合は、(w, b) を次の (w', b') に置き換える。

$$w' = w + \eta x, \qquad b' = b + \eta$$

これはまさに第 5 章の 5.3.1 項で説明したパーセプトロン法です。

ログ損失を小さくするために勾配降下法を使ってロジスティック回帰モデルを訓練する

ここでは、ログ損失関数の勾配を計算し、その値を使って勾配降下法を適用し、ロジスティック回帰モデルを訓練します。ロジスティック回帰モデルの予測値は $\hat{y}_1, \hat{y}_2, ..., \hat{y}_q$ であり、ここで $\hat{y}_i$ は 0 〜 1 の実数です。予測値を計算するには、まずシグモイド関数 $\sigma(x)$ を定義する必要があります。この関数は入力として実数 x を受け取り、0 〜 1 の値を出力します。x が大きな正の値である場合、$\sigma(x)$ の出力は 1 に近くなります。x が大きな負の値である場合は 0 に近くなります（図 B-5）。

$$\sigma(x) = \frac{1}{1 + e^{-x}}$$

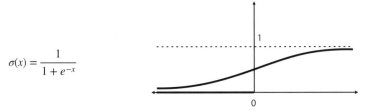

図 B-5：シグモイド関数は常に 0 〜 1 の値を出力する。
入力が負のときの出力は 0 に近い値になり、入力が正のときの出力は 1 に近い値になる

ロジスティック回帰モデルの予測値はまさにシグモイド関数の出力であり、次のように定義されます。

$$\hat{y}_i = \sigma(score(w, b, x^{(i)})) = \sigma\left(\sum_{j=1}^{n} w_j x_j^{(i)} + b\right), \quad (i = 1, 2, \ldots, q)$$

ログ損失は $LL(w, b, x, y)$ であり、ここでは LL と略すことにします。この誤差関数は第6章の6.1.3項で最初に定義したものです。構造的にはパーセプトロン誤差関数に似ており、モデルの予測値が大きく外れている場合は大きな値になり、モデルの予測値が妥当である場合は小さな値になります。この誤差関数の定義は次のようになります。

$$LL = -\sum_{i=1}^{q} y_i \log(\hat{y}_i) + (1 - y_i) \log(1 - \hat{y}_i)$$

これで、連鎖律を使った勾配 ∇LL の計算に進むことができます。その前に、シグモイド関数の微分を次の式で表せることを指摘しておきます。計算の細かい部分は商の微分法則を使って解くことができます（ぜひ調べてみてください）。

$$\sigma'(x) = \sigma(x)\,[1 - \sigma(x)]$$

この微分を使って $\hat{y}_i$ の w_j についての微分を計算できます。$\hat{y}_i$ の定義と連鎖律から次の式が求まります。

$$\hat{y}_i = \sigma\left(\sum_{j=1}^{n} (w_j x_j^{(i)} + b)\right)$$

$$\frac{\partial \hat{y}_i}{\partial w_j} = \sigma\left(\sum_{j=1}^{n} (w_j x_j^{(i)} + b)\right)\left[1 - \sigma\left(\sum_{j=1}^{n} (w_j x_j^{(i)} + b)\right)\right] x_j^{(i)} = \hat{y}_i(1 - \hat{y}_i) x_j^{(i)}$$

次はログ損失です。再び連鎖律を使うと次のようになります。

$$\frac{\partial LL}{\partial w_j} = -\sum_{i=1}^{q} y_i \frac{1}{\hat{y}_i} \frac{\partial \hat{y}_i}{\partial w_j} + (1 - y_i) \frac{-1}{1 - \hat{y}_i} \frac{\partial \hat{y}_i}{\partial w_j}$$

先の $\frac{\partial \hat{y}_i}{\partial w_j}$ の式を当てはめると次のようになります。

$$\frac{\partial LL}{\partial w_j} = \sum_{i=1}^{q} -y_i \frac{1}{\hat{y}_i} \hat{y}_i(1 - \hat{y}_i) x_j^{(i)} - (1 - y_i) \frac{-1}{1 - \hat{y}_i} \hat{y}_i(1 - \hat{y}_i) x_j^{(i)}$$

この式を整理すると次のようになります。

$$\frac{\partial LL}{\partial w_j} = \sum_{i=1}^{q} -y_i(1 - \hat{y}_i)x_j^{(i)} + (1 - y_i)\hat{y}_i x_j^{(i)}$$

さらに整理すると次のようになります。

$$\frac{\partial LL}{\partial w_j} = \sum_{i=1}^{q} (\hat{y}_i - y_i)x_j^{(i)}$$

同様に、b の微分を計算すると次のようになります。

$$\frac{\partial LL}{\partial b} = \sum_{i=1}^{q} (\hat{y}_i - y_i)$$

したがって、勾配降下法ステップは次のようになります。

勾配降下法ステップ

(w, b) を次のような (w', b') に置き換えます。

$$w' = w + \eta \sum_{i=1}^{q} (y_i - \hat{y}_i)x^{(i)} \qquad b' = b + \eta \sum_{i=1}^{q} (y_i - \hat{y}_i)$$

ミニバッチの大きさが1の場合、勾配降下法ステップが次のようになることに注意してください。

$$w' = w + \eta\,(y - \hat{y})x^{(i)} \qquad b' = b + \eta\,(y - \hat{y})$$

これはまさに第6章の6.2節で説明したロジスティック法です。

B.2.3　勾配降下法を使ってニューラルネットワークを訓練する

第10章の10.2.2項では、誤差逆伝播法について説明しました。誤差逆伝播法はニューラルネットワークの訓練プロセスであり、勾配降下法ステップを繰り返すことでログ損失を最小化します。ここでは、この勾配降下法ステップを実行するために微分を実際に計算する方法を示します。ここで使うのは深さ2のニューラルネットワーク（入力層が1つ、隠れ層が1つ、出力層が1つ）ですが、微分をどのように計算するのかを理解するのに十分な大きさです。さらに、勾配降下法を適用する誤差は1つのデータ点に関するものです（つまり、確率的勾配降下法を実行します）。ただし、さらに多くの層を持つニューラルネットワークの微分にもぜひ挑戦してください。また、ミニバッチ勾配降下法も試してみてください。

このニューラルネットワークの入力層は m 個の入力ノードで構成されており、隠れ層は n 個の隠れノード、出力層は 1 個の出力ノードで構成されています。ここで単純さを優先し、これまでとは異なる表記を使うことにします（図 B-6）。

- 入力は座標 $x_1, x_2, ..., x_m$ で表されるデータ点
- 1 つ目の隠れ層では、重み V_{ij} とバイアス b_j を使う（$i = 1, 2, ..., m, j = 1, 2, ..., n$）
- 2 つ目の隠れ層では、重み W_j とバイアス c を使う（$j = 1, 2, ..., n$）

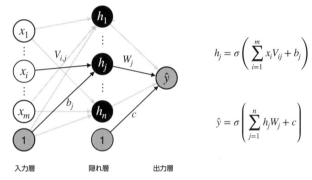

図 B-6：1 つの隠れ層とシグモイド活性化関数を使うニューラルネットワークで予測値を計算

出力の計算には次の 2 つの式を使います。

$$h_j = \sigma\left(\sum_{i=1}^{m} x_i V_{ij} + b_j\right), \qquad \hat{y} = \sigma\left(\sum_{j=1}^{n} h_j W_j + c\right)$$

微分の計算を楽にするために、次のヘルパー変数も使います。

$$r_j = \sum_{i=1}^{m} x_i V_{ij} + b_j, \qquad h_j = \sigma(r_j)$$

$$s = \sum_{j=1}^{n} h_j W_j + c, \qquad \hat{y} = \sigma(s)$$

このようにして次の偏微分係数を計算できます。シグモイド関数の微分が次の左式、ログ損失が右式であることを思い出してください。

$$\sigma'(x) = \sigma(x)[1 - \sigma(x)], \qquad L(y, \hat{y}) = -y\, ln(\hat{y}) - (1 - y)\, ln(1 - \hat{y})$$

ここではログ損失を L と呼ぶことにします。

1. $\dfrac{\partial L}{\partial \hat{y}} = -y\dfrac{1}{\hat{y}} - (1-y)\dfrac{-1}{1-\hat{y}} = \dfrac{-(y-\hat{y})}{\hat{y}(1-\hat{y})}$

2. $\dfrac{\partial L}{\partial s} = \sigma(s)[1-\sigma(s)] = \hat{y}(1-\hat{y})$

3. $\dfrac{\partial s}{\partial W_j} = h_j, \quad \dfrac{\partial s}{\partial b_j} = 1$

4. $\dfrac{\partial s}{\partial h_j} = W_j$

5. $\dfrac{\partial h_j}{\partial r_j} = \sigma(r_j)[1-\sigma(r_j)] = h_j(1-h_j)$

6. $\dfrac{\partial r_j}{\partial V_{ij}} = x_i, \quad \dfrac{\partial r_j}{\partial b_j} = 1$

計算を楽にするために、式 1 と式 2 を掛けて連鎖律を適用すると次のようになります。

7. $\dfrac{\partial L}{\partial s} = \dfrac{\partial L}{\partial \hat{y}}\dfrac{\partial \hat{y}}{\partial s} = \dfrac{-(y-\hat{y})}{\hat{y}(1-\hat{y})}\hat{y}(1-\hat{y}) = -(y-\hat{y})$

これで、式 3～7 を使って、重みとバイアスについてのログ損失の微分を求めることができます。

8. $\dfrac{\partial L}{\partial W_j} = \dfrac{\partial L}{\partial s}\dfrac{\partial s}{\partial W_j} = -(y-\hat{y})h_j$

9. $\dfrac{\partial L}{\partial c} = \dfrac{\partial L}{\partial s}\dfrac{\partial s}{\partial c} = -(y-\hat{y})$

10. $\dfrac{\partial L}{\partial V_{ij}} = \dfrac{\partial L}{\partial s}\dfrac{\partial s}{\partial h_j}\dfrac{\partial h_j}{\partial r_j}\dfrac{\partial r_j}{\partial V_{ij}} = -(y-\hat{y})W_j h_j(1-h_j)x_i$

11. $\dfrac{\partial L}{\partial b_j} = \dfrac{\partial L}{\partial s}\dfrac{\partial s}{\partial h_j}\dfrac{\partial h_j}{\partial r_j}\dfrac{\partial r_j}{\partial b_j} = -(y-\hat{y})W_j h_j(1-h_j)$

ここまでの式に基づき、勾配降下法ステップは次のようになります。

ニューラルネットワークの勾配降下法ステップ

V_{ij}、b_j、W_j、c を次のように置き換えます。

$$V_{ij} - \eta \frac{\partial L}{\partial V_{ij}} = V_{ij} + \eta\,(y - \hat{y})W_j h_j (1 - h_j)x_i$$

$$b_j - \eta \frac{\partial L}{\partial b_j} = b_j + \eta\,(y - \hat{y})W_j h_j (1 - h_j)$$

$$W_j - \eta \frac{\partial L}{\partial W_j} = W_j + \eta\,(y - \hat{y})h_j$$

$$c - \eta \frac{\partial L}{\partial c} = c + \eta\,(y - \hat{y})$$

これらの式はかなり複雑です。さらに多くの層を持つニューラルネットワークの誤差逆伝播法の式もそうです。ありがたいことに、PyTorch、TensorFlow、Keras を使えば、微分をすべて計算しなくてもニューラルネットワークを訓練できます。

B.3　正則化に勾配降下法を使う

第 4 章の 4.5.3 項では、機械学習モデルの過学習を抑制する方法として正則化を紹介しました。正則化では、過学習の抑制に役立つ正則化項を誤差関数に追加します。この正則化項はモデルで使われる多項式の L1 ノルムか L2 ノルムのどちらかになります。第 10 章の 10.2.4 項では、同じような正則化項を追加して正則化を適用するという方法でニューラルネットワークを訓練しました。第 11 章の 11.1.2 項では、SVM 分類器の 2 本の直線を近づけるのに役立つ距離誤差関数を取り上げました。この距離誤差関数は L2 正則化項と同じ形式のものでした。

しかし、第 4 章の 4.5.6 項では、正則化をもっと直感的に理解する方法を紹介しました。要するに、正則化を用いる勾配降下法ステップはそれぞれモデルの係数の値を少しずつ小さくします。この現象を数学的に調べてみましょう。

重み $w_1, w_2, ..., w_n$ を使うモデルの正則化は次のように定義されていました。

- L1 正則化：$W_1 = |w_1| + |w_2| + ... + |w_n|$
- L2 正則化：$W_2 = w_1^2 + w_2^2 + ... + w_n^2$

係数の値が急激に変化することがないよう、正則化項に正則化パラメータ λ を掛けることを思い出してください。したがって、勾配降下法を適用するときには、係数が次のように変更されます。

- L1 正則化：w_i を $w_i - \nabla W_1$ に置き換える
- L2 正則化：w_i を $w_i - \nabla W_2$ に置き換える

ここで、∇ は正則化項の勾配を表します。

$$\nabla(b_1, \ldots, b_n) = \left(\frac{\partial b_1}{\partial a_1}, \ldots, \frac{\partial b_n}{\partial a_n} \right)$$

$\frac{\partial |w_i|}{\partial w_i} = \mathrm{sgn}(w_i)$、$\frac{\partial w_i^2}{\partial w_i} = 2w_i$ であるため、勾配降下法ステップは次のようになります。

正則化のための勾配降下法ステップ

L1 正則化では、a_i を次のように置き換えます。

$$a_i - \lambda \frac{\partial a_i}{\partial a_i} = a_i - \lambda \cdot \mathrm{sgn}(a_i)$$

L2 正則化では、a_i を次のように置き換えます。

$$a_i - \lambda \frac{\partial a_i}{\partial a_i} = a_i - 2\lambda a_i = (1 - 2\lambda)a_i$$

この勾配降下法ステップが係数 a_i の絶対値を常に小さくすることがわかります。L1 正則化では、a_i が正の場合は a_i から小さな値を引き、a_i が負の場合は a_i に小さな値を足します。L2 正則化では、a_i に 1 よりも少し小さい値を掛けます。

B.4　極小値で止まるのはなぜ？　どう対処する？

本付録の冒頭で述べたように、勾配降下法で関数の最小値が見つかるとは限りません。例として、図 B-7 を見てみましょう。この関数の最小値を勾配降下法で求めたいとします。勾配降下法はランダムな点から始まるため、この図の「開始点」から始めることにします。この関数の最小値は「大域的極小値」と記された点です。

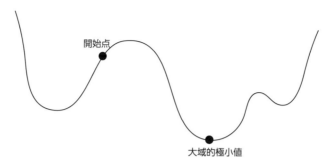

図 B-7：勾配降下法を使って大域的極小値に到達できるだろうか

図 B-8 は勾配降下法が極小値を見つけ出すために通る経路を示しています。開始点から最も近いところにある極小値を見つけ出すことには成功していますが、その右にある大域的極小値を完全に見落としています。山を下ることはできましたが、極小値（谷）で立ち往生している状態です。

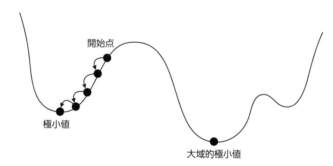

図 B-8：残念ながらこの関数の最小値を見つけ出すのに勾配降下法は助けにならなかった。
この問題を解決するにはどうすればよいだろうか

　この問題はどのように解決するのでしょうか。いろいろな方法がありますが、ここでは**ランダムリスタート**（random restart）という一般的な方法を紹介します。ランダムリスタートは、アルゴリズムを何回か繰り返し実行し、そのつど異なるランダムな点から開始して、全体で最も小さい値を選択するというものです。図 B-9 では、ランダムリスタートを使って、この関数の大域的極小値を突き止めています（この関数は描画されている間隔でのみ定義されるため、大域的極小値はその間隔において最も小さい値であることに注意してください）。谷が 3 つありますが、大域的極小値は 2 つ目の谷にあります。ここでは、3 つの開始点（円、四角形、三角形）をランダムに選択しています。これら 3 つの点で勾配降下法を使った場合、この関数の大域的極小値を突き止めるのは四角形です。

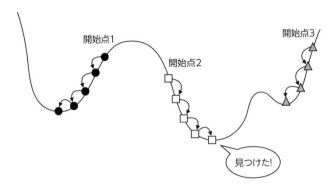

図 B-9：ランダムリスタート

　この方法でも大域的極小値が見つかる保証はありません。運が悪ければ、選択した点がことごとく谷にはまってしまうこともあるからです。しかし、ランダムな開始点の数が十分にあれば、大域的極小値が見つかる可能性はぐんと高まります。大域的極小値が見つからなくても、性能のよいモデルの訓練に役立つような十分によい極小値が見つかるかもしれません。

本付録の参考文献には次のサイトからもアクセスできます。

https://serrano.academy/grokking-machine-learning/

C.1　本書に関する情報

- 本書の Github リポジトリ：

  https://github.com/luisguiserrano/manning

- YouTube の動画：

  https://www.youtube.com/c/LuisSerrano

- Serrano.Academy：

  https://serrano.academy/

- 本書に関する情報：

  https://serrano.academy/grokking-machine-learning/

C.2 講座

- Udacity の Machine Learning Nanodegree Program：
  http://mng.bz/4KE5

- Coursera の機械学習講座：
  https://www.coursera.org/learn/machine-learning

- Coursera の機械学習専門講座（ワシントン大学）：
  http://mng.bz/Xryl

- End to End Machine Learning：
  https://end-to-end-machine-learning.teachable.com/courses

C.3 ブログと YouTube チャンネル

- Brandon Rohrer による機械学習の動画：
  https://www.youtube.com/user/BrandonRohrer

- StatQuest with Josh Starmer：
  https://www.youtube.com/user/joshstarmer

- Chris Olah のブログ：
  https://colah.github.io/

- Jay Alammar のブログ：
  https://jalammar.github.io/

- Alexis Cook のブログ：
  https://alexisbcook.github.io/

- Dhruv Parthasarathy のブログ：
  https://medium.com/@dhruvp

- 3Blue1Brown：
  https://www.youtube.com/c/3blue1brown

- Machine Learning Mastery：
  https://machinelearningmastery.com/

- Andrej Karpathy のブログ：
  http://karpathy.github.io/

C.4　書籍

- Pattern Recognition and Machine Learning [1], by Christopher Bishop：

C.5　各章の参考資料

C.5.1　第 1 章

- 基本的な機械学習の動画：

  https://serrano.academy/general-machine-learning/

- 機械学習をわかりやすく紹介する動画：

  https://www.youtube.com/watch?v=IpGxLWOIZy4

- モンティ・パイソンのスパムコント：

  https://www.youtube.com/watch?v=zLih-WQwBSc

C.5.2　第 2 章

- 教師あり学習の動画：

  https://serrano.academy/linear-models/

- 教師なし学習の動画：

  https://serrano.academy/unsupervised-learning/

- 生成学習の動画：

  https://serrano.academy/generative-models/

- 強化学習の動画：

  https://serrano.academy/reinforcement-learning/

- ニューラルネットワークの動画：

  https://serrano.academy/neural-networks/

- Grokking Deep Reinforcement Learning, by Miguel Morales：

  https://www.manning.com/books/grokking-deep-reinforcement-learning

- David Silver による UCL での強化学習の講座：

  https://www.davidsilver.uk/teaching/

- Udacity の Deep Reinforcement Learning Nanodegree Program：

  http://mng.bz/6mMG

---

[1]　『パターン認識と機械学習』（上下巻、丸善出版、2012 年）

C.5.3 第 3 章

- ハイデラバードの住宅データセット：

  http://mng.bz/nrdv

- 線形回帰の動画：

  https://www.youtube.com/watch?v=wYPUhge9w5c

- 多項式回帰の動画：

  https://www.youtube.com/watch?v=HmmkA-EFaW0

C.5.4 第 4 章

- 機械学習のテストと誤差の指標：

  https://www.youtube.com/watch?v=aDW44NPhNw0

- ラッソ（L1）回帰（StatQuest）：

  https://www.youtube.com/watch?v=NGf0voTM1cs

- リッジ（L2）回帰（StatQuest）：

  https://www.youtube.com/watch?v=Q81RR3yKn30

C.5.5 第 5 章

- ロジスティック回帰とパーセプトロンアルゴリズムの動画：

  https://www.youtube.com/watch?v=jbluHIgBmBo

- 隠れマルコフモデルの動画：

  https://www.youtube.com/watch?v=kqSzLo9fenk

C.5.6 第 6 章

- ロジスティック回帰とパーセプトロンアルゴリズムの動画：

  https://www.youtube.com/watch?v=jbluHIgBmBo

- 交差エントロピー（StatQuest）：

  https://www.youtube.com/watch?v=6ArSys5qHAU

- 交差エントロピー（Aurélien Géron）：

  https://www.youtube.com/watch?v=ErfnhcEV108

C.5.7 第7章

- 機械学習のテストと誤差の指標：

  `https://www.youtube.com/watch?v=aDW44NPhNw0`

C.5.8 第8章

- スパムフィルタデータセット

  `https://www.kaggle.com/karthickveerakumar/spam-filter`

- ナイーブベイズ：

  `https://www.youtube.com/watch?v=Q8l0Vip5YUw`

C.5.9 第9章

- 入学選考データセット

  `http://mng.bz/aZlJ`

  Mohan S. Acharya, Asfia Armaan, and Aneeta S Antony, "A Comparison of Regression Models for Prediction of Graduate Admissions," IEEE International Conference on Computational Intelligence in Data Science (2019)

- 決定木（StatQuest）：

  `https://www.youtube.com/watch?v=7VeUPuFGJHk`

- 決定木（Brandon Rohrer）：

  `https://www.youtube.com/watch?v=9w16p4QmkAI`

- 回帰決定木（StatQuest）：

  `https://www.youtube.com/watch?v=g9c66TUylZ4`

- ジニ不純度：

  `https://www.youtube.com/watch?v=u4IxOk2ijSs`

- シャノンのエントロピーと情報利得：

  `https://www.youtube.com/watch?v=9r7FIXEAGvs`

  `http://mng.bz/g1lR`

C.5.10 第10章

データセット

- MNIST データセット：

  http://yann.lecun.com/exdb/mnist/

  Deng. L. "The MNIST Database of Handwritten Digit images for Machine Learning Research." IEEE Signal Processing Magazine 29, no. 6 (2012): 141-42.

- ハイデラバードの住宅のデータセット：

  第3章の参考資料を参照

動画

- ディープラーニングとニューラルネットワーク：

  https://www.youtube.com/watch?v=BR9h47Jtqyw

- ニューラルネットワークの仕組み（Brandon Rohrer）：

  https://www.youtube.com/watch?v=ILsA4nyG7I0

- 畳み込みニューラルネットワーク（CNN）：

  https://www.youtube.com/watch?v=2-Ol7ZB0MmU

- リカレントニューラルネットワーク（RNN）：

  https://www.youtube.com/watch?v=UNmqTiOnRfg

- RNN と LSTM（Brandon Rohrer）：

  https://www.youtube.com/watch?v=WCUNPb-5EYI

書籍と講座

- Grokking Deep Learning [2], by Andrew Trask：

  https://www.manning.com/books/grokking-deep-learning

- Deep Learning [3], by Ian Goodfellow, Yoshua Bengio, and Aaron Courville：

  https://www.deeplearningbook.org/

- Udacity のディープラーニング講座：

  http://mng.bz/p9lP

---

[2] 『なっとく！ディープラーニング』（翔泳社、2020年）

[3] 『深層学習』（KADOKAWA、2018年）

ブログ

- "Using Transfer Learning to Classify Images with Keras," by Alexis Cook：
  http://mng.bz/OQgP
- "Global Average Pooling Layers for Object Localization," by Alexis Cook：
  http://mng.bz/Ywj7
- "A Brief History of CNNs in Image Segmentation," by Dhruv Parthasarathy：
  http://mng.bz/GOnN
- "Neural networks, Manifolds, and Topology," by Chris Olah：
  http://mng.bz/zERZ
- "Understanding LSTM Networks," by Chris Olah：
  http://mng.bz/01nz
- "How GPT3 Works: Visualizations and Animations," by Jay Alammar：
  http://mng.bz/KoXn
- "How to Configure the Learning Rate When Training Deep Learning Neural Networks," by Jason Brownlee：
  http://mng.bz/9ae8
- "Setting the Learning Rate of Your Neural Network," by Jeremy Jordan：
  https://www.jeremyjordan.me/nn-learning-rate/
- "Selecting the Best Architecture for Artificial Neural Networks, " by Ahmed Gad：
  http://mng.bz/WBKX
- "A Recipe for Training Neural Networks," by Andrej Karpathy：
  http://mng.bz/80gg

ツール

- TensorFlow Playground：
  https://playground.tensorflow.org/

C.5.11　第11章

- サポートベクトルマシン：
  https://www.youtube.com/watch?v=Lpr__X8zuE8
- 多項式カーネル（StatQuest）：
  https://www.youtube.com/watch?v=Toet3EiSFcM

- RBF カーネル（StatQuest）：
  https://www.youtube.com/watch?v=Qc5IyLW_hns
- "Kernels and Feature Maps: Theory and Intuition," by Xavier Bourret Sicotte：
  http://mng.bz/N4aX

C.5.12　第 12 章

- ランダムフォレスト（StatQuest）：
  https://www.youtube.com/watch?v=J4Wdy0Wc_xQ
- AdaBoost（StatQuest）：
  https://www.youtube.com/watch?v=LsK-xG1cLYA
- 勾配ブースティング（StatQuest）：
  https://www.youtube.com/watch?v=3CC4N4z3GJc
- XGBoost（StatQuest）：
  https://www.youtube.com/watch?v=OtD8wVaFm6E
- "A Decision-Theoretic Generalization of Online Learning and an Application to Boosting," by Yoav Freund and Robert Shapire：
  https://www.sciencedirect.com/science/article/pii/S002200009791504X
- "Explaining AdaBoost," by Robert Schapire：
  http://rob.schapire.net/papers/explaining-adaboost.pdf
- "XGBoost: A Scalable Tree Boosting System," by Tiani Chen and Carlos Guestrin：
  https://dl.acm.org/doi/10.1145/2939672.2939785
- "Winning the Netflix Prize: A Summary," by Edwin Chen：
  http://mng.bz/B1jq

C.5.13　第 13 章

- Titanic データセット：
  https://www.kaggle.com/c/titanic/data

索引

装丁　山口了児（zuniga）
組版　株式会社クイープ

なっとく！機械学習 <ruby>機械学習<rt>きかいがくしゅう</rt></ruby>

2022 年 04 月 15 日　　初版第 1 刷発行

著　者　　Luis G. Serrano（ルイス・G・セラーノ）
監　訳　　株式会社クイープ
発行人　　佐々木幹夫
発行所　　株式会社翔泳社（https://www.shoeisha.co.jp/）
印刷・製本　三美印刷株式会社

本書へのお問い合わせについては、ii ページに記載の内容をお読みください。

落丁・乱丁はお取り替え致します。03-5362-3705 までご連絡ください。

ISBN978-4-7981-7445-7　　　　　　　　　　　　　　　　　Printed in Japan